国际信息工程先进技术译丛

3GPP 网络中的 IPv6 部署：
从 2G 向 LTE 及未来移动宽带的演进

尤尼·高亨 (Jouni Korhonen)

［芬］缇牟·萨沃莱能 (Teemu Savolainen)　　　　著

乔恩·索纳能 (Jonne Soininen)

孙玉荣　王玲芳　闫　岫　等译

U0332683

机 械 工 业 出 版 社

本书内容涵盖互联网协议版本6（IPv6）在蜂窝移动宽带当前业界标准中的定义和采取这条路线的技术原因，以及当前部署的真实情况。本书给出了作者认为在未来数年如何改进 IPv6 相关的高级 3GPP 网络的观点、在 3GPP 移动宽带环境中正确地实现和部署 IPv6 的方法以及当具体实施时可能面对的问题。本书涉及从 2G 到 LTE 的 3GPP 技术，并提供了未来发展的思路。

　　本书适合部署 IPv6 网络的运营商、网络厂商以及涉及 IPv6 相关开发的应用开发商或手机制造商的工程技术人员和研究人员阅读。本书也可为希望在 IPv6 网络知识和在 3GPP 网络中对 IPv6 过渡感兴趣的计算机、通信相关专业在校本科生和研究生提供参考。

译 者 序

从 20 世纪 80 年代开始,互联网逐步走出实验室,首先挣脱其 ARPANET 的幼稚园阶段,接着步入 NSFNET 的小学阶段,随后在一家公司的牵头下,进行了商业化尝试的中学阶段。此时有识之士已经预感到互联网的基石 IPv4 可能面临的困境,即地址的短缺。他们在 20 世纪 90 年代就开始提出 IPv6,探索各种方法。正是在这个阶段,互联网一举跨过规模化部署的门槛,呈现出欣欣向荣的景象。但地址短缺这个"阿喀琉斯脚踝"仍然存在,成为 IPv4 挥之不去的阴影。倡导 IPv6 的专家学者找出了 IPv4 的种种劣势,以此说明 IPv6 被采用的必要之处,但总而言之,IPv4 的致命点仅仅是地址短缺而已。IPv6 终将随着 IPv4 地址的耗尽而被采用。尽管如今 IPv4 的公共地址已经宣称正式耗尽,然而由于 IPv4 地址分配管理的不合理性——在其分配过程中,许多机构或国家得到大块的地址段,至今还存在大量空闲地址——所以 IPv6 要取代 IPv4,仍然有较长的路要走。本书正是在这样的背景下引入的,以引领国内读者提前进入 IPv6 替代 IPv4 的准备阶段。

本书内容涵盖 IPv6 在蜂窝移动宽带当前业界标准中的定义和采取这条路线的技术原因,以及当前部署的真实情况。本书给出了作者认为在未来数年如何改进 IPv6 相关的高级 3GPP 网络的观点、在 3GPP 移动宽带环境中正确地实现和部署 IPv6 的方法以及当具体实施时可能面对的问题。本书涉及从 2G 到 LTE 的 3GPP 技术,并提供了未来发展的思路。本书讲解了两个重要专题——互联网的移动宽带接入和迁移到互联网协议版本 6(IPv6)。

本书结构如下:第 1 章以互联网技术和将互联网迁移到 IPv6 的背景和隐含意义的概述作为开篇;第 2 章介绍了 3GPP 的基本知识;第 3 章的主题是 IPv6 技术,给出了 IPv6 如何工作的深入理解;第 4 章讨论了 IPv6 如何在 3GPP 移动宽带网络中工作;第 5 章给出了可用于 3GPP 网络中不同迁移策略的理解;第 6 章给出了与 3GPP 网络中 IPv6 未来相关领域的一种前瞻观点。

本书由王玲芳负责第 1、6 章以及第 2 章除 2.4 节外内容的翻译、全书统稿和审校工作;孙玉荣负责第 3、4 章以及第 5 章 5.4 ~ 5.7 节、序、前言、致谢、附录等内容的翻译工作;闫屾负责 2.4 节和 5.1 ~ 5.3 节内容的翻译工作。本书在翻译过程中,李虹、潘东升、李冬梅、吴秋义、王弟英、吴璟、游庆珍、李传经、王领弟、王建平、李睿、吴昊、王灵芹、张永、李志刚、左会高、申永林、潘贤才、刘敏、李钰琳、王青改、李倩、陈军、许侠林等同志也均参加了部分的翻译工作,在此表示感谢。同时感谢机械工业出版社的编辑和相关同志。

需要指出的是,本书的内容仅代表作者个人的观点和见解,并不代表译者及其所在单位的观点。另外,由于翻译时间比较仓促,疏漏错误之处在所难免,敬请读者原谅和指正。

译者于北京

原 书 序

我是幸运的，当因特网还是 ARPA 的一个相对较小的研究项目时，我就已经参与其中。从 1978 年开始，我就在马萨诸塞州剑桥，与 Bolt、Beranek 和 Newman 一起研究 ARPANET 和早期因特网，那绝对是在正确的时间和正确的地点，我能够作为研究组的一员与真正发明因特网的人们一起工作。该组现在已经演变成核心因特网协议标准化的组织：因特网工程任务组（Internet Engineering Task Force，IETF）。

在 20 世纪 90 年代早期，我们就认识到当时因特网版本（IPv4）中使用的地址空间将出现问题，我们看到 IPv4 地址空间的 B 类部分正在快速消耗，当时还是在万维网成为因特网增长的一个因素之前的情况，因特网大部分是由联网的大学和研究组织组成的，应用范围也是非常基本的。即使那时看到了快速增长——虽然有点事后诸葛亮的味道——那也仅是后来将要发生的事情的点滴暗示而已。

这种暗示导致 IETF 启动了一个项目，构造了因特网协议的一个新版本，被称作 IP 下一代（IP next generation，IPng）项目，考虑了许多不同方法，且都投入了大量精力，不出所料，接下来项目组内发生了非常激烈的争论。在最后，选择了现在称为 IP 版本 6（IPv6）的协议。由 Stephen Deering 和我共同领导了这项工作。

新版本因特网协议的开发解决了两个问题，一个是技术问题，一个是"政治问题"。"政治问题"是在当时 TCP/IP 因特网还不是确定的事物，它没有得到当时大型电信公司、政府或像 ANSI 和 ITU 的官方标准组织的支持。虽然当时就一种新的数据网络是人们所期望的这一点，存在广泛的一致，但就该网络应该基于什么架构之上还不存在任何一致意见。TCP/IP 因特网当时也许不太可能成为那时所谓的"信息高速公路"，就这一点而言，它是"黑马"。另外，多数其他标准组、政府和大型电信公司甚至不知道 IETF，因为它是纯粹自发性组织，没有任何法律支持。我们不被看作"有效组织"。

结果是，随着更多的人开始听说 TCP/IP 因特网没有技术性的未来，因为它会很快用光地址，于是它成为了一个重大的"政治问题"。IPv6 的开发和标准化解决了这个问题。如果没有开发 IPv6，也许不会有当前的 TCP/IP 因特网。

IPv6 也解决了用光 IP 地址的技术问题。这是我们当时意图解决的主要问题，也是如今 IPv6 正在部署的主要原因。我在评估新技术（联网和其他技术）和下结论时的首要标准就是看它们意图解决的问题是否仍然存在，也就是说，它是寻找一个问题的一种解决方案，还是它将焦点放在一个真实问题上？很明显，IPv6 是后一种情况的一个例子。设计 IPv6，是为了解决 IPv4 地址耗尽问题，没有尝试进一步解决某个其他问题。这是它今天正被部署的原因。

就因特网从早期日子成长起来而言，我认为增长才刚刚开始。我们远离了联网计算机非常巨大且充满房间的日子，来到了联网的计算机可装入衬衫口袋，从许多人共享单一大型计算机到了每个人有许多计算机的日子。因特网的这个阶段还没有完成，因为世界上各处的人们都可以访问计算机和因特网的时代还没有到来，但我们正迈向这个目标。在因特网增长的这个持续阶段，IPv6 是一个必要元素。

因特网增长的下一阶段将是不同的，且是非常广泛的。除连接人们外，它将连接"物"。因特网增长的当前阶段正使因特网更广和更高——下一阶段将使它更密。我们正在走向这样一个世界，其中连接了越来越多的"物"，各设备不直接与人关联，如传感器、仪器、娱乐设备、照明控制、电源分配和汽车。仅仅是每种事物都将有台计算机在其内部，并将被连接到因特网。对于因特网增长的这个阶段，IPv6 是必需的。

总之，IPv6 解决了在一个非常大型的因特网中寻址的问题。因特网以许多方式改变了世界，IPv6 将使因特网继续增长，这种增长将持续为世界带来益处。如今，运行在蜂窝网络中的 IPv6，将在因特网的持续增长中扮演重要角色。

从 1998 年到 2009 年，我在诺基亚公司的各种工作组中工作并担任过许多职位，离开时的头衔是诺基亚 Fellow（Nokia Fellow）。我非常了解 Jouni、Teemu 和 Jonne，为他们的书作序，我感到荣幸，他们以极大的热情投入 3GPP 标准化工作，负责将 IPv6 引入 3GPP，并使 IPv6 成为移动协议标准的组成部分。

我相信本书将为 IPv6 在移动因特网设备中的部署做出重要贡献。

在 IETF 我们将给出一句贺词。意思是"荣誉归属 Jouni、Teemu 和 Jonne，他们撰写了这本有用的书，荣誉归属 IPv6 的全球部署"。

Robert Hinden
加州 **Palo Alto**

原 书 前 言

本书的故事开始于 2010 年 3 月，当时 John Wiley & Sons 有限公司找到 Teemu，请他评审一本书的选题。在评审这项选题时，Teemu 产生了写一本以 IPv6 为主题的书的想法，觉得撰写这样一本书将会很有意义。原始思路是撰写一本有关"IPv6 多寻址"的书，在本书的第 6 章我们将谈及这个话题。2010 年 8 月，Teemu 和 Jouni 正在进行称为"无线宽带接入（WiBrA）"的一项芬兰 TEKES 联合资助的研究项目，Teemu 问 Jouni 是否感兴趣共同撰写这本有关"高等 IPv6 多寻址"的一本书，Jouni 是感兴趣的，但也提出了稍有不同的焦点。在 2010 年和 2011 年期间，Wiley 公司周期性地与我们接触，并耐心地提示我们发送这本书的详细选题。因为当时我们忙于解决雇主的实际 IPv6 问题，并在 WiBrA 下开展研究，且花费时间参加各种 IETF 和 3GPP 标准化活动，现在回想起来，其实那时这本书的各部分内容似乎已经非常完好地到位了，因为我们将前期大部分时间用在获取实际经验和知识上，这极大地影响了本书的细节。

在 2011 年秋，Teemu 和 Jouni 把更多的精力投入到实际撰写本书上，并找到 Jonne，请他作为第三作者。我们过去都相互认识，因为我们都在相同时间为诺基亚或诺基亚西门子网络公司工作。有我们三个，我们想我们将具有足够的技巧和经验撰写本书：Teemu 具有手机实现的背景；Jouni 具有蜂窝网络运行和网络设备实现的背景；Jonne 具有作为网络设备实现和 IPv6 的长时间从业人员的背景。我们三个都活跃在 3GPP 和 IETF 标准化活动中，当 IPv6 打入 3GPP 标准中时 Jonne 已经参加了 3GPP。我们一共有 30 年以上的 IPv6 经验。

我们三个一起，开始计划写 150~200 页的一本书，但很快增加到接近 400[○] 页。同时范围从多寻址改变为描述 3GPP 网络中 IPv6 的基本知识，因为我们认为，相比于将焦点放在 IPv6 的高级使用方面，描述在 3GPP 蜂窝系统中如何实现 IPv6 的需求更大。400 页大约是 2012 年 Wiley 同意的书选题的幅面。在完成时，该书有 398 页。

我们同意并认为将本书在 2013 年年中正式出版的计划是可行的。依据从其他地方得到的经验，无论如何，9 个月应该足够完成一个项目。我们利用业余时间撰写本书，几乎作为一项爱好，同时履行我们的日常工作职责。也许受到 TCP 设计的影响，我们进入慢启动模式，我们生活在不同城市，且因此我们的工作模式实际上基于电话、电子邮件和一个仅支持 IPv6 的基于 SVN 的版本控制工具（Jouni 为我们建立的）。我们的面对面会面仅限于 IETF 会议（我们都参加）。所以到了这个项目的中间点时，我们才写了全书不到 1/3 的内容，这导致 2012 年 8 月到 10 月我们不得不加班加点，因为我们不希望错过 2013 年年中出版的目标，所以我们不得不从其他地方争取时间，典型的是将

○ 指英文版原书页数，后同。——译者注

睡眠时间大量减少了。

尽管编写过程显得如此漫长，我们发现这个专题是有趣的，且写起来也是有教育价值的。IPv6 是具有许多细节和特征的一项令人感兴趣的技术，它提供了纯学术兴趣、工程美学、修正和补丁、政治和经济以及未来的研究机会，总之它反映了人类如何工作和构造这个世界：从简单细节构建非常复杂的系统。

希望这本书会帮助您在 IPv6 本身尤其在 3GPP 系统中站稳脚跟，本书为您提供了这项技术的知识框架，并由此在将知识应用到实际提供帮助，同时它也使通过引文、参考文献和其他地方学习更多领域成为可能。

Jouni、Teemu、Jonne

原 书 致 谢

首先，感谢我们的家庭，感谢他们在本书撰写过程中对我们的支持和容忍，如果没有家庭的支持，将不可能产生本书所要求的精力投入。

我们也感谢我们的雇主——诺基亚、诺基亚西门子网络和 Renesas 移动公司，感谢他们在我们利用空闲时间写作一本书时，没有使我们分心，感谢他们为我们提供了在 IPv6、标准化和业界协作领域的数年工作机遇。如果没有能够研究实际的真实生活问题，将不能学习到形成本书绝大部分内容的那些知识。

主要致谢也送给诺基亚设备部门，它提供给我们支持 IPv6 的设备。最新的设备是 21M-02 USB 调制解调器，它能够打开 IPv4/v6 类型的 PDP 语境，使有趣的新测试场景成为可能。在此之前，自 2004 年左右开始我们有幸测试了一系列手机，它们使收集蜂窝 IPv6 用途的经验成为可能。也感谢芬兰 Telia Sonera 的 Illka Keisala，通过芬兰 TEKES WiBrA 项目，无偿为我们安排了支持 IPv6 的 SIM 卡，使我们也可在漫游场景中试验 IPv6。

Teemu 牺牲了陪伴三个小孩 Emil、Nea 和 Elias 以及配偶 Hanna 的时间，用来撰写本书——抱歉。感谢诺基亚的所有经理、同事和下属，他们提供了与 IPv6 实现和标准化一起工作的可能性，帮助 Teemu，使 Teemu 发现有趣的问题，感谢他们在日常工作中支持 Teemu。特别感谢 Petri Vaipuro，在 2001 年，他雇用 Teemu 承担 TCP/IPv6 的实现任务，如此提供了转到这项技术的机会，感谢 Juha Wiljakka，他将 IPv6 标准化和 IETF 中的秘密教会了 Teemu。

Jouni 再次向其妻子道歉，就严苛的撰写期间心不在焉而道歉。在家庭生活质量和时间的代价下完成了本书。Jouni 也感谢西门子网络公司 NeVe 实验室中的高水平技能的同事 Kari Tiirikainen 和 Mark Stoker 等，感谢他们为他提供了最新软件发行版本到处尝试的完全访问权，并容忍他对有关设置细节提出的各种新手问题。Gyorgy Wolfner 和 Giorgi Gulbani 提供了过去数年间有关 3GPP 规范细节的极有价值的深邃见解。也同样感激诺基亚西门子网络智能实验室，感谢他们为 Jouni 提供最新的支持 IPv6 的手机和在 TEKES WiBrA 项目中使用的原生 IPv6 互联网访问。Jouni 也感谢 Paulig 提供的 Presidentti 咖啡，他将从中得到的精力注入到了编写本书的工作之中。

Jonne 感谢他的妻子 Anoush 和孩子 Sofia、Matias，感谢他们在本书项目期间的卓越支持，这个项目限制了真正拥有高质量家庭生活时间和完成任何其他事情的可能性，只能呆在家中而已。Jonne 也感谢他在 Renesas 移动公司的经理 Erkki Yli-Juuti，感谢他在整个写书项目过程中的支持。Jonne 感谢 Bob Hinden、Steve Crocker、Pertti Lukander、David Kessens、Mikko Puuskari 和 Jaakko Rajaniemi，感谢他们的引导、理解和联合领导，以及在学习 3GPP 技术、标准化的秘密，特别是从电信转换到互联网思维期间等数年间的支持。另外，Jonne 感谢 Juha Wiljakka，感谢在诺基亚工作期间作为一名合作伙伴的卓越协作工作，同时当全球 IPv6 部署还没有像今天这样明朗的当时情况下一起研究 IPv6。

最后，感谢 John Wiley & Sons 有限公司、Laserwords 私营有限公司和 Archive 出版社的友好人士，感谢他们在将这个项目成书和上市过程中提供的帮助。特别感谢 Alexandra、Catherine、Claire、Krupa、Mark、Paul、Sandra、Sophia、Susan 和 Teresa。

目　　录

第 1 章 引　　言

最近，移动宽带对互联网接入进行了革命。但是，移动互联网接入不是一项新技术——自 21 世纪初开始这项技术就存在了，但仅在过去数年间随着互联网移动用途的增长才出现了爆发。这种爆发源于增长的数据速度，这使移动互联网接入速度接近固定宽带接入的速度，且价格降低到人们可负担得起和有竞争力的范围。另外，爆发性的使用主要源于智能手机的引入。

同时，且部分地也是结果，互联网正面临着自其引入以来最大的改变和最大的挑战。这就是到互联网协议（Internet Protocol，IP）新版本——IP 版本 6（IPv6）的迁移。老版本——IP 版本 4（IPv4）自 1983 年以来一直在用，当时 ARPANET 从网络控制程序（NCP）迁移到互联网协议。现在，在 2011 年初一直可用的 IPv4 地址耗尽将整个互联网的增长推到了危险地步。

将互联网迁移到新版本 IP 将明显地也对移动网络具有隐含意义。我们撰写本书，将这两个重要专题——互联网的移动宽带接入和迁移到互联网协议版本 6（IPv6）一起来讨论研究。第 1 章以互联网技术和将互联网迁移到 IPv6 的背景和隐含意义的概述作为开篇；第 2 章解释了规范移动宽带技术的第三代伙伴计划（3rd Generation Partnership Project，3GPP）的基本知识；第 3 章介绍了 IPv6 技术，给出了 IPv6 如何工作的深入理解；第 4 章讨论了 IPv6 如何在 3GPP 移动宽带网络中工作；第 5 章给出了可用于 3GPP 网络中不同迁移策略的理解；第 6 章给出了与 3GPP 网络中 IPv6 未来相关领域的前瞻观点。

我们希望读者喜爱本书，希望本书为学生、运营商、网络厂商、应用开发商或手机制造商了解和巡视 3GPP 网络生态系统中 IPv6 迁移方面提供帮助。

1.1　互联网和互联网协议引言

互联网和互联网协议的产生最初得到美国国防高级研究署（Defense Advanced Research Agency，DARPA）的资助。但如今互联网已经成为连接所有大陆（几乎所有国家）的全球网络，且已经大大地超过了 20 亿用户。从一个相对小型的研究项目到全球信息高速公路的这条发展路径，是令人惊奇的和相对快速的。DARPA 项目在 20 世纪 60 年代末启动，在 20 世纪 80 年代初期引入互联网协议的当前版本，第一个商用互联网接入提供商在 20 世纪 80 年代晚期或 20 世纪 90 年代早期上线，当然这取决于国家和地区而会有所不同。至晚到 2006 年，互联网监管论坛（IGF）——一个联合国（UN）组织，它讨论从技术和非技术方面与互联网监管有关的事务，该论坛的主要专题之一是连接那些没有连接的地区，即如何将互联网接入到发展中国家。自那天开始，多数发展中国家至少在较大型城市都有互联网接入，通常是通过移动网络接入的。互联网非常快速地包围了（encompass）我们的生活，不管我们生活在哪里。

本章将解释引导和支持这种演化的指导原则是什么，并描述互联网的最重要构造块——互联网协议（IP）。对于感兴趣的读者，在本章结尾处有附加的阅读材料，是有关互联网迷人历史的更多信息。

1.2　互联网原则

如今互联网被用于文件传输、电子邮件、话音、视频、游戏以及许多其他应用。我们已经变得依赖于互联网，从世界经济开始，通过大型和小型的商务公司，到信任互联网的正常人群，将他们连接到经济世界的干线，或者与他们所热爱的人们保持联系。在这样短的时间内，互联网如何变得如此之大和重要，是令人惊奇的。互联网用途的多样性不是偶然的，原因在于互联网的设计。

在互联网设计和赋予其动力的技术的核心，有某些原则。这些原则确保互联网和互联网技术支持互联网的当前用途，这是超出在互联网出现时任何人所设想的用途和期望的方式。让我们看看主要原则：

- 分组交换式联网；
- 端到端原则；
- 分层架构；
- Postel 的鲁棒性原则；
- 相对独立的创新型状态。

1. 分组交换式联网

这条原则被非常广泛地用于现代通信网络中。但是，传统上以话音为中心的网络，如公众交换电话网（PSTN），基于一种不同技术原理——电路交换式联网。在电路交换式联网中，连接或呼叫是通过保留从呼叫方到被叫方的一条电路，通过网络进行交换的。每条连接都有其自己的电路，不管通过那条电路有多少流量，都为呼叫保留相同的资源。例如，一个话音呼叫使用完全相同的网内资源，不管参与方是说话还是沉默。

相比而言，现代数据网络是基于分组交换式（PS）联网构建的。在分组交换式联网中，被发送的数据分成较小的分组，它们独立地传送到其目的地，每条分组都通过这样一条路由发送，在一个给定时刻这条路由看起来对一条给定分组是最佳的。在互联网中，甚至对于到相同的目的地，各分组也可能通过不同路由，在中转中会乱序，甚至完全丢失，到达不了它们的目的地。

2. 端到端原则

端到端原则是互联网和互联网技术的最重要原则之一。该原则宣称，网络不应该干预或改变在网络层之上各层的流量。有时这条原则也称作"智能端点——傻（dump）网络"原则，但那个名字没有适当地处理这个概念。基本上而言，这个原则所述的是，网络不应该就任何特定服务或在中转中数据的特征做任何假定。网络必须集中处理将数据从其源移动到其目的地。理解流量及其用途是端点的职责。这项原则支持互联网用于许多不同的服务和应用。即使这样的应用和服务也得到支持，它们在互联网设计时从技术上是不可行的、完全不可能的，甚至不可想象的。由此，该原则使我们能够在不改变网络的情况下创建新的服务。为支持新服务或应用，仅有端点才不得不做出改变。

3. 分层架构

分层架构原则是密切与端到端原则联系在一起的。分层架构原则描述的是，有不同协议层，它们在同一水平上相互通信（talk）。图 1.1 以图示方式给出该原则。在该原则背后的主要思想是，每层完成其自己的工作——不多也不少。这种严格的隔离使各层是相互独立的，并确保在不改变其他层的情况下可改变各层。开放系统互联（OSI）[1]模型定义了 7 层。但是，互联网模型仅定义了 5 层。互联网技术的范围是从层 3（网络层）向上的各层。

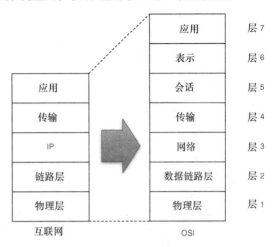

图 1.1　网络分层

4. Postel 的鲁棒性原则

Postel 的鲁棒性原则，也称作 Postel 定律，是从其发明人——Jon Postel 得到该名字的。Jon Postel 是互联网先锋之一，他通过其在工程和监管方面的贡献，对互联网及其设计具有巨大影响。该原则被引用为"在您接受的方面保持自由，在您所发送的方面保持保守（Be liberal in what you accept, and conservative in what you send）"[2]。这个原则意味着，发送方应该非常保守并严格遵循标准，而接收方应该能够接收甚至不严格符合标准的输入。对于解释能力以及当对技术做出未来扩展和改进时，这是一条非常重要的原则。

5. 相对独立的创新型状态

最后一条原则，相对独立的创新型状态，是看来与适合的电信联网冲突的某种事物。但是，这意味着任何人（从单个个体到大型企业或运营商）均可创建和分发新的服务和应用。这条原则也许看来更像其他原则的一个症状，但理解这条原则，对于理解互联网及其技术仍然是重要的。没有相对独立的创新型状态，则 Google、Facebook 以及这个世界的类似公司将永远看不到曙光！

1.3　互联网协议

互联网中最重要的构造块是互联网协议（IP）。IP 是联网协议，它确保分组从源发出，经过网络并到达正确的目的地。当前存在互联网协议的两个版本：IPv4[3] 和 IPv6[4]。在撰写本书之时，IPv4 是得到非常广泛传播和使用的。IPv6 是一个较新的协议版本，这个世界正向这个版本过渡。如您从本书的书名和我们能够撰写的页数已经认识到的，这个过渡不是非常直接的。但是，除了一些差异外，这两个 IP 版本的功能是非常类似的，一些部分是相同的。因此，本章为 IP 撰写的概述适用于这两个版本。

互联网协议有两部分：首部和净荷。首部由固定长度的二进制字段组成，除了其他信息外，这些字段表明分组来自哪里（源地址），去往哪里（目的地地址）以及在净荷中是什么，或更好的表述是，上层协议是什么。净荷可以是传输层协议以及其上的协议和数据，或甚至一条 IP 分组。IPv4 首部和 IPv6 首部如图 1.2 所示。

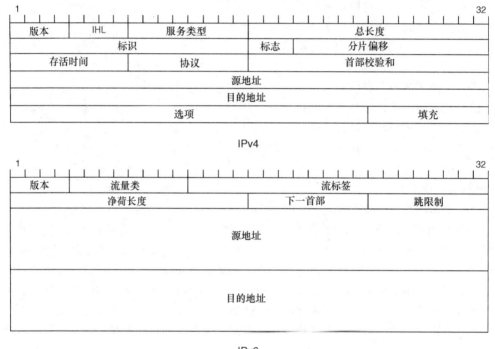

图 1.2　IPv4 首部[3] 和 IPv6 首部[4]

IP 提供一项不可靠的分组交付服务。基本上来说，该服务的主要部分是寻址：告知一条分组应该被交付到哪里的能力。除了分组交付外，IP 也实施其他任务。例如，它包括一个存活时间（TTL）字段，该字段提供这样的一种机制，如果分组没有到达其目的地（如由于网络中的一条死循环），该机制确保分组从网络中被清除。实践中，通过在网络中每跳处将 TTL 减 1 做到。当 TTL 达到 0，则分组被丢弃。也存在一种简单的每分组优先级机制（服务类型或服务质量）。通信需要的每个方面，如可靠传输、分组排序和应用识别，是由上层协议（如传输控制协议（TCP）[5]）提供的。

一个 IP 网络的各节点是通过一条网络连接或一个接口连接到网络的。一个节点可有一个或多个接口，在一个给定时间连接到相同网络或不同网络。每个接口必须有来自它们所连接之网络的一个独特 IP 地址。网络接口可以是物理接口或虚拟接口。物理接口通常是由在节点中支持的基于硬件的网络技术产生的。物理网络接口可以是有导线的、无线的，或甚至一个物理设备内或甚至一个微型芯片内的微型芯片间和微型芯片内连接。虚拟接口通常是通过隧道接口创建的。打隧道意味着在其他 IP 分组内传输 IP 分组。从实践角度看，外部 IP 流创建一个"隧道"——一个网络之上的一条虚拟链路。之后内部 IP 分组通过这条隧道被传输到另一个网络。虚拟接口被连接到这个远端网络，且 IP 地址来自那个网络。这种方法用于虚拟专网（VPN）（见 3.8 节）或移动 IP（见 3.7.2 节）技术。另外，一种特殊类型的虚拟接口是回环接口。这是环回的一个节点内部接口，即发回发送给它的所有分组。回环接口用于节点内部通信。

　　一般而言，IP 网络节点分成两类：主机和路由器。主机是发送和接收 IP 分组的节点，但不会传递目的地为其他节点的分组。路由器是这样一台设备，它连接两个不同网络，并在网络之间转发分组。虽然这个区分是相对直接的，但节点有时可具有两个角色。一个不错的例子是家庭路由器，它将一个家庭网络连接到一个广域网。这些节点通常作为路由器，但也经常作为，用于管理目的的一台 web 服务器。作为 web 服务器，该设备是主机，但作为家庭网关，它是路由器。但应注意，IP 在客户端和服务器之间没有任何特别区分。从 IP 的角度看，它们都是主机。

　　除了路由器外，主机也有同时连接到多个 IP 网络的多个网络接口。具有多个接口和多个 IP 地址的主机，被称作多接口主机。逻辑上来说，仅有一个接口的一台主机被称作单接口主机或仅称为一台主机。实际上非常常见的是，主机（如个人计算机）为多接口的。例如，如今正常的情况是，一台笔记本同时连接到一个无线网络和一个有导线连接的网络。另外，当一台主机有一个虚拟接口（如一条 VPN 隧道）时，它总是有多个接口的：它至少有一个物理接口和虚拟接口。

　　IP 节点由称作链路的低层网络连接的一个网络实现相互连接。这些链路是连接两个节点的点到点链路，或在多个节点之间共享的完全层 2 网络。在现代网络中使用不同链路层。迄今为止，最常用的链路层技术是以太网[6]。因为以太网是 IP 中的一项非常常见的技术，所以 IP 技术的一些部分也期望来自其他链路层技术具有类似以太网的功能，且甚至一些非以太网技术也仿真以太网，以便比较容易地集成到其操作系统的 IP 实现之中（这并不是没有问题，像将在 4.9.1 节中见到的情形）。

1.3.1　由网络组成的网络

　　当阅读有关 IP 和所有 IP 网络中最大的网络——互联网时，单词"network（网络）"的用法是非常令人迷惑的。IP 网络有大有小。一些 IP 网络被连接到互联网，一些则没有连接到互联网。最小可能的 IP 网络的一个例子，是直接相互连接的两个节点，它们交换数据。这样一个小型网络的一个例子可能仅是连接到一台计算机的单台外设。因为 IP 是一个良好标准化并得到支持的联网协议，有时即使这些简单的连接，相比使用一个应用特定的协议，人们更倾向于采用 IP 连接。

　　互联网被称作由网络组成的一个网络，这个描述实际上也适合较小型的 IP 网络。通常一个网络的一个区部（section），它处在一个"行政管理控制（administractive control)"之下，也称作一个网络。这样，范围从连接到单台计算机的一台外设（处在计算机用户的"行政管理控制"下），通过一个小型家庭网络，到有数千个节点的大型公司或运营商网络。这些行政管理域可以是孤立的，也可以是互联到在一个不同行政管理控制之下的其他网络。一个不错的例子是一个家庭网络。这有不同节点，如网络附接存储、游戏控制台、不同计算机等。这些设备创建了一个网络，并相互通信，共享音乐、图片和其他信息。之后这个家庭网络被互联到一个运营商网络，如一家互联网服务提供商（ISP）。之后该 ISP 连接到其他互联网提供商。所有这些不同的 ISP（和小型家庭网络以及较大型的企业网络）产生了互联网。

IP 本身没有独立的用户到网络接口（UNI）和网络到网络接口（NNI）协议，但 IP 以相同方式处理端主机、网络节点和不同网络之间的联网。因此，IP 产生了由网络组成的网络。

1.3.2　路由和转发

一个 IP 网络中的各主机通过发送 IP 分组相互通信。源主机必须知道它希望向之发送流量的目的地的 IP 地址。这两台主机或者直接相互连接，或者在它们之间的路径中有一台或多台路由器。直接连接的主机，如同一局域网（LAN）中的各主机，能够相互之间直接发送分组。另外，为进一步交付发送，一台主机可将分组发送到一台路由器。

如前一节所述，路由器在不同网络和不同路由器之间传递分组。理论上而言，这个分组传递过程可被分成两个不同的过程：路由和转发。路由涉及选择分组接下来应该要去往之处的路由。路由的思想是寻找到一个目的地的最短或最快路由，之后基于那个信息选择外发接口。转发则是实际上通过路由器将分组移动到拟设方向的过程。当由一台路由器转发一条分组时，该路由器将 TTL 减 1。如果 TTL 到达 0，则分组被丢弃。

路由决策是基于路由的。路由定义哪些网络或目的地通过哪个接口是可达的。除了路由外，路由决策可受到路由策略的影响。基本上来说，路由策略是覆盖技术方面路由计算的一条规则。有各种原因设置一条路由策略。例如，一个原因是成本——通过一家运营商发送一条分组，可能比通过另一家运营商的一条可能较短路径要廉价。路由可以是静态配置的，也可以是动态计算的。静态配置的路由通常是由一名网络管理员配置的。不管网络状态为何，在网络管理员改变配置之前，这些路由是不会改变的。对于动态路由计算，各路由器使用动态路由协议相互之间交换网络拓扑信息。最多使用的路由协议有开放最短路径优先（OSPF）[7,8]、中间系统到中间系统（IS-IS）[9] 和边界网关协议（BGP）[10]。有时路由器没有整个网络（如整个互联网）的完整图像（complete picture）。一台路由器也许不知道它的哪个接口会将分组带到正确的方向。因此，该路由器就会有一条默认路由。基本上来说，默认路由表述的是，如果没有更具体的信息（匹配分组目的地址的一条具体路由），默认情况下，分组应该通过一个具体接口被发送到一台具体的路由器。

直接连接的路由器交换有关它们从其他路由器（它们所连接的）得到的路由信息。

一台路由器使用这种信息产生网络拓扑的一个视图。这个网络拓扑地图被存储在称作路由表的一个内部数据结构中。当通过路由协议更新或路由器通知一台邻接路由器消失的方法，有关新路由或陈旧路由消失的一些新信息到达路由器时，该路由器更新内部路由表。它也将有关它已经注意到的变化通知到其他邻接路由器。

当连接新网络或陈旧网络从 IP 网络断开时，路由信息发生变化。当一名网络管理员在某处在网络上安装一台新路由器时，这也许会输出那台路由器背后的完整网络，则会出现新网络。网络可被断开，是当一名网络管理员将一台路由器从网络中移走时，以行政管理方式断开网络，或者因为一条链路故障，也许就断开其背后的整个网络。为降低整个网络被断开的风险，网络有时通过多条链路，甚至通过多台路由器进行连接。一个好例子是当一家企业从两家 ISP 购买互联网服务时的情况，其目的是防止这样一种情形出现，即由于某种原因，一家 ISP 会失效。

当一条 IP 分组到达一台路由器时，一般而言，该路由器查看分组的目的地址，并将该分组转发到其网络接口之一。转发决策通常是这样完成的，通过从称作转发表的另一个数据结构中查找目的地址。使用路由表和可能存在于路由器中的路由策略，由路由器创建转发表。之后该路由器创建这样一张表，其中列出哪些网络通过路由器的哪个网络接口是可访问的。一台 IP 路由器独立地查看每条 IP 分组，并在逐条分组的基础上进行转发决策。如果在路由器的路由表中发生了一些变化，则即使一条分组与前一条分组有相同目的地，它也采用一条不同的路由。

除了路由器外，主机也做出转发决策。例如，一台主机必须确定它是否认为目的主机是与之直接连接的，还是相反，此时必须将分组转发到一台路由器。这第一台路由器经常被称作第一跳路由器。在主机可选择的一个网络中，可能存在多台路由器。这些路由器之一经常被指派为主机的默认路由器。如果主机就有关目的主机的位置没有更具体的信息，则该主机将分组发送到默认路由器。因此，主机的默认路由指向那台默认路由器。与路由器可采用路由策略进行配置的相同方式，主机也许有一组路由或转发策略。采用策略的原因包括安全，就一条网络连接的成本或特征的某种假设，或仅是用户的偏好。为了确保公司的秘密信息不会通过未知的网络进行传递，该公司 IT 部也许配置用户的流量总是通过一条活跃的 VPN 隧道，而不管分组去往哪里。一些操作系统优先于无线而选择一条有导线的连接，原因是假定这条连接有更大带宽和更加可靠，而一些操作系统允许用户定义可用接口的优先顺序。

1.4　互联网协议地址

不管一个网络是大还是小，在网络内 IP 地址必须是唯一的。如上所述，IP 分组的目的地址被用于将分组路由通过网络去往其最终目的地。如果地址不是独特唯一的，则就没有方法指导一条分组应该被交付到哪里。在没有被连接到互联网的一个简单网络中，地址在那个域中是本地唯一的，就足够了。在互联网上，IP 地址必须是全球唯一的。

IP 地址本身是一个固定长度的二进制标识符。一个 IPv4 地址是 32bit 长的，一个 IPv6 地址是 128bit 长的。在一个 IP 网络中 IP 地址有两项功能：它唯一地标识网络中的一个接口或一个节点；它代表网络拓扑中的一个位置。

身份是与 IP 地址的唯一性有关的——网络中没有其他节点应该与由某个地址识别的节点具有相同地址。那个地址唯一地识别那个节点的单个网络接口，而不是其他节点。

位置，意指地址唯一地表示一个网络，其中该节点处于那个 IP 网络内。IP 地址可被分成两部分：网络前缀和主机标识符，它们一起构成完整的 IP 地址。在接下来的篇幅中，将比较详细地描述在实践中对于 IPv4 和 IPv6 这意味着什么。

在本节，将比较深入地了解 IP 地址。首先，将解释 IPv4 地址，之后解释 IPv6 地址。焦点在地址本身上面：什么是地址，如何表示它们，以及存在哪些种类的不同地址类型。

1.4.1　IPv4 地址

如上所述，一个 IP 地址是一个固定长度的二进制字段。在 IPv4 中，IP 地址字段有 32bit 长，由此给出理论上的地址空间 2^{32} = 40 亿个地址。因为要记住且表示一个二进制比特序列是有点困难的，告诉一个朋友时同样如此，所以使用一个文本表示法来表示地址信息。在 IPv4 中，32bit 被分成四个 8bit（一个字节）字段，每个字段由一个点号分隔。这些 8bit 字段以十进制表示，如 198.51.123.234。

在 IPv4 中，网络前缀长度是可变的。前缀尺寸是这样表示的，在一个地址结束处，放一个斜杠"/"和以比特表示的前缀长度。例如，192.51.100.0/24 表明网络前缀尺寸是 24bit。地址块以前缀长度相同的方式进行表示。例如，从 198.51.100.0 到 198.51.100.255 的一个地址块经常写作 198.51.100.0/24 或 198.51.100/24（省略结束处的 0）。这意味着前缀长度是 24bit，而主机部分是 32bit 中的剩余 8bit。当一个前缀有更多比特时，认为它是较长的，而有较少比特的一个前缀则被认为是较短的。前缀越长，则主机部分就越短，由此，在那个网络中可用于主机的地址就越少。

最初，IPv4 地址空间以网络前缀的长度而分成不同类。A 类地址块是/8 的块——16 777 216 个地址，B 类地址块是/16——65 536 个地址，C 类地址块是/24——256 个地址。表 1.1 给出了地址类及其长度。在 20 世纪 90 年代，互联网转向无类寻址［无类域间路由（Classless Inter-Domain Routing，CIDR)[36,37]］且网络前缀长度不再依赖于地址类；长度可不同于原地址类。

表 1.1　IPv4 地址类

地　址　类	前缀长度	地址数量
A 类	/8	16 777 216
B 类	/16	65 536
C 类	/24	256

用于主机之间正常单播通信的地址被称作单播地址。非常明显，被分配地址空间的主要部分专用于单播地址。这些地址有时也被称作公开地址或全球可路由地址。另外，也存在其他地址类型。描述特殊用途 IPv4 地址的规范[11]列出了 15 个不同的特殊地址块。这里将讨论最重要的地址块。

如将在下面看到的，IPv4 地址主要用于网络节点之间的单播通信。但是，除此之外，存在具有特殊含义的特殊地址。40 亿个地址的 IPv4 地址空间的大部分被用于互联网之上通信的常规单播地址，但存在不能用于那个目的的相当多的地址空间。这甚至进一步地限制了互联网中的地址数量。后文将讨论 IPv4 地址稀缺性为何是一个问题。

1. 私有用途网络

10/8、172. 16/12 和 192. 168/16 预留用于私有用途网络[12]。普遍情况下，这部分地址空间被称作私有地址空间，并寻址私有地址。这些地址仅可用于一个私有网络内。它们不能直接用于互联网中，原因是从一个私有地址块中分配的地址在整个互联网上不是唯一的。

2. 共享的地址空间

100. 64/10 预留用于共享的地址空间[13]。共享的地址空间类似上面介绍的私有地址，但并非用于通用用途，共享的地址空间意图用在一个运营商网络内。

3. 回环

127. 0. 0. 0/8 预留用于回环地址。这些地址排他性地用于主机内部通信。在任何网络上不应该看到带有回环地址的分组。

4. 链路本地地址

169. 254/16 地址块用于受限于一条链路的通信。这些地址特别用于一台主机得到一个真实地址（私有地址或公开地址）之前的情形。在一些情形中，如带有直接连接的主机时，这些地址可能是一条链路上可用的唯一地址（RFC 3927[44]）。

5. 组播

224. 0. 0. 0/4 块用于组播服务。如何使用组播地址空间是在 RFC 5771[14]中做出规范的。

6. 为未来用途预留的地址

地址块 240. 0. 0. 0/4 被标记为用于未来用途。就这个地址块的用途，一直存在诸多争议。一些路由器似乎认为，如果它们看到来自这个地址空间的一条分组，就是一个错误。因此，这个地址空间的使用是相对困难的，至少在互联网级别上使用是这样的。明显的是，在采用这个地址块做些什么方面一直存在大量压力和兴趣，原因是它大约是整个地址空间的 6%。但是，在本书撰写之时，还没有为之找到用途。

7. 受限的广播地址

地址 255. 255. 255. 255/32 是用于链路本地广播的一个特殊地址。带有这个目的地址的分组不会在 IP 层上被转发，但在链路范围内的所有节点都得到该分组。一些应用使用这个地址作为初始启动的目的地址。

1.4.2　IPv6 地址

IPv6 地址字段有 128bit 长，因此赋予比 IPv4 远较大得多的地址空间。IPv6 地址空间的理论最大数量是 $2^{128} = 3.4 \times 10^{38}$。像这样大的数是相当难以理解的，且人们已经尝试以各种方式来解释这个数字。例子之一是，地球的每平方米都有 6.5×10^{23} 个地址。不清楚的是为什么某个人希望按平方米来分配地址，但信息是清晰的：IPv6 地址空间是非常大的。

为将 IPv6 地址与 IPv4 地址做出区分，并有至少是模糊可读的一个地址格式，IPv6 有其自己的文本格式。在 RFC 4291[15] 和 RFC 5952[16] 中定义了文本格式。一个 IPv6 地址的文本表示法由 8 个以冒号分隔的 16bit 十六进制字段组成——X：X：X：X：X：X：X：X 因为 IPv6 地址格式非常长，并且相当复杂，所以有关如何表示地址的规则也比较复杂。

下面是合法地址表示的例子：

2001：41d0：1：7827：：1

2001：db8：：a：0：0

2001：db8：：a

：：1

每个 X 的 16bit 值以没有前导零的方式表示。进而，当地址有 32 或更多个连续的零比特时，零比特序列可以语法 "：：" 的形式缩写。"：：" 在一个地址中仅可使用一次。如果一个地址有多个零系列，则 "：：" 必须在使之最不同的地方加以使用。下面是将 0 从一个 IPv6 地址中压缩掉的一个例子：2001：0db8：0000：0000：0000：0000：0000：000a 可以更可读的形式表示为 2001：db8：：a。

也为在最低 32bit 携带 IPv4 地址的 IPv6 地址定义了一种特殊的文本寻址格式。这种地址的地址格式是 x：x：x：x：x：x：d.d.d.d，其中各个 d 表示一个 IPv4 地址[15]。这种嵌入地址的一个例子是 64：ff9b：：192.0.2.1[17]。

当一个 IPv6 地址需要采用一个端口号加以呈现时，应该使用方括号 "［" 和 "］" 使地址无歧义。在没有括号的情况下，难以确定最后数字是一个端口号还是一个 IPv6 地址的组成部分，如这里的 2001：db8：：a：80 所示。使用括号的一个正确例子使区别变得清晰了：［2001：db8：：a］：80。许多应用，如网页浏览器，期望 IPv6 地址放在方括号中。

与在 IPv4 中一样，在 IPv6 中，地址也被分成网络前缀和主机部分。在 IPv6 中，主机部分被称作接口标识符（IID）。单播地址的 IID 被定义为 64bit 长[15]。IID 至少必须在接口（由此在节点中）所处的链路范围中是唯一的。但是，IID 也可在一个较大型范围中是唯一的。网络前缀长度以在前面针对 IPv4 描述的相同方式，在 IPv6 中加以表示。例如，2001：41d0：1：7827：：/64 意味着网络前缀是 64bit 长的，而在 2001：41d0：1：：/48 中，前缀长度是 48bit。

结果，长到 64bit 的 IID 长度，也受到最大为 64bit 的网络前缀长度的约束。因此，为单条链路分配至少/64 的一个网络前缀是规范的,不管在那个子网中有多少节点。在 IPv6 中,重要的是不再统计单个地址数量,而统计每条链路的/64 前缀数量。这是与 IPv4 非常不同的一种哲学理念,对许多人而言是不直观的。在 IPv4 中地址策略是由保护(避免浪费,conservation)所驱动的,而在 IPv6 中驱动要素是网络和编址简单性,以及附加的安全考虑,这将在第 3 章中进行讨论。

1.5 传输协议

如前文所述,IP 在 IP 网络(如互联网)上提供不可靠的分组交付。在两端点之间它提供的唯一复用是它所携带的不同协议之间的不同。由此,其他事物不得不由高层协议来提供。这些协议被称作传输协议,原因是它们的工作是端到端地传输实际的应用净荷。如今使用的两个最重要传输协议是用户数据报协议(UDP)[18] 和 TCP[5]。一般来说,传输协议是 IP 地址族不感知的(agnostic)。由此,相同协议可用于 IPv4 和 IPv6。当然,在实践中传输协议本身需要与不同网络层一起工作,将在第 3 章了解这一点。

在本节将尝试给出这些传输协议的一个简短概述。

1.5.1 用户数据报协议

用户数据报协议(User Datagram Protocol,UDP)是一个非常简单的协议。它仅提供两项服务:服务和连接复用,以及一个校验和,后者由接收端点被动地检查在传输过程中是否引入比特错误。复用是由 UDP 首部中的端口号字段完成的——源端口和目的地端口。五元组(IP 首部中的源地址、目的地地址和协议号以及 UDP 首部中的源端口号和目的地端口号)唯一地识别端主机的连接。

UDP 不能保障分组是按序传输的,或实际上甚至它们由另一端接收到。由此,没有可靠性机制。因此,UDP 通常用于传输应用数据,其中偶然的分组丢失不是致命性的,且尽可能快地传输分组比可靠性更重要。这些是这样的应用,其中忘记分组比滞后传输分组要更好。这些应用包括 IP 上的话音(VoIP)(IP 电话)。如果一项应用需要可靠的分组交付,则它应该自己实现可靠性机制,或使用 TCP。

1.5.2 传输控制协议

传输控制协议(Transmission Control Protocol,TCP)是 IP 协议族中最重要的协议之一。事实上,IP 协议族被非常普遍地称作 TCP/IP。TCP 提供可靠的、有序的传输,有服务和连接复用,以及带有拥塞控制功能。多数互联网应用要求可靠传输。因此,如文件传输、视频流化,以及特别是 web 流量都在 TCP 之上传输。所以,多数应用使用 TCP 在互联网上通信。

与在 UDP 中一样,应用和服务复用是采用源端口和目的地端口号实现的。可靠性是通过接收主机确认它所接收的分组做到的,通过这种方式,发送主机注意到哪些分组已经丢失。之后重传这些分组。TCP 拥塞控制算法监测这种分组丢失。TCP 实际上假定分组丢失总是由拥塞导致的，且 TCP 将降低其传输速率，以适应这种感知到的拥塞。由于这种行为，TCP 得到这样一种坏名声，即是无线网络的一种不友好的协议，原因是在无线网络中，分组丢失可以由不仅仅是拥塞外的许多原因造成的。但是，近些年来，新的无线接入技术变得更加 TCP 友好，且新的 TCP 扩展更多地考虑到无线网络。所以，TCP 的坏名声通常是过时了。

TCP 是相对复杂的。因此，在本书中如非必要将不尝试描述 TCP。但是，感兴趣的读者将在本章结尾的 1.11 节，找到扩展阅读的良好建议。

1.5.3 端口号和服务

在 IP 网络中，端口号实施一项重要的功能，所以值得专门用一节加以讨论。在 UDP 和在 TCP 中的端口号字段有 16bit 长，因此可携带 0～65 535 的数字。这个端口范围被分成不同用途。0～1023 范围被称作著名的端口或系统端口，端口 1024～49 151 被称作注册端口或用户端口，剩下的 49 152～65 535 被称作私有的、动态的或短暂的端口[19]。

著名的或注册的端口一般标识一项服务、一项应用或一种用途。这意味着一项特定应用或服务正侦听那个端口，并被理解为那项服务。例如，端口 21 是文件传输协议（File Transfer Protocol，FTP）[20]的控制部分，端口 23 是 Telnet[21]，端口 80 是超文本传输协议（Hyper Text Transfer Protocol，HTTP)[22,23]。因此，例如在端口 80 侦听和应答的一项服务，期望是一台 web 服务器。

1.6 域名服务

IP 地址由计算机——相互通信的主机和路由器——使用。但是，IP 地址不是可由人类记住的最直观的标识符。相比数字而言，人们更容易记住名字。为解决这个问题，在 RFC 1034 和 RFC 1035[43,24]中开发了域名系统（Domain Name System，DNS）。DNS 支持人类可读的名字用于协议和用户界面，虽然为了具有更好的计算特征，互联网仍然采用数字发挥作用。基本上来说，DNS 是一个分布式数据库，它提供名字到地址和地址到名字的映射。所以 DNS 有点像互联网的一个大型电话簿。

1.6.1 DNS 结构

DNS 是覆盖整个互联网的一个全球数据库。因此，扩展性是非常重要的。所以，DNS 被设计为一个分布式的、层次结构的数据库。图 1.3 给出了 DNS 结构。在 DNS 名字中也可看到这种结构。例如，如果研究名字"www. example. com."的话。像这样的一个完全的 DNS 名字被称作一个完全合格的域名（Fully Qualified Domain Name，FQDN）。它由如下部分组成，在图 1.3 中可找到这些部分。

1）**root（根）** 由一个 FQDN 末尾的最终点号（"."）表示。root 是层次结构的顶部，是 DNS 数据库的中心点。对于用户，这个最后面的点号通常被隐藏，且用户通常看到"www. example. com"而不是"www. example. com."。

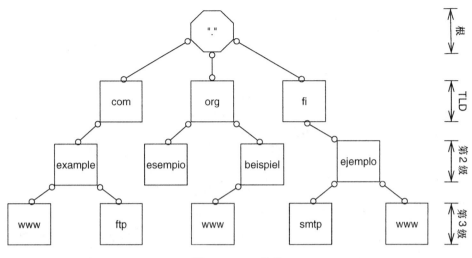

图 1.3　DNS 结构

2）**顶级域**（**Top Level Domain，TLD**），如其名字所蕴含的，是域名的最高点。它们是一个域名末尾的 .com、.org 和 .de。有三类 TLD：通用顶级域（gTLD）、国家代码顶级域（ccTLD）和一个基础设施 TLD。在 1.6.3 节更加详细地研究 TLD。运营和拥有一个 TLD 的一个组织被称作一个注册处。注册处将第 2 级域卖给或分发给需要域名的组织。

3）**第 2 级域**由注册处拥有和控制。注册处包括公司、组织甚至私有人。一个第 2 级域属主可创建第 3 级域名，并以第 2 级域属主所希望的方式分发那些域名。

4）**第 3 级或更低级域**是在第 2 级以下创建的域。它们可指明一项服务（如 www、ftp 等），或它们可以是描述性的。例如，cs.helsinki.fi 是赫尔辛基大学计算机系的域名。

1.6.2　DNS 操作

前一节解释了 DNS 名字的结构。本节将研究实际的 DNS 解析（将一个 DNS 名字映射到一个 IP 地址）实际上是如何工作的。图 1.4 给出了该过程的一个简化概图。下面逐步骤地研究解析这个过程。

1）当一台主机有一个 FQDN（它希望将之转换为一个 IP 地址）时，该过程启动。主机的 DNS 解析器将一条 DNS 查询发送到一台递归 DNS 服务器（RDNSS），后者已经在主机的 DNS 配置（如通过 3.10.2 节所述的方法）进行配置。

2）一个 RDNSS 接收到针对 www.example.com 的 DNS 查询，RDNSS 必须首先寻找哪台服务器负责 .com TLD。RDNSS 知道根服务器地址，且它将查询发送到根服务器之一。根服务器指向负责 .com 的服务器。

3）RDNSS 将查询发送到负责 .com 的权威服务器。这台服务器以指向负责 example.com 的服务器作为响应。

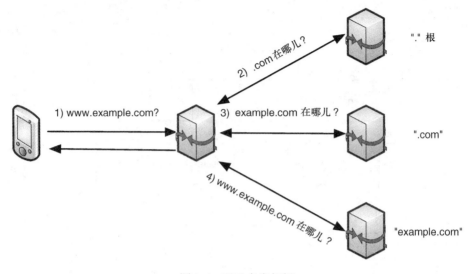

图 1.4　DNS 名字解析

4）RDNSS 将查询发送到 example. com 的权威 DNS 服务器。该 DNS 分区以包含对应于 www. example. com 的 IP 地址的 DNS 记录做出应答。

5）RDNSS 将包含 www. example. com 的地址的记录发送到主机。

IP 地址被存储在 DNS 记录中。IPv4 记录被存储在 A[24] 记录中，IPv6 地址存储在 AAAA 记录[25]（也称作 4A 记录）中。可在 3. 9. 4 节和 3. 10. 2 节查看 IPv6 到 DNS 的更多细节方面的隐含意义。

1. 6. 3　顶级域

顶级域有三类 TLD：gTLD、ccTLD 和基础设施 TLD。互联网指派地址（IANA）根区数据库[26] 列出当前 TLD。下面解释不同的 TLD 类。

1）**gTLD** 是一个通用名字 TLD，指明在下一级上有关组织或内容的通用信息。例如，. com 指明商务公司，. org 是组织机构（通常是非盈利的），. net 是网络，. mobi 是移动通信。但是，这些指示信息在现实中不是非常严格的。一个 gTLD 总是有三个或更多个拉丁字符长。gTLD 通常由私有组织拥有和运营，它将第二级名字卖给或分发给以某种方式连接到那个类的其他组织。gTLD 由互联网指派名字和号码公司（ICANN）管理。在本书撰写之时，存在 21 个独特的 gTLD。但是，ICANN 有正在酝酿的新 gTLD 过程，其中新的 gTLD 需要评估才能得到批准。在申请窗口期间，ICANN 接收到几乎近 2000 份独特的申请[27]。

2）**ccTLD** 指明一个国家或地区（在 ISO-3166[28] 中定义），且 ccTLD 由在同一标准中定义的两个字符组成的字符串组成。ccTLD 通常由国家或地区的政府、一个政府代理机构或由本地政府指定的一个组织运作和拥有。存在两字符 TLD，其使用就像 gTLD 一样，也许甚至由公司拥有。例如，这些包括 . tv 在内的 ccTLD。但是这些最初的 ccTLD

没有被拍卖，或仅是以 gTLD 的方式在使用而已。

　　3）**基础设施（TLD）**是 . arpa TLD。IANA 出于技术目的为互联网工程任务组（IETF）管理 arpa，作为互联网基础设施的组成部分。例如，. arpa TLD 被用于 DNS 反向查询（RFC 3172[45]）——将 IP 地址映射到 DNS 名字。

1.6.4　国际化的域名

　　最初，DNS 仅支持拉丁字符。明显地，在美国互联网的诞生、再与计算机系统取得输入的各项挑战中有其根源，并重新产生其他字符集。但是，现代计算可支持更多字母表。另外，互联网已经成为一种全球现象，其中多数用户不是可以说本土英语的人，或甚至使用拉丁字母表的人。因此，IETF 规范了对国际域名（IDN）的支持[29-32]。

　　IDN 开始于不同 TLD 下的第 2 级域。另外，ICANN ccTLD 快速轨迹过程（Fast Track process）使某些 ccTLD IDN 变种被接收到根（级别）。人们期望，多个 IDN gTLD 将由新的 gTLD 过程引入。

1.7　IPv4 地址耗尽

　　如前面解释过的，IPv4 的 32bit 地址字段将理论最大地址数量设置为 2^{32} = 4 294 967 296 个地址。为了更清晰地理解地址空间用法，可考虑 IPv4 地址空间由 256 个尺寸为/8 的地址块组成。如前所述，有不能用于互联网中正常通信目的的地址空间。包括 RFC 5735[11] 中规定的所有不同的特殊用途地址空间，有 35.078 个/8s（14%）不能用在互联网上。这剩下 220.922 个/8s 可用于互联网节点——3 706 456 113 个地址的范围，恰好小于 40 亿。

　　因为连接到互联网的所有节点都需要它们自己的唯一地址，所以只有少于 40 亿个个体节点可同时处在互联网上。这些节点包括路由器、服务器、端主机，基本上来说是连接到互联网的所有节点，它们从互联网上是可达的。在本书撰写之时，世界人口在 70 亿左右，且已经有 20 多亿互联网用户，这个数字正在快速增长。物联网（见 6.5 节）的引入对地址空间消耗造成巨大的额外压力。明显的是，IPv4 地址空间是一项受到严重约束的资源。为了清晰地理解 IP 地址分配问题和 IPv4 地址空间耗尽的状况，现在看看 IP 地址是如何分配到端用户的，IPv4 地址空间耗尽的历史是什么样的，以及采取了哪些措施来缓解 IPv4 地址空间的耗尽问题。最后，将看看在本书撰写之时的情况。

1.7.1　IP 地址分配

　　IP 地址分配是一个层次型的系统。图 1.5 给出的是如何建立 IP 地址分配层次结构。这是层次结构的一种表示法。当然可以找到其他描述，其中各方框处于一种不同顺序。IP 地址分配应该是更技术的、机械的功能。但是，在过去数年间，围绕 IP 地址分配的不同兴趣使这个过程政治化了，甚至建立过程都受到质疑。但是，就我们的观点看，当从一个技术角度观察互联网时，这幅图是合理的。

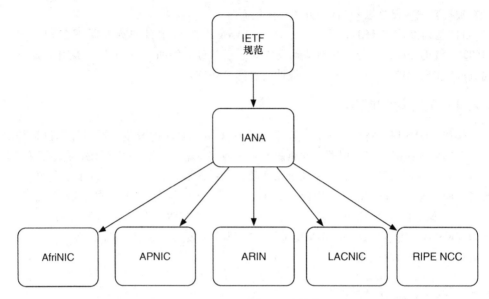

图 1.5　IP 地址分配层次结构

　　层次结构的最高层是 IETF。IETF 是标准化组织，它负责规范 IP 技术，包括互联网协议（IP）本身。IETF 规范标准确定地址有多长，寻址架构是什么样的，以及不能作为单播地址分配的特殊地址范围是多大。

　　IP 单播地址的全球分配是 IANA[33] 的职责，它由 ICANN[34] 运作。在 IPv4 中，IANA 为区域互联网注册机构（RIR）[35] 分配/8 地址块。各 RIR 负责在地区范围内分配地址。如今存在 5 个 RIR：非洲的非洲网络信息中心（AfriNIC）、亚洲太平洋地区的亚太网络信息中心（APNIC）、美洲互联网地址号码注册机构（ARIN）、拉丁美洲的拉丁美洲和加勒比海网络信息中心（LACNIC）以及欧洲的研究 IP 欧洲网络协调中心（RIPE-NCC）（Réseaux IP Européens Network Coordination Centre）。

　　RIR 负责将 IP 地址分配到其区域内的本地互联网注册机构（LIR）。一般来说，LIR 是运营商或较大型的组织，它们将 IP 地址分配给地址的最终用户——使用地址的主机和路由器。从 IANA 将 IP 地址分配给 RIR，从 RIR 将 IP 地址分配给 LIR，都基于全球或 RIR 策略。基于商务或技术基础（依据），通常各 LIR 将地址分配给端用户。基本上说，分配多少个 IP 地址给一条消费者宽带线路背后的不同计算机，依据的是端用户与运营商签订的合同。

　　就地址分配而言存在不同的都市传闻。有关一些北美大学如何比一些非常大的国家还多地址的故事，被用来说明地址分配过程是不公平的，且将某些地区区域排在其他区域前面。虽然就这些故事而言有些依据，但当互联网仍然主要是一个研究网络时就参与其间的大学、组织、企业，也包括国家，都得到相对大型的（IP）地址分配。例如，在开始时得到 A 类地址。但是，随着互联网成长壮大，地址分配策略和过程已经演化成我们今天采用的那种，它是基于需要确定的。所以，这些故事现在多半都过时了。

1.7.2　IPv4 地址耗尽的历史

2011 年 2 月 3 日，IANA 宣称，它已经将最后的/8 IPv4 地址块分配给各 RIR。2011 年 4 月，APNIC 宣称，它已经达到其/8 的最后地址块，在 2012 年 9 月 RIPE NCC 表明出现了相同情况。可预计其他 RIR 很快出现同样情况。也许在您拿起这本书时，其他 RIR 也已经用光了 IPv4 地址。所以，如今容易得到的 IPv4 地址已经耗尽了。

但是，IPv4 地址空间的耗尽不是一件令人惊奇的事情，且技术共同体已经为之准备了十多年时间。IPv4 地址出现耗尽危机的首次时间是在 20 世纪 90 年代初。当时，问题是地址类。如前文所解释的，地址被分成不同类，且 IPv4 地址分配的大小取决于类。这个体系是非常严格的，难以按组织从类中找到一个不错的拟合情形。因此，多数较大型的组织至少需要一个 B 类地址空间。所以，当互联网开始在 20 世纪 90 年代初期增长时，B 类地址快速地用光了。

IETF 的互联网技术共同体设计了 CIDR[36,37]，支持以所需块尺寸在整个地址空间分配地址空间。这种改变为共同体开始重新设计互联网协议（IP）并规范一个新的 IP 协议版本充分地延长了 IPv4 寿命，这个新 IP 协议版本为互联网增长提供了充足的地址空间。CIDR 解决了 IPv4 地址分配效率问题，足以处理 20 世纪 90 年代和 21 世纪初期的互联网增长问题。

宽带联网的增长，以及联网计算机和其他网络设备的快速增长，点燃了互联网的增长速度。在企业中甚至在家庭中网络得以增长。这带来了企业连接和私人用户的每用户多个地址的需要。但是，运营商遵循后将 IP 地址分配给用户线的规则。多数运营商仅为每用户分配一个地址，所以仅支持有一台计算机连接到网络。存在将多台计算机复用到单个公开 IP 地址的需要。私有地址空间[12]和网络地址转换（NAT）[38]的引入使这种情况成为可能。NAT 是这样一种技术，它支持将多个私有 IP 地址复用到单个公开 IP 地址。通过使用高层协议标识符，如 TCP 和 UDP 端口号，完成复用。图 1.6 描述了 NAT 原理。从实践角度看，NAT 遵循这样的原理，即来自内部网络的流量（从图的左侧）去往互联网。NAT 重新外发分组，方法是以其外部 IP 地址替换源 IP 地址，以其

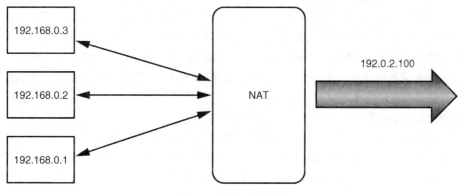

图 1.6　网络地址转换

可用端口之一替换传输协议中的源端口。当一条下行链路分组到达，其目的地为 NAT 的地址和端口时，则它知道重新分组，使之到达私有网络内部的主机。所以，一个 NAT 使用端口号扩展了 IP 地址范围。

随着 IPv4 地址空间逼近耗尽，许多运营商在其网络中部署 NAT，并将私有地址赋予其客户。特别是在移动网络中，NAT 广泛存在于端用户和互联网之间。这样的事实与 NAT 已经存在于端用户网络中的情况相结合，意味着 NAT 的使用在未来只能增加。除了 CIDR 外，NAT 是 IPv4 地址空间一直持续了这么长时间的主要原因。

虽然这些技术显著地增加了 IPv4 地址空间使用的效率，但它们没有改变互联网协议的基础和对全球可路由 IPv4 地址的需要。IPv4 地址空间将被耗尽。采用这些技术仅是需要更长的时间而已。

1.8 迄今为止 IPv6 的历史

这里将尝试给出 IPv6 历史的一个非常简单的概述，并给出当前 IPv6 部署的一个快照。写下 IPv6 部署的当前状态是作者的一项预计风险。在本书实际上到达其读者时，IPv6 部署将已经从其被描述之处得到显著进展。另外，作者们说，在下一年将发生重大的 IPv6 部署，但我们这样说了许多年。但是，严肃地考察一下当前的 IPv6 部署，明显的是，技术成熟度和整体部署在过去数年过程中取得了巨大进步。没有理由预计这个进程将会停止。相反，随着 IPv6 地址耗尽的逐步逼近，仅可预计部署会得到加速。

1.8.1 IPv6 技术成熟度

在 20 世纪 90 年代初，IETF 开始深入考察 IP 技术演进的新的技术选择。就互联网协议新版本，IETF 确定的一致意见是 IPv6。到 1998 年，IETF 已经完成 IPv6 基础规范 RFC 2460[4]。在标准化的同时，在学术界和私营部门，也存在了多项实施项目。最著名的 IPv6 实施是由日本的 WIDE 项目完成的[39]。WIDE 项目的 IPv6 实现 KAME[40] 是 IPv6 支持多个广泛使用操作系统（如 Linux 和 FreeBSD）的基础。

如今所有现代主流操作系统及其许多变种，包括 Windows、Mac OS X、Linux、FreeBSD、Symbian 和 Android，都支持 IPv6。多数操作系统也默认地激活了 IPv6。这意味着，如果设备所连接的本地网络支持 IPv6，则操作系统可使用这种能力，不需要用户显式地激活 IPv6。另外，许多主流应用已经激活支持 IPv6，其中包括所有现代网页浏览器。但是，存在还不支持 IPv6 的许多应用，没有清晰的路径会迁移到 IPv6。特别地，受限于没有支持的较陈旧应用就永远得不到更新。

向运营商和企业网络提供设备的主要交换机、路由器和其他网络设备厂商，已经早些时候就提供了支持 IPv6 的设备。最初，IPv6 支持被包括在软件的测试或试验型分支中，有时 IPv6 仅以软件实现，而此时 IPv4 支持也许得到硬件加速。另外，在相同产品中，最初 IPv6 支持也许缺乏 IPv4 中存在的功能特征，这是指功能特征不平等。所以，就功能特征和性能而言，产品中第一代 IPv6 支持也许要比 IPv4 差。在过去数年中这种情况得到急剧改变，且多数主要厂商宣称，对 IPv4 和 IPv6 采取特征同等支持。

但是，在采用 IPv6 方面一直较缓慢的一个细分市场是家庭路由器厂商共同体。仅在最近，支持 IPv6 的家庭网络设备才可广泛地购买到了。令人悲哀的是，当前的和仅缓慢被更新的安装基数的大部分不支持 IPv6，至少不处在 IPv4 的同等水平上。

在 21 世纪初，第 3 代（3G）网络服务和移动电话的引入，被看作 IPv6 采用的一项主要动因。但是，长时间以来，3G 电话多数情况下被用于话音呼叫，在互联网接入方面仅处于辅助地位。移动宽带服务和智能手机的引入，改变了事件的进程，且准确地说，就是所预料的情况发生了，仅是在 10 年以后而已。直到最近，基本上来说仅有基于 Nokia Symbian 的智能手机支持 IPv6。但是，由于主要移动网络运营商的要求，现在 IPv6 正缓慢地成为一项标准功能特征。

1.8.2　IPv6 网络部署

第一个全球 IPv6 网络是 IPv6 技术测试床 6bone[41]。6bone 是由 IETF IPv6 共同体创建的，提供这样一个场所，其中 IPv6 技术可被测试，连接不同的 IPv6 测试项目，并采集 IPv6 运营经验。该网络本身几乎就是部署在全球互联网基础设施之上的一个虚拟网络。它有其自己的网络前缀 3FFE::/16[42]，这是临时指派给测试床的。该测试床从 1996 年到 2006 年处于运营状态，在 2006 年 6 月 6 日退役（注意日期：6.6.6），这标志着 6bone 的结束和第一个 IPv6 日。有时被不正确地说是，6bone 是互联网 IPv6 网络骨干。但是，其意图总是 6bone 是技术测试阶段的一个临时测试床。随着 IPv6 技术成熟以及互联网本身正日渐支持 IPv6，6bone 就不再需要了。6bone 前缀不再能够在互联网上被路由。

互联网核心的定义是一个困难的定义。由于互联网的分布式特征，难以表述哪些运营商提供互联网的真正核心。经常的情况是，所谓的互联网层 1 提供商被看作互联网的核心。但事实远非如此。这些运营商经常是具有全球存在能力（global presence）的较大型运营商。向其他运营商提供互联网中转的主要运营商（包括层 1 运营商），已经向他们的运营商和商务客户提供 IPv6 服务。就那个意义上来说，人们可以宣称，互联网核心网络某个时间以来已经支持 IPv6。这项发展是在多年间增量式地发生的，且对端用户而言几乎是不可见的。运营商也有不错的迁移工具，这使之在互联网核心支持 IPv6 是相对容易的。

虽然一些革新型的接入网络运营商已经部署 IPv6，并将之提供给端用户，但世界上的多数接入运营商还没有提供 IPv6。在互联网接入网络中 IPv6 的缓慢部署是有许多原因的。首先，IPv6 不是运营商可卖给端用户的一项功能特征。这种缺乏一个明显商务案例的情况，最可能是在接入网中 IPv6 缓慢采用的排第一位的原因。这不是用户当前需要的一项功能特征，或者他们将准备支付的。其中的重要因素有相对缓慢的投资周期（特别是在固定接入网络之中）以及在网络中存在非常陈旧设备的结果。即使新设备确实对 IPv6 支持得很好，但接入运营商在他们的网络中也有十年之久的设备，这些设备是不得不被替换的。没有更多收入前景的投资在一家公司的管理层是从来不受欢迎的。另外，如前所述，缺乏支持 IPv6 的家庭路由器，可能对部署计划有影响。同时，难以说清哪个是因哪个是表象。从光明的一面看，支持 IPv6 的接入网络数量正在稳定增长，包括大型固定接入运营商（像 Comcast）已经在提供商务服务。

描述 IPv6 接入缓慢采用的一个原因是缺乏 IPv6 服务。长时间以来，大型互联网服务（像 Google、Facebook、Yahoo 等）都不支持 IPv6，或仅部分地支持 IPv6。这也为互联网共同体认识到了。互联网社团开始组织世界 IPv6 日活动。2011 年世界 IPv6 日提供了这样的一天，期间大型互联网服务提供商在其主要网站上一整天切换到 IPv6，以此运营性地测试 IPv6。这被认为是一项极大成功。2012 年，互联网社团协同世界 IPv6 启动，其中许多互联网服务提供商永久地切换到 IPv6。这至少部分地解除了接入网络运营上和互联网内容提供之间的鸡和蛋状况。这是积极地协调（或更确切地讲是同行压力）如何帮助将业界团结起来的鲜明证据。

1.9　正在进行的蜂窝部署

在一个商用网络中部署 IPv6 的第一家 3GPP 运营商是芬兰的 Sonera（如今的 Telia Sonera）。早在 2004 年他们就在其商用网络中启动了一次 IPv6 试验。那时 IPv6 支持还没有商用化，因此对正常端用户是不可访问的。也许，第一个商用服务部署是在斯洛文尼亚，其中在 2010 年国家级的蜂窝网络提供商用化 IPv6，这是由斯洛文尼亚 GO6 协会协调的，它是斯洛文尼亚的一个非盈利业界联盟。

最近北美的主要运营商开始启动开放的 IPv6 试验，且其中一些运营商以新的长期演进（LTE）蜂窝网络商用化了 IPv6。另外，一些亚洲运营商启动了他们的 IPv6 服务，这是与 LTE 网络启动一起进行的。

现在主要网络设备厂商已经在相当长的时间之前就至少为端用户提供了 IPv6 服务的基本支持。但是，运营商在其当前 IPv4 互联网中提供的高级服务，也许对 IPv6 是还没有支持的。同样的情况适用于移动网络设备厂商，这一点与固定网络设备厂商相同——在过去一些年来，对 IPv6 的支持已经得到巨大改善。网络设备、用户数据库解决方案和网络管理解决方案，都存在了对 IPv6 的支持。

在运营商网络中的部署一直是极其缓慢。虽然在 IPv6 的早期日子里，3G 部署被看作 IPv6 部署的动因，但在采纳新的互联网技术方面，移动宽带运营商一直是缓慢的。但是，看来即使蜂窝部署，现在也得到动力源。所有主要的蜂窝运营商正在忙于在其网络中部署 IPv6，或正在计划部署。移动手机操作系统、蜂窝芯片和移动应用都日渐支持 IPv6，这在移动宽带市场中去除了 IPv6 迁移的一个主要问题。应该期待的是，蜂窝共同体将在未来一些年非常繁忙地采用 IPv6。本书撰写的一个主要原因是帮助人们加入或已经参与到 IPv6 部署活动，以便使速度更快。

1.10　本章小结

本章将关注点放在给出互联网、互联网技术、地址耗尽和本书撰写时的部署状态的介绍方面。互联网是构筑在一组原则上的，这些内嵌于技术和互联网本身。在下面重复一下这些原则：

- 分组交换式联网；
- 端到端原则；
- 分层架构；
- Postel 的鲁棒性原则；
- 相对独立的创新型状态。

IP 是构筑互联网的技术。它提供了一项不可靠的分组交付服务，其中分组交付基于目的地 IP 地址。当前，存在两个版本的 IP：IPv4 和 IPv6。IPv4 是主要用在互联网中的协议。但是，IPv4 地址几乎已经耗尽，对整个互联网的增长带来一项风险。因此互联网（包括 3GPP 蜂窝网络）处在其存在的最大技术迁移之中——迁移到 IPv6。

1.11　建议的阅读材料

- Where Wizards Stay Up Late，The origins of the Internet，K. Hafner，M. Lyon
- Routing in the Internet，C. Huitema
- TCP/IP Illustrated，Volume 1：The Protocols（2nd Edition），K. Fall，W. R. Stevens
- Brief History of the Internet-Internet timeline http：//www. internetsociety. org/internet/ internet-51/history-internet/brief-history-internet
- DNS and BIND，5th Edition，C. Liu，P. Albitz

参考文献

1. ITU-T. Data Networks and Open System Communication Open System Interconnection – Model and Notation Information Technology – Open System Interconnection – Basic Reference Model: The Basic Model. Recommendation Q.700, International Telecom Union – Telecommunication Standardization Sector (ITU-T), July 1994.
2. Braden, R. *Requirements for Internet Hosts – Communication Layers*. RFC 1122, Internet Engineering Task Force, October 1989.
3. Postel, J. *Internet Protocol*. RFC 0791, Internet Engineering Task Force, September 1981.
4. Deering, S. and Hinden, R. *Internet Protocol, Version 6 (IPv6) Specification*. RFC 2460, Internet Engineering Task Force, December 1998.
5. Postel, J. *Transmission Control Protocol*. RFC 0793, Internet Engineering Task Force, September 1981.
6. IEEE Society Computer. *Part 3: IEEE Standard for Information technology – Specific requirements – Part 3: Carrier Sense Multiple Access with Collision Detection (CSMA/CD) Access Method and Physical Layer Specifications*. IEEE Standard for Information Technology 802.3, Institute of Electrical and Electronics Engineers Standards Association (IEEE-SA), December 2008.
7. Moy, J. *OSPF Version 2*. RFC 2328, Internet Engineering Task Force, April 1998.
8. Coltun, R., Ferguson, D., Moy, J., and Lindem, A. *OSPF for IPv6*. RFC 5340, Internet Engineering Task Force, July 2008.

9. ISO. *Information technology – Telecommunications and information exchange between systems – Intermediate System to Intermediate System intra-domain routing information exchange protocol for use in conjunction with the protocol for providing the connectionless-mode network service (ISO 8473)*. International Standard 10589, International Organization for Standardization (ISO), March 2008.

10. Rekhter, Y., Li, T., and Hares, S. *A Border Gateway Protocol 4 (BGP-4)*. RFC 4271, Internet Engineering Task Force, January 2006.

11. Cotton, M. and Vegoda, L. *Special Use IPv4 Addresses*. RFC 5735, Internet Engineering Task Force, January 2010.

12. Rekhter, Y., Moskowitz, B., Karrenberg, D., deGroot, G. J., and Lear, E. *Address Allocation for Private Internets*. RFC 1918, Internet Engineering Task Force, February 1996.

13. Weil, J., Kuarsingh, V., Donley, C., Liljenstolpe, C., and Azinger, M. *IANA-Reserved IPv4 Prefix for Shared Address Space*. RFC 6598, Internet Engineering Task Force, April 2012.

14. Cotton, M., Vegoda, L., and Meyer, D. *IANA Guidelines for IPv4 Multicast Address Assignments*. RFC 5771, Internet Engineering Task Force, March 2010.

15. Hinden, R. and Deering, S. *IP Version 6 Addressing Architecture*. RFC 4291, Internet Engineering Task Force, February 2006.

16. Kawamura, S. and Kawashima, M. *A Recommendation for IPv6 Address Text Representation*. RFC 5952, Internet Engineering Task Force, August 2010.

17. Bao, C., Huitema, C., Bagnulo, M., Boucadair, M., and Li, X. *IPv6 Addressing of IPv4/IPv6 Translators*. RFC 6052, Internet Engineering Task Force, October 2010.

18. Postel, J. *User Datagram Protocol*. RFC 0768, Internet Engineering Task Force, August 1980.

19. Cotton, M., Eggert, L., Touch, J., Westerlund, M., and ire, S. Cheshire. *Internet Assigned Numbers Authority (IANA) Procedures for the Management of the Service Name and Transport Protocol Port Number Registry*. RFC 6335, Internet Engineering Task Force, August 2011.

20. Postel, J. and Reynolds, J. *File Transfer Protocol*. RFC 0959, Internet Engineering Task Force, October 1985.

21. Postel, J. and Reynolds, J. K. *Telnet Protocol Specification*. RFC 0854, Internet Engineering Task Force, May 1983.

22. Fielding, R., Gettys, J., Mogul, J., Frystyk, H., Masinter, L., Leach, P., and Berners-Lee, T. *Hypertext Transfer Protocol – HTTP/1.1*. RFC 2616, Internet Engineering Task Force, June 1999.

23. IANA. Service Name and Transport Protocol Port Number Registry, http://www.iana.org//assignments/service-names-port-numbers/service-names-port-numbers.xml.

24. Mockapetris, P. V. *Domain names – implementation and specification*. RFC 1035, Internet Engineering Task Force, November 1987.

25. Thomson, S., Huitema, C., Ksinant, V., and Souissi, M. *DNS Extensions to Support IP Version 6*. RFC 3596, Internet Engineering Task Force, October 2003.

26. IANA. Root Zone Database, http://www.iana.org/domains/root/db/.

27. ICANN, New Generic Top-Level Domains, http://www.icann.org.

28. ISO. *Codes for the representation of names of countries and their subdivisions – Part 1: Country codes (ISO 3166-1:2006)*. International Standard 3166-1:2006, International Organization for Standardization (ISO), November 2006.

29. Klensin, J. *Internationalized Domain Names for Applications (IDNA): Definitions and Document Framework*. RFC 5890, Internet Engineering Task Force, August 2010.

30. Klensin, J. *Internationalized Domain Names in Applications (IDNA): Protocol*. RFC 5891, Internet Engineering Task Force, August 2010.

31. Faltstrom, P. *The Unicode Code Points and Internationalized Domain Names for Applications (IDNA)*. RFC 5892, Internet Engineering Task Force, August 2010.

32. Alvestrand, H. and Karp, C. *Right-to-Left Scripts for Internationalized Domain Names for Applications (IDNA)*. RFC 5893, Internet Engineering Task Force, August 2010.

33. IANA. Internet Assigned Numbers Authority(IANA), http://www.iana.org.

34. ICANN. Internet Corporation for Assigned Names and Numbers (ICANN), http://newgtlds.icann.org/en/.

35. Organization, Number Resource. Regional Internet Registries, http://www.nro.net/about-the-nro/regional-internet-registries.

36. Rekhter, Y. and Li, T. *An Architecture for IP Address Allocation with CIDR*. RFC 1518, Internet Engineering Task Force, September 1993.

37. Fuller, V., Li, T., Yu, J., and Varadhan, K. *Classless Inter-Domain Routing (CIDR): an Address Assignment and Aggregation Strategy*. RFC 1519, Internet Engineering Task Force, September 1993.

38. Egevang, K. and Francis, P. *The IP Network Address Translator (NAT)*. RFC 1631, Internet Engineering Task Force, May 1994.

39. Project, WIDE. The WIDE Project, http://www.wide.ad.jp/.

40. Project, WIDE. The KAME Project, http://www.kame.net/.

41. Fink, R. and Hinden, R. *6bone (IPv6 Testing Address Allocation) Phaseout*. RFC 3701, Internet Engineering Task Force, March 2004.

42. Hinden, R., Fink, R., and Postel, J. *IPv6 Testing Address Allocation*. RFC 2471, Internet Engineering Task Force, December 1998.

43. Mockapetris, P.V. *Domain names – concepts and facilities*. RFC 1034, Internet Engineering Task Force, November 1987.

44. Cheshire, S., Aboba, B., and Guttman, E. *Dynamic Configuration of IPv4 Link-Local Addresses*. RFC 3927, Internet Engineering Task Force, May 2005.

45. Huston, G. *Operational Requirements for the Address and Routing Parameter Area Domain (arpa)*. RFC 3172, Internet Engineering Task Force, September 2001.

第 2 章　3GPP 技术基础

在过去数年间，移动宽带横扫世界。用户数量一直显著增长，且也许看来就像服务仅是非常快速地出现一样，但系统和它所依赖的技术在过去 20 多年中就一直在开发。在蜂窝、移动宽带系统中的关键组织是 3GPP[1]。3GPP 是一个标准开发组织（Standard Development Organization，SDO），它是 6 个地区 SDO 和国家 SDO 之间的一个联合项目[日本的无线电工业和商务学会（ARIB）[2]、美国的电信工业解决方案联盟（ATIS）[3]、中国的通信标准学会（CCSA）[4]、欧洲的欧洲电信标准委员会（ETSI）[5]、韩国的电信技术学会（TTA）[6]和日本的电信技术委员会（TTC）[7]]。3GPP 负责对用户构造移动宽带系统的需求、架构和多数协议进行标准化。但是，其中一些协议是由其他组织标准化的。在其他地方标准化的最大协议集是互联网协议（IP）的各协议。那些协议是由互联网工程任务组（IETF）[8]标准化的。

本章将讨论 3GPP 系统中使用的架构、技术和协议。另外，将简短地描述用来规范该技术的标准化过程。将以过程开始讨论，原因是理解用来创建技术的过程，帮助更好地理解系统演化的各步骤，也许可更好地理解该技术本身。

2.1　标准化和规范

一项技术强烈地受到采用创建该技术的过程的影响。一个良好组织的和良好定义的过程可快速地产生良好结果。一个包含性的和不太有结构的过程可产生创新型的解决方案。但是，太严格或太宽松的过程可阻碍技术的产生，甚至达到这样的程度，其中一项完美的技术不会及时出现，甚至带有不充分的或不适合的内容。

与其他技术一样，3GPP 网络技术也受到标准化过程的影响。明显地，3GPP 是这项技术的主要标准化组织。另外，IETF 对 3GPP 系统中使用的协议具有影响。在本节，将首先讨论 3GPP 标准和标准化过程，之后将简短地讨论 IETF。

2.1.1　3GPP 标准化过程

3GPP 是在 1998 年成立的，是为了从成功的全球移动通信系统（Global System for Mobile Communication，GSM）第二代（2G）技术（以前由 ETSI 产生的）的遗留产物中产生一项全球第三代（3G）技术。后来 3GPP 也从 ETSI 得到维护和进一步开发 2G 技术的职责。因为 3G 技术是来自 2G 技术的一个直接后代，所以唯一自然的是保持相同的过程和工作规程。所以，3GPP 工作规程或多或少地直接从 ETSI 过程采纳。

因为 3GPP 是许多 SDO 的合作伙伴关系，所以参与到 3GPP 过程的各组织是其相应 SDO 的成员，并通过那种成员关系参与到 3GPP。各成员是诸如网络运营商、网络设备厂商、手机设备制造商（OEM）和无线芯片制造商。过程本身是贡献驱动的（contribution driven）。实际上这意味着 3GPP 组织驱动标准过程，但 3GPP 成员负责技术方向，并通过向过程的输入、贡献而推动工作进展。

3GPP 过程有三个阶段：阶段 1、2 和 3。在表 2.1 中描述了这三个阶段。以外行人的话说，3GPP 首先规范了一项功能特征或一个完整新系统的需求，之后描述系统架构。当就架构存在合理的一致意见时，就写下详细的协议规范。除了需求、架构和详细的协议规范外，3GPP 也实施可行性研究，也写下其系统的测试规范。

表 2.1　3GPP 标准化过程的各阶段

阶　段	目　的
阶段 1	服务描述/需求
阶段 2	技术实现/架构
阶段 3	详细的协议规范

1. 3GPP 组织和工作规程

3GPP 中的工作是在技术规范组（TSG）中组织的，之后在 TSG 内的工作组（Work Group，WG）中实施。图 2.1 给出了 3GPP 组织结构。项目协调组（PCG）是管理 3GPP 组织的一个管理组。各 TSG 是在每个 TSG 之下协调各 WG 的组。TSG 及其职责如下：

1）SA 是负责服务和系统方面的 TSG。系统需求、系统架构、安全以及操作和管理问题是在这个 TSG 中处理的。

2）GERAN 是负责 GSM 无线维护和演化的 TSG。

3）RAN TSG 处理 3G 无线及其演化，这包括 LTE。

4）CT 工作于与核心网和终端有关的第三阶段上。

TSG SA 主要研究需求和架构方面，所以是阶段 1 和阶段 2。其他 TSG 主要研

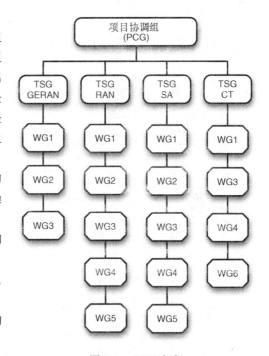

图 2.1　3GPP 组织

究阶段 3。但是，这种分工不是非常清晰分开的。在无线接入网络（RAN）和 GSM/边缘无线接入网络（GERAN）TSG 中也存在无线架构相关的工作。

在 3GPP 中，大量工作是在由 WG 举行的面对面会议中完成的。感兴趣的组织将他们的代表派来参加会议，陈述他们的贡献，并对其他组织的贡献做出反应。对技术方向的决策是基于不同提案的技术优点的一致意见的。在一致意见不是非常清晰的困难问

题中，3GPP 依赖于成员间的投票来达成决策。

3GPP 制定规范，在发行版中发布这些规范。下面将讨论不同发行版本，接着给出 3GPP 规范是如何组织的。

2. 3GPP 标准发行版本

3GPP 是从 ETSI 继承它的发行版本过程的。ETSI 过去制定 GSM 标准的每年发行版本，这些版本是以发行版本制定的那一年命名的，且 3GPP 在其第一发行版本中继续采用这种方法。但是，第二发行版本（发行版 2000）在仅仅一年中是多少有点难以处理的，所以 3GPP 决定转向不依据一特定年份的发行版本，由此也没有按年来命名。

定义分组交换架构的 ETSI 发行版本，也是本书的关注点，它们是发行版本 1997 和 1998。第一个 3GPP 发行版本是发行版本 1999。在此之后，发行版本是以规范的版本号命名的，即发行版本 4、5、6 等。在本书撰写之时，3GPP 刚刚开始发行版本 12 的工作。人们也许奇怪为什么 3GPP 从数字 4 开始而不是某个更合逻辑的号码，如 1。3GPP 规范版本号也表明规范成熟度，从 1 到 3 的数字已经被用过了。将在下面解释规范成熟度。

表 2.2 列出了到今天为止的发行版本，并描述在本书语境中的主要发行版本。

表 2.2　3GPP 发行版本

发 行 版 本	在本书语境中主要 3GPP 发行版本的描述
发行版本 97	通用分组无线服务（GPRS）的第一发行版本
发行版本 98	
发行版本 99	全球无线电信系统（UMTS）的第一发行版本
发行版本 4	
发行版本 5	引入 IP 多媒体子系统（IMS）[9]和高速下行链路分组接入（HSDPA）[10]
发行版本 6	引入高速上行链路分组接入（HSUPA）[11]
发行版本 7	引入 HSPA +
发行版本 8	LTE 的第一发行版本
发行版本 9	引入到 3G 的双栈 PDP 语境
发行版本 10	引入 DHCPv6 前缀委派法（DHCPv6-PD）
发行版本 11	
发行版本 12	

3. 3GPP 规范

3GPP 规范通常是以其数字标识的。这部分因为数字是相当短的，而且相比它们有时非常难以理解的标题更容易让人们记住。虽然这对每天研究 3GPP 规范的人们而言是相对简便的，但它对一个外行而言也许证明是非常困难的，他们难以找到合适的文档或理解一个特定文档的语境。

3GPP 文档号由两个号码组成：文档序列号和文档号。文档序列号是由一个两数字组成的号，并描述该文档规范的是系统的哪部分。表 2.3 给出了文档序列。文档号部分是一个由三数字组成的号码。例如，23.060 是文档序列 23 的一个文档 60。如果留意表 2.3，则看出它是一个阶段 2 文档。在本章中将多次引用这个特定文档。

表 2.3　3GPP 规范结构

主　题	规　范　号
21 序列	需求
22 序列	服务方面（阶段 1）
23 序列	技术实现（阶段 2）
24 序列	信令协议（阶段 3）——用户设备到网络
25 序列	无线电方面
26 序列	CODEC
27 序列	数据
28 序列	信令协议（阶段 3）——（RSS-CN）和 OAM&P 及计费
29 序列	信令协议（阶段 3）——固网内情形
30 序列	程序管理（programme management）
31 序列	用户身份模块（SIM/USIM）、IC 卡、测试规范
32 序列	操作、管理和就绪提供，以及计费
33 序列	安全方面
34 序列	UE 和（U）SIM 测试规范
35 序列	安全算法
36 序列	LTE（演进的 UTRA）和 LTE-高级无线电技术
37 序列	多无线电接入技术方面

　　本节简短地提到文档版本号。在表 2.4 中给出了版本号的含义。明显的是，难以知道何时事物达到 60% 或 80% 就绪状态。因此，这实际上意味着在版本 1 中，就要前进的方向达成一致，有这么一种感觉，即 WG 正围绕那个概念开始工作。版本 2 意味着，那个概念都已经记录在文档中，仅有协议细节需要写出。但是，就所有项目而言，那些最终细节可能需要花费令人惊奇的较长时间。当规范已经由相关 TSG 批准时，文档版本被设置为它被发布的发行版本。

表 2.4　3GPP 规范版本号

版　本	描　述
0	早期草案
1	60% 就绪草案——准备呈交给 TSG，提供信息
2	80% 以上就绪草案——当最终成稿时，准备由相关 TSG 批准
≥3	规范已经由相关 TSG 批准，3GPP 发行版本在版本号中标明

2.1.2　IETF 标准化过程

第 1 章描述 IETF 为 IP 的主要 SDO。因此，它也是 3GPP 系统的一个非常重要的 SDO。IETF 协议被用在 3GPP 系统内，且 3GPP 系统提供的服务是互联网协议的传输。因此，在我们的书中，IETF 具有 3GPP 系统第二重要 SDO 的位置。

IETF 标准化是非常不同于 3GPP 过程的一个过程。所以，它们不应该直接进行比较——对这些不错的组织而言，那样做是不公正的。IETF 中的工作是由各 WG 实施的。这些 WG 是基于它们擅长的技术而组织成领域的。各领域由领域主任（Area Director，AD）管理。在图 2.2 中给出了 IETF 结构。各 AD 形成称作互联网工程指导组（IESG），该组的头是 IETF 主席，他也是通用领域的 AD。当前，所有其他领域有两名 AD。通用域是一个非技术域，负责 IETF 的演化和通用结构。所有其他域是技术域。

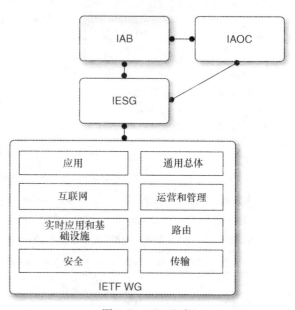

图 2.2　IETF 组织

互联网架构董事会（IAB）负责 IETF 的架构引导。如果 IESG 是一个非常具有运营性的实体，则 IAB 对于一些短期目标是非常具有战略性的。行政管理部分包括确保 IETF 组织具有足够的资金和工具，且它能够组织其会议。这是 IETF 行政管理前瞻（oversight）委员会（IAOC）的职责。

IETF 组织的有趣部分是它没有成员关系。这里的思路是过程尽可能具有包容性，且任何人和每个人都可参与到 IETF 过程。IETF 参与人员假定仅代表他们自己和他们最佳的技术判断。但是，清楚的是，多数参与人员确实为组织工作，这些组织对 IETF 有兴趣。

为确保 IETF 的进入门槛尽可能低，多数工作及其所有决策都是在 WG 邮件列表中进行的。IETF 确实一年召开三次会议，但依据规程，要参与技术过程，并不强制参与物理实体（physical meeting，真实的会议）会议。

在标准过程方面的决策是依据所谓的"大略的一致意见"（rough consensus）。因为 IETF 没有成员关系，且决策是在邮件列表上完成的，所以 IETF 不能真实地进行投票。相反，WG 主席或主席们尝试理解使用邮件列表作为他们的指南，WG 的一致意见正在往那个方向走。一致意见的"大略的"部分意味着，整个 WG 不必达成一致，但如果多数人喊出他们的意见为同意的话，则就足够了。

IETF 有两个主要类型的文档：临时文档称作互联网草案，永久文档称作请求评述（RFC）。互联网草案是表示正在进行中的文档。一个互联网草案有 6 个月的寿命，期间它将必须被再次提交，被批准成为一个 RFC，或它将不再存在。有两种类型的互联网草案：个人提交互联网草案和 WG 互联网草案。如名字所提示的，个人提交是某个人提交的东西。对提交一份互联网草案是没有障碍的，而且也没有质量或内容控制。由此，它主要代表提交人的意见。但是，WG 互联网草案必须被一个 WG 采纳。因此，它们代表那个工作组对所研究专题的关注点。

各 RFC 也有多种风格。代表 IETF 一致意见的真正规范是处在标准轨道（Standard Track）或最佳当前实践（BCP）状态的。一个标准轨迹 RFC 通常是一项协议规范或一个协议框架。BCP 描述实施或部署某件事物的当前最佳发现的方式，IETF 共同体认为业界和互联网共同体应该遵循这种方式。除了标准轨迹和 BCP 外，IETF 也制定试验型的和信息型的 RFC。一个试验性的 RFC 描述这样一个协议，IETF 还不知道它是否有用、工作良好或者也许甚至在互联网中是有害的。但是，试验状态使人们能够记录试验情况。

信息型的 RFC 范围从某个人希望发布的规范（但由于种种原因，没有通过完全的 IETF 标准化过程），涉及需求文档，到甚至愚人节玩笑。如果一个信息型的 RFC 的发布日期是 4 月 1 日，那么他应该要小心一点了，因为这不会阻止人们实现这样的规范。经典之一是"禽类载体之上的 IP"（RFC 1149[12]）。

2.1.3 3GPP 生态系统中的其他重要组织

前面几节描述了形成 3GPP 技术的最重要标准组织中的两个，这些是 3GPP 生态系统的组成部分。但是，这些并不是唯一的形成产业和技术的 SDO 或业界组织。在下面将简短地描述一下组织，它们是同一生态系统的组成部分。

1）GSM 学会（Association）（GSMA）[13]是代表全球移动运营商的一个组织。它有多个角色，范围涉及组织运营商之间的全球漫游、涵盖制定技术业界规范，到组织最大型的和最重要的移动通信会议：移动世界大会（MWC）。

2）开放移动联盟（MOA）[14]是将焦点放在规范移动服务方面标准的一个 SDO。3GPP 过去曾经并将继续与 OMA 就诸如多媒体消息通信（MMS）[15]和 IMS 服务等服务方面进行密切协作。

3）ETSI 不仅是 3GPP 奠基 SDO 之一，而且 3GPP 和 ETSI 在多个领域继续有密切的技术协作。

2.2 3GPP 网络架构和协议简介

在本节将开始逐步了解不同的 3GPP 架构和无线电接入。本书将焦点放在 3GPP 架构的分组交换（PS）域，原因是当讨论 IP 和 IPv6 时，电路交换（CS）几乎没有多少相关性。但是，为完全地理解 3GPP 系统及其架构，人们必须理解一点它在其上构建的技术。

如前所述，3GPP 系统是在不同发行版本中规范的，其中较新的发行版本是建立在以前发行版本基础上的。在 3GPP 发行版本历史中存在过起决定作用的时刻，其中，除了添加新特征外，对架构做了重大改变。明显地，第一个起决定作用的架构性事件是 GSM 架构的定义。但是，在本书语境中对架构的重大改变是与 PS 域有关的。当首次引入 PS 域时，以及之后当添加一种新的无线电接入技术时，对架构做出这些改变。这些较大的架构方面的步骤是引入 PS 域——将 GPRS 添加到 GSM 架构，切换到 3G 无线电系统（以及从 ETSI 切换到 3GPP），之后是统一移动电信系统的引入，最后是最新的无线电技术：长期演进技术。所有这三种架构都是密切相关的，且它们共享相同技术中的许多技术。但是，GPRS 和 UMTS 是如此密切相关的，以致它们现在经常被一起描述为 GPRS，或有时称 2G-GPRS 和 3G-GPRS。因此，在下面的小节中一起讨论这两个架构。但 LTE 是对 3GPP 架构的一种更激进的改变，所以对之单独描述。

现在将遵循 3GPP 系统中的这种演进过程，以 GSM 架构的一种高层概述开始描述。在此之后，将转向给出一个 GPRS 机构概述，涵盖 2G 和 3G 变形。在本节结尾处，将讲述 3GPP 架构家族的最新出现物（arrival）LTE。

2.2.1　GSM 系统

如前所述，3GPP 系统是从最初的欧洲移动电话系统 GSM 演进而来的。GSM 系统[16]是在 20 世纪 90 年代早期引入的，目的是提供数字移动电话服务。它是被广泛使用的第一个数字蜂窝移动电话系统。它是非常成功的，而且移动技术的使用开始增长。对于电信系统的用户而言，数据正变得更加重要。这些用户包括企业用户，但同样消费者兴趣正在增长。同时，IP 和互联网接入没有像今天一样占据主导地位，当时仍然是称为 X.25[17]的另一项分组数据联网技术处在广泛使用的状态之中。同时，在 GSM 系统之上提供的数据服务是纯粹基于 CS 的，这就与整个网络架构纯粹基于 CS 的情形相同。但是，出现了对分组数据日渐增长的关注。

GSM 架构由网元和那些网元之间的接口组成。对单词"接口"，人们必须要小心。在 3GPP 语境中，它意味着两个网元之间的整个垂直协议栈，有时称作一个参考点，但在 IP 语言中，它意味着一个 IP 节点的网络连接。在图 2.3 中的 GSM 网络架构中所描述的情形，就可明白这些内容。网元是带标签的方框。下面将简短地描述它们之间的主要单元和接口：

1）移动站（Mobile Station，MS）是用来连接到网络的电话、手机或其他设备。

2）基本接收发送站（Base Transceiver Station，BTS）也称作基站。这是在空中接口上直接连接到 MS 的无线电网络单元。

3）基站控制器（Base Station Controller，BSC）控制一组基站。它实施在其控制下各 BTS 之间的移动管理。

4）归属位置寄存器（Home Location Register，HLR）是包含用户数据的数据库。这个用户数据包括用来认证用户的认证数据、用户概要（包括用户订阅到哪些服务）和用户当前所在的位置。

5）移动服务交换中心（Mobile-services Switching Centre，MSC）是本地交换局，负责一组 BSC 以及在一个地理区域中那些基站下的各 MS。它实施认证、移动管理和交换用户呼叫。

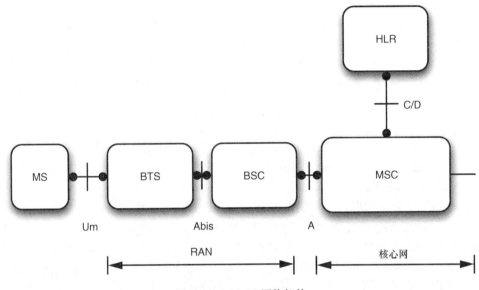

图 2.3   GSM CS 网络架构

在图 2.3 中，接口表示为打标签的网元之间的线条，从左向右看，Um 是 MS 到 BTS 的接口，Abis 是 BTS 和 BSC 之间的接口，A 是 BSC 和 MSC 之间的接口。MSC 和 HLR 之间的接口标记有两个名字：C 和 D。这种情况的原因是，当 MS 处在归属网络中时，使用 C 接口，当 MS 访问另一个网络——漫游时，使用 D 接口。由此，这个接口是当用户漫游时两个运营商之间的接口。在漫游状态下，HLR 总是处在归属网络中（所以得其名字），而 MSC 处在被访问网络中。

2.2.2   通用分组无线服务

GPRS 是首先作为 GSM 网络的分组服务被引入的。另外，3G 基于相同的架构。因此，名字 GPRS 用在这两个网络的分组网络中。本节将描述这两种风格。

1. 2G-GPRS

如前所述，GPRS 在 ETSI 发行版本 – 1997 中被引入电路交换 GSM 系统中。图 2.4 给出了基于 GSM 的 GPRS 架构。当将图 2.4 与图 2.3 比较时，清楚的是，RAN［有时也称作基站系统（BSS）作为 BSC 和 BTS 的架构性组合体］是相同的，但核心网（CN）不同。现在将焦点放在 PS 域与 CS 域不同的部分上。

GPRS 使用来自 GSM 电话系统的许多单元。BTS、BSC 和 HLR 在两个域中是相同

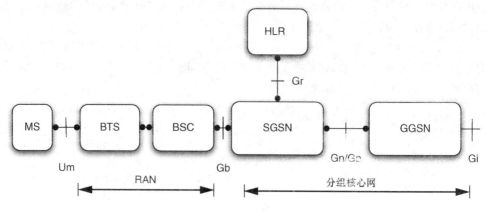

图 2.4   2G-GPRS 网络架构

的，并在这个域间共享。但是，也存在两个新单元，它们特定于 GPRS——服务网关支持节点（Serving Gateway Support Node，SGSN）和网关 GPRS 支持节点（Gateway GPRS Support Node，GGSN）。

1）SGSN 主要负责认证、授权和移动管理。另外，它采集计费信息。它连接到 HLR，获取用户概要信息。SGSN 是负责移动管理信令和用户分组转发的一个单元。因此，SGSN 是一个用户平面和一个控制平面单元。在用户平面上，SGSN 终结无线电协议，由此它是当一条分组来自 MS 时看到用户 IP 分组的第一个单元和在下行链路方向中看到 IP 分组的最后一个单元。SGSN 可实施压缩，如 IP 首部压缩[18-21]和内容压缩（使用 V.42 bis）。在控制平面上，SGSN 处理移动管理，方法是实施去往无线电网络和 GGSN 的移动管理信令。另外，SGSN 实施切换期间到其他 SGSN 的信令。当一个 MS 移动到一个区域，该区域的无线电网络由一个不同 SGSN 控制，此时实施一次 SGSN 间切换。因此，当有一条活跃的连接处于开放状态时，该 MS 可通过多个 SGSN。

2）GGSN 是 GPRS 网络中移动管理的拓扑锚点。它是 GPRS 网络和外部网络（如互联网）之间的网关。由此它终结了 GPRS 协议和移动管理功能。因为 GGSN 是移动管理锚点，不像 SGSN 的是，它在 MS 连接过程中没有改变。像 SGSN，GGSN 也实施控制平面和用户平面的职责。在控制平面上，它接收和应答来自 SGSN 的会话初始、切换和会话拆除信令。在用户平面上，它负责来自和去往外部 IP 网络的路由。另外，它也收集计费信息，且它是合法截获（LI）的一个中心点。如上面指出的，MS 在网络中移动且有一条开放的连接时，MS 可通过（go through）多个 SGSN。因为 GGSN 是锚点，所以一条连接仅可连接到一个 GGSN。但是，MS 可同时有到多个 GGSN 的多条独立的、并发的连接。将在本章后面描述这些概念。

规范新的接口，将新的网元连接到现有网元和进行相互连接。这些是最重要的：

1）Gb 接口是 BSS 和核心网之间的接口。所以，处在 BSC 和 SGSN 之间。这个接口由控制平面部分和用户平面部分组成。

2）Gn/Gp 接口是 SGSN 和 GGSN 之间的接口。当 MS 处在归属网络中时，使用 Gn

接口，而当用户漫游在另一个网络中时，使用 Gp 接口。由此，Gp 接口是两个网络运营商之间的接口。在一次切换过程中，为交换 MS 有关的信息和转发用户分组，Gn 接口也用在 SGSN 之间。

3）Gr 接口是 SGSN 和 HLR 之间的接口。

4）Gi 接口将 GPRS 网络连接到外部 IP 网络。

在 GPRS 架构中存在传递控制数据和用户数据的单元。这些包括整个 BSS 以及 SG-SN 和 GGSN。连接那些单元的接口有两种模式：用户平面模式和控制平面模式。图 2.5 给出了 2G-GPRS 用户平面协议。

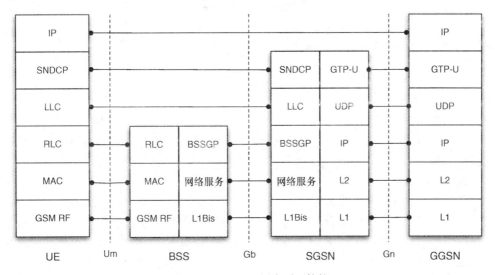

图 2.5　2G-GPRS 用户平面协议

在 2.3 节比较详细地描述接口图中给出的协议。下面将仅给出一个概述。

1）GSM 无线电协议 ［GSM 无线电频率（射频，RF）、媒介访问控制（MC）[22]、无线电链路控制（RLC）[22] 和逻辑链路控制（LLC）[23]］提供 GSM 无线电功能，包括加密、可靠性和其他无线电规程。

2）基站系统 GPRS 协议（BSSGP）在 BSC 和 SGSN[24] 之间提供路由相关和服务质量（QoS）相关的信息。Gb 接口中的网络服务最初被定义为帧中继，但现在也可能是基于 IP 的配置[25]。

3）子网络相关汇集协议（SNDCP）是在 GSM 无线电服务[18] 之上支持多网络协议传输的一个协议。

4）GTP 用户平面（GTP-U）是允许在 3GPP 核心网之上支持不同网络协议传输的一种隧道协议。

图 2.6 给出了 2G-GPRS 控制平面协议。许多协议是相同的，但功能是不同的。这些协议携带信令净荷，而不是端用户流量。如下协议不同于用户平面协议。

1）GPRS 移动管理和会话管理（GMM/SM）实施移动管理功能和连接激活、修改

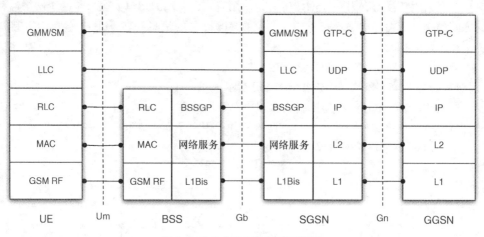

图 2.6   2G-GPRS 控制平面协议

和去活操作。

2）GTP 控制平面（GTP-C）对于 GPRS 隧道协议（GTP）就像 GMM/SM 对于 GSM 无线电一样。

2. 3G-GPRS

GSM 使用的无线电技术没有提供非常高的带宽，且业界在之前某个时间已经准备好新一代的移动电话无线电接口。这项新技术称作 UMTS，它基于一种新的无线电技术——宽带码分多址（WCDMA）。业界决定依据 GSM 架构原则规范 UMTS，并重用 GSM 协议。但是，由于要迁移到 WCDMA 技术，RAN 架构［在 UMTS 中更具体地称作 UMTS 陆地无线电接入网络（UTRAN）］必须改变，以便满足新的需求。UMTS PS 域架构（3G-GPRS）如图 2.7[26]所示。

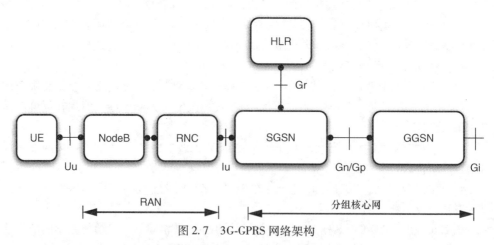

图 2.7   3G-GPRS 网络架构

2G 和 3G 架构的相似性是相对明显的。区别在于 RAN 架构中的抽象层次。2G 无线电网元 BTS 和 BSC 在 3G-GPRS 架构中已经分别由 UMTS 基站（NodeB）和无线电网络控制器（RNC）替换。另外，在单元之间的功能分割发生了变化。在 2G-GPRS 中，SG-SN 终结无线电协议。但是，在 UMTS 中，RNC 终结无线电协议。在 UMTS 中，RNC 也负责首部压缩。在 UMTS 中不支持内容压缩。在 UMTS 中 MS 的名字也改变为用户设备（UE）。但是，在文献和规范中多少（somewhat）互换地使用 MS 和 UE 术语。在本书中使用 UE 术语。

与新的无线电接入网络一起，存在一个新的接口。不是 Gb 接口，3G-GPRS 有 Iu 接口。图 2.8 给出了 3G-GPRS 用户平面协议，图 2.9 描述了控制平面协议。

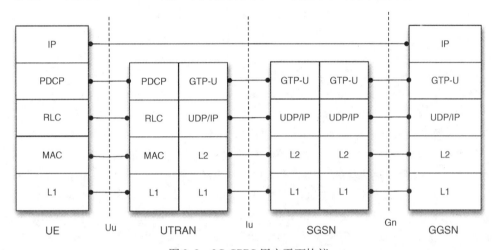

图 2.8　3G-GPRS 用户平面协议

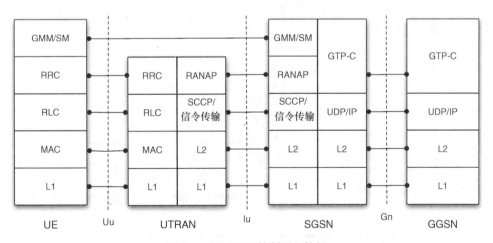

图 2.9　3G-GPRS 控制平面协议

如果与图 2.5 中的 2G-GPRS 接口比较，则可看出 Gn 接口是相同的。但是，相比 Gb 接口，在 Iu 接口中存在一个显著差异。Iu 接口与 Gn 接口一样基于相同的协议——GTP。另外，Iu 接口中的传输从帧中继改变为 IP。

图 2.9 中的 3G-GPRS 控制平面表明，除了无线电接口外，Iu 接口替换了图 2.6 中 2G-GPRS 中的 Gn 接口。这种改变引入一些新的协议。

1）像在 2G-GPRS 中的 GMM/SM 一样，GMM/SM 是实施移动管理和会话管理功能的协议。

2）无线电接入网络应用部分（RANAP）是携带较高层信令的一个 UMTS 协议。它运行在 7 号信令系统（SS7）协议族[27]之上。最初，规范 Iu 接口仅在异步传递模式（ATM）[28]之上传输。但是，该标准已被更新，支持要使用的任何传输网络技术。

3）信令连接控制部分（SCCP）是在 SS7 协议族中使用的一个协议。

2.2.3 演进的分组系统

3GPP 技术家族的最新成员是演进的分组系统（Evolved Packet System，EPS）。与 GSM 和 UMTS 一样，该架构有两部分：无线电接入技术 LTE 和核心网络架构——演进的分组核心（Evolved Packet Core，EPC）。如俗语所说，一个被宠爱的孩子有许多名字。EPS 也是如此。该术语有点令人迷惑。取决于来源，称作第 4 代（4G），EPS，或按照无线电技术命名，则整个系统被命名为 LTE。特别是在流行报纸和营销市场，使用 4G 或 LTE。EPS 核心网络被称作 EPS，有时也称作系统架构演进（System Architecture Evolution，SAE）。在本书中，将尝试使用相对一致的 EPS 术语。当设计 EPS 时，3GPP 目标是简化该架构，并使之更加兼容于 IP。因此，新架构是非常不同于 GPRS 架构的。在新系统中最重要的改变是完全没有一个传统的电路交换域。电话服务是采用一项 IP 上的话音（VoIP）技术——IP 多媒体子系统（IMS）提供的。另外，整个网络架构也变化显著。在图 2.10[29]中给出了 EPS 架构。如果在 2G 和 3G 之间的区别在于细节，则在 EPS 及其祖先（predecessors）中，是相似性处于细节之中。

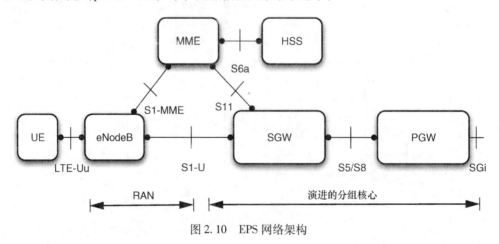

图 2.10 EPS 网络架构

EPS 网元及其功能列出如下：

1）演进的节点 B（eNodeB）是 LTE 基站。但是，它也包括无线电资源控制器（2G 中的 BSC 和 3G 中的 RNC）的一些功能。因此，在 EPS 网络架构中没有独立的无线电控制器。

2）移动管理实体（MME）负责 UE 的移动管理、认证和授权。MME 实际上是非常类似于 UMTS 中 SGSN 的一个单元。3G-SGSN 和 MME 之间的区别是 MME 仅是一个控制平面单元，它根本不实施用户平面功能。

3）归属用户服务器（Home Subscriber Server, HSS）是保存用户概要（包括认证和授权信息）的数据库。它实施与以前 3GPP 网络各代中 HLR 的相同功能。

4）服务网关（Sarving Gateway, SGW）是 eNodeB 移动性的移动锚点。它路由在无线电网络和分组数据网络网关（PGW）之间的用户流量。实际上，它实施 3G-SGSN 在用户平面上实施的相同功能。像 SGSN 一样，在一条连接过程中，SGW 可随移动管理而改变。

5）PGW 或 PDN-GW 是 EPS 和外部 IP 网络之间的网关，是 EPS 移动管理的锚点。由此，在一条连接过程中，它不会变化，因为它是 IP 网络中 UE 的拓扑锚点。PGW 实施在 GPRS 中 GGSN 的相同功能。PGW 也被用作一次建立过程中的一个 GGSN，其中存在 GPRS 和 EPS。

2.2.2 节描述了 SGSN 在一条连接过程中 SGSN 如何改变，何时 UE 会到处移动，以及 GGSN 如何不作为锚点。类似地，PGW 在一条连接过程中保持相同，在连接过程中 eNodeB、MME 和 SGW 是可能改变的。

标准允许 SGW 和 PGW 实现在同一物理单元之中。这种组合型的单元被称作系统架构演进网关（SAE-GW）。在这种配置中，功能与独立单元情形中的相同。

明显地，因为网络架构已经发生改变，所以连接它们的接口也发生了变化。在图 2.10 中列出的接口如下：

1）S1-MME 是连接 eNodeB 和 MME 的控制平面接口。

2）S1-U 是连接 eNodeB 和 SGW 的用户平面接口。

3）S5/S8 是连接 SGW 和 PGW 的接口。S5 用在归属网络内，当 UE 漫游时使用 S8 接口。这类似于 GPRS 中的 Gn 接口和 Gp 接口。S5 接口和 S8 接口组成用户平面和控制平面。

4）S6a 接口连接 MME 和 HSS。

5）S11 是连接 MME 和 SGW 的一个控制平面接口。

6）SGi 是将 EPS 连接到外部 IP 网络（如互联网）的接口。

当考察图 2.11 中的 EPS 用户平面时，从以前 3GPP 架构的遗留（继承）是明显的。当将 EPS 用户平面与图 2.8 中的 3G-GPRS 用户平面比较时，在接口命名和节点命名中可发现这两者之间的基本区别。但是，区别在于细节方面。无线电接口 LTE-Uu 是崭新的，且它基于正交频分多址（OFDMA）技术，而不是以前各代中的 TDMA 或 WCDMA。另外，当在下一节比较近距离地考察 3GPP 时，可看到协议版本中的区别。

在控制平面 EPS 和继承之间的区别是更加明显的。图 2.12 绘出了 EPS 控制平面。许多接口非常不同于以前各代。主要区别是控制平面通过来自用户平面的一些不同单元。另外，不再存在基于 SS7 的接口。所有接口都是基于 IP 的。

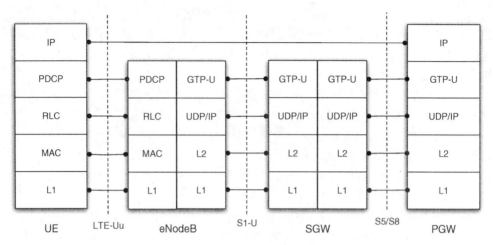

图 2.11 EPS 用户平面协议

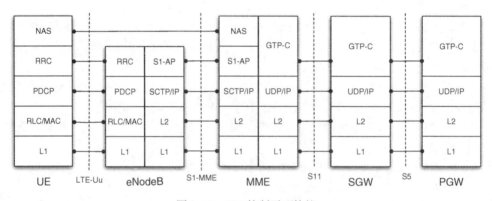

图 2.12 EPS 控制平面协议

图 2.12 和图 2.11 中给出的协议架构有时被称作基于 GTP 的架构。这将之区别于另一个架构变种，该变种是 3GPP 为 EPS 定义的——基于代理移动 IP（PMIP）的 EPS 架构[30]。但是，在这个层次处，这两个架构之间的区别是非常小的。因此，将在此点集中在 GTP 变种上，当比较详细地考察 3GPP 时，将在后面考察 PMIP 变种。

2.2.4 控制平面和用户平面及传输层和用户层隔离

3GPP 架构的一个重要组成部分是控制平面和用户平面之间，以及传输层和用户层之间的区别。这个术语有时是非常令人迷惑的，但理解这一点是理解 3GPP 架构和它是如何工作的一个重要组成部分。将首先考察用户平面和控制平面，之后考察传输层和用户层。

1. 控制平面和用户平面
3GPP 架构分成控制平面和用户平面。控制平面处理网络中的信令。它传输将一名用户连接到网络、认证和授权用户、打开和关闭连接以及实施切换信令所需的消息。如名字所蕴含的，控制平面传输控制网络和移动站的信令，用户平面负责通过网络传输用户分组。

取决于接口，控制平面和用户平面可采用完全不同的协议或同一协议的不同部分加以实现。这是由于控制平面和用户平面的非常不同的本质造成的。当存在要通知某事并刷新网络中的状态时，发送控制平面消息。它处在繁重负载之下，特别当网络连接建立以及切换过程中时情况特别如此。用户平面负载取决于用户的下载和上传速度。

2. 传输层和用户层

传输层指 IP 网络和相关传输协议，这些协议用来传输 3GPP 网络中的控制平面和用户平面。这是将网元相互连接的网络。端用户不能访问这个网络。运营商的传输层网络被连接到其他运营商的网络，支持在漫游过程中的控制平面和用户平面连接。

用户层由用户的分组组成。这包括用户的 IP 分组及其净荷。寻址、IP 版本和流量是完全独立于传输层的。

这两层是完全独立的，由此是相互无关的。这种分离支持用户所用的 IP 版本不同于网络使用的那些版本。所以，运营商可向用户提供一项 IP 服务，即使运营商的内部网络还不完全支持 IPv6 时也可做到。相反情形也是可能的：在完全支持 IPv6 的网络情形中，运营商可为遗留设备提供 IPv4 服务。

2.3　3GPP 协议

上文解释了 3GPP 架构变种，并看到它们有点不同，虽然在所有这些变种中都存在相似性。我们也了解到控制平面和用户平面之间的差异。本节将比较深入地探究控制平面和用户平面实际在实施的不同功能。另外，将比较密切地考察 3GPP 网络中使用的主要协议。

整个网络中的不同接口具有非常不同的特点。无线电接口是一种无线接口，重要的是确保消息——网络控制信令或用户分组——可以足够的鲁棒性跨过那一跳。在无线电接入和分组核心网络内或之间的一些其他接口，实际上可在带有有线和无线分段的一个完整网络上传输。那些网络的网络拓扑未必反映本书中和其他文献中给出的清晰架构图。不同接口未必在它们的不同网络或分段中，但在一些情形中却处在恰恰同一个网络分段中。取决于网络，网元可共存于恰恰相同的数据中心或处在非常不同的位置上。但是，明显的是，基站和（e）NodeB 必须位于相对靠近用户的位置，以便实际上建立一个广域无线网络。

接口中的不同意味着，消息必须由非常不同的协议承载，这取决于一个接口的特点。无线接口、2G、3G 和 LTE，都仅仅是单跳，因此它们不必在一个网络上路由。但是，一条消息的错误或完全丢失可容易地发生在无线电接口上。因此，各协议必须确保消息实际上以相对高的概率通过那一跳。另外，无线电接口处在非常公开的空间上。任何人均可尝试侦听甚至尝试注入流量。因此，各协议必须确保消息的完整性和机密性得到保护。

另外，在网络本身内部的各协议必须在运营商的基础传输网络之上进行传输。有时这些可能在长距离之上和不同类型的传输技术之上传输。这些链路中的一些链路可能是点到点的（或由基础传输技术做到看起来像点到点链路）。但是，它们也可以是由不同链路组成的网络。因此网络内的许多协议是在 IP 之上的。基于非 IP 的网络协议也用于网络中，特别用在 RAN 内。但是，3GPP 架构多数情况下将这些接口替换为基于 IP 的传输，或至少提供一种基于 IP 的替代技术。

下文将比较近距离地讨论最相关的控制平面协议和用户平面协议。

2.3.1 控制平面协议

如前文所述，就像名字所蕴含的，控制平面协议要控制网络。它们用于将用户连接到网络，认证和授权用户，以及用于会话和移动管理。除了用户分组的实际移动外，网络的全部功能是由控制协议实施的。所有这些是极其令人惊奇的技术，特别是移动管理，这使阅读起来非常有意思。但是，3GPP 技术的构建，是使高层不知道移动性的。因此，它对 IP 层几乎没有影响。所以在本书中，将关注点集中在这样的网络功能上，这是用户连接到互联网，并最终从网络断开所需要的功能。

2G 和 3G GPRS 变种以一种非常类似的方式起作用。因此，将一起探索这两个 GPRS 变种的控制平面。但是，EPS 使用一种稍微有点不同的方法，且将在其自己所属小节中单独研究 EPS。

本书的目的是理解各协议的功能，没有足够的篇幅深入讨论不同协议的细节，对于那个目的，有更好的参考文献和许多不错的作者都做过描述。感兴趣的读者可看一下在本章末尾 2.10 节。已经在 2.2.2 节描述了 GPRS 的协议架构，在 2.2.3 节定义了 EPS 协议架构。下面通过解释所用的信令，将给出 UE 和网络之间的连接是如何管理的。下面各节描述的协议消息是一个接口控制平面部分的上层协议层的消息。在最上层之下的各层确保消息在接口之上被正确地传输。

对于 2G-GPRS，可在图 2.6 中找到控制平面协议层，在图 2.9 中找到 3G-GPRS 控制平面协议。在图 2.12 中可找到 EPS 系统控制平面协议。

1. GPRS

在连接到互联网之前，一个 UE 必须可访问移动网络本身。通过实施一项网络连接（附接）功能可做到这一点。附接功能的目的是使 UE 和网络相互知道对方。UE 将自己标识给网络，而用户数据库即 HLR 认证用户。在这个认证规程中，网络和 UE 也建立网络无线电接口，接口是加密的，以便保护在无线电接口之上未来交换的机密性和真实性。一些网络也实施设备身份的检查，方法是将国际移动设备身份（IMEI）与设备身份寄存器（EIR）比较，查看所用设备是否被偷窃，或出于某种其他原因被列入附接到网络的黑名单。在用户被认证之后，无线电通信的安全得到保障，用户的位置更新到 HLR。

在 2G/3G 网络中，当附接成功时，通知 UE，之后 UE 完成网络附接规程。UE 被附接到网络，但它还没有到互联网的一条连接。必须采用分组数据协议（PDP）语境激活规程独立地激活该连接。

在 2G-GPRS 和 3G-GPRS 中，IP 层连通性的建立不是网络附接规程的组成部分，而是必须显式地实施 IP 层连通性建立规程。这个规程被称作 PDP 语境激活。PDP 语境是连接的名字，或会话，它实际上将 UE 连接到外部分组数据网络（PDN），如互联网。GPRS 支持不同类型的 PDP 语境，所以有不同的 PDP 类型。当前支持的不同 PDP 类型有 IPv4、IPv6、双栈（IPv4v6）和点到点协议（PPP）[31]。但是，从实践角度来说，PPP 不再使用。由此，在本书中忽略 PDP 类型 PPP。

图 2.13 给出了 PDP 语境激活规程，在下面可找到解释：

1）激活 PDP 语境请求消息，由 UE 发送到 SGSN，表明 UE 希望打开一条分组数据连接，如到互联网的一条连接。该消息表明，UE 是否希望在 IPv4、IPv6 或这两者之上有服务。SGSN 将 PDP 语境添加到其语境表。

2）创建 PDP 语境请求，由 SGSN 发送到 GGSN。GGSN 将新的 PDP 语境添加到它的语境数据结构。GGSN 分配 IP 地址或多个地址到语境，并设置协议配置选项（PCO）信息，在创建 PDP 语境响应中将信息发送 SGSN。

3）激活 PDP 语境响应消息由 SGSN 发送，带有从 GGSN 接收到的 IP 地址和 PCO 信息。这就完成了 PDP 语境激活规程。

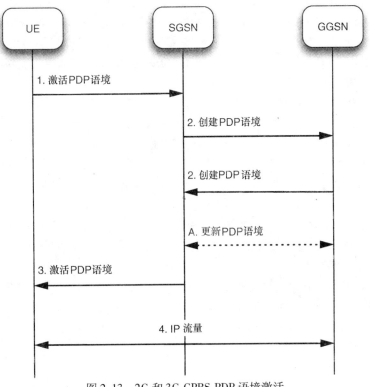

图 2.13　2G 和 3G GPRS PDP 语境激活

4）之后 IP 流量开始在新的 PDP 语境之上流动。

在 GPRS 中，图 2.13 中的规程用于首次 PDO 语境激活和后续激活。存在两种类型的 PDP 语境激活：主 PDP 语境激活和辅助 PDP 语境激活。针对主和辅 PDP 语境激活，使用在图 2.13 中描述的同一规程，区别是消息"更新 PDP 语境"。它用于辅助 PDP 语境激活，用于更新无线电载波协商（在图中没有画出）中实际接收到的 QoS。主 PDP 语境激活不使用这条消息。主辅 PDP 语境协商之间的区别是主 PDP 语境激活为 PDP 语境分配一个新 IP 地址。辅助 PDP 语境激活仅打开与一个已经活跃的 PDP 语境（使用分配给它的 IP 地址）有关的一条新连接。辅助 PDP 语境可用于 QoS 区分，其中采用一个不同的 QoS 概要在一个不同的 PDP 语境之上传递不同流量。打一个和物理世界的类比，如果主 PDP 语境是高速路，则一个辅助 PDP 语境就是一条轿车通道（car pool lane）（在美国，这是为搭载两名或更多人的轿车预留的一条通道，因此相比其他车道就不太拥堵了）。在激活之后，GPRS 就不再区分主辅 PDP 语境了。

如现在所了解到的，UE 开始 PDP 语境激活过程。3GPP 也规范了一个网络请求的 PDP 语境激活规程。在这个规程中，用户必须有一个静态配置的地址。当具有给定地址的 GGSN 接收到目的地为这个地址的一条 IP 分组时，它将查询 HLR，请求 UE 的位置，并将协议数据单元（PDU）通知请求发送到处理该 UE 的 SGSN。之后 SGSN 将一条请求 PDP 语境激活消息发送到 UE，这将触发正常的 PDP 语境激活规程。仔细的读者也许有点迷惑了：图 2.4 和图 2.7 都没有给出 GGSN 和 HLR 之间的一个接口。出于简单性考虑，在图中就略去了。GGSN 和 HLR 之间的接口是 Gc 接口，且仅针对网络请求的主 PDP 语境激活规范了这个接口。但是，就笔者所知，这个网络请求的主 PDP 语境激活规程从来就没有在任何网络中实施过。除了主 PDP 语境激活，也规范了网络请求的辅助 PDP 语境请求激活。

除了被激活外，PDP 语境也可被修改和去活。修改和去活规程可由 UE、SGSN 或 GGSN 激活。修改通常与改变 PDP 语境的 QoS 参数有关。如前所述，在激活之后，不区分主辅语境。这可在去活过程中看到。当与那个地址有关的上一条 PDP 语境被去活时，从 UE 释放与 PDP 语境绑定有关的 IP 地址。上次 PDP 语境的去活不会自动地将 UE 从网络断开。明显地，之后 UE 不再能够进行分组数据通信。但是，它仍然可通过 GPRS 信令接收短消息服务（SMS）[32]。

传统上而言，当移动电话需要一个 PDP 语境时，它就激活一个 PDP 语境。一项应用（如网页浏览器）的激活也触发 PDP 语境，且关闭那项应用则触发 PDP 语境的去活。一些设备也能够支持多个并发的 PDP 语境。例如，经常的情况是，不同服务有它们自己的 PDP 语境。由此，互联网访问，或访问一项运营商服务（如 MMS）都有它们自己的 PDP 语境。但是，现代智能手机通常在启动之后打开一个 PDP 语境，并在多数时间使该语境处于活跃状态。通过优化掉应需建立一个 PDP 语境所需的时间，这有利于应用和用户。

2. EPS

EPS 架构的设计是完全地分组交换式的，没有 CS 模式。所以，在一个 EPS 网络中仅附接到没有服务的网络，是没有多少意义的。因此，在 EPS 网络中，在网络附接规程中也激活分组数据连接。这被称作默认的 EPS 载波建立。图 2.14 给出了网络附接规程的一个简化版本，其中带有默认 EPS 载波建立信令。在 LTE 中分组数据连接被称作一个"载波"，在 GPRS 中，称作一个"PDP 语境"。名字是不同的，但概念上它们是非常类似的。

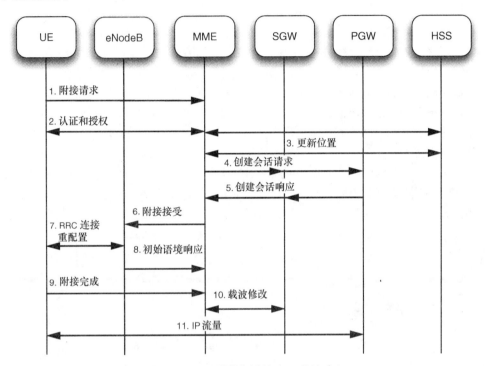

图 2.14　LTE 附接和默认 EPS 载波建立

LTE 网络附接和默认 EPS 载波建立规程是如下实施的：

1）UE 将附接请求发送到网络，指明 UE 希望得到这个网络的服务。

2）执行认证和安全功能，认证用户并保障通信信道的安全。

3）位置更新是由 MME 对 HSS 的更新，在用户数据库中记录 UE 的位置。

4）创建会话请求消息是从 MME 发送到 SGW 的，开始默认 EPS 载波的建立过程。SGW 在其 EPS 载波表中为这个载波创建一个新表项，并将消息发送到 PGW，在 PGW 建立载波。

5）创建会话响应是作为创建会话请求的响应发送的，指明载波建立的成功或失败。在成功的情形中，PGW 在其 EPS 载波表中创建一个表项，且它为载波分配 IP 地址或多个地址。PGW 将消息发送到 SGW，SGW 将之前向发送到 MME。该消息包括分配给 UE 的 IPv4 和/或 IPv6 地址，为配置 UE 的 IP 栈需要额外的 PCO。

6）附接接受消息被发送到 eNodeB，指明成功地附接到网络。这条消息包括地址或多个地址，且 PCO 包括在前一步骤中。

7）无线电资源控制（RRC）连接重新配置规程配置无线电资源，并向 UE 提供 IP 地址和 PCO 信息。

8）eNodeB 将初始语境响应发送到 MME，将 eNodeB 的地址通知 MME。这条消息和附接完成消息也可以一种不同的顺序发送到 MME。

9）附接完成消息指明 UE 已经完成附接和默认 EPS 载波建立。在此时，UE 可开始发送用户层分组。

10）在 MME 接收到初始语境响应和附接完成消息时，在 MME 和 SGW 之间执行载波修改规程。载波修改规程将 eNodeB 地址提供给 SGW，这允许 SGW 开始将 IP 分组向 UE 转发。

11）附接和默认 EPS 载波建立规程是完全的，且 IP 分组可在两个方向流动。

比较图 2.14 和图 2.13 中的两个连接建立规程，可使 GPRS PDP 语境激活规程看起来比较简单。但是，这并不是完全真实的，因为图 2.13 中的 GPRS PDP 语境激活没有包括网络附接规程。在 GPRS 中，在可实施 PDP 语境激活之前，也必须发生网络附接。

除了默认的载波建立外，也可创建附加的连接。这些称作专用载波。专用载波类似于 GPRS 中的辅助 PDP 语境。例如，它们向通信提供附加的 QoS 能力。专用载波激活规程如图 2.15 所示，下面描述每条相关的消息。

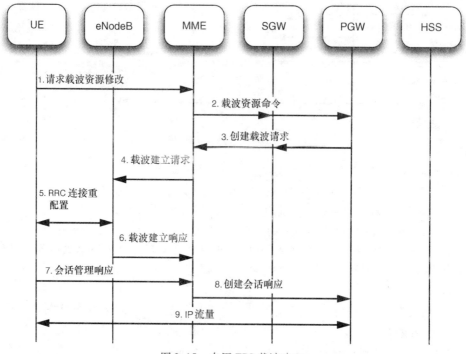

图 2.15 专用 EPS 载波建立

1）"请求载波资源修改" 由 UE 发送到 MME，指明对一个专用载波的请求。

2）"载波资源命令" 由 MME 发送到 SGW。SGW 将载波资源命令发送到 PGW，如果被接受，则触发专用的载波激活过程。

3）"创建载波请求"由 PGW 通过 SGW 发送到 MME，指明一个专用载波的创建。该消息包含有关载波特点的信息（包括 QoS 和 PCO 参数）。

4）"载波建立请求/会话管理请求"由 MME 创建，采用在创建载波请求中从 SGW 接收到的信息。MME 将载波建立请求发送到 eNodeB。载波建立请求是 MME 和 eNodeB 之间的一条消息。它包含创建会话管理请求的信息，它是由 MME 发送到 UE，但在其他消息内传递的，所以没有作为一条单独消息在图中给出。

5）"RRC 连接重配置"规程是由 eNodeB 发起，并与 UE 一起实施的。会话管理请求在 RRC 连接重新配置消息内传输到 UE。新的无线电载波是在 UE 和 eNodeB 之间创建的。

6）"载波建立响应"是由 eNodeB 发送到 MME 的，指明已经创建无线电载波。

7）"会话管理响应"由 UE 发送到 MME，指明专用载波创建过程的结束。这是对 RRC 连接重新配置内接收到的会话管理请求的应答。

8）现在上层流量可在 UE 网络之间通过专用 EPS 载波流动了。

EPS 专用载波和 GPRS 辅助 PDP 语境激活规程之间的最大区别是，EPS 专用载波激活被设计为由网络发起的，而 GPRS PDP 语境激活是 UE 发起的。两个系统的规范都支持 UE 和网络发起的连接建立。但是，在 EPS 中，UE 可请求网络实施专用载波激活，且之后网络实施规程。在 GPRS 中，则会是其他方式。

专用载波可被激活、修改和去活。修改意味着改变载波本身的特征。例如，通过修改载波，就能够改变载波的 QoS 特征。可由 PGW、HSS 或 UE 初始化载波修改。

当一个专用载波被去活时，在专用载波之上已经传递的流量被移往默认载波。从实践角度看，这意味着流量不再享有在专用载波中的 QoS 提升。回到高速率类比，汽车专用道（pool lane）和汽车——分组——在正常流量间移动。但是，通常而言，在专用载波上移动的流量已经停止了，所以载波被去活了。由于各种原因，UE、MME 和 PGW 可去活专用载波。

EPS 系统也有所谓的多 PDN 支持。从实践角度看，这意味着一个 UE 可同时连接到多个 IP 网络。所以，它有多个 IP 地址。图 2.16 描述了 UE 请求的 PDP 连接规程。思路与 GPRS 中带有多个主 PDP 语境的情形相同。

1）"PDN 连接请求"由 UE 通过 eNodeB 发送到 MME。PDN 连接请求指明请求哪种类型的连接（IPv4、IPv6 或这两者都具备）到哪个网络。

2）"创建会话请求"消息由 MME 创建，并发送到 SGW。SGW 在其 EPS 载波表中为这个新的创建一个表项，并将消息转发到 PGW。PGW 也在其 EPS 载波表中产生一个新表项，并为载波分配 IP 地址。

3）"创建会话响应"由 PGW 创建，包括所需的配置信息，如 IP 地址、PCO 和 QoS 信息。该消息被发送到 SGW，由 SGW 将之转发给 MME。

4）"载波建立请求/PDN 连接接受"消息被发送到 eNodeB。载波建立请求向 eNodeB 指明启动与 UE 的无线电载波协商。PDN 连接接受是对 UE 之 PDN 连接请求的一条

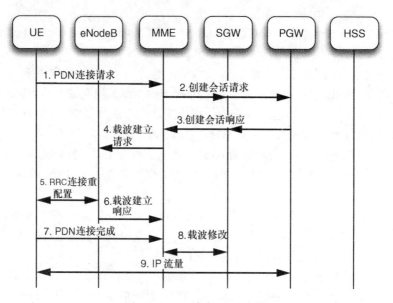

图 2.16　UE 请求 PDN 连接

响应。PDN 连接接受在载波建立请求消息内发送。

5）"RRC 连接重配置"消息交换在 UE 和 eNodeB 之间建立无线电载波。在此时将 PDN 连接接受消息交付给 UE。

6）"载波建立响应"由 eNodeB 发送到 MME，指明无线电载波已经建立。

7）"PDN 连接完成"消息由 UE 通过 eNodeB 发送到 MME，指明 UE 已经完成 PDN 连接规程。

8）MME 和 SGW 之间的"载波修改"规程，建立 eNodeB 到 SGW 的位置。

9）上层流量可开始在 UE 和 PGW 之间传递。

2.3.2　用户平面协议

前一节说明了如何管理 UE 和网络之间的连接。既然已经成功地创建一条连接，则是传递一些用户平面 IP 分组的时候了。用户平面协议确保用户分组从网络的一侧到达另一侧。从概念角度说，这是相对简单的：用户分组由 UE 在上游方向发送，或分组在 2G 和 3G 中的 GGSN 处进入网络，或在 EPS 中的 PGW 处进入网络。为了确保一条分组安全地到达另一侧，该分组必须被封装在合适的协议中，由这些协议在不同接口上携带分组。与在所有 IP 网络中一样，IP 分组在这个过程中可能丢失。但是，用户平面协议确保用户分组有通过（到达另一侧）的最佳可能。

这三个系统，2G-GPRS、3G-GPRS 和 EPS 稍微有点不同。因此，将单独地研究这三种情况。

1. 2G-GPRS

在图 2.5 中，了解了 2G-GPRS 的用户平面协议架构。从中可看到，分组必须通过三个接口：GSM 无线电接口（Um），BSS 和 SGSN 之间的无线电网络接口（Gb），以及 SGSN 和 GGSN 之间的核心网接口（Gn）。但是，IP 分组仅与两个协议有联系：SNDCP 和 GTP。低层协议向高层协议提供服务，这些高层协议包括传输、无线电接口上的重传和加密。下面仅集中讨论高层 GPRS 协议。在本书语境中，不太关注其他协议。感兴趣的读者可找到满足对这些协议知识需求的文献。下面描述 SNDCP 和 GTP 功能：

1）**SNDCP** 是在 GSM 无线电网络上传输 IP 分组的协议。SNDCP 负责 UE 和 SGSN 之间多个 PDP 语境的复用，实施首部压缩，分组分段和重新组装，以及内容压缩。首部压缩机制得到规范 RFC 1144[19]、Degermark[20] 和鲁棒首部压缩（RoHC）[21] 的支持。但是，内容压缩从来就没有在现实中使用过，且多数情况下，甚至没有在网络和终端中进行实现。首部压缩目前具有相同的命运。但是，RoHC 也许某天会支持 VoIP。当前，SNDCP 携带 IPv4、IPv6 和 PPP[31]。最初，它也是为携带 X.25[17] 设计的。但是，X.25 在 GPRS 网络中从来就没有成为现实，而且后来这项支持从 3GPP 规范中被放弃了。

2）**GTP** 负责在 GPRS 核心网之上传输用户的 IP 分组。GTP 的基本功能是唯一地识别用户分组所属的 GTP 隧道。之后 GTP 隧道直接映射到 PDP 语境。如图 2.5 所示，GTP 是在用户数据报协议（UDP）[62] 之上传输的。如在 1.5.1 节了解到的，UDP 仅提供不可靠的传输。因此，被传输的分组可能与发送时的不同顺序被交付，出现多份，甚至到达不了它们的目的地。最初，针对 X.25 传输，包括一个传输控制协议（TCP）[34] 传输选项。但是，随着对 X.25 的支持（放弃），这个选项也被去掉了。GTP 首部带有一个序列号，如有需要，则支持乱序分组的重新排序。IP 本身不需要分组按顺序交付，但 PPP 期望分组是按序发送的。

虽然在存在清晰的一致意见（不再需要 X.25 支持）之后，3GPP 去掉了 X.25 支持，但有时就一项功能特征为过时的要达成一致意见，可能是困难的。PPP 已经在非常少的网络中使用，且实际上它从来没有得到主流移动电话的支持。但是，对 PPP 的支持仍然被包括在规范中。

2. 3G-GPRS

3G-GPRS 用户平面协议架构见图 2.8。即使一眼看去，它与 2G-GPRS 架构存在相似性也是明显的。但是，也存在一些明显的区别：无线电接口协议仅处于 UE 和 NodeB 之间，且 GTP 扩展到无线电接入网络。下面将讨论两个协议，它们在 3G-GPRS 网络上传输用户的分组：分组数据汇聚协议（PDCP）和 GTP。

1）**PDCP** 负责在无线电接口上传递分组，并提供首部压缩。用户分组的分段和重组，以及将 PDP 语境映射到无线电载波，是由底层 RLC[35] 提供的。在 3G-GPRS 中，以前在 2G 中存在于一个协议即 SNDCP 中的功能，已经分布到 PDCP 和 RLC 协议层中。另外，PDCP 和 RLC 仅存在于 UE 和 RNC 之间，没有像在 2G 的 SNDCP 那样扩展到 SGSN。得到 PDCP 支持的首部压缩算法是 Degermark[20] 和 RoHC[21]。

2）**3G-GPRS** 中的 GTP 是与 2G-GPRS 中相同的协议。因此在前一节中协议本身的描述也适用于 3G。但是，除了核心网之外，GTP 也用在无线电接入网络内部。在无线电接入网络中，GTP 用在用户平面的 Iu 接口中，它是特定于 3G-GPRS 架构的一个接口。

GTP 用于核心网中的 Gn 接口和 Gp 接口，它们也存在于 2G-GPRS 中。

3. EPS

如果 2G-GPRS 和 3G-GPRS 架构是带有少量差异的非常相似的架构，则我们已经了解到 EPS 网络架构是非常不同的，且 EPS 规程有时是非常不同的。但是，在 EPS 用户平面中，可清晰地看出在 EPS 架构中的 GPRS 谱系，虽然接口名字是不同的，但用户平面协议架构似乎与 3G-GPRS 中的完全相同。另外，当比较近距离地研究时，如下区别变得明显了。

1）**PDCP** 是 EPS[36] 中的一个新版本。在 EPS 中 PDCP 的职责包括在无线电接口上传输用户分组，首部压缩，用户流量加密和完整性保护，以及分组按序交付且没有重复。所以，在 EPS 中，从 PDCP 的 3G 版本开始，PDCP 的功能增加了相当多的部分。另外，PDCP 终结于 EPS 架构中的 eNodeB。

2）**GTP** 负责在 EPS 网络上传输用户的分组。这与用在 GPRS 架构的 GTP 相同。

2.3.3　GPRS 隧道协议版本

虽然我们承诺不太深入地讨论协议本身，但要理解一点 GTP 也是不错的。GTP 用于整个 3GPP 架构中的控制平面和用户平面。因此，它是 3GPP 系统中的一个重要构造块。目前，存在 3 个版本的 GTP：

1）**GTP 版本** 0 是 GTP 的第一个版本。现在它过期了，且没有用在现代系统中。

2）**GTP 版本** 1 用于 GPRS 的控制平面和用户平面中，并用在 EPS 的用户平面中。

3）**GTP 版本** 2 用在 EPS 的控制平面中。

在支持回退的节点中，3GPP 定义了从版本 2 回退到版本 1。但是，不支持回退到版本 0，且版本 0 既不兼容版本 1 也不兼容版本 2。

2.3.4　基于 PMIP 的 EPS 架构

如前面简短提到的，EPS 架构存在两个不同变种：上面描述的 GTP 变种和 PMIP 变种。谈到变种，原因是如图 2.10 所示的 EPS 架构对这两个变种都是有效的。PMIP 变种中的区别在 S5/S8 接口中，它使用 PMIP[37] 而不使用 GTP。图 2.17 给出了控制平面协议架构。当将基于 PMIP 的控制平面架构与图 2.12 中基于 GTP 的控制平面架构比较时，区别是明显的。并不使用 GTP 创建、管理和删除 SGW 和 PGW 之间的隧道，使用的是 PMIP。PMIP 是由 IETF 定义的一项技术，而 GTP 是由 3GPP 规范的一项技术。

因为在基于 PMIP 的 EPS 架构中控制平面协议架构是不同的，所以使用的规程也是有点不同的。在图 2.18 中描述的 LTE 附接规程中可看到一个例子。当与前面研究过的图 2.14 比较时，可看到一个额外步骤（标记为 4b 和 5b）。此时不想重复整个信令流解释，但可参看 2.3.1 节中与图 2.14 有关的解释。下面描述新加的步骤。

4b "代理绑定更新"是采用 SGW 从 MME 的创建会话请求得到的信息而创建的。SGW 在其载波表中创建一个新表项，并将消息发送给 PGW。

5b "代理绑定确认"是对代理绑定更新的一次响应，指明默认载波创建的失败或

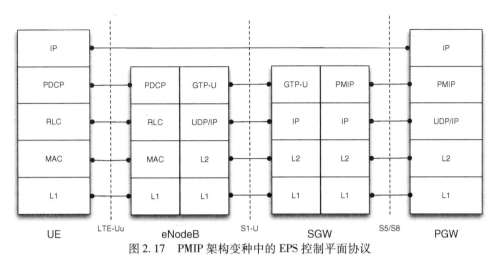

图 2.17　PMIP 架构变种中的 EPS 控制平面协议

成功。在成功的情形中，PGW 自己创建一个载波表项，并将代理绑定确认消息发送给 SGW。

如从图 2.18 中看到的，在 GTP 和 PMIP EPS 架构变种之间区别的这个级别的抽象中，是控制平面和在 S5/S8 接口上消息的名字。明显地，除了看到的还有更多。但是，出于本书讨论范围的目的，此时区别是较小的。

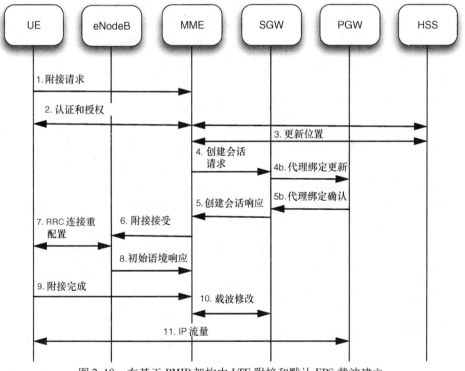

图 2.18　在基于 PMIP 架构中 LTE 附接和默认 EPS 载波建立

除了控制平面中的区别外，在基于 PMIP 的架构中，用户平面隧道协议也是不同的。图 2.19 描述了 EPS PMIP 变种用户平面协议架构。将之与图 2.11 中的 GTP 变种架构比较，区别是 GTP 已经改变为通用路由封装（GRE）协议[38]。

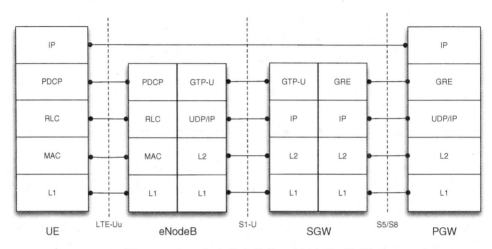

图 2.19   在 PMIP 架构变种中 EPS 用户平面协议

在这个级别的抽象上，基于 PMIP 的 EPS 用户平面架构中的明显区别是非常小的，原因在于区别存在于控制平面中。但是，虽然在这个级别将看不到区别，但在链路模型中存在对 IP 可见的一个区别。将在 4.1.3 节仔细研究链路模型的各项区别。

除了这两个架构变种的技术方面区别外，在 PMIP 和 GTP 的协议方法之间也存在一项区别。在 IETF 中协议设计的传统与 3GPP 中的有点区别。当将 GTP 与 PMIP 比较时，这也是可见的。3GPP 有规范单个协议涵盖一个接口之上协议层的传统。最初，GTP 是为 Gn/Gp 接口设计的，用来涵盖控制平面和用户平面。另外，PMIP 是作为一个协议设计的，用来提供基于网络的移动管理。但是，IETF 已经有不同的通用隧道协议可用，且 PMIP 可使用其中的许多协议。3GPP 决定使用 GRE 选项，原因是采用一些扩展[39]，它可基本上支持 GTP 的相同用例。

基于 PMIP 的 EPS 架构的最初想法是更简单的、较好兼容于 IP 和 IETF 概念的，且有利于更好地与其他蜂窝无线技术互联，如由 3GPP2[40] 或 WiMAX 论坛[41] 标准化的技术。但是，最终，从实践角度看，PMIP 技术被增强支持 GTP 的相同用例[39,42,43]。另外，在本书撰写之时，PMIP 在与其他移动联网技术互联方面取得有限的成功。就今天看，多数 EPS 部署使用 GTP 变种，虽然也确实存在一些基于 PMIP 的部署。

2.4 移动性与漫游

移动性管理是移动蜂窝网络的主要功能之一。简而言之，移动性管理即确保该网络能随时获得用户设备的精确方位，从而实现其与其他用户设备之间的发包与收包。但这只是相对简单的说法。从另一个角度上看，对于潜在的数以百万计的用户设备，移动性管理可以确认网络的信号负载没有过载以及用户设备的电池是否合理使用，这便显得较为复杂。然而，讨论和揭示移动性管理的奥秘并非本书的目的，因此不会为读者添加过多繁杂的细节。

在本节，会针对移动性管理给出简短的概述，但这已经足以使读者理解 3GPP 网络架构中的不同节点的任务，以及用户设备的 IP 协议栈在 3GPP 网络中的运作。

2.4.1　移动性管理

移动性管理可以确保当用户设备漫游到网络覆盖范围内时可以连接到移动网络。为了保证这一点，用户设备与移动网络交换包括无线测量信息在内的信号报文，从而决定切换基站发信台（BTS）、NodeB，以及 eNodeB 的合适时机。用户设备从一个网元的控制转移到另外一个网元控制的移动过程称为"切换"。类似这样的切换，其移动性由用户设备与无线接入网络之间的 3GPP 无线接入特殊切换程序控制。在移动网络内部，移动性管理由移动管理协议提供，包括 GPRS 中的 GTP、应用演进数据包系统（EPS）架构的 GTP 变体，以及结合 GTP 与 PMIP 的 PMIP 变体。在针对 GTP 与 PMIP 各自优势的漫长辩论过程中，有学者表明在基于 GTP 的网络中从未出现过任何永久丢失用户设备的情况，这很好地阐述了移动性管理协议的主要目的。

当用户设备距离其接入移动网络的初始节点较远时，便需要在更高级的网元之间实行切换。例如，在 3G-GPRS 网络中，下一级切换发生在无线网络控制器（RNC）之间，如果用户设备继续远离，下一级的切换便发生在两个 GRPS 服务支持节点（SGSN）之间。在一次对话中，网络锚点是唯一不变的网元，即 GPRS 架构中的网关 GPRS 支持节点（GGSN），或 EPS 架构中的数据包数据网网关（PGW）。这些移动性管理的分层呈现出一种层级化的特点：切换的发生更多集中在距离用户设备较近的网元之间，并且切换发生的频率随距离的增加而减少。这种层级化特点在部署网络的网元数目中也是显而易见的。在网络中可能会有数以千计，乃至数以万计的基站发信台（BTS）、NodeB、eNodeB，数以百计的基站控制器（BSC）以及无线网络控制器（RNC），数十的服务支持节点（SGSN）、网关 GPRS 支持节点（GGSN）、移动性管理实体（MME）、服务网关（SGW）和数据包数据网网关（PGW）等。网元的数量取决于网络运营商的情况、地理位置以及人口覆盖，还有网络的容量需求。

图 2.20 描述了 GPRS 的移动性管理层次。以 3G-GPRS 为例，对于 EPS 而言，用户设备在图底部水平移动，层次在图中自上而下分为不同级别，即锚点在顶端，NodeB 以及 eNodeB 在底端。

除了发生在同种无线接入技术内部的切换，3GPP 系统还具有存在于不同无线接入技术之间的切换。因此当用户设备可以适应多种不同的无线技术时，它同样可以在不同网络之间根据网络的覆盖进行漫游。

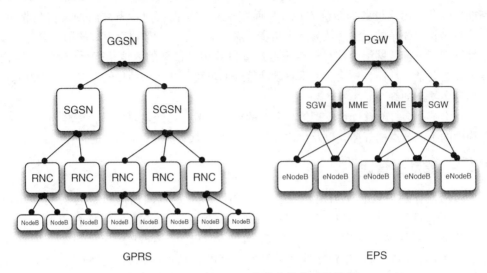

GPRS   EPS

图 2.20   GPRS 和 EPS 架构中的移动性管理

2.4.2   漫游

在前面的章节中，讨论了同一运营商网络中的移动性管理。此外，3GPP 系统还可以允许用户在不同网络中转移，即"漫游"。漫游意味着用户设备从他们购买的网络转移到其他不同的网络。一个运营商的网络可以称为公共陆地移动网络（PLMN），因此用户所购买使用的运营商网络称为本地公共陆地移动网络（HPLMN），而用户所漫游到的网络称为拜访公共陆地移动网络（VPLMN）。

漫游分为两种类型：国内漫游和国际漫游。国内漫游只能在国家范围内使用，这是由于一些运营商无法提供足够的国际覆盖，因此它们会通过漫游合作伙伴网络的方式来增强覆盖。国际漫游主要用于为处于异国的用户提供网络服务。由于运营商通常有特定的签署漫游协议的合作伙伴，因此国际漫游也并不能够覆盖国外的所有网络。

但是因为 3GPP 网络技术是最常见的蜂窝网络技术，并且最主要的运营商们几乎在全球都有漫游合作伙伴网络，所以现在几乎在世界各地都能够找到提供漫游服务的网络。

2.4.3   3GPP 外的移动性管理

3GPP 同样提供与其他接入技术的互联与移动性管理，如无线局域网（WLAN）或 3GPP2 网络。这类移动性管理可能是无缝的也有可能是非无缝的。非无缝移动性管理适用于自动提供网络附属以及认证的网络。由于用户设备连接到不同的 IP 网络时，它的 IP 地址发生了变化，因此事实上切换属于非无缝移动性管理。另外，由于用户设备的 IP 协议栈需要重新设置，所以用户设备上运行的应用程序会发现这一变化。无缝的移动性管理可以通过基于 GPRS 隧道协议（GTP）或者代理移动 IP（PMIP）网络的移动性管理技术实现，也可以通过使用双栈移动 IPv6（DSMIPv6[44]）等技术实现。

2.5　IP 连接能力的中心概念

现在我们已经形象地说明了不同 3GPP 规范的架构看起来是什么样子的，以及它们如何进行会话管理，即管理 UE 和网络之间的连接，以及使用哪些技术在网络上来回地移动端用户的分组。但是，也许不太清晰的是，所有这些是如何一起工作的，以及在网络中如何决定某些事情。本节将尝试增加一点信息，将一些概念拉在一起。

2.5.1　PPP 语境和 EPS 载波

我们已经了解了会话管理的不同规程：有关如何激活、修改和去活 PDP 语境和 EPS 载波。我们说过，这些是将 UE 连接到网络的那些连接。本节将讨论这些连接、它们的特征以及不同 PDP 语境和 EPS 载波相互间的关系。

首先，从概念角度看，PDP 语境和 EPS 载波是非常类似的，甚至是相同的。它们是从 UE 扩展到网关（GGSN 或 PGW）的连接。为发送和接收分组，UE 需要一条到网关的连接。之后这个网关将为 UE 提供它的 IP 地址。UE 将使用这个 IP 地址在那条特定连接上发送和接收流量。在 GPRS 中，那条连接是一个 PDP 语境，在 EPS 架构中，它是 EPS 载波。在这条连接上发送或接收的分组都以相同方式被处理——它们都将被放在相同的分组队列，并以先入先出方式被处理。

当没有必要在专用载波或辅助语境之间做出区分，仅指 IP 层连接能力时，一条 PDN 连接可用作一个 EPS 载波和 PDP 语境的同义词。PDN 连接是一个 UE 和一个 PDN 之间的关联，表示为一个接入点名字（Access Point Name，APN）和关联的 IP 层配置。

1. 到一个网络的多条连接

如果存在为不同 IP 分组提供一种不同等级服务的需要，则需要打开另一条连接：在 GPRS 中的一个辅助 PDP 语境（如图 2.13 所示），或 EPS 中的一条专用 EPS 载波（如图 2.15 所示）。需要不同处理的流量可被发送到那条新的连接。只要那条连接是打开的，则被选中的流量将流经那条连接，并独立于原连接中其他流量的方式被处理。新的连接有其自己的分组队列，且流入那个队列的分组也是以先入先出的方式被处理的，但独立于前一个队列。哪些分组经过哪条连接的选择是基于一个过滤器设置（set filter）——流量流模板（TFT）完成的。在 2.5.3 节中将比较详细地描述 TFT。如果存在区分多种流量的需要，则多个辅助 PDP 语境或专用 EPS 载波可以其自己的 TFT 打开。图 2.21 给出了 PDP 语境以及默认的和专用的 EPS 载波之间的关系。虽然 PDP 语境和不同 EPS 载波之间的概念是非常类似的，但会话管理处理是稍有不同的。在激活之后，不管它们是作为主还是辅 PDP 语境被激活的，所有相关 PDP 语境都是同样的。如果一个 PDP 语境被去活，则其他语境将继续存在。但是，在 EPS 中，默认 EPS 载波的去活也将导致专用载波的去活。

2. 到多个网络的多条连接

辅助 PDP 语境激活或专用 EPS 载波激活，将以与原连接相同的 IP 地址（可能带有不同的 QoS 参数）创建一条新的连接。从 IP 的角度看，它仍然仅是一条链路。但是，GPRS 和 EPS 也能够激活到网络的多条连接，这些连接不同于已经在进行的连接。所以，各连接有其自己的来自其他 IP 网络的 IP 地址，这不同于原连接。例如，当 UE 需要同时连接到互联网和一些运营商提供的服务（通过公众互联网是不可用的）时，这可能是有用的。为了创建到一个新 IP 网络的一条新连接，UE 将执行主 PDP 语境激活（如图 2.13 所示）或一次新的默认 EPS 载波激活（如图 2.16 所示）。网关的选择（连接到期望的 PDN）是这样完成的，在激活序列过程中，提供接入点名字（APN）。将在 2.5.2 节讨论 APN。图 2.22 显示了多

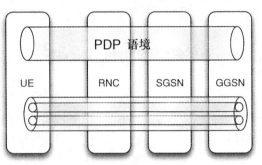

单PDP语境和两个PDP语境关联作为一条连接

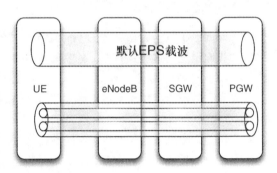

默认EPS载波和带有两个专用载波的默认EPS载波

图 2.21　PDP 语境以及默认的和专用的
EPS 载波之间的关系

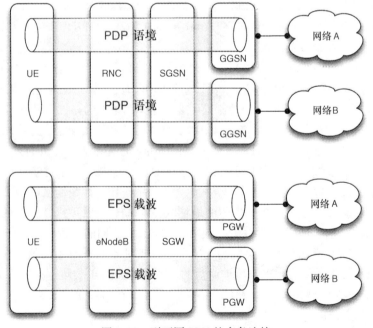

图 2.22　到不同 PDN 的多条连接

PDN 的概念。

2.5.2　APN

如 2.5.1 节所述，就 UE 将被连接到哪个外部网络的选择，是基于 APN[45] 的。一个 APN 是一个标识符，它指向一个外部网络或服务。APN 有两部分：网络标识符和运营商标识符。

网络标识符唯一地标识连接一个 GGSN 或 PGW 的网络，或它提供的服务。运营商标识符定义 GGSN 或 PGW 所处在哪个运营商网络中。APN 的整体结构遵循域名系统（DNS）格式[46-48]。但是，运营商标识符也有其自己的规范格式。该格式为 mnc < MNC >. mcc < MCC >. gprs。其中，MNC 是三个数字的移动网络代码，MCC 是三个数字的移动国家代码。下面是一个 APN 样式的几个例子：

province1. mnc012. mcc345. gprs

ggsn-cluster-A. provinceB. mnc012. mcc345. gprs

internet. apn. epc. mnc015. mcc234. 3gppnetwork. org

由 APN 名字格式得到的 DNS 名字，被用在网络运营商基础设施内的网络中，并用在网络运营商之间的漫游接口中。运营商标识符通常对用户是不可见的。但是，有时用户可能不得不手工地在一个 UE 上配置 APN 的网络标识符部分到其连接设置。

细心的读者将注意到域名中由 APN 导致的一个奇怪事情：顶级域（TLD）是. gprs。在 1.6 节讨论了 DNS，以及 DNS 是如何管理的。但是，. gprs 还没有申请通过互联网指派名字和地址协调（ICANN）过程，它是由 GSMA 管理的。基本上而言，GSMA 为 3GPP 网络基础设施创建了一个替代的 DNS 根。但是，这个. gprs TLD 仅用于 GPRS 网络。. 3gppnetwork. org 用在 EPS 中，并最终将取代. gprs TLD。在所有 GPRS 网络被 EPS 网络替代之前，如果会发生的话，则将花费非常长的时间。

在参考文献［45］中描述了 3GPP DNS 命名，在参考文献［49］中描述了 EPS 规程。针对命名和规程的 GSMA 等价 DNS 文档是参考文献［50］，它完全依赖于 3GPP 的对应文档。

2.5.3　流量流模板

TFT 的概念是相对简单的，它是一个过滤器，识别哪种分组将通过某个 PDP 语境或 EPS 载波。总是存在没有一个 TFT 与之关联的一个 PDP 语境或 EPS 载波。所以，总是存在分组可通过它发送的一个默认连接。另外，其他辅助 PDP 语境和专用 EPS 载波确实需要一个 TFT 与它们关联。同样，这是确保拟设流量将通过那条连接。存在用于下行链路和上行链路流量的一个 TFT，以便确保分组通过合适的连接（不管它们的方向是上行还是下行）。在一个 TFT 中可设置 8 个不同参数：

- 局部地址[33,51]；
- 远端地址；
- 协议号（IPv4）/下一个首部（IPv6）；

- 局部端口范围；
- 远端端口范围；
- IPsec 安全参数索引（SPI）[52]；
- 服务类型（TOS）（IPv4）/流量类（IPv6）；
- 流标签（IPv6）；

局部地址和端口指 UE 的地址和端口。结果，远端地址和端口指远端主机的地址及其端口。

2.5.4　3GPP 链路模型原则

现在描述 3GPP 网络如何打开、修改和关闭会话，移动管理的原则，以及用户平面分组如何映射到打开的会话。但是，还没有触及 IP 栈如何处理 3GPP 接入。接下来将集中讨论 3GPP 网络的 IP 栈观点。本节集中讨论 3GPP 链路模型依赖的原则，将在 4.1 节研究细节。

1. 与 IP 和互联网的兼容性

2G-GPRS 是在 20 世纪 90 年代期间规范的，3G-GPRS 是在 21 世纪早期规范的，而 EPS 是在 21 世纪的第一个十年的晚期规范的。但是，移动宽带仅在 EPS 架构规范期间才真正启动。所以，明显的是，在设计和规范的过程中，现在用在这些网络上的设备当时还是没有的。特别地，当规范 GPRS 时，手机的能力甚至计算机的能力，都比如今的智能电话的能力要受到更多约束。电话是特殊设备，具有非常受限的计算能力。另外，网络本身在带宽和延迟方面也是受到更多约束的。同样在 21 世纪初，移动数据的常见情况是电路交换式数据，带宽在 9.6kbit/s 和 14.4kbit/s 之间。另外，在 3G 标准化的早期阶段，甚至 WLAN 也没有得到广泛使用，且移动电话严格地仅支持蜂窝接入。因此，标准化 3GPP 系统的人们甚至不能想象未来移动手机将是什么样子的，以及最终将用于哪种网络。

在 GPRS 标准化的早期日子，IP 栈被认为是相当繁重的（heavy-weight），且是比较适合个人计算机的事物，而不适合移动电话。当时，个人计算机操作系统仅支持 IPv4。就正常的移动电话是否甚至支持 IPv6 都存在争论。令人感兴趣的是，这些日子期间，部署物联网（Internet of Things，IoT）的工作正在进行，物联网采用硬币大小的纽扣电池运行的支持 IPv6 的智能物体部署，在 6.5 节描述。对于移动电话而言，完全的互联网连接被认为是太过繁重的，且就电话是否以个人计算机相同的方式可连接到互联网，是存在问题的。由此，符合逻辑的是，3GPP 工程师在规范中有采取捷径的诱惑，并尝试优化 IP 传输和 IP 栈本身，以便使 IP 更适合移动通信。当采取捷径时，如果各协议得到强优化，则至少存在一个风险，即优化将使蜂窝 IP 不兼容于有线 IP。这也许使 3GPP 网络，至少在早期阶段，不兼容于互联网。

幸运的是，3GPP 共同体具有的远景远远超过这点想象。也许在 3GPP IP 服务标准化过程中最重要的原则就是与标准互联网协议的严格兼容性。这意味着，UE 中的 IP 栈的行为是标准方式，网络期待标准行为，且 IP 分组以它们像在任何其他网络中一样的方式在网络上被传输。这是使 3GPP 网络成功的关键因素之一，且互联网接入服务对大范围的设备是有用的，这些设备在标准化之时是不可想象的。

2. 配置和地址管理

IP 栈，特别是 IPv6 栈，其设计目标为在一个无管理的环境中工作良好。IP 栈尝试尽可能自动化地配置自己，但是，电信网络的原则，特别是移动电信网络，是网络总是应该在控制之下。这项原则是有多方面原因的。相对严格的网络控制的原因是较好的质量控制（网络不做任何不期望的事情）、较好的扩展性（用于配置的网络资源的使用，可被最小化）以及对计费和账单的控制。但是，如前所述，对标准 IP 栈和互联网的兼容性也得以保持。

因此，在 3GPP 网络中的配置和地址分配的设计，受到网络和网络运营商的控制。这意味着不同配置信息，包括 UE 的 DNS 服务器配置和 IP 地址，都是由网络配置的。在 IPv4 中，这是容易的，因为 IPv4 无论如何是缺乏自配置机制的，这种机制后来在 IPv6 中变得可用。在没有其他配置方案可用的条件下，网络将单个 IPv4 地址配置到 UE，其中按照主 PDP 语境或默认 EPS 载波进行配置。但是，对于 IPv6，网络必须赋予更大自由，并将一个地址范围指派给 UE。将在 4.4 节比较详细地描述这种情况。但是，除此之外，网络总是知道哪个 UE 有哪个 IP 地址，因此总是可将 IP 地址映射到一名用户。

3. 移动管理和网络基础设施

如 2.4 节所述，移动管理的目的是确保 UE 保持连接到网络，即使当 UE 移动时也维持服务。IP 栈和 IP 网络不能很好地理解移动性。IP 假定网络链路是相对稳定的，且如果它们失效或改变，则原因通常是链路故障、网络断开（如在线缆断开的情形中）或最终网络附接到一个不同网络。因此，3GPP 技术几乎完全地将移动性对 IP 栈隐藏。这意味着 IP 地址在一次会话过程中保持相同，因此 UE 连接到相同 IP 网络，并保持在其内的相同拓扑位置。所以，3GPP 链路模拟一条有导线的接入链路。3GPP 移动管理不仅在一个 3GPP 接入技术内隐藏移动性，而且在不同 3GPP 无线电技术之间的切换过程中也隐藏移动性。

另外，移动性对 IP 栈是不可见的，无线电网络和整个网络基础设施对 UE 的 IP 栈是不可见的。对于 GPRS 和 GTP 模式中的 ESP，情况是这样的。但是，PMIP 与此有点偏差，当在 4.1.1 节中描述载波时会比较详细地进行描述。一个 PDP 语境，或一个 EPS 载波，看起来像单跳链路。另外，UE 单独在那条链路上，原因是一个 UE 的 PDP 语境和载波是独立于其他 UE 的 PDP 语境和载波的。移动网关 GGSN 或 PGW 是 UE 的第一跳路由器。从实践角度看，这意味着在网络上的中转过程中，IP 分组不会看到所有的基础设施和网元，因此也不能寻址基础设施中的网元。所以，同样 3GPP 网络中各 UE 之间的通信也必须总是通过网络和 GGSN 或 PGW。注意在本书范围内，不考虑或讲解本地 IP 接入（LIPA）[29] 或选择性 IP 流量卸载（SIPTO）[29] 3GPP 系统架构方面的扩展，这些可能改变前面陈述的通信论断。

4. 特殊的链路特征

如上面所解释的，虽然 3GPP 接入技术模拟有导线 IP 连接，但它仍然是具有不同特征的一个无线系统。固定网络链路以相对稳定的带宽和延迟特征提供稳定状态，而由于移动性、负载和变化的无线电状况，移动网络特征可显著地发生改变。

在移动网络中，无线电状况可非常快速地发生剧烈变化。这可能甚至导致延长时段的相当数量的分组丢失，且问题来得快，去得也快。另外，由于无线电状况或 3GPP 网络技术之间的系统内切换，带宽和延迟特征可能在任何方向发生变化。所以，可用于一台 UE 的带宽会突然减少或增加。另外，网络延迟可发生巨大变化。在最佳情形中，网络往返时间（Round Trip Time，RTT）可以是几个毫秒，而在差的状况下，数秒钟的 RTT 也不是不常见的。

3GPP 网络的一个令人感兴趣的特征是网络最大传输单元（Maximum Transmission Unit，MTU）尺寸。MTU 是在不将分组分段即成两个或多个 IP 分组的条件下，网络可携带的单条分组的最大尺寸。3GPP 网络的标准 MTU 是 1500B。这类似于其他联网技术（如以太网[53]），原因是它们使用相同的 MTU 尺寸。事实上，1500B 是多数主机的默认 MTU。

但是，3GPP 移动管理是通过在网络中打隧道的方式提供的。暂时考虑一下这种情况。为 PDP 语境和 EPS 载波提供传输的隧道法产生额外负担。在 GTP 中，这是 IP、UDP 和 GTP 首部的尺寸。最小情况下，采用基于 IPv4 的传输，这个负担是 IPv4 首部的 20B、UDP 首部的 8B 和用于 GTP 最小情况下的另外 8B。所以，涉及最小 36B 的额外负担。现在如果添加带有一个 MTU 为 1500B 的用户平面分组，则有 36 + 1500 = 1536B。将移动网元相互连接起来的传输技术的可能 MTU 是 1500B。最常用的技术，至少在核心网中，是以太网。现在看到两难问题：传输路径的 MTU 是 1500B，但带有其所有隧道额外负担的分组是 1536B。或者将不能适用，或者必须分段成两个独立分组。在网络中丢弃分组当然不太好，但分段和重组分组是资源密集的，并增加延迟和网络负担。由此，除了规范的 1500B MTU 外，许多商用 UE 默认使用较小的 MTU 尺寸。网络也可将多个最优的 MTU 传递给 UE，将在 4.2.2 节了解到这一点。

2.5.5 多条分组数据网络连接

3GPP 网络支持多条 PDN 连接：主 PDP 语境或默认 EPS 载波，所以，这使 UE 成为一台多穴连接主机。但是，3GPP 没有提供传输路由信息或策略的机制。由此，路由策略必须在主机中提前配置，或通过哪个会话，分组结束发送，就有点随机。路由策略可以是应用特定的。例如，一些移动操作系统允许配置应用特定的路由策略。从实践角度看，这意味着用户接口询问应该使用哪条连接，或在应用设置中静态配置信息。一些移动电话系统可能为特定应用（如 MMS 或 IMS）有内建的路由策略。

由于各种原因，运营商使用多条 PDN 连接。一个原因是区分计费和不同服务。例如，对于 MMS，用户也许是按消息支付的，但对于数据传递就不是这样的，而对其他服务，存在某种基于总量的收费方法。为 MMS 流量使用一条不同的 PDN 连接，则确保与 MMS 有关的数据分组不被收费，而网络也没有连接到互联网。互联网连接在另一条 PDN 连接上，所以它是按数据总量计算的。另外，运营商希望将重要流量与不太重要的流量隔离开。出于这个原因，IMS 的电话流量也许有不同于互联网流量的其自己的 PDN 连接。

我们不想判断这种方法是否是取得目标的最佳可能方法，但它未必是非常 IP 友好的。因为现代智能电话都是基于通用操作系统的，采用多条 PDN 连接的话，它们会有点问题，为支持这个概念需要定制工作。我们认为改进是可能的，在 6.1 节将进行讨论。

2.6　用户设备

在传统 3GPP 架构中，在端用户侧的每件事物一般都被称作一台 UE（或在 GPRS 情形中被称作一台 MS），如图 2.7 所示。那么 UE 由称作统一集成电路卡（UICC）和移动设备（ME）的两个主要部分组成，其中 ME 可被进一步分成移动终端（MT）和终端设备（TE）[54,55]。但是，UE 抽象概念之实现的实际形状和尺寸（包括 MT 和 TE 的形状和尺寸），可能变化显著。本节将讨论传统 UE 模型是如何工作的，以及该模型如何演变成各种分离 UE 实现的。

要理解的第一件事是在 MT 和 TE 之间如何划分职责。MT 是总可感知 3GPP 的部分，其职责包括如下[54]：

1）无线电发送终结和信道管理；

2）话音编码和解码；

3）针对在无线电之上发送的所有信息的错误保护；

4）信令和用户数据的流控；

5）用户数据的速率适配，以及用于发送的数据格式化；

6）支持多个终端；

7）移动管理（由 3GPP 涵盖的部分，而不是 IP 层移动性）。

那么留给 TE 的职责是其他所有事物，这是 MT 职责"之上"面向协议的职责：从 IP 栈本身开始。所以为了做到清晰明白，并针对后续小节，在 TE 上协议栈的第一个重要部分是 IP 栈，这包括本书所讨论的 IPv6。

2.6.1　传统 3GPP UE 模型

有一段较长时间，一个 UE，特别是一台 2G MS，简单地是单台设备，由紧密相互集成在一起的一个 MT 和一个 ME 组成，如图 2.23 所示情形 A。这过去是且现在还是支持数据的移动手机中的典型方法。在这些类型的设备中，MT 和 ME 之间的接口可能是稍稍"比较宽松的"，并利用标准化的信道和注意（ATtention（AT））命令集——非常像传统的拨号调制解调器的做法[56]。该接口也可能是"比较紧密的"，并完全封闭的和/或使用专有方法。情形 A 的一个重要性质是，典型情况下，TE 非常了解 MT 的特征。

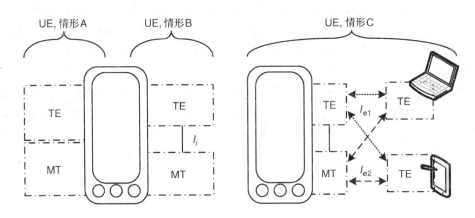

图 2.23   带有紧密集成（A）、松散集成（B）和分离 UE（C）的 UE——
在分离情形中，由移动电话上的 MT 或 TE 实施栓链操作

    一些 UE 已经从原模型演进了一点，并切换到使用 TE 和 MT 之间的一个更加不同的接口。例如，将 TE 呈现给 MT，是作为一个以太网接口出现的（见 3.6.2 节更多有关以太网的内容）。这种方法如图 2.23 中情形 B 所示，带有接口 I_i（这些接口被赋予形象的说明性的名字，这在其他地方是不用的）。在情形 B 中值得指出的是，在运行在 TE 上的操作系统中支持 MT，可能是比较容易的。但是，这种方法导致 TE 丢失了对 MT 的某种可见性，除非使用相当不同的附加控制软件将 MT 和 TE 捆绑在一起。在这种方法中，在 TE 和 MT 之间以及 MT 和 3GPP 网络之间使用的链路模型中的差异可能导致问题，将在 4.9.1 节中进一步讨论。但是，如果相同类型的接口也用于各外部 TE 间的接口，则情形 B 的模型可以是非常有帮助的。

2.6.2 分离的 UE

    随着在 3GPP 接入上快速数据连接的出现，通过某种本地连接技术与其他设备共享蜂窝数据连接变得流行起来。在本书中称这种活动为栓链法（tethering）。本地连接方法典型地可以是 WLAN 或统一串行总线（USB），但它也可以是红外、蓝牙、低功率无线电技术，或任何人类可想象到的技术。采用图 2.23 的情形 C 接口 I_{e1} 和 I_{e2}，形象地说明栓链法场景，其中一台移动电话在 WLAN 上将其蜂窝连接共享给一台笔记本电脑和一台平板电脑设备。如图所示，驻留在设备中的 MT 功能，提供到 3GPP 网络的访问。另外，TE 功能不仅驻留在手机内部，而且逻辑上也在其他设备上，例如在所示的笔记本和便签设备上。在分离 UE 情形中的一个重要因素是，其他设备不必知道如下事实，即它们正在利用 3GPP 访问，且有 TE 的角色。与在情形 B 中一样，由于 TE 和 MT 之间以及从 MT 到 3GPP 网络的链路类型的不同，会出现一些问题。如图所示，从蜂窝网络的观点看，手机和栓链设备的整个集合被看作一个抽象的 UE——网络服务这个设备集合，这就像它是一台传统 UE 一样。

知道 IP 地址的手机经常但不必执行 IPv4 NAT 功能和 IPv6 邻居发现代理的某个变形（见 3.4.10 节的更详细描述）。当被栓链设备的数据通过由接口 I_{e1} 指向的手机 IP 栈时，可认为在一台手机上由 TE 而不是由 MT（由接口 I_{e2} 标示）完成了栓链操作。当通过 I_{e2} 执行栓链操作时，接口经常是以一种拨号方式实现的，即数据信道可呈现串行通信，且可能使用 AT 命令集。与在"黑盒"内部可实行的伎俩经常出现的情形一样，栓链特征的几种不同实现变种是可能。

上面描述的并在 3GPP 标准预发行版本 10 中规范的共享方式并不要求或提供来自 3GPP 网络的显式支持。尽管如此，有时通过管理方法允许（禁止）栓链操作：通过监管数据，用户正在发送、放置数据传输间隙甚至交付到用户的手机，在没有附加订阅服务的条件下，这些设备是不允许栓链操作的。

发行版本 10 中的 3GPP 定义了 IPv6 前缀委派（见 4.4.6 节）的高级和显性特征。当使用前缀委派时，3GPP 网络也"确认"这样的事实，即 UE 正在提供路由服务，由此为其他设备提供连接服务。称那种设置为分离 UE 不再有什么意义（因为 UE 不再是"分离的"），但对支持动态主机配置协议版本 6（DHCPv6）请求路由器（RR）角色的 UE 的一个官方术语，还没有确定下来。

2.7　订购管理数据库和其他后端系统

至此已经研究了 GPRS 和 EPS 网络架构中几乎所有的网元。现在是给出 3GPP 系统中不同寄存器的一个概述的时候了。这些包括 HLR 和认证中心（Authentication Center，AuC）、HSS 和 EIR。最后，将快速讨论一下在 3GPP 架构图中没有给出的其他后端系统，但尽管如此，它们对于使一个 3GPP 网络部署工作仍然是重要的。

2.7.1　归属位置寄存器和认证中心

归属位置寄存器（HLR）是一个 GPRS 网元，在 GPRS 架构中到 3GPP 发行版本 4 中，它被替换为 HSS。但是，HLR 是 HSS 的一个子集，有时令人迷惑的是，也在发行版本 4 之外的规范引用。但是，它也被看作 HSS 的组成部分，它负责 GPRS 和 EPS 中的数据网络连接服务。

HLR 是存储有关用户之信息的数据库。它包括相对静态的信息，包括安全、认证、授权和服务就绪提供信息。另外，HLR 存储与移动管理有关的更动态的信息，如 HLR 存储有关 SGSN（服务用户）的信息。

基本上来说，AuC 是 HLR 的一个子集，它存有安全信息，包括针对一给定用户的双向认证、完整性保护和无线电接口的加密的各密钥。

2.7.2　归属用户服务器

归属用户服务器（HSS）是 AuC、HLR 和支持运营商服务基础设施之功能（IMS）的一个组合体。从 3GPP 发行版本 5 以后，通过引入 IMS，HSS 替换了 HLR。但是，如上所述，在术语使用方面，规范和文献并不总是一致的。但是，本书对 GPRS 使用 HLR，对 EPS 使用 HSS，原因是这与多数规范和文献是一致的。无论如何，区别仅是一个术语问题，原因是 HSS 是 HLR 的一个超集且区别仅在于 IMS 功能。所以，在 GPRS 和 EPS 网络服务的情形中，仅有 HLR 功能是适用的。

2.7.3　设备身份寄存器

设备身份寄存器（EIR）是存储国际移动设备身份（IMEI）信息的一个数据库。IMEI 是硬编码到 UE 中的一个身份，它唯一地和全球性地识别设备。EIR 包含 IMEI[57] 的三个名单，即白名单、灰名单和黑名单。白名单包含被允许使用网络的 UE，而黑名单包含被阻止使用网络的设备。灰名单可包含由网络跟踪的 UE（出于某种原因）。

2.7.4　其他后端系统

在 3GPP 网络部署中使用的其他后端系统包括认证、授权和计费（Authentication, Authorization and Accounting, AAA）服务器和用于用户和地址管理的动态主机配置协议（DHCP）服务器[58,59]。使用的 AAA 技术是远程认证拨入用户服务（RADIUS）[60] 和 Diameter[61]。RADIUS 是最初用于拨号网络由 IETF 标准化和设计的一项技术，但目前非常广泛地用于许多不同网络环境的 AAA 技术。Diameter 是一项较新的 IETF 技术，目标是取代 RADIUS，它尝试解决 RADIUS 的一些缺点。另外，DHCP 可用于外部地址管理。4.4 节描述 AAA 的使用和地址管理的 DHCP 技术。

2.8　从用户设备到互联网的端到端视图

现在我们已经知道了组成 3GPP 系统的不同构造块。是时间将它们组合在一起了，并给出您的分组实际到达互联网并返回的一项概述。这里将分别讨论 GPRS 和 EPS，原因是上线的过程是稍微有点不同的。

2.8.1　GPRS

下面将首先讨论 UE 是如何连接到互联网的。之后，将给出分组是如何在网络上传输的。最后描述如何拆除连接，以及如何结束通信。

1. 连接

当打开一个 UE（如一台移动电话）时，UE 必须做的第一件事是附接到网络。在网络附接过程中，UE 向移动网络认证自己，且移动网络授权网络附接，如 2.3.1 节所述。但是，此时，UE 没有一个 IP 地址，且它没有连接到互联网，或由于那个原因没有连接到任何其他 IP 网络。因此，在它可发送或接收分组之前，它必须打开一个 PDP 语境。

PDP 语境激活规程如图 2.13 所示。在激活 PDP 语境消息中，UE 可指明它希望连接到的 APN，或留着 APN 字段为空。如果没有提供 APN，则网络将使用一个默认 APN。

通常 APN 设置是运营商相关的。因为我们想进行互联网访问，所以 APN 网络标识符可以是 Internet。之后网络将基于 APN，找到 GGSN 在哪里，它提供互联网访问，找到之后，则向 GGSN 发送创建 PDP 语境（消息）。GGSN 将分配 IP 地址（IPv4、IPv6 或这两者都有，取决于 UE 所指明的 PDP 类型）。GGSN 也提供在 UE 中配置 IP 栈的附加信息。这个信息包括 DNS 服务器信息。UE 在其操作系统中配置和启动一个网络接口。这里的接口指第 1 章中所述的一个 IP 接口，而不是一个 3GPP 接口，这就像在本章中所称的 3GPP 网元之间的连接。互联网技术共同体和 3GPP 共同体对两个不同定义使用相同单词，确实比较容易混淆。

在 PDP 语境启动和 IP 栈配置之后，UE 就准备就绪并连接到互联网。

2. 分组交付

在 PDP 语境激活之后，UE 可开始与互联网通信。UE 中的 IP 栈以上面分配的 IP 地址作为源地址创建一条分组，并将之发送给 GPRS 接口。这里，GPRS 调制解调器将之首先在无线电接口上发送到 BTS 或 NodeB。在发送之前，分组也许是进行首部压缩。在 2G-GPRS 中，在 SGSN 中该分组被解压缩回到其原始形式，而在 3G-GPRS 中，该分组被一起放回到 RNC 中。RNC 将用户的分组封装到一条 GTP 隧道（该分组被放在一条 GTP 分组内部）。隧道位于这个 RNC 和服务 UE 的 SGSN 之间。SGSN 接收 GTP 封装的分组，并解封装由 UE 发送的 IP 分组。SGSN 的语境表和 GTP 隧道标识符使 SGSN 能够找到上行 GTP 隧道。SGSN 将 IP 分组重新封装到去往 GGSN 的 GTP 隧道，PDP 语境将 GGSN 定为锚点。之后 GGSN 释放分组，并将之进一步发送到互联网。在 GGSN 处完成首次 TTL 字段减 1 操作。即使分组已经跳过多个网元和它们之间的多条连接，但从 UE 所发送的 IP 分组的观点看，该分组仅完成一跳。网络对它是完全透明的。

在下行链路方向，分组目的地被设置为分配给 UE 的 IP 地址。因为 UE 的 IP 地址是从 GGSN 的地址池中分配的，所以分组穿越互联网的各网络，并到达 GGSN。GGSN 有一个语境，实际上是将一个 IP 地址映射到 GTP 隧道的一个转发表，这构成 PDP 语境。GGSN 封装下行去往 UE 的 IP 分组，并将之发送到服务该 UE 的 SGSN。就下行的分组而言，SGSN 解封装分组，且在 3G 情形中，重新封装分组到 GTP 隧道，该隧道位于 GGSN 和服务 UE 的 RNC 之间。RNC 解封装分组。之后分组由 RNC 映射到无线电载波，并发送到 UE。同样，在 GPRS 网络内的所有这些步骤对 IP 分组完全透明的。之后 IP 分组到达 UE 的 IP 栈。

3. 结束连接

现代智能电话自动地激活 PDP 语境。PDP 语境经常是所有时间都激活的，除非存在一个首选的替代语境（如 WLAN）。由此，当电话打开时，PDP 语境被激活，且当移动电话关机时，语境被去活。如果电话找到一个首选的 WLAN 网络，则 PDP 语境可能被去活，且当到 WLAN 的连接丢失时被重新激活。仅当存在需要连接处于激活状态的一个应用时，一些移动电话才保持一个 PDP 语境处于激活状态。

但是，如在 2.3.1 节所述，PDP 语境去活可独立于网络附接加以实施。由此，PDP 语境可以被去活，且 UE 可保持附接到网络。

通常仅当一部电话被关机或切换到离线状态（如"飞行模式"）时，才可实施网络断开。

2.8.2　EPS

与上面对待 GPRS 的做法一样，在本节将讨论网络连接的生命周期。本节将首先讨论采用默认载波建立的网络附接，接着讨论网络上的 IP 通信，直到讨论连接的关闭。

1. 连接

在 2.3.1 节描述了在 EPS 系统中，默认 EPS 载波是作为网络附接规程的一部分被激活的。因此，在网络附接之后，UE 就有一条可用的网络连接。类似于 GPRS，IP 栈配置和 IP 地址分配是在默认 EPS 载波建立过程中完成的。向 UE 提供 IP 地址——一个 IPv4 地址、一个 IPv6 地址范围或这两者都有。与在 GPRS 中一样，UE 指明它希望有哪种连接（IPv4、IPv6 或这两者），且它也提供 APN。依据它从 HSS 得到的订购信息，MME 也许会调整请求的 IP 版本和 APN。PGW 分配 IP 地址，并提供附加的配置信息，如 DNS 服务器信息。

在 UE 已经以所提供的地址和附加配置信息配置其 IP 栈之后，UE 就准备开始到互联网的通信。

2. 分组交付

也许并不令人意外的是，一条分组通过 EPS 系统的路程非常类似于一条分组通过 GPRS 的路程。由于在链路模型中的一项差异，在 GTP 和 PMIP EPS 变种之间存在一个微小差异。但是，在 4.1.1 节中详细解释了这项差异。

从 UE 开始，在源地址字段中带有 UE 的 IP 地址的 IP 分组，通过由 UE 的 LTE 调制解调器在 LTE 无线电接口之上发送而开始它的路程。因为在 EPS 架构中没有无线电控制器单元，所以 eNodeB 负责首部压缩，并终结所有的无线电协议。eNodeB 有从无线电载波到对应 GTP 隧道的一个映射。分组由 eNodeB 封装，并发送到 SGW。MME 并不涉及用户平面转发。类似于 GPRS 中的 SGSN，SGW 有一个载波表，该表将 S1-U 上的隧道映射到 S5/S8 接口中的对应隧道。由此，SGW 解封装分组，之后重新封装分组。如前所述，在 GTP 变种中，如其名字已经说明的，SGW 和 PGW 之间的隧道使用 GTP。在 PMIP 变种中，隧道是由 GRE 提供的。分组由 PGW 进一步发送进入互联网。

在相反方向，分组到达 PGW。UE 的地址是从 PGW 的地址空间中分配的，因此采用正常的 IP 路由，分组被交付到 PGW。PGW 在其载波表中查找 IP 分组目的地址，并在合适的 GTP 或 GRE 隧道上（取决于 EPS 变种）下行转发分组。之后分组被转发到 SGW，SGW 是基于下行 GTP 隧道被选中的。SGW 解封装在 S5/S8 接口之上下行的分组，并将分组重新封装到 S1-U 接口。分组在 S1-U 接口上发送到 eNodeB。eNodeB 依据在 S1-U 上 GTP 隧道的隧道标识符而选择合适的无线电载波，并在无线电接口上转发分组到 UE。在 UE 中的分组由 LTE 调制解调器接收，并转发到 IP 栈。分组就到达了。

3. 结束连接

EPS 默认 EPS 载波总是打开的。所以，只要 UE 连接到网络，它就有一个有效的 IP

地址和到网络的一条可用连接。连接仅在电话关机或当电话切换到某种离线状态（如"飞行模式"）时才被去活。

2.9　本章小结

本章仔细研究了分组交换 3GPP 网络架构：GPRS 和 EPS。目的是提供 3GPP 网络架构和它们所提供的网络连接服务的一项概述。这应该为理解本书后面部分的内容提供了 3GPP 概念的一项充实基础。

存在两个 GPRS 变种：带有 GERAN 无线电接口的 2G-GPRS 和带有 WCDMA 无线电接口的 3G-GPRS。虽然在这两个系统之间存在架构方面的差异，但规程和概念是非常类似的。

EPS 网络架构是带有新的 LTE 无线电接口的最新 3GPP 网络架构家族成员。3GPP 规范了 EPS 的两个变种：GTP 和 PMIP 变种。EPS 使用一个新的网络架构，具有与 GPRS 架构的显著变化。但是，由于共同的谱系，架构之间也存在相似性。

在 GPRS 和 EPS 之间主要的哲学理念区别是，EPS 没有 CS 模式，且默认载波建立是 EPS 网络附接规程的组成部分，而在 GPRS 中，PDP 语境必须被独立地激活。

两个架构都支持主网络连接：GPRS 中的主 PDP 语境和 EPS 中的默认 EPS 载波。另外，两个架构都支持辅助连接，如出于 QoS 原因：GPRS 中的辅助 PDP 语境和 EPS 中的专用 EPS 载波。

APN 用于选择 PDN，其中连接了会话（PDP 语境或 EPS 载波）。TFT 被用来确定流量被定向到哪个辅助 PDP 语境或专用 EPS 载波。

2.10　建议的阅读材料

- WCDMA for UMTS：HSPA Evolution and LTE，H. Holma，A. Toskala
- LTE for UMTS：Evolution to LTE-Advanced，H. Holma，A. Toskala
- Voice over LTE（VoLTE），M. Poikselkä，H. Holma，J. Hongisto，J. Kallio
- SAE and the Evolved Packet Core：Drivingthe Mobile Broadband Revolution，M. Olsson，S. Sultana，S. Rommer，L. Frid，C. Mulligan
- The IMS：IP Multimedia Concepts and Services，M. Poikselkä，G. Mayer
- The 3G IP Multimedia Subsystem（IMS）：Merging the Internet and the Cellular Worlds，G. Camarillo 和 M-A. Garcia-Martin

参考文献

1. 3GPP. 3rd Generation Partnership Project, http://www.3gpp.org/.
2. ARIB. Association of Radio Industries and Businesses, http://www.arib.or.jp/english/.
3. ATIS. Alliance for Telecommunications Industry Solutions, http://www.atis.org/.
4. CCSA. China Communications Standards Association, http://www.ccsa.org.cn/english/.

5. ETSI. European Telecommunications Standards Institute, http://www.etsi.org/.

6. TTA. Telecommunications Technology Association, http://www.tta.or.kr/English/.

7. TTC. Telecommunication Technology Committee, http://www.ttc.or.jp/e/.

8. IETF. Internet Engineering Task Force, http://www.ietf.org/.

9. 3GPP. IP Multimedia Subsystem (IMS); Stage 2. TS 23.228, 3rd Generation Partnership Project (3GPP), September 2010.

10. 3GPP. High Speed Downlink Packet Access (HSDPA); Overall description; Stage 2. TS 25.308, 3rd Generation Partnership Project (3GPP), December 2011.

11. 3GPP. Enhanced uplink; Overall description; Stage 2. TS 25.319, 3rd Generation Partnership Project (3GPP), December 2011.

12. Waitzman, D. *Standard for the transmission of IP datagrams on avian carriers*. RFC 1149, Internet Engineering Task Force, April 1990.

13. GSMA. GSM Association, http://gsm.org/.

14. OMA. Open Mobile Alliance, http://www.openmobilealliance.org/.

15. 3GPP. Multimedia Messaging Service (MMS); Functional description; Stage 2. TS 23.140, 3rd Generation Partnership Project (3GPP), March 2000.

16. ETSI. European digital cellular telecommunication system (phase 1); Network Architecture. GSM 03.02, European Telecommunications Standards Institute (ETSI), February 1992.

17. ITU-T. SERIES X: DATA NETWORKS AND OPEN SYSTEM COMMUNICATION Public data networks – Interfaces Interface between Data Terminal Equipment (DTE) and Data Circuit-terminating Equipment (DCE) for terminals operating in the packet mode and connected to public data networks by dedicated circuit. Recommendation X.25, International Telecom Union – Telecommunication Standardization Sector (ITU-T), October 1996.

18. 3GPP. Mobile Station (MS) – Serving GPRS Support Node (SGSN); Subnetwork Dependent Convergence Protocol (SNDCP). TS 44.065, 3rd Generation Partnership Project (3GPP), December 2009.

19. Jacobson, V. *Compressing TCP/IP Headers for Low-Speed Serial Links*. RFC 1144, Internet Engineering Task Force, February 1990.

20. Degermark, M., Nordgren, B., and Pink, S. *IP Header Compression*. RFC 2507, Internet Engineering Task Force, February 1999.

21. Bormann, C., Burmeister, C., Degermark, M., Fukushima, H., Hannu, H., Jonsson, L-E., Hakenberg, R., Koren, T., Le, K., Liu, Z., Martensson, A., Miyazaki, A., Svanbro, K., Wiebke, T., Yoshimura, T., and Zheng, H. *RObust Header Compression (ROHC): Framework and four profiles: RTP, UDP, ESP, and uncompressed*. RFC 3095, Internet Engineering Task Force, July 2001.

22. 3GPP. General Packet Radio Service (GPRS); Mobile Station (MS) – Base Station System (BSS) interface; Radio Link Control/Medium Access Control (RLC/MAC) protocol. TS 44.060, 3rd Generation Partnership Project (3GPP), March 2012.

23. 3GPP. Mobile Station – Serving GPRS Support Node (MS-SGSN); Logical Link Control (LLC) Layer Specification. TS 44.064, 3rd Generation Partnership Project (3GPP), December 2011.

24. 3GPP. General Packet Radio Service (GPRS); Base Station System (BSS) – Serving GPRS Support Node (SGSN); BSS GPRS protocol (BSSGP). TS 48.018, 3rd Generation Partnership Project (3GPP), March 2012.

25. 3GPP. General Packet Radio Service (GPRS); Base Station System (BSS) – Serving GPRS Support Node (SGSN) interface; Network service. TS 48.016, 3rd Generation Partnership Project (3GPP), December 2009.

26. 3GPP. General Packet Radio Service (GPRS); Service description; Stage 2. TS 23.060, 3rd Generation Partnership Project (3GPP), March 2012.

27. ITU-T. SPECIFICATIONS OF SIGNALLING SYSTEM No. 7. Recommendation Q.700, International Telecom Union – Telecommunication Standardization Sector (ITU-T), March 1993.

28. ITU-T. Series I: Integrated Services Digital Network General structure – General description of asynchronous transfer mode. Recommendation I.150, International Telecom Union – Telecommunication Standardization Sector (ITU-T), February 1999.

29. 3GPP. General Packet Radio Service (GPRS) enhancements for Evolved Universal Terrestrial Radio Access Network (E-UTRAN) access. TS 23.401, 3rd Generation Partnership Project (3GPP), March 2012.

30. 3GPP. Architecture enhancements for non-3GPP accesses. TS 23.402, 3rd Generation Partnership Project (3GPP), March 2012.

31. Simpson, W. *The Point-to-Point Protocol (PPP)*. RFC 1548, Internet Engineering Task Force, December 1993.

32. 3GPP. Technical realization of the Short Message Service (SMS). TS 23.040, 3rd Generation Partnership Project (3GPP), September 2010.

33. Postel, J. *Internet Protocol*. RFC 0791, Internet Engineering Task Force, September 1981.

34. Postel, J. *Transmission Control Protocol*. RFC 0793, Internet Engineering Task Force, September 1981.

35. 3GPP. Radio Link Control (RLC) protocol specification. TS 25.322, 3rd Generation Partnership Project (3GPP), June 2011.

36. 3GPP. Evolved Universal Terrestrial Radio Access (E-UTRA); Packet Data Convergence Protocol (PDCP) specification. TS 36.323, 3rd Generation Partnership Project (3GPP), January 2010.

37. Gundavelli, S., Leung, K., Devarapalli, V., Chowdhury, K., and Patil, B. *Proxy Mobile IPv6*. RFC 5213, Internet Engineering Task Force, August 2008.

38. Farinacci, D., Li, T., Hanks, S., Meyer, D., and Traina, P. *Generic Routing Encapsulation (GRE)*. RFC 2784, Internet Engineering Task Force, March 2000.

39. Muhanna, A., Khalil, M., Gundavelli, S., and Leung, K. *Generic Routing Encapsulation (GRE) Key Option for Proxy Mobile IPv6*. RFC 5845, Internet Engineering Task Force, June 2010.

40. 3GPP2. 3rd Generation Partnership Project2 (3GPP2), http://www.3gpp2.org/.

41. Forum, W. WIMAX Forum, http://www.wimaxforum.org/.

42. Muhanna, A., Khalil, M., Gundavelli, S., Chowdhury, K., and egani, P. Y. *Binding Revocation for IPv6 Mobility*. RFC 5846, Internet Engineering Task Force, June 2010.

43. Devarapalli, V., Koodli, R., Lim, H., Kant, N., Krishnan, S., and Laganier, J. *Heartbeat Mechanism for Proxy Mobile IPv6*. RFC 5847, Internet Engineering Task Force, June 2010.

44. Soliman, H. *Mobile IPv6 Support for Dual Stack Hosts and Routers*. RFC 5555, Internet Engineering Task Force, June 2009.

45. 3GPP. Numbering, addressing and identification. TS 23.003, 3rd Generation Partnership Project (3GPP), March 2012.

46. Mockapetris, P. V. *Domain names – implementation and specification*. RFC 1035, Internet Engineering Task Force, November 1987.

47. Braden, R. *Requirements for Internet Hosts – Application and Support*. RFC 1123, Internet Engineering Task Force, October 1989.

48. Elz, R. and Bush, R. *Clarifications to the DNS Specification*. RFC 2181, Internet Engineering Task Force, July 1997.

49. 3GPP. Domain Name System Procedures; Stage 3. TS 29.303, 3rd Generation Partnership Project (3GPP), June 2011.

50. GSMA. GSMA PRD IR.40 'DNS/ENUM Guidelines for Service Providers and GRX/IPX Providers'. PRD IR.40 7.0, GSM Association (GSMA), May 2012.

51. Deering, S. and Hinden, R. *Internet Protocol, Version 6 (IPv6) Specification*. RFC 2460, Internet Engineering Task Force, December 1998.

52. Kent, S. and Seo, K. *Security Architecture for the Internet Protocol*. RFC 4301, Internet Engineering Task Force, December 2005.

53. Society, I.C. Part 3: IEEE Standard for Information technology-Specific requirements – Part 3: Carrier Sense Multiple Access with Collision Detection (CSMA/CD) Access Method and Physical Layer Specifications. IEEE Standard for Information Technology 802, Institute of Electrical and Electronics Engineers Standards Association (IEEE-SA).

54. 3GPP. GSM – UMTS Public Land Mobile Network (PLMN) Access Reference Configuration. TS 24.002, 3rd Generation Partnership Project (3GPP), December 2009.

55. 3GPP. Network architecture. TS 23.002, 3rd Generation Partnership Project (3GPP), September 2011.

56. 3GPP. AT command set for User Equipment (UE). TS 27.007, 3rd Generation Partnership Project (3GPP), December 2011.

57. 3GPP. International Mobile station Equipment Identities (IMEI). TS 22.016, 3rd Generation Partnership Project (3GPP), April 2010.
58. Droms, R. *Dynamic Host Configuration Protocol*. RFC 2131, Internet Engineering Task Force, March 1997.
59. Droms, R., Bound, J., Volz, B., Lemon, T., Perkins, C., and Carney, M. *Dynamic Host Configuration Protocol for IPv6 (DHCPv6)*. RFC 3315, Internet Engineering Task Force, July 2003.
60. Rigney, C., Willens, S., Rubens, A., and Simpson, W. *Remote Authentication Dial In User Service (RADIUS)*. RFC 2865, Internet Engineering Task Force, June 2000.
61. Calhoun, P., Loughney, J., Guttman, E., Zorn, G., and Arkko, J. *Diameter Base Protocol*. RFC 3588, Internet Engineering Task Force, September 2003.
62. Postel, J. *User Datagram Protocol*. RFC 0768, Internet Engineering Task Force, August 1980.

第 3 章　IPv6 简介

提供大约 3.4×10^{38} 个唯一地址的 128bit 地址空间，是互联网协议版本 6（IPv6）存在和为什么正在部署它的主要原因。但是，下一代互联网协议（IP）是远比它所提供的巨大地址空间要多的内容。本章将介绍 IPv6 的核心特征，并讨论最相关的附加特征，特别从第 3 代伙伴项目（3GPP）网络的角度看更是如此。这些功能特征包括 IPv6 分组首部结构、地址自动配置机制、基于网络主机的 IPv6 移动性、不同链路模型等。另外，在本章结束处，提供与 IPv6 地址配置、域名系统（DNS）使用和传输控制协议（TCP）会话建立有关的详细例子。

在一百多个互联网工程任务组（IETF）的 RFC 中描述了 IPv6，其中一小部分对一个支持 IPv6 的节点与其他节点的互操作能力是至关重要的。多数 RFC 是可选的，并仅由某些种类的节点或在某些部署场景中才需要支持。一个节点可以是一台主机、一台路由器或在一些情形中可以是这两种角色。节点是一台路由器还是一台主机也许是最大的单元，它定义节点需要哪种协议特征功能。IETF 已经制定和发布了"IPv6 节点需求"文档，列出支持 IPv6 的节点的主要需要，不管它们是主机还是路由器[1]。IETF RFC 6204 定义了客户边缘路由器的进一步需求（但没有涵盖核心互联网路由器）[2]。同样，其他组织定义了所需 RFC 的集合，如 RIPE 发布了"在 ICT 设备中 IPv6 的需求"RIPE-554，可在 http：//www.ripe.net/ripe/docs/current-ripe-documents/ripe-554 找到。最终，不管需求列表或概要为何，每个个体实现都需要选择协议功能的必要集合，这些是每个使用用例一定必要的。IETF 也对 3GPP 访问中所需的基本 IPv6 组件在 RFC 3316[3] 中形成文档，该文档有点陈旧，但正在更新。在本书中，在 4.7 节详细地列出了 3GPP 用户设备（UE）的具体需求。

当设计 IPv6 时，计划是与其前辈互联网协议版本 4（IPv4）并行部署的，因此并不直接兼容于 IPv4。人们开发了一个工具集，提供 IPv4 和 IPv6 之间的互操作能力，这在本书 5.3.1 节中描述。本节仅将焦点放在 IPv6 核心协议功能上。

3.1　IPv6 寻址架构

大型 IPv6 地址空间的一项重要优势是它支持多样化的寻址架构。"IP 版本 6 寻址架构"RFC 4291[4] 和"IPv6 范围受限的地址架构"RFC 4007[5] 描述主要架构，之后在各种文档中进一步定义，这睿智地利用 IPv6 地址提供的（地址）比特。在本节将提供寻址架构的概述。

3.1.1　IPv6 地址格式

图 3.1 给出就如今而言一般如何格式化一个 128 比特的 IPv6 地址。对地址而言，前

三个比特有特殊意义：000 指明对接口标识符（IID）结构没有约束，001 指明当前指派的全局前缀，111 用于诸如组播的其他地址。因为从前三个比特的当前分配看它是可见的，所以 IPv6 地址空间的主要部分仍然为未来预留。这项大份额的预留支持发明完全不同的寻址方案，并因此在产生后向兼容扩展方面有所帮助。

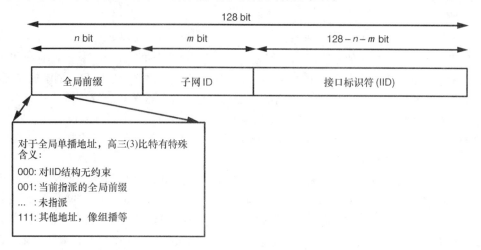

图 3.1   通用 IPv6 地址架构

一个 IPv6 地址被分成三个不同节（section）：一个全局前缀、一个子网标识符和一个 IID。全局前缀指一个网络为其使用得到的一个前缀。典型情况下，这些前缀范围是 32～56bit（/32 到/56），当然任何其他长度也是可能的。子网标识符表示全局前缀之后的比特，在一个网络内使用以标识一个子网，典型情况下是一条链路。最后的一些比特持有一个 IID，它标识子网内一个特定的网络接口（典型情况下是一台主机）。

3.1.2   IPv6 地址类型

一个 IPv6 地址可以是三种不同类型（之一）：单播、任意播或组播。单播地址类型识别单个节点中的单个网络接口。任意播地址类型识别典型地在不同节点上的接口集合。发送到一个任意播地址的一条 IPv6 分组，由路由系统交付到一个任意播地址的最近实例。组播地址类型识别在（通常）许多主机上的许多接口。发送到组播地址的一条 IPv6 分组被交付到组播地址的所有接收者（见 3.2.4 节了解更多内容）。注意，IPv6 没有像 IPv4 的一个广播概念。组播地址类型可被用来实现所有的广播用例。

所有比特为零的地址"::"被称作未指派的地址。未指派地址被用来表明缺少地址。这个地址从来就不会用作一个目的地。它仅用作一个源地址，这是在初始源地址配置过程中发生的（见 3.4.7 节）。

3.1.3   IPv6 地址范围

地址范围的概念内建于 IPv6 中，由 RFC 4007[5] 描述。未指派地址"::"没有范围。带有链路本地范围的地址仅可用于单条链路内的通信，即使当该链路上没有路由器时也如此。每个网络接口（几乎没有例外）自动地创建一个链路本地地址（见 3.5.1 节了解更多内容）。链路本地范围的一个特例是回环地址 "::1"，它被认为是一个节点内虚拟接口中的一个地址，即使地址没有链路本地前缀时也如此。图 3.2 形象地说明了一个链路本地地址是如何构造的：前 10bit 是 fe80，接下来的 54bit 是全零，最后 64bit 包含一个 IID。对拟停留在一条链路上的通信，以及路由器不存在或对一台路由器还没有配置全局地址的情形中，链路本地地址是有用的。

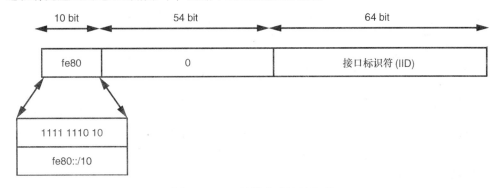

图 3.2　IPv6 链接本地地址格式

在 IPv6 中使用的其他主要地址范围是全局范围；全局范围的地址可用于本地或全局—离线—通信。IPv6 过去有站点本地范围的概念，但由 RFC 3879[6] 被废除了，并部分地由唯一本地地址（ULA）[7] 替代。ULA 地址可由 fc00::/7 的特定前缀加以区分，如图 3.3 所示。在本书撰写之时，RFC 4193 规范如何为本地指派产生 ULA，所以 L 比特被设置为 1（所以利用前 8bit 的 fd 的值）。本地分配的 ULA 前缀使用一个伪随机全局标识符（全局 ID）。之后按照要求，在一个网络中以行政管理方式指派子网标识符（子网 ID）。如 3.5.4 节所述，针对地址选择目的，IPv6 实现需要能够将 ULA 地址在与其他全局范围地址做出区分。

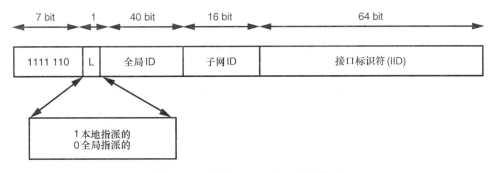

图 3.3　一般 IPv6 唯一本地地址格式

欲了解组播地址，请见 3.2.4 节。

3.1.4　IPv6 寻址区

如 RFC 4007[5] 中所述："一个区是给定范围拓扑的一个连通区域"。例如，对于全局范围地址，有一个区，即互联网，而对于链路本地范围地址，有多少条链路就要多少区。如果一个应用正与一个非全局区通信，它可能需要指明到低层的区标识符，原因是区不是由 IPv6 地址本身确定的。例如，所有链路本地地址以 "fe80::" 开始，且就它所属的链路或接口不能提供任何提示信息。请见 3.1.9 节，了解区的文本表示。

典型情况下，区标识符是不可在对等端之间传递的，原因是标识符是实现特定的，且一般来说，对于除将一个标识符指派到一个区的一个节点外的其他节点是没有意义的。

3.1.5　网络接口上的 IPv6 地址

在 IPv6 中，每个地址被指派到一个接口。通常来说，每个接口有许多地址，具有相同和不同范围。除了直接分配到接口的地址外，各节点侦听组播地址集合和可能的任意播地址集合。节点侦听的准确地址取决于节点的角色。例如，每个节点侦听 "所有节点组播地址"，但仅有路由器侦听 "所有路由器组播地址"。请见 RFC 4291[4] 了解更多细节。

由 IPv6 定义的子网模型区别于 IPv4 的一个重要特征是 IPv6 前缀（例外情况是当知道接口时的链路本地前缀）没有自动地意味着，具有相应 IPv6 地址在相同链路上[8]。这意味着节点不能假定它们可直接将分组发送到带有与节点所配置地址匹配前缀的一个 IPv6 地址。同时这意味着，即目的地址没有匹配主机在路由器通告中看到的任意 IPv6 地址，这也不意味着目的地将不会处在与发送方相同的链路上。在与链路本地地址通信的情形中，一个节点需要知道目的地链路本地地址相关的一个网络接口，原因是由定义看，所有接口都有相同的链路本地前缀。

3.1.6　接口标识符和修改的 EUI-64

IPv6 地址架构定义其高三位不为零（即一个二进制值 000）的任意 IPv6 单播地址，必须有使用修改的 EUI-64 格式[4] 构造的一个 64bit 接口标识符。RFC 4291 的 2.5.1 节和 2.5.4 节非常清晰地论述了这种情况。

基于修改的 EUI-64 格式的接口标识符可由其他唯一的标志派生得到，如电子与电气工程师学会（IEEE）802 48bit 介质访问控制（MAC）标识符[9] 或非-广播多址（NBMA）接口标志[10]。见图 3.4 查看修改的 EUI-64 格式看起来是什么样子的图示。在图中，"C" 形成指派的 company_id 的各比特，而 "M" 形成制造商选择的扩展标识符的各比特。为与原 IEEE 管理的 EUI-64 区分，并使系统管理稍微容易些，修改的 EUI-64 将通用/本地 "U" 比特反转，即一个 IPv6 地址的第 70bit。当 "U" 被设置为 0 时，EUI-64 是非全局的，是本地管理的。"G" 是个体/组比特。当使用修改的 EUI-64 格式产生接口标识符时，应该小心从事，不要覆盖在 RFC 4291 和参考文献 [9] 中的 "U" 和 "G" 比特的预定义含义。总之，当 U 设置为 0 时，剩下的 63bit（也包括 "G" bit）

可以是任何值。例如，私有地址[11]就利用了这一点。

```
0                   1 1               3 3               4 4               6
0                   5 6               1 2               7 8               3
CCCCCCUGCCCCCCCC CCCCCCCCMMMMMMMM MMMMMMMMMMMMMMMM MMMMMMMMMMMMMMMM
```

图 3.4　用于 IPv6 IID 目的的一个修改的 EUI-64 格式

图 3.5 说明了一个 IEEE 802 48 比特 MAC 标识符如何 "扩展" 成修改的 EUI-64 格式。在修改的 EUI-64 中间插入两个字节 0xff 和 0xfe。更具体地说，这两个字节被放在 24 ~ 39bit。注意在图中，"U" bit 被设置为 1，这意味着 48bit MAC 标识符清除了其相应的 "U" bit，表明 MAC 标识符被管理并（假定）是全局唯一的。

```
0                   1 1               3 3               4 4               6
0                   5 6               1 2               7 8               3
CCCCCC1GCCCCCCCC CCCCCCCC11111111 11111110MMMMMMMM MMMMMMMMMMMMMMMM
```

图 3.5　由一个 IEEE 802 48 比特 MAC 标识符派生得到的一个修改的 EUI-64

值得指出的是，出于隐私和安全原因，一个节点从来就不应从敏感的但唯一的数值产生 IID，如国际移动设备身份（IMEI）、移动站国际用户目录号（MSISDN）或国际移动用户身份（IMSI）。

3.1.7　IPv6 地址空间分配

历史已经证明，无论资源的尺寸有多大，总有可能采用不当的管理和滥用而将之耗尽。IPv6 提供了巨大的地址空间，这将是充裕的并将持续一段较长时间，但仅当睿智地使用时才是这样。在最高层次，互联网指派地址号（IANA）管理地址池的使用。就今天的情况看，IPv6 地址空间被分成图 3.6 中所列出的各节（section），该图也给出

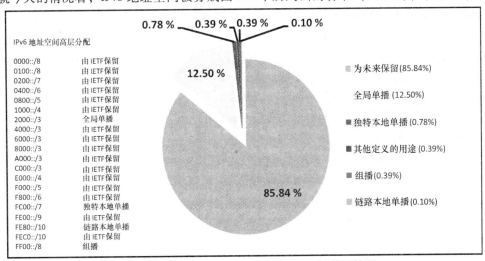

图 3.6　到 2013 年 1 月时 IPv6 地址空间的使用情况

了 IPv6 地址空间部分的一个饼图，这部分当前为单播地址空间预留、为未来预留，并用于各种 IPv6 用途，如组播、链路本地寻址、ULA、废弃的站点本地用途、回环等。

3.1.8 特殊的 IPv6 地址格式

用于 IPv6 地址的 128bit 是足够长的，可允许在地址中内嵌附加信息。内嵌到一个 IPv6 地址中的最流行信息片是一个 IPv4 地址。特别地，各种 IPv6 过渡机制利用了将 IPv4 地址包括在 IPv6 地址内（见 5.3 节了解更多的过渡机制信息，特别地在图 5.3 中给出 IPv4 内嵌的 IPv6 地址）。这种地址用法的例子包括（但无论从哪方面看都不限于）如下例子和图 3.7 中的图示：

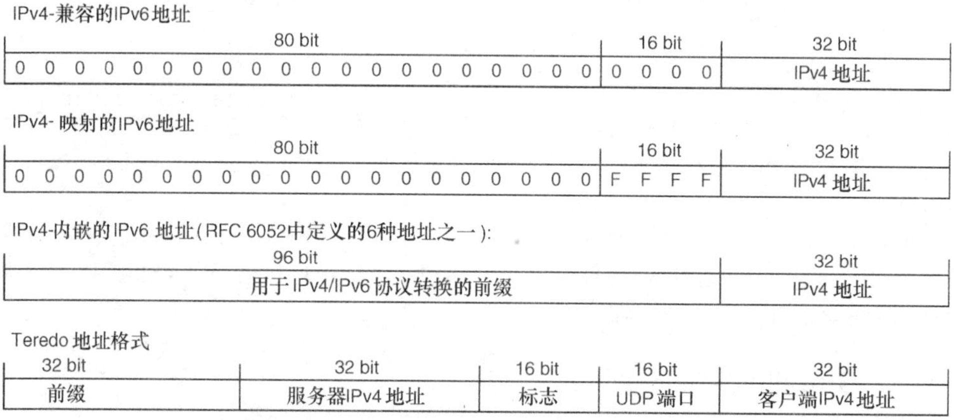

IPv4-兼容的IPv6地址

80 bit		16 bit	32 bit
0 0 0 0 0 0 0 0 0 0 0 0 0 0 0 0 0 0 0 0 0 0 0 0		0 0 0 0	IPv4 地址

IPv4- 映射的IPv6地址

80 bit		16 bit	32 bit
0 0 0 0 0 0 0 0 0 0 0 0 0 0 0 0 0 0 0 0 0 0 0 0		F F F F	IPv4 地址

IPv4-内嵌的IPv6 地址(RFC 6052中定义的6种地址之一)：

96 bit	32 bit
用于 IPv4/IPv6 协议转换的前缀	IPv4 地址

Teredo 地址格式

32 bit	32 bit	16 bit	16 bit	32 bit
前缀	服务器IPv4 地址	标志	UDP 端口	客户端IPv4地址

图 3.7　内嵌在 IPv6 地址内的 IPv4 地址例子

1）IPv4 兼容的 IPv6 地址：这种被废弃的地址格式，其设计用于支持 IPv6 过渡。

2）IPv4 映射的 IPv6 地址：这种地址格式用来将 IPv4 地址表示为 IPv6 地址。该格式用于简化应用编程接口（API），方法是使两个地址族以相同字段、参数和变量加以表示。

3）IPv4 内嵌的 IPv6 地址：在 RFC 6052[13] 中针对 IPv4/IPv6 网络地址转换（NAT64），定义了 6 种 IPv4 内嵌的地址格式。图 3.7 图示了最简单的这些格式。欲了解可能的 NAT64 地址格式的更多细节，请参见 5.3.3 节。

4）Teredo 地址：Teredo 地址格式形象地说明了大量信息如何能够编码在一个 IPv4 地址中[14]。Teredo 地址由一个 32bit Teredo 服务前缀、一个 Teredo 服务器的 32bit IPv4 地址、附加信息的标志比特、在一个客户端上用于 Teredo 服务的混杂（obfuscated）用户数据报协议（UDP）端口的 16bit 以及用于一个客户端的混杂 IPv4 地址的 32bit。

下面介绍用于归档目的的 IP 地址。

在 RFC 3849[15] "为归档预留的 IPv6 地址前缀"中为 IPv6 归档目的，预留了一个特殊的单播 IPv6 前缀 2001：db8::/32。类似地，在 RFC 5737[16] "为归档预留的 IPv4 地址块"中为 IPv4 单播地址归档目的，定义了特殊的 IPv4 子网 192.0.2.0/24、

198.51.100.0/24 和 203.0.113.0/24。对于要求组播地址的归档，RFC 6676"用于归档的组播地址"为 IPv6 和 IPv4 目的预留地址块[17]。用于 IPv4 任意—源组播归档的组播地址块是 ff0x::db8:0:0/96（x 代表范围，见 3.2.4 节）。对于源—特定的组播情形，使用了为单播 IPv6 归档目的分配的地址。

在本书中，将在所有情形中使用为归档预留的地址，其中没有引用出于特定目的由 IANA 指派的 IP 地址，或讨论真实世界 IP 分组捕获的例子。

在真实实现中，应该从来就不适用为归档目的而分配的地址。此外，IP 栈和网络能够而且应该过滤这样的流量，它们被发送到或来自为归档预留的地址。即使对于试验目的，更好的方法是使用 ULA 或私有 IPv4 地址。

3.1.9 IPv6 地址的文本表示

因为以其标准的十六进制文本表示形式的 128bit IPv6 地址（如 2001:0db8:0123:4567:890a:bcde:f000:0000），可能处理起来是有挑战性的，所以在 RFC 4291[4] 和 RFC 5952[18] 中定义了文本表示法的一组建议。为简化基于机器的 IPv6 文本地址剖析函数（如日志文件采用的那些函数），也需要统一的文本表示法。

表示一个 IPv6 地址的首选格式是 x:x:x:x:x:x:x:x，其中每个 x 使用小写字符代表十六进制格式的一个 16bit 值。每个 x 的 16bit 值的表示没有前导零。此外，在有 32 或更多连续零比特的情形中，零比特序列可以一个语法"::"压缩表示。在有多个零系列的一个地址情形中，"::"必须以给出最大差异的方式使用（压缩地址最多的情况）。

下面是合法地址表示的例子：

2001:db8::a

2001:db8::a:0:0

::1

下面列出地址表示的一些例子，依据 RFC 5952，它们是不合法的，即使它们从另一个角度看是无歧义的：

2001:0db8::1——一定不要显示前导零

2001:db8:0:0:0:a::——"::"的压缩语法应该用来压缩最长的 16bit 零字段序列

2001:DB::A——不应使用大写字母

为在最低 32bit 中携带 IPv4 地址的 IPv6 地址，定义了一种特殊的文本寻址格式。这种地址的地址格式是 x:x:x:x:x:x:d.d.d.d，其中各个 d 一起表示一个 IPv4 地址[4]。一个地址例子可能是 64:ff9b::192.0.2.1[13]。

当需要显示带有一个端口号的一个 IPv6 地址时，需要使用方括号"["和"]"，使地址无歧义。在没有方括号的情况下，确定最后的数字是一个端口号还是 IPv6 地址的组成部分，就是不可能的，如这里所展示的 2001:db8::a:80。正确使用方括号使区别清晰了：[2001:db8::a]:80。

1. IPv6 前缀的文本表示

每个 IPv6 地址逻辑上由一个前缀和一个 IID 组成，如 3.1 节所述。前缀长度是以类似于 IPv4 无类域间路由（CIDR）系统[19]的表示法给出的，这意味着前缀长度使用一个斜杠字符被附加在一个 IPv6 地址后面。例如，如果前缀长度是 64bit，则地址被表示为 2001：db8：：a/64。

2. 区标识符

在一些时候，有必要在统一资源标识符（URI）或统一资源定位符（URL）内包含一个区标识符。例如，如果网页浏览器需要使用一个链路本地 IPv6 地址文字（literal）和一个节点有多个接口在用时，就需要一个区标识符。由于链路本地地址的链路本地范围，确定一个链路本地地址意图使用的网络接口是不可能的。为解决这个问题，IETF 在 RFC 4007[5]中为表示一个区标识符定义了语法，当前将语法改善为更加准确的[20]。在 URI 中，为表示区标识符定义的 % 符号，需要被转义（"escaped"），所以需要包含一个转义符 % 的语法，即 %25。下面的例子形象地说明表示一个区标识符 eth0 及其用法的有效 IPv6 地址和 URL 格式：

2001：db8：：42% eth0

2001：db8：：42%25eth0

http：//［2001：db8：：42% eth0］/

http：//［2001：db8：：42%25eth0］/

区标识符的准确值是特定于实现的，在每个操作系统中是不同的。

3.2　IPv6 分组首部结构和扩展性

如图 3.8 所示的 IPv6 分组首部的设计，是尽可能紧致的，以便最小化 IPv6 地址所增加的额外负担，该地址占用 IPv4 地址空间的 4 倍。IPv6 首部的前 8B（字节，即 Byte）包括版本信息、流量类、流标签、净荷长度、下一个首部类型和跳限制等各字段。源和目的 IPv6 地址，每个都占 16B，所以 IPv6 首部的长度是 40B[21]。

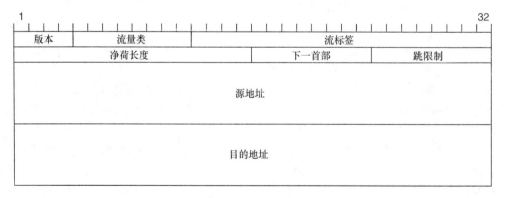

图 3.8　IPv6 首部

4bit 版本字段总是包含十进制 6，表明 IP 版本是 IPv6。在 3.2.1 节描述流量类和流标签的内容。

熟悉 IPv4 的读者将注意到缺少首部长度字段。在 IPv6 中，首部总是固定为 40B。净荷长度字段包括任何可能的 IPv6 扩展首部以及被携带的任何其他净荷分组的长度。因此为长度预留的 16bit 将 IPv6 分组净荷尺寸限制为 65 535B。

下一个首部字段指明紧跟 IPv6 首部的是哪个首部。这些首部包括传输协议首部（如 TCP 和 UDP），但也包括 IPv6 扩展首部。下一个首部字段也存在于所有 IPv6 扩展首部中，由此产生了这样一条体系，它允许各首部的链式串接，如图 3.9 所示。

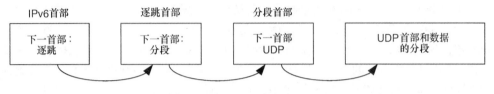

图 3.9　IPv6 首部的链式串接（chaining）

跳限制字段本质上与 IPv4 的存活时间相同，且在每次一条 IPv6 分组被转发时都减 1。如果减 1 操作导致跳限制达到零，则分组被丢弃，且一条互联网控制消息协议版本 6（ICMPv6）超时消息被发送到分组的源发方。

IPv6 首部没有包含任何用于校验和的字段，原因是协议族设计是这样的，使 IPv6 首部的有关部分被包括在传输层校验和内（见 3.10.1 节了解更多这方面的内容）。

3.2.1　流量类和流标签

RFC 2460 为区分属于相同类的分组，定义了流量类和流标签字段[21]，如下所述。

1. 流量类

IPv6 首部包括一个流量类字段，支持将不同 IPv6 分组区分为不同类[21]。流量类字段的语义是在"在 IPv4 和 IPv6 首部中区分服务字段的定义"RFC 2474[22] 和"向 IP 添加显性拥塞通知（ECN）"RFC 3168[23] 中定义的。这些文档定义，流量类字段的左侧 6bit 表明区分服务码点（DSCP），右侧 2bit 用于 ECN。

流量类字段的 DSCP 比特定义逐跳行为（PHB），这是一条分组在其通过互联网的路径中每个节点处应该接收到的行为。"000000"的 6 比特模式为通知（signaling）默认 PHB 预留。IP 分组转发器知道区分服务，查看 6bit 值，并基于该值，可针对每条分组施用不同处理和不同 PHB。可配置主机来以非默认的 DSCP 值标记它们产生的被选中的分组。但是，DSCP 字段值可由互联网中的转发器重写，原因是分组通过不同网络边界，其中可能采用区分服务。由于中间节点可能修改 DSCP 字段值，所以这个字段不可用于端到端通信。存在许多 RFC，它们为 DSCP 比特定义了含义。这些包括定义类选择符码点的 RFC 2474[22]、为有保障的转发[24]和快速（expedited）转发[25]定义 DSCP 的 RFC 2597，以及针对容量接纳流量而定义 DSCP 的 RFC 5865[26]。

流量类字段的两个 ECN 比特定义了四种不同含义："00" 表明没有使用 ECN，"10" 和 "01" 表明端点能够理解 ECN，而 "11" 表明在网络中经历拥塞。当一个网络节点经历拥塞而分布还没有被丢弃时，该节点改变 ECN 字段比特为 "11"，目的是向分组接收方指明发生了网络拥塞。RFC 3168 没有就何时各节点应该将比特设置为 "10" 或 "01" 表明立场。当一个节点了解到网络拥塞时，具有 ECN 比特 "11" 之分组的接收方，必须在传输协议层采取动作，以便帮助在拥塞网络路径上减少流量总量。

2. 流标签

流标签字段由 RFC 2460[21] 留作试验型的，这导致了人们的迷惑，实际上使这个字段处于未用状态。多数实现简单地将这个字段总是设置为零，这是遵照 RFC 2460 的指令做的，其中表明节点不支持这项功能。与这个字段有关的问题在 RFC 6436 "更新 IPv6 流标签规范的依据"[27] 中做了深度解释。更新后的功能在 RFC 6437 "IPv6 流标签规范"[28] 中做了标准性的定义。针对流标签定义了这项功能，可帮助网络高效地实施各种形式的负载均衡功能，同时有助于确保属于相同流的分组总是经过相同路径，以便避免诸如分组重排序等问题。

针对流标签字段的 RFC 6437 规范，建议主机一个相同值标记属于一个特定流（如到一个传输层会话）的每条分组。此外，各主机应该以伪随机方式选择每个值，从而将难以猜测后续流的值。出于后向兼容性原因，仍然支持流标签零值。

虽然流标签字段不是传输层校验和计算的组成部分，也不被互联网协议安全（IP-sec）认证首部（AH）所涵盖，但该规范禁止网络重写该字段，另外是两种情形：最初，主机将这个值设置为零，或出于在 RFC 6437[28] 中深度描述的安全原因，要求值重写。在任何情形中，一个分组接收方不能假定在其通过互联网的路径中字段值保持不变。因此，应用不应假定流标签字段可用于端到端信令目的。

3.2.2   IPv6 扩展首部

因为核心 IPv6 首部中的空间是宝贵的，不必存在于首部中的特征被开除，并以扩展首部的形式加以提供。下面总结了主要扩展首部及其目的。要了解扩展首部最新列表，请在 http：//www.iana.org/assignments/protocol-numbers/protocol-numbers.xml 查看 IANA 的注册簿。

1. 目的地选项和逐跳选项首部

逐跳和目的地选项首部是包含至少要由目的地处理的附加选项的仅有选项[21]。逐跳选项首部是由一条分组的路径上所有节点处理的唯一扩展首部。

选项号码空间由逐跳和目的地选项共享，另外，相同选项可出现在这两者上。所有选项共享相同的类型—长度—值格式，此外被嵌入到 8bit 类型—值字段信息的最高有效比特，该字段信息是有关节点必须如何处理分组的，如果它没有识别选项类型的话。四个规则是"忽略"（skip）、"丢弃"（discard）、"丢弃并发送 ICMPv6 参数问题"和"如果目的地不是一个组播地址，则丢弃并发送 ICMPv6 参数问题"。这个框架允许以一种后向兼容的方式引入新的选项。类型值的第 3 最高有效比特表明，在中转中是否允许改变选项，所以就是选项内容是否被包括在 AH 保护中。

当前定义的选项如下。该列表指出，一个选项是否仅被允许存在于逐跳或目的地选项首部中：

1）Pad1 Option（填充 1 选项）：一个特殊情形选项，它的总长度为 1，内容为零。当仅要求单字节的填充时，使用这个选项[21]。

2）PadN Option（填充 N 选项）：允许填充两个或多个字节的一个选项[21]。

3）Jumbo Payload Option（巨型净荷选项）：这个选项，仅被允许存在于逐跳选项首部中，允许将 IPv6 分组最大长度从 $2^{16} - 1$（65 535）B 一路增加到 $2^{32} - 1$（4 294 967 295）B[29]。这个选项仍然等待未来（使用），原因是几乎没有链路类型可传输大于 65 535B 的分组，且通过互联网要找到指出最大传输单元（MTU）大于 65 535B（见 3.2.3 节了解路径 MTU 的讨论）的路径，是不可能的。在实践中，路径 MTU 最大为 1500B，经常会更小。

4）Tunnel Encapsulation Limit Option（隧道封装限制选项）：仅为目的地选项首部定义的这个选项，被插入到实施打隧道操作的一个节点，向接下来的各节点指明允许多少个附加封装。在"零"个附加被允许封装的特例中，一个打隧道的节点可防止进一步打隧道操作发生。如果希望封装其接收到分组的一个节点，发现它由这个选项禁止的话，它将产生一条 ICMPv6 参数问题消息。在 RFC 2473[30] 中描述了这个选项使用的详细描述。

5）Router Alert Option（路由器警示选项）：仅为逐跳选项首部定义的路由器警示选项，可被用来警示在分组路径上的路由器，要比较详细地检查分组[31]。警示路由器的原因可能是要求特殊处理（如出于服务质量的原因）或使一台路由器注意组播地址（在其他情况下路由器对之并不关注）。在 3.2.4 节描述的组播侦听方发现（MLD），特别需要路由器警示选项。

6）Quick-Start Option（experimental）［快速启动选项（试验性的）］：RFC 4782 为逐跳选项首部定义了一个试验性选项，这允许传输协议（特别是 TCP）确定在一个传输会话开始和空闲时段之后的被允许发送速率[32]。在本书中将不再进一步讨论这个选项。

7）Common Architecture Label IPv6 Security Option（CALIPSO）（informational）［通用架构标签 IPv6 安全选项（CALIPSO）（信息型的）］：在信息型 RFC 5570[33] 中定义了组播级安全联网环境中包括 IPv6 分组的显性敏感度标签的逐跳选项。这个选项带有一条互联网工程引导组（IESG）警告，不要在全球互联网上使用它，而仅用于封闭网络中。这个选项在 3GPP 网络中没有使用，所以将不再深度讨论这个选项。

8）Simplified Multicast Forwarding Duplicate Packet Detection Option（experimental）［简化的组播转发重复分组检测选项（试验性的）］：这个逐跳选项用于试验用 RFC 6621 中定义的一种简化组播转发机制，用于移动自组织和无线网状联网用途[34]。因为这种网络不在本书讨论范围内，所以也不再深度讨论这个选项。

9）Home Address（HoA）Option［家乡地址（HoA）选项］：移动 IPv6（MIPv6）技

术使用一个目的地选项，为离开其家乡链路的一个移动节点（MN）在其 IPv6 分组中使用，将有关 MN 的家乡 MN 地址通知接收者，原因是分组的源 IPv6 地址是 MN 的转交地址（CoA）[35]。见 3.7.2 节了解更多内容。

10）Routing Protocol for Low-powerand Lossy networks（RPL）Option［低功率和丢失型网络的路由协议（RPL）选项］：RPL 逐跳选项用于低功率网络中，在一台路由器转发的每条分组中传递路由信息[159]。这些低功率网络不是本书的焦点讨论内容，所以不再深度讨论 RPL 协议。

11）Options for experimentation（试验用选项）：为试验目的，由 RFC 4727[36]预留了 8 个选项类型。这些试验用选项可用于逐跳和目的地选项首部。除了出于完整性在这里列出它们外，将不再深度讨论这些选项。

欲了解自本书出版以来的变化，请见 IANA 的"IPv6 参数"列表，可在 http：//www. iana. org/assignments/ipv6-parameters/ipv6-parameters. xml 找到。

2. 路由首部

路由首部的思路是发送方可列出中间节点，通过这些节点，分组应该可一路旅行到目的地。

IETF[37]废弃了类型 0 路由首部[21]，原因是发现重大弱点，它可允许拒绝服务攻击的流量放大。由于废弃和弱点，预计将从 IPv6 栈中去除类型 0 路由首部特征，并为了停止可能的攻击，也由一些网络过滤掉这项特征。

MIPv6 使用另一种类型的路由首部，类型 2，它用来包含目的地 MN 的 HoA。当一个所谓的通信节点直接将分组发送到 MN 时，使用这个路由首部。由通信节点发送的分组将以 MN 的 CoA 作为 IPv6 首部的目的地址，那么 HoA 处在类型 2 路由首部内部。在 3.7.2 节简短地描述 MIPv6，但对于深度关注 MIPv6 字节的读者，建议研究 RFC 6275[35]。

3. 分片首部

当源发节点正在向目的地节点发送大于路径 MTU 的一条分组时，就使用分片首部。这个首部总是由源发节点插入的，因为在 IPv6 中，在路径上不发生分片。欲了解更多细节和用法，见 3.2.3 节。

分片首部本质上包含它所属分组的标识、下一个首部字段（通知被分片部分的第一个首部是什么）、偏移（指明一个特定分片包含原分组的哪部分）和分片数据本身。

4. 没有下一个首部

这个首部类型指明在 IPv6 分组中不再有首部。

5. 认证和封装安全净荷首部

AH 可被用来提供一条被发送 IPv6 分组源发方的完整性保护和真实性[38]。

封装安全净荷（ESP）首部可被用来提供机密性、源发方的真实性、完整性保护和一项抗重放服务[39]。

在本书中，将不以任何细节讲解 IPsec 的特征，因为这是一个广泛的主题，对此有专门的书籍可参考。但是，将在 3.8 节给出一个概述。

3.2.3　MTU 和分片

从一个节点到另一个节点的路径总是包括至少一跳，而通过互联网则通常有更多跳。这些跳或链路中的每个都能够以某个最大尺寸（称作 MTU）传输分组，如图 3.10 所示。一个节点必须调整它所发送的分组大小，以便处理在从该节点到其对端的分组路径上具有最小 MTU 的一跳[40]。如果一个节点发送一条太大的分组，该分组将由其 MTU 不足够大到传输该分组之链路前的路由器丢弃。当丢弃一条分组时，产生一条 IC-MPv6 分组太大的消息（见 3.3.1 节）。IPv6 强制要求 1280B 的最小 MTU，互联网上每条链路必须提供这个大小的 MTU[21]。如果一台主机拟使用大于 1280B 的分组尺寸，则它必须执行称作路径 MTU 发现[40]的一个过程。

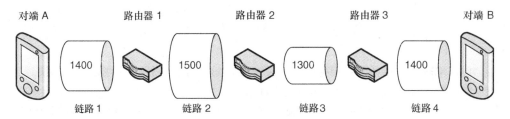

图 3.10　具有不同 MTU 的各链路图示。路径 MTU 将是 1300B——路径上的最小 MTU

第一跳链路的 MTU 可有一个默认值（取决于链路类型），如以太网链路常见的 1500B，但也可通过路由器通告上的 MTU 选项[41]而动态地学习到。

在图 3.10 给出的假设例子场景中，对端 A 和 B 正在一条路由上通信，该路由由 3 台路由器和有不同 MTU 的 4 条链路组成。当对端 A 向对端 B 发送一条分组时，最初它使用 1400B 的 MTU，因为这是这个图示中第一跳链路的 MTU。但是，当由对端 A 向对端 B 发送的一条分组到达路由器 2 时，出现了一个问题：该分组不能在链路 3 上发送，该链路有 1300B 的 MTU，这比对端 A 发送的分组小 100B。路由器 2 将向对端 A 发送包含下一跳链路 MTU（在这种情形中是 1300B）的 ICMPv6 分组太大消息。在接收到这条消息之后，对端 A 了解到不能传输对端 A 之分组的链路 MTU 是多大。接下来，对端 A 降低它的路径 MTU 估计，同时降低该节点向相同目的地发送的后续分组的大小[40]。这个过程可能重复，如果在到对端 B 的路径上存在甚至更小 MTU 的其他路径（在图中没有画出）。

采用基于 RFC 1981[40] 路径 MTU 发现的一个问题是，它使用不可靠的 ICMPv6 消息。一条 ICMPv6 分组可能在网络上偶然地丢失或由一个防火墙有意地丢弃。当大型分组不能通过网络和当 ICMPv6 分组太大消息不能被接收时，就存在所谓的 ICMPv6 "黑洞"状况。一个发送方可依据定时器检测黑洞，但这是一种缓慢的做法，或更有效的是，在 RFC 4821[42] 中所述分组化层的辅助下执行路径 MTU 发现。分组化层路径 MTU 检测是由 TCP 或某种其他传输层协议执行的。分组化层路径 MTU 检测的一个简化描述如下：一个发送节点最初发送较小的分组，如小于 1280B 的最小 MTU，以便验证一般情况下通过网络的连接。因为接收到成功分组接收的收据（receipt），所以直到达到第一跳链路的 MTU、接收到 ICMPv6 分组太大、没有接收到确认（在这种情形中网络路径有一个"黑洞"）以及发送的分组太大之前，都增加分组尺寸，或正常工作的路径 MTU 估计足够好，而不需要进一步探测（具有丢失分组的可能开销，以及由此带来的时间开销）。分组化层发现方法具有执行探测的显著优势，同时还发送有用数据，且在成功的初步发送之后，对何时应该到达响应有一个概念（往返时间——RTT 的估计），因此在检测 ICMPv6 "黑洞"方面是比较快速和更高效的方式。欲了解复杂算法的细节和完整描述，请见 RFC 4821[42]。

如果一台主机必须发送大于路径 MTU 的分组，则要求分片。在 IPv6 中，分片总是由发送主机执行的。实际上，一台主机将传输层分组分割成带有 IPv6 首部不超过路径 MTU 的各分片。之后一个接收节点在将传输层协议净荷传递给上层之前，重新组装各分片。在一些情形中，诸如防火墙的一个网络节点可能也执行重新组装，如由于深度分组检测（DPI）原因。

原 IPv6 规范支持各分片重叠，这引入安全问题。为了修复这些问题，IETF 决定显式地禁止重叠的分片，并将之标准化在 RFC 5722[43]中。

虽然如今互联网中的链路 MTU 很少有大于 1500B 的，但 IPv6 巨型分组标准 RFC 2675[29]支持创建这样的链路类型，其 MTU 高达 4 294 967 295B。在一个逐跳巨型净荷选项中传递扩展的分组尺寸。巨型净荷选项是非常罕见地被使用的，且不太可能在互联网和 3GPP 网络中见到。

3.2.4　组播

虽然在互联网规模上，针对应用或应用协议的组播使用的工作开展得并不是很顺利，但组播功能在 IPv6 中扮演着关键角色。具体而言，许多 IPv6 主要功能依赖于组播：邻居发现（见 3.4 节）、无状态地址自动配置（SLAAC）（见 3.5.1 节）和动态主机配置协议版本 6（DHCPv6）（见 3.5.2 节）。

1. 组播侦听者发现

在"IPv6 的组播侦听者发现（Multicast Listener Discovery，MLD）"[44]中描述了组播功能的协议，在"组播侦听者发现版本 2（MLDv2）"[45]中进行了更新，并在 RFC 3590[46]、RFC 4604[47]和 RFC 4607[48]中进行了进一步调整。MLD 协议仅发生在直接连接的一条链路上，其中各节点告诉路由器，它们正在侦听哪些组播地址。之后路由器使用任意组播路由协议（如 RFC 4601[49]，但在本书中不包括组播路由协议）以便确保与节点所侦听组播地址有关的组播分组被交付到路由器，并进而到达节点所附接的链路上。MLD 和组播侦听者发现版本 2（MLDv2）之间的差异是，后者允许各节点指示它们希望[include mode（包括模式）]或不希望[exclude mode（排除模式）]从那些源地址接收组播流量。但是，因为 include 和 exclude 不是常用的，所以在 RFC 5790[50]中定义了一个轻量的 MLDv2，它支持完全 MLDv2 的最常需要的特征子集。

MLD 协议利用三个不同消息，这些消息被规范在 ICMPv6 之上工作，并是后文表

3.2 中列出 ICMPv6 消息类型的组成部分。

1）组播侦听者查询：在一个网络中的一台路由器使用这条查询找出链路有哪些组播地址的侦听者。这条消息被进一步分成通用查询和组播地址特定查询，这允许查询各节点正在侦听的所有地址，并具体地找出一条链路是否有一个特定地址的侦听者。

2）组播侦听者报告：在一条链路上的各节点利用这个报告——非请求的和请求的，作为对查询的响应，指明它们正在侦听哪些组播地址。

3）组播侦听者完成：不再侦听一个组播地址的一个节点发送这个完成指示给一台路由器。一旦在一条链路上没有一个地址的侦听者，路由器可使用它所用的组播路由协议，停止接收目的地为该组播地址的组播流量。

一个节点不需要使用 MLD 加入"所有节点组播地址"，因为侦听那个地址总是必需的。

2. 组播地址

遵循 RFC 3307 "IPv6 组播地址分配指南"[51] 的指南，分配 IPv6 组播地址。特殊目的的地址块用于如 3.1.8 节所述的归档用途。组播地址可从一个 IPv6 地址的前 8bit 加以识别，它总是 ff，如图 3.6 所示，并在 RFC 4291[4] 中定义。

标志比特，紧跟前导 "ff" 的 4bit，如图 3.11 所示，识别地址的性质。"T" bit 表明该地址是由 IANA 永久指派的（值 "0"）还是动态指派的地址（值 "1"）。但是，"P" bit 有一项更重要的含义：该地址基于一个网络前缀（值 "1"）还是地址不基于一个网络前缀（值 "0"）[52]。如表 3.1 所示，IANA 指派的地址将所有标志比特都设置为 0，所以标明是永久指派的且不是基于网络前缀的地址。动态地址可由一台端主机或一台分配服务器产生，基于对一个临时（但可能是长存活的）组播组的需要，使用在它们控制下它们有的前缀。

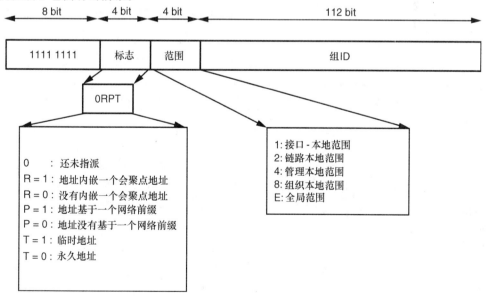

图 3.11　通用 IPv6 组播地址格式

表 3.1 预留 IPv6 组播地址的子网。组播地址中的 x 指明一个可变
范围地址，这里以归档地址进行说明

组 播 地 址	范　　围	描　　述	参 考 文 献
ff01：0：0：0：0：0：0：1	接口—本地	所有节点地址	[4]
ff01：0：0：0：0：0：0：2	接口—本地	所有路由器地址	[4]
ff02：0：0：0：0：0：0：1	链路—本地	所有节点地址	[4]
ff02：0：0：0：0：0：0：2	链路—本地	所有路由器地址	[4]
ff02：0：0：0：0：0：0：16	链路—本地	所有支持 MLDv2 的路由器	[45]
ff02：：1：ff00：0000/104	链路—本地	请求的节点地址	[4]
ff02：0：0：0：0：2：ff00：：/104	链路—本地	节点信息查询	[53]
ff05：0：0：0：0：0：0：2	站点—本地	所有路由器地址	[4]
ff05：0：0：0：0：0：1：3	站点—本地	所有 DHCPv6 服务器	[54]
ff0x：：db8：0：0/96	可变范围	归档地址	[17]

如果"P"bit 有值"1"，则"组标识符"，它识别一个组播组，且基本地址格式为之预留 112bit，它给出比较详细的结构，如图 3.12 所示。组标识符字段被分成 8bit 的预留空间、8bit 的前缀长度、64bit 的网络前缀和剩余的 32bit 用于实际的组标识符。例如，一个单播地址前缀，如 2001：db8：cafe：：/48，被映射到组播前缀的做法是将"plen"字段设置为"0x30"（十进制 48），且网络前缀设置为 2001：db8：cafe：0000，由此得到 ff3x：0030：2001：db8：cafe：：/96 的一个组播 IPv6 地址前缀，其中"x"表示一个被选中的范围。如果"R"bit 被设置为 1，则组播地址包含一个聚合点的一个地址。通过使用图 3.12 中所示的预留字段的 4bit 到传输聚合点的接口标识符，实现这种做法[161]。

图 3.12 基于单播前缀的 IPv6 组播地址格式

组播寻址利用范围（scoping）系统限制发送到组播地址的分组的分发。范围是在一个组播地址内的一个 4bit 值中给出的，如图 3.11 所示，所以有 16 种不同可能性。多数值是未指派的或预留的（范围 0 和 F）。所分配的范围和有关的数值如下：接口—本地（1）、链路—本地（2）、管理—本地（4）、站点本地（5）、组织—本地（8）和全局（E）[4]。

表 3.1 形象地说明了 IANA 分配的、预留的和永久的一些 IPv6 组播地址，其中多数都在本书中加以应用。重要的是认识到，IANA 为各种协议分配了比这里那些列出的地址多得多的地址，这里要包括一个完整列表是不可行的。IANA 分配的列表可在 ht-

tp：//www. iana. org/assignments/ipv6-multicast-addresses/ipv6-multicast-addresses. xml
得到。

3. 组播路由器发现

在一些网络部署中，层二组播—感知的路由器需要知道组播路由器的链路层地址。
通过利用层二组播路由器请求和组播路由器通告消息[55]，它们可发现这些地址。这项
技术在 3GPP 网络中是无关的，所以将不再讨论其细节。

4. 请求的节点组播地址形成

当一个节点执行重复地址检测（DAD）（见 3.4.7 节）和链路层地址解析（3.4.4
节）时，使用请求的节点组播地址。图 3.13 形象地说明一个请求的节点组播地址是如
何从一个 128bit IPv6 地址产生的，方法是检取 24 个最低比特，并将它们附加在
ff02:：1：ff00:：/104 前缀上。

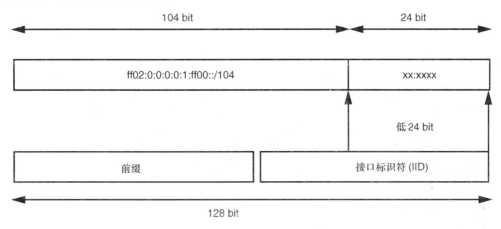

图 3.13　请求的节点 IPv6 组播地址格式

3.3　互联网控制消息协议版本 6

IPv6 协议族的最重要组成之一是互联网控制消息协议版本 6（Internet Control Mes-
sage Protocol Version 6，ICMPv6）[56]。ICMPv6 也许最著名的是其用途（通过使用 ICMPv6
回声请求和应答消息，"pinging" 其他节点的可达性）及其能力（向源发节点指明分组
交付中的故障，如 "目的地不可达"）。

但是，在 IPv6 中，ICMPv6 比 ICMPv4 在 IPv4 中扮演的角色要重要得多。这主要是
由于对 IPv6 邻居发现协议使用 ICMPv6（见 3.4 节）。

ICMPv6 没有任何自动的重发机制，以便预防丢失的分组，所以 ICMPv6 错误并不总
是可被接收到的，即使它们发出了也是如此。当分组交付重要时，使用 ICMPv6 的协议
〔如邻居发现协议（NDP）〕确实实施重传。但是，在一些情形中，如对于 ICMPv6 分组
太大或超时，就没有重传。因此，例如，防火墙就不应该像在 IPv4 中那样实施限制，

且不应过滤 ICMPv6。过滤 ICMPv6 可能导致 IPv6 的不可预期的问题。例如，对于依赖于 ICMPv6 的 IPv6 路径 MTU 发现规程，如果沿路丢弃 ICMPv6 分组，则该规程将不能工作（见 3.2.3 节）。

表 3.2 汇总了迄今为止标准化了的 ICMPv6 消息。对于绝大多数消息，该表包含"节参考"（section reference），这些消息在本书专门小节中比较详细地进行描述。

表 3.2   ICMPv6 消息类型

ICMPv6 消息	代码	以简洁方式表示的内容
错误：目的地不可达	1	不可达的各种原因[56]
错误：分组太大	2	分组不适合的链路的 MTU[56]
错误：超时	3	超时或超过跳计数[56]
错误：参数问题	4	不可理解的 IPv6 参数[56]
错误：私用试验	100	取决于试验[56]
错误：私用试验	101	取决于试验[56]
错误：为扩展预留	127	为未来预留[56]
回声请求	128	回声请求的标识符[56]
回声应答	129	回声请求的标识符[56]
组播侦听者查询	130	见 3.2.4 节[44]
组播侦听者报告	131	见 3.2.4 节[44]
组播侦听者完成	132	见 3.2.4 节[44]
路由器请求	133	见 3.4 节[41]
路由器通告	134	见 3.4 节[41]
邻居请求	135	见 3.4.4 节[41]
邻居通告	136	见 3.4.4 节[41]
重定向消息	137	见 3.4.4 节[41]
路由器重新编址	138	路由器重新编址的命令[60]
节点信息查询	139	被查询的信息[53]
节点信息响应	140	对查询的响应数据[53]
反向邻居发现请求	141	见 3.4.4 节[61]
反向邻居发现通告	142	见 3.4.4 节[61]
版本 2 组播侦听者报告	143	见 3.2.4 节[45]
家乡代理地址发现请求	144	见 3.7.2 节[35]
家乡代理地址发现应答	145	见 3.7.2 节[35]
移动前缀请求	146	见 3.7.2 节[35]
移动前缀通告	147	见 3.7.2 节[35]
认证（certification）路径请求	148	见 3.4.9 节[12]

（续）

ICMPv6 消息	代　　码	以简洁方式表示的内容
认证（certification）路径通告	149	见 3.4.9 节[12]
试验用移动协议	150	用于试验性的移动协议[62]
组播路由器通告	151	见 3.2.4 节[55]
组播路由器请求	152	见 3.2.4 节[55]
组播路由器终结	153	见 3.2.4 节[55]
FMIPv6 消息	154	见 3.7.2 节[63]
RPL 控制消息	155	见 3.10.4 节[64]
私用试验	200	取决于试验[56]
私用试验	201	取决于试验[56]
为扩展预留	255	为未来预留[56]

在 ICMPv6 设计之后，出现扩展已经定义的消息方式的需要。RFC 4884 引入多部分操作的一个概念，作为以附加信息扩展 ICMPv6 消息的一种方式[57]。由 RFC 4884 带来的这项增强措施本质上是将一个长度字段引入到几个 ICMPv6 消息，将一个扩展首部附加在一条 ICMPv6 消息尾部。之后，这个扩展首部可包含扩展对象。例如，在"多协议标记交换的 ICMP 扩展"[58]和"针对接口和下一跳识别扩展 ICMP"[59]等各 RFC 中定义的那些对象。

大略来说，ICMPv6 消息可被分成两类：ICMPv6 错误和 ICMPv6 信息型消息。下面将比较详细地讨论这两类。

3.3.1　错误消息

已经定义了一组 ICMPv6 错误消息，可由网络路由器和目的地节点使用，将不同错误条件通知发送节点。4 个广泛使用的消息如下描述。

1. 目的地不可达

在一个网络上的一台路由器或一个目的节点可产生一条 ICMPv6 目的地不可达消息。当一台路由器没有到一个目的地的路由，与一个目的地的通信被以行政管理方式禁止，目的地超出源地址的范围，目的地址不可达，源地址没有通过进入或输出过滤策略，或路由器有到一个目的地的一条拒绝路由，此时该路由器产生目的地不可达消息。典型情况下，当目的地端口没有在用时，仅产生一条目的地不可达消息[56]。

2. 分组太大

因为分组太大不适合在下一跳链路上不能转发该分组的一台路由器，向分组源发方发送一条 ICMPv6 分组太大消息，并在同一条消息内指明该分组不适合的链路的 MTU 是多大。这将有助于源发方减少其路径 MTU 估计，由此发出较小的分组（见 3.2.3 节）。

3. 超时

当分组的跳限制到达零并因此分组必须被丢弃时，一台路由器发送一条 ICMPv6 超时错误消息。跳限制可能到达零，如由于不当配置错误（如路由环路）。

当一条被分片的分组的重新组装过程超时时，也发送 ICMPv6 超时消息。典型情况下，当一个或多个分片在中转中丢失，使重新组装不可能时，会发生这种情况，但这也可发生在当一个网络非常拥塞或者太慢以致不能发送所有的分片时。典型情况下，重新组装发生在接收节点，但也可发生在执行重新组装（如出于策略控制原因）的一台中间路由器中。

4. 参数问题

在一台路由器或一个目的地节点不能完全地剖析 IPv6 分组或扩展首部的情形中，分组将被丢弃，并产生一条 ICMPv6 参数问题消息。

3.3.2 信息型消息

针对网络调试目的，ICMPv6 定义了两种重要的信息型消息。这些是用于 pinging 一个目的地的 ICMPv6 回声请求和应答，以及用于请求有关一个节点的信息的 ICMPv6 节点信息查询。

ICMPv6 回声请求被用来询问一个目的地节点是否存活，并测量一条消息穿越到达目的地并返回所花费的 RTT。ICMPv6 回声请求也可用于跟踪路由目的，方法是有意地采用增加的跳限制值（从 1 开始）发送几条 ICMPv6 回声请求。这导致在到目的地的路上之每台可见路由器，都丢弃在特定路由器达到零跳限制的分组，并产生一条 ICMPv6 超时消息。通过收集接收到的 ICMPv6 错误分组，并将它们映射到发送的分组和使用的跳限制值，源发主机可找出在到目的地的路径上哪些路由器是可见的。该路径可包括不可见跳，如网桥、邻居发现代理或防火墙，它们实施它们的技巧而没有减少跳限制字段——源发主机将不会了解到这种实体的存在。另外， 些路由器可以是部分不可见的。这在如下情况下发生，即如果一台路由器确实将跳限制字段减 1，但配置为不发送任何 ICMPv6 错误，或 ICMPv6 速率限制被约束为不发送 ICMPv6 消息，或在任何方向仅是 ICMPv6 消息丢失了。即使在没有得到 ICMPv6 错误的条件下，源发节点可了解到部分不可见路由器的存在，如果源发方从后续路由器以一个较高跳限制值发送的消息中得到 ICMPv6 错误的话。

ICMPv6 节点信息查询可被用来探测一个节点，以便得到有关其主机名或完全合格域名的信息。这项功能是部分地与反向域名系统（DNS）查询（见 3.10.2 节）重叠的，但具有并要求任何服务器进行解析的优势。另外，节点信息查询可用于索要有关目的地 IPv6 和 IPv4 地址的信息。

3.4 邻居发现协议

ICMPv6 的最重要用户是 IPv6 邻居发现协议（NDP）[41]。IPv6 邻居发现被用来寻找与一个 IPv6 节点驻留在同一条链路上的其他节点和路由器。在下面各节中讲解的关键功能，利用了 5 种不同的 ICMPv6 分组类型：

1）路由器请求。为了触发路由器比较快速地发送路由器通告消息，一个节点可组播一条路由器请求消息。

2）路由器通告。一台路由器周期性地发送路由器通告消息，或在接收到一条路由器请求消息之后以被请求方式发送。这条消息包含一个节点配置各种 IPv6 参数所需的信息，如默认路由器和节点的 IPv6 地址本身。

3）邻居请求。一个节点使用邻居发现来发现一个邻居的一个链路层地址，检查一个邻居的存在情况，并用于 DAD。

4）邻居通告。一个节点发送邻居通告，作为对发向本节点的邻居请求的一条响应，或宣告节点之链路层地址的变化。

5）重定向。当存在一个比接收路由器本身更适合的下一跳设备时，路由器可发送一条重定向消息。

所用链路类型对邻居发现规程具有隐含意义，这些在 3.6 节讨论。

IPv6 的主要优势之一，除了增加的地址空间外，是其对主机地址自动配置的获得提升的能力。SLAAC 系统是围绕邻居发现协议特别是围绕 ICMPv6 路由器通告消息构建的。有专门的整个 3.5 节来讲解这个专题。

3.4.1　路由器发现

为了能够与节点所附接的链路之外进行通信，要求每个节点至少学习有关一台路由器的信息。该节点寻找路由器，方法是侦听由链路上各路由器周期性发送的非请求路由器通告消息，或通过发送一条路由器请求消息而显性地请求路由器通告。

下面介绍采用路由器通告的攻击。

因为路由器通告是配置主机的一条关键 ICMPv6 消息，它也是用来攻击主机的一个有吸引力的工具，或由于主机或路由器上的偶然配置错误而迷惑主机[65]。在一条链路上一条人们不希望的路由器通告被称作一条流氓路由器通告（rogue router advertisement）。例如，一个错误配置实施"栓链操作"的主机，可能正在发送流氓路由器通告，通告自动产生的通过 IPv4 云（6to4）前缀到一条网络链路（可能有也可能没有任何"合法的"IPv6 路由器）的 IPv6 域连接（6to4 是用于自动打隧道的一种 IPv6 过渡机制，见 RFC 3056[66]）。无论在哪种情形中，主机都将从这台错误配置的主机接收流氓路由器通告，并基于所接收的前缀和其他信息以无状态方式配置 IPv6 地址。被错误配置的 IPv6 地址可导致主机发起通过该错误配置主机的数据会话和传输数据，由此导致各种问题，如完全缺乏连接能力、低带宽和比必要的情况要长的延迟。发送流氓路由器通告的一名攻击者可发起中间人或拒绝服务攻击。IETF 设计了安全邻居发现（SEND）来防止这种威胁（见 3.4.9 节）。但是，不幸的是，SEND 目前还没有部署。

对于接收流氓路由器通告的没有被管理的节点，直到 SEND 也许某天被支持之前，几乎没有什么能够做的。各节点需要能够快速地切换到使用其他路由器和地址（包括

IPv4 地址），如果首先被配置的地址或路由器没有产生可合适工作的连接能力［也参见 3.9.4 节中描述的"幸福的眼球"（Happy Eyeballs）特征功能］。被管理的节点可被提供如防火墙规则，这允许仅来自白名单来源的路由器通告。对于路由器，IETF 在 RFC 6105 中定义了工具，可被用来保护各主机。实际上，被管理的层 2 交换机可丢弃流氓路由器通告［如基于一条路由器通告到达一台交换机的方向，这被称作路由器通告防御（RFC 6105 中的 RA-防御）］，或路由器可运行"前缀废弃工具"，该工具可检测当流氓路由器通告消息被发送到主机的时刻，并之后立刻发送合法的路由器通告，以对抗流氓路由器通告的影响，如向主机提供更带有倾向性的前缀。除了协议层工具外，管理员可监测网络，查看流氓路由器通告是否存在，之后发起诸如将发送流氓路由器通告的主机拉黑的动作。欲了解一个完全的工具箱，请见 RFC 6104[65] 和 RFC 6105[67]。

3.4.2　参数发现

各节点接收的路由器通告消息，包含为进行全局通信各节点所需的信息集合（链路—本地通信不要求路由器通告或路由器的存在）。

可通过路由器接收的必备参数信息集合如下：

1）跳限制。在各节点发送的分组的跳限制字段中，应该使用的默认值[41]。

2）地址自动配置协议比特（M 比特）。指明有状态地址自动配置（见 3.5.3 节）服务是否存在于链路上（且路由器知道该服务的存在）[41]。

3）其他配置可用比特（O 比特）。指明其他配置信息是否可用于无状态 DHCPv6（且路由器知道这种情况）（见 3.5.2 节）[41]。

4）家乡代理比特。指明发送路由器通告的路由器是否正作为一个移动 IPv6 家乡代理[35]。

5）默认路由器优先级比特。指明与相同链路上其他默认路由器比较的相对优先级，见 3.5.6 节和参考文献［68］了解更多信息。

6）路由器寿命。指明有多长时间该路由器可用作一台默认路由器，且如果在任何情况下（零寿命值指明该路由器不应该用作一台默认路由器）[41]。

7）可达时间。在得到正面可达确认之后，其他节点可被假定保持可达的时间。零值意味着发送路由器通告的路由器没有规定[41]。

8）重传定时器。连续邻居请求消息之间的重传时间。零值意味着发送路由器通告的路由器没有规定[41]。

另外，为路由器通告也标准化了许多选项。其中一些仅用于特定环境，如用于移动 IPv6 定义的那些选项（见 3.7.2 节）或安全邻居发现（见 3.4.9 节）。

1）源链路层地址：发送路由器通告的路由器的链路层地址[41]。

2）链路 MTU：附接链路的 MTU（见 3.2.3 节）[41]。

3）前缀信息：前缀列表，各节点可能用于链路上的决策（如果 L 标志设置的话），可能用于 SLAAC（如果 A 标志设置的话），以及在移动 IPv6 的情形中，也许会另外传递发送路由器的完整 IPv6 地址[35]。

4）DNS 配置：递归 DNS 服务器地址列表和 DNS 搜索列表，一个节点可利用进行 DNS 查询[69]。

5）路由信息选项：有关更具体的路由及其在路由器上列在选项内的优先级的信息[68]。这个信息用于地址和路由器选择目的。

6）IPv6 路由器通告标志选项：这个选项扩展标志比特数（可在路由器通告中携带）[70]。

7）通告间隔：移动 IPv6 使用这个选项向各节点传递非请求路由通告的发送间隔[35]。这个信息可被用于运动检测。

8）家乡代理信息：移动 IPv6 使用这个选项传递家乡代理间的优先级和一个家乡代理可能被使用的时间。

9）CGA：SEND 使用 CGA 选项，使一个节点验证一个路由器的以密码学方式产生的地址，成为可能的[12]。

10）RSA 签名：SEND 使用 RSA 签名选项，允许将一个基于公开密钥的签名附接到路由器通告之中[12]。

11）代理签名：SEND 使用代理签名选项实施安全邻居发现代理功能[71]。

12）时间戳：SEND 使用时间戳选项防御重放攻击。

13）随机数：SEND 使用随机数选项，确保由一个节点接收的消息是最新的。

3.4.3　在链路上判定

当发送一条 IPv6 分租时，一个节点需要知道分组目的地为另一节点是否在相同链路上。如果目的地在相同链路上，则节点需要直接将分组发送到目的地，否则该节点需要将分组发送到一台路由器进行转发。判定一个目的地是否在相同链路上，是基于在节点所附接的链路上正在使用的前缀知识，或通过有关目的地节点的显性信息。通过路由器通告中的前缀信息选项（PIO），节点了解到各前缀以及它们是否可用于在链路上的判定（由"在链路上"标志比特"L"）。另外，通过从一台路由器接收一条 IC-MPv6 重定向消息（表明目的地实际上在链路上），一个节点可了解到一个特定 IPv6 地址是在链路上的。

重要的是指出，即使一个目的地的 IPv6 地址匹配在链路上使用的一个前缀，或带有一个发送节点已被配置的 IPv6 地址，也未必意味着目的地实际上是在链路上的[8]。这种场景可发生在这样的网络链路中，它有星形拓扑，由此每条分组必须传输通过中心节点。做出在链路上的判定，仅可基于通过路由器通告、ICMPv6 重定向或一些其他显性方法（如通过人工配置）。默认地，各节点必须假定目的地是不在链路上的（off - link）。

3.4.4　链路层地址解析

一个节点在一条低层数据链路层之上发送 IPv6 分组之前，需要知道下一跳实体的一个链路层地址，假定链路首先要有链路层地址。该节点使用目的地为一个被请求节点组播地址的邻居请求消息，请求目的 IPv6 地址的属主在一条响应邻居通告消息中报告它的相应链路地址。解析节点发出一条邻居请求消息，其源地址设置为在用外发接口上的任何配置的单播地址，目的地址设置为被解析 IPv6 地址的请求节点组播地址（见 3.2.4 节）。另外，通过接收邻居通告或路由器通告消息，也可学习到邻居的地址。

反向实施邻居发现规程也是可能的：当已知链路层地址时，解析链路上一个节点的 IPv6 地址。这个规程被称作反向邻居发现，并在 RFC 3122[61] 中进行规范。

每个 IPv6 节点维护一个邻居缓存，它包含其已知邻居的列表以及每个邻居的可达性状态。在下面描述不同的可达性状态。

1）INCOMPLETE（不完全的）：已经发出邻居请求，但还没有接收到响应。在接收到一条响应之后，状态改变为 REACHABLE（可达的）。

2）REACHABLE（可达的）：邻居是可达的。如果在一个规定的时间［是通过路由器通告配置的（见 3.4.3 节）且是链路特定的］没有发生通信，则状态改变为 STALE（过期的）。

3）STALE（过期的）：自邻居可达性的上次正面确认依赖，过去了一个配置时间以上，所以可达性是未知的。当下次要联系邻居时，将检查该邻居的可达性，在该情形中，状态改变为 DELAY（延期的）。

4）DELAY（延期的）：上层协议已经发送一条分组，但可达性确认还没有收到。这个状态持续 5s，如果没有接收到确认，则状态改变为 PROBE（探测）。

5）PROBE（探测）：采用周期性邻居请求消息，主动地检查邻居的可达性。一旦邻居是可达的，则状态改变为 REACHABLE（可达的）。

下面介绍针对邻居发现的攻击。

人们已经发现，邻居发现规程可被攻击者用来实施拒绝服务攻击[72]。实际上，攻击者将尝试使各节点为解析将没有完成的地址（状态保持 INCOMPLETE）预留邻居缓存，导致固定尺寸的邻居缓存被填满，或仅导致建立新的合法 IPv6 通信的困难。这种攻击基于远端节点发送目的地为具有一条链路上使用的 64bit 前缀地址的分组，对于这样的地址，路由器在转发该分组之前，将尝试寻找一个链路层地址。因为目的地是不存在的，所以邻居缓存将填满。有文档记录的缓解方式涉及如下方面（和更多内容）：对邻居发现消息实施速率限制，睿智的 IPv6 分组过滤，对不同邻居发现消息分优先级，并采用比较睿智的邻居缓存管理（清除处于 INCOMPLETE 状态的较陈旧表项等）。

3.4.5 邻居不可达性检测

IPv6 节点跟踪其邻居（包括节点和路由器）的可达性。邻居的可达性状态可间接地基于成功的 IPv6 通信进行更新，但在没有通信的情形或失效通信的情形中，一个节点可使用邻居不可达性检测（NUD）规程来检查一个给定邻居是否仍然可达。显性可达性检查是这样实施的，即发送一条邻居请求消息，其源地址设置为在所用外发接口上的任何配置的单播地址，目的地设置为其可达性被检查的单播地址。认为邻居是不可达的，如果它没有采用一条邻居通告消息做出响应，且被请求的"S"bit 处于设置状态。

当一个节点接收到 ICMPv6 邻居请求、邻居通告、路由器请求或路由器通告（带有源链路层地址选项，指明发送方的链路层地址）时，更新邻居缓存。并不仅基于在以太网层看到在用的 MAC 地址二更新邻居缓存。另外，当高层协议（如 TCP）有能力提供正面的可达性信息时，也做出可达性更新。

3.4.6　下一跳判定

无论何时，一个节点正在发送一条 IPv6 分组时，它必须判定该分组要发送到的下一跳的 IPv6 地址是什么[41]。这个过程涉及判定目的地是否实际上在与发送主机相同的链路上，还是较远处。如果目的地在相同链路上，则分组可被直接发送到目的地，否则必须将该分组发送到下一跳路由器进行转发。一台路由器的选择基于选择已知可达的一台路由器，或可能是可达的（见 3.4.5 节中的状态描述）。另外，从默认路由器列表中以一种轮转方式进行选择。RFC 4191 进一步改进了路由器选择，方法是引入默认的优先级，且更具体而言，如在 3.5.6 节讨论的路由器选择[68]。

在链路上的判定是这样完成的，方法是将目的 IPv6 地址与节点通过路由器通告接收到的前缀匹配，并假定这些前缀被允许用于在链路上的判定目的（见 3.4.2 节）。链路—本地前缀 fe80∷/10 和组播前缀总是被认为是在链路上的。

一旦知道了下一跳的 IPv6 地址，则节点需要找出对应的链路层地址是什么（对于链路层有链路层地址的情形，见 3.6 节）。这个信息是从邻居缓存获取的（见 3.4.5 节），或如果不存在的话，那么在邻居发现规程的辅助下得到。

在下一跳目的地的链路层地址可用之后，它要被存储到目的地缓存。目的地缓存的存在，是辅助将后续的 IPv6 分组发送到相同地址，如果在目的地缓存中找到一个表项，则就可避免邻居缓存检查和可能的邻居发现规程。

如果接收到 ICMPv6 重定向消息（见 3.4.8 节），就可更新目的地缓存，且如果 NUD 检测到在与特定目的地有关的链路层地址中的变化，也更新目的地缓存。已经被用作下一跳的邻居，其简单的断开不会导致缓存表项清空，原因是该表项可能有一旦重新得到连接之后还有用的信息。这个信息可能与路径 MTU 有关，这取决于实现的过程。

3.4.7　重复地址检测

在任何地址可被指派到一个接口之前，一个节点必须确保该地址在附接的链路上是唯一的[73]。这项要求平等地适用于所有单播地址，包括链路—本地地址。

在一个节点可检查一个地址的唯一性之前，该节点必须使用 MLD 加入节点带有的临时地址（欲了解有关地址的地址状态，见 3.5.1 节）的"被请求节点组播地址"（见 3.2.4 节）。一个临时地址的唯一性是如下测试的，方法是发送一条 ICMPv6 邻居请求[41]消息（如果该节点还没有地址的话，则源地址是未定义地址∷）到临时地址的被请求节点组播地址[4]。邻居请求的发送次数，可能是可通过节点的 DupAddrDetectTransmits 配置变量[73] 进行配置的。默认值为 1，表明没有重传（配置变量值零，将忽略 DAD）。如果在上次（且默认地为仅有的一次）邻居请求消息之后，还没有应答，则该节点可使用新地址启动。如果存在一条邻居通告应答，指明临时地址已经由另一个节点使用，则节点行为取决于 IID 是如何配置的。如果 IID 基于一个硬件地址，则失败的 DAD 意味着存在一个硬件地址冲突，所以应该停止 IPv6 在一条链路上的操作。如果 IID 是随机选择的，则该节点可以随机化一个新的标识符，并对它重复 DAD 规程。

通过使用所谓乐观的 DAD 的一项技术，可优化 DAD 规程。在成功的情形中，乐观的 DAD 使地址配置比较快速。本质上它假定没有冲突，但在有冲突的情况下，它将快速回退[74]。这是一项非常有效的改进，因为在使用基于唯一硬件或伪随机 IID 的真实生活场景中，地址冲突是极不可能的。由此，乐观的 DAD 支持节点比较快速地进行到实际的数据传输阶段。

3.4.8 重定向

一台路由器能够以 ICMPv6 重定向消息通知一个节点，消息是有关比自己更好的下一跳目的地的。如果一台路由器知道另一台路由器，在将分组路由器目的地为某些地址方面比较有优势时，这是一项有用的性质。此外，一台路由器可使用 ICMPv6 重定向，将目的地实际上在链路上的信息通知一个发送节点，所以该节点可将分组直接发送到其对端。采用 ICMPv6 重定向，路由器可帮助发送节点，方法是在重定向消息中直接包括更好的下一跳目的地的链路层地址。

接收到一条 ICMPv6 重定向消息的一个节点，将相应地更新它的目的地缓存。到相同 IPv6 地址的后续分组将被发送到重定向的链路层和目的地址（欲了解更多有关下一跳判定的信息，见 3.4.6 节）。

3.4.9 安全邻居发现

NDP 是对在链路上实施攻击的一个吸引人的标靶，原因在于它对 IPv6 节点建立和工作是至关重要的。通过定义"安全的邻居发现（SEND）"[12]，IETF 尝试缓解针对 NDP 的攻击。SEND 使用公开—私有密钥密码学和认证路径，提供完整性保护并认证消息发送方的权威性，本质上是路由器的权威性。但是，对具有全局或本地信任锚点，各路由器被装备来自信任锚点的证书，以及各主机被配置带有指向这些信任锚点的指针，这些要求带来了重大的部署挑战。由于这些部署挑战，SEND 还没有能够真正地腾飞。缺乏部署的另一个原因是，也要由一个链路层（如 3GPP 网络中的情形）和/或较高层［如由传输层安全（TLS）］提供充分的安全性，由此降低了在层 3 保障 NDP 消息安全的需要。

SEND 定义了 4 个邻居发现选项，它们被用来保护 NDP 消息：密码学方式产生的地址（CGA）、RSA 签名、时间戳和随机数选项。此外，SEND 使用 CGA 作为节点的地址[75]。CGA 被用来提供消息的发送方实际上是所宣称的发送方的证据。也定义了两条 ICMPv6 消息：认证路径请求（CPS）和认证路径通告（CPA）。

CGA 选项被用于发送方 CGA 的验证，而 RSA 签名选项则用了保护与路由器和邻居发现有关的消息。时间戳和随机数选项被用来防御重放攻击。

CPS 和 CPA 消息被用来传递认证路由发现所要求的信息，而不需要载入带有那项信息的路由器请求和路由器通告消息。一个节点发送 CPS 来请求一台路由器拥有的认证路径，CPS 在一个信任锚点选项中包括一个或多个节点的信任锚点。路由器以 CPA 应答，除了证书选项（包含一个证书）外，还包括信任锚点选项，节点可用来建立到一个信任锚点的一条认证路径。

3.4.10 邻居发现代理

在某些部署中，在相同逻辑链路上的各 IPv6 节点可能没有直接连接到相同的物理介质上。例如，多个 IPv6 节点可通过点到点链路被连接到一个中心节点，该点通过点到点链路听到每个节点，但在点到点链路上的节点没有哪个节点可相互听到对方的消息。另一个例子是这样一种设置，其中一个中心节点处在不同链路类型之间，如一条共享的链路和一条点到点链路之间。在这样一种情形中，在共享链路上的各节点可相互听到对方，但在点到点链路上的节点却不能。如果链路层类型允许，则简单的桥接将足以支持直接的节点到节点通信。不幸的是，如果链路类型是不同的，则简单桥接是不工作的。

为方便不能相互直接通信的节点之间的通信，中心节点可实现一种所谓的"邻居发现代理"的试验型功能，如图 3.14 所示[76]。邻居发现代理功能可发挥作用，从而邻居发现代理节点在被代理接口（如图 3.14 的共享的和点到点链路）上侦听所有组播流量，并选择性地转发或代理组播分组到其他链路。邻居发现代理节点跟踪连接到用于分组代理的所有接口的所有节点。这仅允许可选的选择性组播转发到邻居发现代理节点知道有合适接收者的链路或多条链路。当在接口上的资源需要保留时和当简单转发将仅消耗资源（如能量和带宽）而不带来任何益处时，选择性转发是有用的。例如，图 3.14 中点到点链路可能是一条消耗能量的蜂窝连接。对代理有特殊兴趣的组播分组有 ICMPv6 路由器通告、重定向、邻居请求和邻居通告。这四种消息在其净荷中传输链路层地址，所以要求邻居发现代理特别注意。为了进一步的优化，如保留能源，中心节点可实现附加的选择性组播过滤和转发策略。

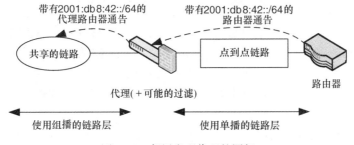

图 3.14 邻居发现代理的图解

当代理操作时, 几乎没有例外, 邻居发现代理将分组保持完整, 但源链路层地址将修改为代理节点拥有的一个地址。将从邻居发现代理的邻居缓存中查找目的地的链路层地址, 且它将是对应于目的 IPv6 地址的一个链路层地址。此外, 包括在路由器请求、重定向、邻居请求和邻居通告之协议净荷中的链路层地址, 将被邻居发现代理的链路层地址所替换。值得指出的是, 跳限制字段从来就不会被更新, 所以邻居发现代理并不作为其他节点的一个 IPv6 路由器。邻居发现代理对其他节点看来作为一个节点、一台路由器的唯一情形是, 邻居发现代理不得不发出 ICMPv6 分组太大消息, 将在下一条链路上的一个 MTU 问题通知一个发送方。在代理路由器通告消息的情形中, 邻居发现代理不得不将路由器通告中的标志字段中 P 比特设置为开。P 比特向接收方指明, 路由器通告被代理了, 不能被进一步代理。需要这项功能特征, 是为了避免形成网络回路。结果, 如果看来作为一个邻居发现代理的一个节点, 接收到 P 比特为开的一条路由器通告的话, 它就不能介入到代理功能了。

邻居发现代理技术的巨大优势是, 它限制性地减少了实现 IPv6 网络地址转换 (NAT) 的需要, 否则它也许需要连接不同链路类型, 同样在如下情形也是这样的, 其中没有足够的 IPv6 地址可本地使用。例如, 如果 DHCPv6 前缀委派 (PD) (在 3.5.2 节讨论) 不可用时。

3.5 地址配置和选择方法

IPv6 带有两个主要的自动地址配置协议。首先被开发并具有比较广泛支持的是 "IPv6 无状态地址自动配置"[73]。SLAAC 的基本思想是, 在没有一种中心式管理地址分配方案、网络中的每主机状态和地址管理网络实体的条件下, 支持主机进行地址配置。第二个工具, 有状态地址自动配置是 "IPv6 的动态主机配置协议"[54]。对于习惯动态主机配置协议版本 4 (DHCPv4) 的人们而言, 他们熟悉 DHCPv6 的方法, 但也有些差异, 如 DHCPv6 依赖于 ICMPv6 路由器通告交付默认的路由器信息。最初, 对于哪个协议将被用来实现 "受管理的地址配置" (见 3.4.3 节), IPv6 是不知道的, 但至少直到现在和可预见的未来, DHCPv6 是受管理的协议。DHCPv6 技术的主要拉动力来自特定部署, 如在企业中, 其中受管理的地址配置方案普遍受到网络管理人员的青睐。

3.5.1 无状态地址自动配置

本节介绍 IPv6 SLAAC 的规程, 它是主机对它们自己编址的主要机制[41,73]。链路—本地地址配置总是要求无状态方法, 它是比 DHCPv6 轻量的全局地址自动配置的规程。本质上来说, SLAAC 必须得到所有通用 IPv6 主机的支持。其他种类的节点, 如路由器、特殊构造的主机或特定部署场景中的主机, 可能采用人工地址配置或仅采用 DHCPv6 方式得到管理。

SLAAC 的整体操作如图 3.15 所示。在深度讨论一些细节之前, 下面简短地加以描述。该图形象地说明, 在例子中的主机附接到一条链路之前, 一台路由器如何发送非请求的路由器通告。一旦一台主机加入一条链路，它首先为自己选择一个 IID，创建一个链路—本地 IPv6 地址，并为之执行 DAD（图中没有示出）。当主机为自己配置更多信息（第二条消息所示）时，它发送一条路由器请求，目的是比较快速地从所有路由器接收路由器通告。路由器请求也确保收到的路由器通告是完整的，因为非请求的路由器通告不必包含所有信息[41]。

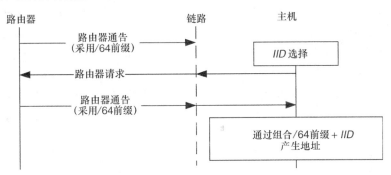

图 3.15　SLAAC 的整体操作

在主机接收返回的请求路由器通告或非请求路由器通告（第三条消息所示）之后，它将从路由器通告收到的 IPv6 前缀与主机所选择的 IID 组合在一起。主机需要为新形成的地址执行 DAD，但这在图 3.15 中没有给出。这将得到为一台主机配置的一个/128 IPv6 地址，这可用于通信。

下面将深度讨论与 IPv6 地址管理有关的一些细节。在 3.12.1 节给出基于真实生活分组捕获的一个详细的 SLAAC 操作例子，并解释在实践中地址配置规程是如何发生的。

1. 地址状态

在 SLAAC 规程中，IPv6 地址遍历经过了不同的状态，这表明了地址用于通信的用途[41]。在本节后面，当描述地址自动配置规程时以及在本书其他部分，都将引用这些状态。状态描述如下：

1）临时地址：在一条链路上地址的唯一性正在被验证。该地址还不能用于外发流量，并丢弃进入流量，另外是与 DAD 有关的流量（见 3.4.7 节）。一旦 DAD 成功，则临时地址成为首选的或废弃的。

2）乐观的地址：正在被用的一个地址，但还没有完成 DAD。这个状态是由 RFC 4429[74]引入的，但还没有得到所有 IPv6 栈实现的支持。协议栈应该将乐观的地址看作废弃的，且如果有更好的地址可用，则不要使用它们。一定不要使用一个乐观的地址来发送可能影响邻居的邻居缓存的任何分组。一旦 DAD 完成，则地址就变为首选的或废弃的。如果 DAD 失败，则该地址的使用立刻释放，这可能导致上层协议的问题，这些协议已经使用乐观地址启动。欲了解乐观地址使用的全部细节，请参见 RFC 4429。

3）首选的地址：可完全被用于所有 IPv6 通信的一个地址。一旦首选寿命过期，则首选地址成为被废弃。

4）被废弃的地址：其首选寿命已经过期的一个地址。如果有更好的替代地址可用，则这个地址不应用于发起新的外发通信。现有会话（如 TCP 会话）可继续使用这个地址，应该允许发往这个地址的进入通信。在有效寿命过期之后，一个被废弃的地址成为无效的。

5）无效地址：其有效寿命已经过期的一个地址，它不能用于任何通信。

2. 接口标识符

在使用任何地址自动配置机制之前，依据在 3.1.6 节讨论的内容，一个节点产生一个 IID，它唯一地表示在一条链路上的节点。产生 IID 的方法取决于所用的接入技术。例如，在基于以太网的接口中，标识符经常是由一个 48bit IEEE 802 硬件地址构建的。IID 也可被随机地选择，就像使用私有扩展时所做的那样（见 3.5.5 节）。无论选择一个 IID 所用方法为何，一个节点必须确保 IID 不与 RFC 5453[77] 中列出的任何预留 IPv6 IID 冲突。

3. 产生链路—本地地址

一个链路—本地地址最初产生为"临时"状态，方法是将带有一个著名前缀 fe80::/10[4] 的一个 IID 组合，所以最高 10 比特是著名前缀，64 个最低有效比特是 IID，前缀和 IID 之间的比特被设置为 0。在将地址分配给一个接口之前，使用 DAD（见 3.4.7 节）检查所得到临时地址的唯一性。但是，在开始实施 DAD 之前时刻，该节点必须使用 MLD 加入到临时链路—本地地址的请求节点组播地址（见 3.2.4 节）组。

4. 产生全局地址

通过将由路由器通告的 PIO 选项（使一个自治 A 标志比特被设置）得到的一个前缀与一个 IID 组合产生一个全局范围 IPv6 地址。一台主机可由单个前缀配置许多 IPv6 地址，但在多个前缀可用的情形中，多个地址可来自不同前缀。可通过单条路由器通告或由多台路由器接收的多条路由器通告，接收多个前缀。PIO 也为每个前缀包含有效寿命和首选寿命信息，且这些信息用于使一个地址通过上面列出的各个状态。

一旦产生一个"临时"状态的全局范围地址，则就像对链路—本地地址那样，启动 DAD 规程。

3.5.2　DHCPv6

在本节将简短地介绍有状态的动态主机配置协议版本 6（Dynamic Host Configuration Protocol version 6，DHCPv6），因为它是 IPv6 协议族的一个重要部分。基于 3GPP 的主机非常普遍地支持基于以太网的接口，如 IEEE 802.11 无线局域网（WLAN）网络，经常在其后使用有状态的地址自动配置。在 3GPP 网络中，对于为主机的蜂窝接口配置地址，并不支持有状态的 DHCPv6。长时间以来，仅针对参数配置，支持无状态的 DH-CPv6，但自 3GPP 发行版本 10 以来，前缀委派就成了 3GPP 规范的组成部分（欲了解更多内容，见 4.4.6 节）。所以将比较深入地讨论 DHCPv6 PD。

虽然 DHCPv6 是 IPv6 协议族的一个不可分割部分，但它运行在 UDP 上，所以可被看作一个应用层协议。用于 DHCPv6 的 UDP 端口号 547 用于服务器和中继，546 用于客户端。与任何基于 UDP 的应用一样，如果总体分组大小超过路径 MTU，则要求分片和重组。为增加可靠性和简单性，DHCPv6 服务器可尝试保持消息尺寸在 1280B 的最小路径 MTU。

1. 有状态的 DHCPv6

依据规范，支持一个 DHCPv6 客户端的一台主机，在一条路由器通告上检测到 M 比特之后，发起有状态地址自动配置规程（见 3.4.3 节）。实际上，在发生这种情况之前，一台主机已经采用 SLAAC 为自己自动配置了一个链路本地地址。

主机实施的第一个 DHCPv6 协议步骤是，发送一条 DHCPv6 SOLICIT（请求）组播消息，包含有关客户有兴趣为自己配置地址的指示信息。这个指示由客户端给定，包括在 SOLICIT 消息中的选项，有"非临时地址的身份关联（IA_NA）"或"临时地址的身份关联（IA_TA）"或包括这两个选项。如果客户端喜欢使用单条消息交换，则它可在 SOLICIT 消息[54]中包括一个快速提交（Rapid Commit）选项。

接收到由一个客户端发送的 SOLICIT 消息的 DHCPv6 服务器，可以一条 DHCPv6 ADVERTISE 消息做出响应。由 ADVERTISE 消息，客户端学习到哪些 DHCPv6 服务器是可用的以及它们为客户端提供了哪些地址。

一旦客户端选中使用哪台 DHCPv6 服务器，则客户端向 DHCPv6 服务器发送一条 DHCPv6 REQUEST 单播消息。客户端可采用带有它以前在一条 DHCPv6 ADVERTISE 消息中所接收信息的 REQUEST。在接收 DHCPv6 REQUEST 之后，DHCPv6 服务器将以一条 DHCPv6 REPLY 消息做出应答，其中包含分配给客户端的地址以及可能的其他配置信息。客户端需要对所提供的地址实施 DAD，这类似于一台主机结束时具有的任何其他 IPv6 地址候选实施的 DAD。如果 DAD 失败，则客户端不得不将一条 DECLINE 消息发送给服务器。

DHCPv6 框架支持一台 DHCPv6 服务器位于与 DHCPv6 客户端不同的一条链路上。在这种情形中，客户端所连接的链路有一个 DHCPv6 中继实体，它在 DHCPv6 客户端和服务器之间转发消息。

除了为地址配置的 4 次握手使用的消息（SOLICIT、ADVERTISE、REQUEST 和 RE-PLAY）外，已经定义了许多其他 DHCPv6 消息，如下所列。DHCPv6 REPLAY 是服务器使用的一条通用消息，是作为客户端的 SOLICIT、REQUEST、RENEW、REBIND、IN-FORMATION-REQUEST、CONFIRM、RELEASE 和 DECLINE 消息的响应消息。

1）CONFIRM（确认）：由于变化的物理连接或一次重启，移动到一条新链路的一台主机，可使用 CONFIRM 消息由 DHCPv6 服务器验证它具有的地址和配置信息，是否仍然有效[54]。

2）RENEW（刷新）：一台主机使用 RENEW 消息，扩展其租期的剩余寿命。RE-NEW 被单播到主机从之得到其地址分配的 DHCPv6 服务器[54]。

3）REBIND（重新绑定）：如果一台主机不能与它一直与之通信的 DHCPv6 服务器刷新其现有绑定，则该主机组播一条 REBIND 消息，尝试得到某个其他 DHCPv6 服务器来扩展其当前租期的寿命[54]。

4）DECLINE（拒绝）：一台主机可拒绝由一台 DHCPv6 服务器提供的地址，如果它检测到该地址在相同链路上已经被使用的话[54]。

5）RELEASE（释放）：一台主机采用一条 RELEASE 消息[54]释放它被分配的地址。

6）RECONFIGURE（重新配置）：一台 DHCPv6 服务器可向一台主机发送一条单播 RECONFIGURE 消息，目的是触发主机刷新其地址和配置数据[54]。

7）INFORMATION-REQUEST（信息—请求）：一台主机可使用 INFORMATION-RE-QUEST 请求各种配置参数，如递归 DNS 服务器地址[54]。

8）RELAY-FORWARD（中继—转发）：一个 DHCPv6 中继使用一条 RELAY-FOR-WARD 消息，封装由一台主机发送的原 DHCPv6 消息[54]。

9）RELAY-REPLY（中继—应答）：对一条 DHCPv6 消息（在一条 RELAY-FOR-WARD 消息内接收的）应答的一台 DHCPv6 服务器，使用一条 RELAY-REPLY 封装响应消息[54]。

10）LEASEQUERY（租期查询）：基于一个地址，使用这条消息就一台特定主机的租期信息查询一台 DHCPv6 服务器。该信息包括为感兴趣主机提供的 DHCPv6 选项内容。这条查询不影响 DHCPv6 服务器的状态[78]。

11）LEASEQUERY-REPLY（租期查询—应答）：LEASEQUERY 请求的一条应答消息。这个选项包含有关一台主机的被请求信息，这可能有主机的标识符、主机的 IPv6 地址和一个被委派的前缀[78]。

12）LEASEQUERY-DATA（租期查询—数据）：定义了一种块式租期查询机制，支持得到一条以上响应的高效查询[79]。LEASEQUERY-DATA 消息与 LEASEQUERY-REPLY 一起使用，传输附加的响应。

13）LEASEQUERY-DONE（租期查询—完成）：当它完成发送块式租期查询结果时，被查询的 DHCPv6 服务器发送 LEASEQUERY-DONE[79]。

2. DHCP 唯一标识符

实现 DHCPv6 的每个节点必须有一个唯一的 DHCP 位于标识符（DUID）。DUID 是 DHCPv6 客户端和服务器使用的标识符，用来随时间推移而唯一地相互识别[54]。迄今为止定义了如下 4 种 DUID 类型：

1）DUID 链路层地址（DUID-LL）：DUID 仅基于一个链路层地址[54]。

2）DUID 链路层地址 + 时间（DUID-LLT）：DUID 基于一个链路层地址和时间[54]。

3）基于企业号码的 DUID 厂商指派的唯一标识符（DUID-EN）：基于厂商的企业号码，一台设备的厂商指派的 DUID[54]。

4）DUID 全球唯一标识符（DUID-UUID）：基于全球唯一标识符[80]的 DUID。

各实现可能使用最适合它们的 DUID 类型，它们与之通信的对等端，将仅比较在这些选项中传递的值。重要的是，各节点随时间变化，保持 DUID 不变，从而 DHCPv6 服务器将一台主机看作一台主机，而不是看作日渐增长的大量主机。

3. DHCPv6 前缀委派

在其上行链路和下行链路网络接口之间转发分组的一个节点，需要对下行链路接口编号的一种方式。在 IPv6 中用于这个目的的官方工具是 DHCPv6 PD[81]。

采用 DHCPv6 PD 请求前缀的 DHCPv6 客户端被称作请求路由器（RR），委派该前缀的 DHCPv6 服务器被称作委派路由器（DR）。重要的是指出，DHCPv6 PD 的使用与 RR 用来为其上行链路接口配置地址的方法是正交的。这意味着，RR 可能使其上行链路仅配置链路本地地址，采用 SLAAC 配置的地址，或采用 DHCPv6 配置的地址。

前缀委派的工作方法是，RR 发送一条 DHCPv6 SOLICIT 消息，带有一个前缀委派的身份关联（IA_PD）选项。将前缀委派给一个请求方的各 DR，之后以一条 DHCPv6 ADVERTISE 消息做出响应。RR 选择它希望使用的 RR，并发送 DHCPv6 REQUEST 消息，DR 以前缀和可能的其他信息做出应答。在成功的消息交换之后，网络将开始将目的地为委派前缀的分组路由到 RR。图 3.16 中的情形 A 形象地说明了起作用的基本 DHCPv6 PD：DR 为它和 RR 之间的链路分配一个/64 前缀。DR 也为 RR 委派一个/56 前缀，RR 可用之对下行链路局域网（LAN）编址。情形 A 也形象地说明了 DR 有去往一个 RR 的两条路由。情形 A 的这个例子是基于固定网络架构的，其中 RR 和 DR 之间的链路［一个虚拟局域网（VLAN）］采用全局地址进行编址。在一些部署中，RR 和 DR 之间的链路可仅采用链路--本地地址进行编址，其中例子的 DR 将近有一条路由。

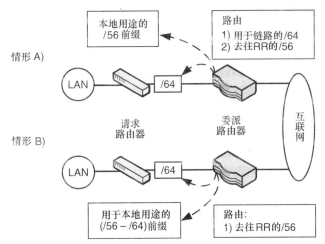

图 3.16　DHCPv6 PD（情形 A）和 DHCPv6 PD 排除选项（情形 B）的例子

在一些网络中，由于在所述网络上的寻址限制，需要对 PD 的一个特殊扩展。称作 DHCPv6 PD 排除选项的一个选项可被用来将一个前缀从委派前缀中剔除，见 RFC 6603[82] 中的定义。被排除的前缀普遍的是前缀网关（可能是也可能不是 DR），用在发送到去往 RR 的路由器通告中，也可能由 RR 使用，用于无状态地配置其上行链路的 IPv6 地址。图 3.16 的情形 B 形象地说明 DHCPv6 PD 排除选项的使用情况。DR 将 DR 和 RR 之间链路上使用的/64 前缀从委派给 RR 的前缀中排除掉。因此，当相比于情形 A 时，在下行链路 LAN 上 RR 使用的前缀要少一个/64 前缀，但另一方面，网关不得不仅维持去往 RR 的单条路由。在一些部署（如在 3GPP 中，见 4.4.6 节）中，节省一条路由，可能是意义重大的。

与 PD 有关的一个重要细节是，RR 为每个 IA_PD 选项指派一个身份关联标识符（IAID），当 RR 与 DR 通信时，一致性地使用这个 IAID。当被委派的前缀正被刷新时，或由于 RR 重启或 RR 的上行链路连接断开/重新建立周期，而需要重新绑定时，需要 IAID。在没有 IAID 的条件下，被委派的前缀可能太容易且太频繁地发生改变，导致由 RR 支持的 LAN 中重新编址，并可能导致 DR 中不必要的资源（地址空间）消耗。

4. 无状态的 DHCPv6

在许多 IPv6 部署场景中，不需要或不想采用有状态的地址自动配置。但是，主机经常需要配置各种信息片，对于这种目的，路由器通告（3.4.3 节）不是一个适合的工具。这种情形的解决方案是，使用 DHCPv6 的一个无状态变种，"IPv6 的无状态动态主机配置协议（DHCP）服务"[83]。

无状态 DHCPv6 是 DHCPv6 RFC 3315 的一个子集。本质上来说，无状态 DHCPv6 定义了主机必须支持 DHCPv6 INFORMATION-REQUEST 及其应答消息。采用 INFORMA-TION-REQUEST 消息，主机可询问配置信息——与主机可能采用完全有状态 DHCPv6 实现相同的信息，但不必实现全部的 DHCPv6 协议。

在无状态方法中状态的缺乏，如果在网络上的配置信息发生变化，则可能导致问题。为了采用无状态客户端使主机重新刷新信息，一个 DHCPv6 服务器可能在 INFOR-MATION-REPLY 消息中包括信息刷新时间选项，如果客户端已经在请求消息中表明对该选项的支持的话[84]。信息刷新时间选项提供在刷新配置信息之前一个客户端应该等待的一个最大时间，所以将时间设置为合适的值，就使在客户端上更新配置信息成为可能。

5. DHCPv6 选项

在撰写本书时，已经定义了 70 个以上的 DHCPv6 选项。这里选择仅描述在本书中讨论的选项或在 3GPP 接入网络中已知有用的选项。明显的是，这里列出的仅是选项的一个子集，各种部署，即使一些 3GPP 网络，也将利用其他选项。一个完整的和最新的选项代码列表可在 IANA 网页找到：http：//www.iana.org/assignments/dhcpv6-parame-ters/dhcpv6-parameters.xml。

1）DNS 递归名字服务器选项："IPv6 动态主机配置协议（DHCPv6）的 DNS 配置选项"描述主机用来得到递归 DNS 服务器（RDNSS）地址和域搜索列表[85]。

2）RDNSS 选择选项：在 RFC 6731[86]中规范了 RDNSS 选择的一个新的 DHCPv6 选项。RDNSS 选择选项以一个特定 RDNSS 具有特殊知识的那些域和网络的信息配置各节点。之后当选择应该将一条 DNS 查询发送到那个 RDNSS 时，客户端使用该信息。

3）快速提交选项：快速提交选项可被用来将 DHCPv6 信令优化到两条消息：DH-CPv6 SOLICIT 及其应答。各项优化节省一条额外的 RTT，它可以其他方式用在信令方面。发送一条快速提交选项的客户端，承诺接受由一台 DHCPv6 服务器发送的信息，该服务器也接受带有单条消息交换的提交（commitment）[54]。

4）会话初始协议（SIP）服务器域名列表选项：实现一个 IP 多媒体子系统（IMS）客户端的一台主机，可使用这个 DHCPv6 选项找出代理呼叫会话控制功能（P-CSCF）

域名的一个列表[87]。

5）SIP 服务器 IPv6 地址列表选项：实现一个 IMS 客户端的一台主机，可使用这个 DHCPv6 选项找出 P-CSCF IPv6 地址的一个列表[87]。

6）选项请求选项：通过在选项请求选项中列出选项代码[54]，一台主机向一台服务器指出它希望接收的 DHCPv6 选项。

7）PD 选项的身份关联（IA_PD）：实施 RR 功能的一台主机，包括 IA_PD 选项指明其身份。这个选项可包括其他选项，如一个 IA_PD 前缀选项[81]。

8）IA_PD 前缀选项：这个选项是在一个 IA_PD 选项内传输的，将一个委派的前缀传递给 RR[81]。

9）前缀排除选项：这个选项将被排除的一个 IA_PD 前缀选项上的一个前缀的一部分进行传递，且一定不要由一个 RR 使用来对 RR 的下行链路网络进行编址[82]。被排除的前缀可被用在 RR 的上行链路，这和 3GPP 的情形一样。

10）信息刷新时间选项：这个选项规范一个客户端应该刷新信息（它从 DHCPv6 接收到的）之后时间的一个上界[84]。

11）服务器单播选项：DHCPv6 服务器使用这个选项向 DHCPv6 客户端指明，该客户端被允许发送单播消息到这个 DHCPv6 服务器[54]。

12）端口控制协议（PCP）服务器名字选项：这个选项传递一个 PCP 服务器的域名（见 6.4.3 节）。在撰写本书时，该选项仍然处在 IETF 的标准化过程下[88]。

13）地址选择选项：这个选项传递站点特定的地址选择策略。这个选项处在 IETF 的标准化过程下[89]。

3.5.3　IKEv2

互联网密钥交换版本 2（Internet Key Exchange version 2，IKEv2）是为密钥管理设计的（见 3.8.3 节），它也支持单个/128bit IPv6 地址配置[90]。不幸的是，在标准轨迹（track）IKEv2 RFC 5996 中，IPv6 支持是过度简单的，例如根本不支持 DHCPv6 或 MLDv2。IETF 制定了一个试验型的 RFC 5739 来解决缺陷[91]。下面仅讨论试验型 RFC 的功能特征，因为这也许是 IPv6 应该在未来在 IKEv2 中得到支持的方式。

在 IKEv2 的情形中，IPsec 网关可为客户端指派 IPv6 前缀，各客户端建立虚拟专网（VPN）前缀[91]。这就支持在一条 VPN 链路之上使用 IPv6，并将 IPv6 呈现为一个虚拟接口。因为与客户端的地址配置有关的配置信息出现在 IKEv2 中，就不需要为地址配置目的而使用 SLAAC 或 DHCPv6。但是，一个客户端可采用 DHCPv6 索要附加的配置信息。

IKEv2 总是为一个客户端指派一个唯一的/64 前缀，且因为各 IID 是协商得到的，所以一个客户端就不需要实施 DAD 规程。此外，因为 IKEv2 配置的链路仅有两个节点，没有链路层寻址，所以就不需要 ICMPv6 重定向或链路层地址解析。在这方面，采用 IKEv2 协商的连接，就非常类似于点到点协议（PPP）和 3GPP 分组数据网络（PDN）连接。

3.5.4 地址选择

设计 IPv6，为的是对多个同时配置的单播地址提供流畅的支持。即使在最简单的场景中，IPv6 主机通常也至少配置两个地址：一个链路—本地范围地址和一个全局范围地址。同样非常自然的是，一台主机同时配置多个全局地址。例如，一台主机所附接的一个网络，可能有多个上行链路互联网连接提供商，每个提供商为一台主机提供可从中配置地址的运营商自己的 IPv6 前缀。另一个常见例子是带有同时处于活跃状态的多个网络接口的一台主机：从每个接口将配置地址集合。

由多个可用地址带来的问题被称作地址选择。不仅主机本身可有多个地址，同样对每个地址，目的地需要创建一条新的连接。发起连接的主机可通过 DNS 为一个目的地得到一个地址列表。

IETF 已经定义了默认源和目的地址选择算法，这是各主机应该遵守的，此时决定要使用哪个源和目的地址对以及以哪种顺序使用[92]。在实践中，这个优先级普遍是由主机的操作系统在如下时刻完成的，此时一个应用请求 DNS 解析或调用一个连接创建方法。操作系统首先使用最高优先级的地址自动地创建一条连接，或将一个目的地址列表以优先级顺序返回给调用 DNS 解析 API 函数的应用。

1. 默认的策略表

为帮助对 IPv6 地址（源地址和目的地址）划分优先级，在 RFC 6724[92] 中定义了一个默认的策略表，如表 3.3 所示。该表列出 IPv6 前缀、那个前缀高于其他前缀的一个相对优先级（较高值意味着较高优先级）、一个标签（用来寻找有一个匹配标签的源和地址对）和一个简短描述。

表 3.3　IPv6 地址选择默认策略表

前　　缀	优 先 级	标　　签	描　　述
::1/128	50	0	IPv6 环回地址[4]
::/0	40	1	全局 IPv6 地址[4]
::ffff：0：0：/96	35	4	IPv4 映射的 IPv6 地址[4]
2002::/16	30	2	6to4 地址[66]
2001::/32	5	5	Teredo 地址[14]
fc00::/7	3	13	ULA 地址[7]
::/96	1	3	IPv4 兼容的 IPv6 地址（废弃的）[4]
fec0::/10	1	11	站点—本地地址（废弃的）[4]
3ffe::/16	1	12	6bone 地址（逐步退出）[93]

如名字所述，默认策略表是一个默认的。如果它们"知道更多"，各主机会重写（override）具体规则，也将可能以管理方法改变一台主机上的策略表：为各主机提供站点—特定的地址选择策略，IETF 正在定义一个新的 DHCPv6 选项[89]。

2. 源地址选择

源地址选择的算法是这样工作的，一次取单个目的 IPv6 地址，并列出可用来与目的地址通信的所有源地址。为目的地选择首选源地址的规则简洁地描述如下，是以优先级顺序列出的：

1）首选与目的地一样的一个源地址。在这种情形中，通信是内部于一台主机的。

2）首选与目的地址相同或较高范围的一个源地址。例如，当一个目的地也是全局范围时，首选一个全局范围源地址。

3）避免废弃的地址，如果存在首选的地址（见 3.5.1 节）。

4）首选一个移动 IP 家乡地址（HoA），而不是一个转交地址（CoA）（见 3.7.2 节）。

5）首选将被用来将一条分组发送到一个给定目的地之接口的地址。

6）首选一个匹配标签。这意味着，例如，当目的地址也是 6to4 地址时，6to4 源地址是首选的。

7）默认情况下，首选临时地址而不是公开地址（见 3.5.5 节）。

8）首选与目的地址有最长匹配前缀的一个源地址。

3. 目的地址选择

对目的地址的一个列表排优先级的算法，使用如上所述的源地址选择算法，找出主机将使用哪个源地址与一个给定目的地址通信。对目的地址排优先级的规则简洁地描述如下，以优先级顺序排列：

1）避免不可用的目的地址：这些目的地址是这样的，一台主机没有合适的源地址可用，或已知目的地址是不可达的。

2）首选具有匹配范围的地址：如果一台主机有带有相同范围的一个可用源地址，则首选这样的目的地址。

3）避免废弃的源地址：对于一台有一个非废弃源地址可用的主机，首选这样的一个目的地址（见 3.5.1 节）。

4）首选一个移动 IP HoA：对于将使用一个 HoA 作为一个源地址的主机而言，首选这样的一个目的地址。

5）首选匹配标签：对于带有一个匹配标签的一个源地址的主机，首选这样的一个目的地址。

6）首选带有较高优先级的地址：首选具有较高优先级（基于默认地址选择策略）的一个目的地址。

7）首选原生传输：首选不要求封装或协议转换的一个目的地址。

8）首选较小的范围：首选带有最小可能范围的一个目的地址。例如，首选一个链路—本地范围的地址对，而不是一个全局范围的地址对。

9）使用最长匹配前缀：为了首选在网络拓扑中相互最近的地址，首选与可用源地址具有最长匹配前缀一个目的地址。

10）不改变目的地址列表的原顺序，如和从 DNS 接收到的顺序相同。

4. 通过正确的网络接口发送分组讨论

源地址选择规则 5，是有关从网络接口首选源地址的，将被用来发送一条分组到一个目的地，该规则在某些部署中具有特殊重要性。即如果一条分组是在与所配置源地址不同的一个网络接口上发送的，则可能丢弃分组。首先，被发送分组的一条应答将到达该地址实际被配置的接口上。这被称作非对称路由。在非对称路由的情形中，在应答分组路径上的网络没有看到外发的分组，所以可能基于防火墙进入过滤策略，丢弃该分组，原因是它为"非请求的"。其次，在网络上用来发送一条分组的一台路由器，对于来自相同网络中各主机的分组，可能实施进入过滤，如 RFC 2827（BCP 38）[94] 和源地址验证改进（SAVI）[95,96] 中所述。本质上而言，在一台路由器上的进入过滤器，将确保一台主机不会发送带有这样一个源地址的分组，该地址不是由那个网络给定的。主要意图是，防止不当行为或恶意主机发送带有某个其他人的 IP 地址的分组。通过这样做，过滤路由器保护互联网免受利用源地址欺骗的攻击。有点不幸的是，在多接口主机的情形中，在一个网络上实施过滤的路由器，也许不知道主机从其他网络（同时主机也连接到这些网络）配置的其他合法地址。在一些场景中，本质上而言，那些场景不涉及动态网络选择，则进入过滤规则可被适配支持多接口行为见 RFC 3704（BCP 84）[97]。在任何情形中，如果一台主机正动态地选择它所附接的网络，所以各网络没有方法基于主机正在变化的状态而调整它们的进入过滤器，此时主机不得不小心，仅以用来发送分组的接口上合法的源地址，来发送分组。

3.5.5   隐私和以密码学方式产生的地址

从设计上看，一个节点在其发送的分组中使用的源 IP 地址，指回到该节点。在一些情形中，如当网络地址转换（NAT）被用在网络中时，这和 IPv4 日渐常见的情形一样，在互联网上看到的 IP 地址指向 NAT 实体，由此隐藏了分组的实际来源。一个静态和公开的 IP 地址有优势，但也有些劣势。主要优势是稳定性和较好的连通能力选项。劣势是降低的隐私性：一个静态地址可被用来识别互联网中的一个节点，由此使诸如用户跟踪和用户识别等事情成为可能。

在 IPv6 情形中，基于 IP 地址的跟踪是一个比较严重的问题。在 IPv4 中，NAT 正日渐成为常态，且 IPv4 地址总是绑定到一个特定网络（除非使用移动 IPv4[162]）。但是，采用 IPv6 和 SLAAC，一个节点可通过使用来自网络接口的唯一标识符（见 3.1.6 节），如链路层的 MAC 地址[73]，创建一个 IPv6 地址。通常 MAC 地址被烧写入硬件，所以本质上是非常静态的。由硬件派生的 IID 的问题是，即使节点的网络附接点发生变化，以及一个 IPv6 前缀发生变化，IID 仍然保持静态。所以对于 IPv6，即使当一个节点改变其网络附接点时，也可能在互联网中跟踪该节点（跟踪将忽略 IPv6 前缀，仅跟踪 IID）。在 SLAAC 情形中，在 RFC 4941[11] 中给出这个问题的解决方案。这个 RFC 引入临时地址的概念，这种地址仅使用一小段时间（从数小时到数天），在此之后，产生一个新的临时地址。

在一些网络中，IPv6 地址发生变化的节点可能成为网络管理员头疼的问题。例如，当访问控制列表要求 IPv6 地址信息[98]时的情况。与隐私和管理的组合需要有关的问题，要求另外的解决方案。IETF 目前正在针对 SLAAC 研究稳定的而且隐私增强的地址。这种解决方案提出以如下方式产生 IID 的一种算法，它在每个子网内产生恒定的 IID。该算法取一组输入参数，包括一个网络前缀、一个秘密密钥、一个网络标识符，如服务集合标识符（SSID）、网络索引和 DAD 计数器。该算法产生一个看来随机的结果，它是非常难猜的，但在给定相同输入参数情况下总是相同的。"稳定的隐私增强地址"的这种解决方案仍然处在工作组阶段，在发布为标准之前，可能发生显著变化。

由静态寻址支持的跟踪，不仅对 SLAAC 是一个问题，而且对于其他地址分配方案看来问题的程度要小一些。例如，如果 DHCPv6 将总是为一个节点提供相同 IPv6 地址，则只要该节点停留在一个网络内，跟踪就变得比较容易。为了避免采用静态地址的问题，DHCPv6 支持临时地址（DHCPv6 IA_TA 选项）和非临时地址（DHCPv6 IA_NA 选项）的分配。希望增强隐私的一个节点将首选使用临时地址而不是非临时地址。

除了上面提到的解决方案外，各实现有时会使用其他方法。这些方法包括当连接到一个网络时对 IID 进行随机化处理，但在一条网络连接的寿命期过程中并不改变 IID。这完全解决了通过不同接入点和在一个网络内（只要网络连接寿命不是太长）跟踪主机移动的问题。在一些其他场景中，像 3GPP，IID 也可通过层 2 被接收，其中避免静态 IID 的职责就留给了层 2 实现（将 IID 提供给一台主机的网络实体的层 2 实现）。

3.5.6　路由器选择

互联网主机有时连接到这样的网络，它们有一台以上的第一跳路由器，有时各主机同时连接到多个网络。多台路由器可存在于一条链路上。例如，为了提供冗余或提供到不同网络（如互联网和一个私有网络）的接入。各主机将从它们接收通告的所有前缀配置独立的 IPv6 地址，不管这些通告来自一台还是多台路由器。基于源地址选择算法，各主机从多个所配置的地址中选择要使用的地址。但是，当一台主机正要发送分组时，它需要确定将分组发送到哪台路由器。注意，一台主机不必跟踪哪台路由器通告了哪些前缀，这样可能导致问题（见 3.5.4 节）。在 RFC 4191 "默认路由器优先级和更具体的路由"[68]中定义了改进路由器选择的一个工具。

RFC 4191 为默认路由器和更具体的路由定义了优先级。具体而言，ICMPv6 路由器通告以这样的比特进行增强，它们定义一台路由器被看作一台高、中（默认）或低优先级的默认路由器。采用这些比特，网络管理员可定义：当与互联网通信时，主机应该首选哪台路由器。

对于需要比较细粒度路由器选择的那些场景，在路由信息选项（RIO）的辅助下，RFC 4191 支持特定路由的定义。当发送分组到匹配目的地时，这个选项支持可变前缀和使用路由器的优先级的配置。特定路由器的优先级值与默认路由器配置的优先级值相同[68]。

默认和比较具体的规则的组合，支持各种配置，如一台路由器配置为一台低优先级默认路由器，而且作为流量目的地为特定网络的一台高优先级路由器。这个性质可以是非常有用的，如在实现一个流量卸载配置的蜂窝网络中，如果一台移动手机同时连接到一个蜂窝网络和一个局域网。蜂窝网络中的低优先级默认路由器，实际上引导移动主机首选局域网（对互联网流量）。前提条件是，在局域网中的路由器正指明中或高优先级默认路由服务。

路由器选择影响源地址选择规程，因为出于出口和入口过滤原因，在另一个接入网络上使用由一个接入网络配置的一个 IPv6 地址，通常不会产生一条可正常工作的连接（见 3.5.4 节）。即使网络运行非对称流量，路由器优先级的目的也将部分地丢失，原因是下行链路流量将可能通过一条较低优先级的路由器到达。

3.6　IPv6 链路类型和模型

IPv6 是开放系统互连（OSI）模型的一个层 3 协议。这样，IPv6 就可在各种种类的层 2 协议上传输。以 IPv6 的观点看，层 2 协议和它们提供的物理链路类型可被分成两个主要类别：点到点和共享链路。本节仅将焦点放在物理链路类型（在表 3.4 中列出）上，它们普遍由 3GPP 网络使用，并经常得到支持 3GPP 的移动手机的支持。

表 3.4　普遍得到 3GPP 手机支持的链路类型

RFC	描　　述	参 考 文 献
RFC 2464	在以太网之上传输 IPv6 分组	［99］
RFC 5072	在 PPP 之上的 IP 版本 6	［100］
RFC 6459	3GPP EPS 中的 IPv6	［101］

也存在在各种其他种类的链路类型上传输 IPv6 的规范，这些不在本书中讨论。读者也许对这些规范感兴趣，所以在表 3.5 中列出。

表 3.5　本书中没有讲到的链路类型

RFC	描　　述	参 考 文 献
RFC 2467	FDDI 网络上的 IPv6	［102］
RFC 2470	令牌环网络上的 IPv6	［103］
RFC 2491	非广播多址（NBMA）网络上的 IPv6	［10］
RFC 2492	ATM 网络上的 IPv6	［104］
RFC 2590	帧中继网络上的 IPv6	［105］
RFC 3146	IEEE 1394 网络上的 IPv6	［106］
RFC 4338	光纤通道上的 IPv6、IPv4 和 ARP	［107］
RFC 4944	IEEE 802.15.4 网络上的 IPv6	［108］
RFC 5121	IEEE 802.16 网络上 IPv6 汇聚子层上的 IPv6	［109］
RFC 5692	IEEE 802.16 网络上以太网上的 IP	［110］

除了在物理媒介上传输 IPv6 外，定义了在 IPv4 或其他协议上传输 IPv6 的各种解决方案。在本书中将进一步讨论基于第 5 章中方法的隧道法。

也许为了在定义 IPv6 over foo（foo 上的 IPv6）（其中 foo 实际上可能是理论上传输 IPv6 分组的任何东西）中做出 IETF 共同体兴趣的某种自我模仿，IETF 发布了 4 月 1 日的各 RFC，有关在鸟类载体[111]和社会网络[112]上如何传输 IPv6。

3.6.1　点到点链路上的 IPv6

在面向 IPv6 的协议方面，点到点链路的最重要隐含意义是对 IPv6 邻居发现规程造成影响的那些方面。具体而言，因为依据定义，一条点到点链路仅有两个对端，则链路层地址就是不必要的，所以也不需要进行发现。此外，在这些类型的链路中，组播丢失了一些意义——被发送的分组总是终结于另一个对端。当然，各节点保持侦听组播地址，且各分组可被发送到 "所有节点"、"所有路由器" 和类似的组播地址。要求对组播的支持，这可使 IPv6 协议栈在链路类型无感知方式下起作用。在这些类型链路上缺乏对链路层地址发现的需要，导致在一些情形中对实现的优化，如 RFC 3316[3]中所述。即实现已经能够精简地址解析和下一跳判定逻辑。这导致在 4.9.1 节中讨论的一些问题。

点到点链路建立协议，经常带有协商一些较高层参数的功能特征。对于 PPP，下面列出可能的参数，对于 3GPP 网络链路，在 4.4.7 节列出。IKEv2 也被用来协商一条点到点链路，带有客户端和 RDNSS 地址，如在 3.5.3 节所讨论的。

点到点协议

3GPP 载波模型是点对点的。这个链路类型极像 PPP 上的 IPv6[100]，并由 3GPP 23.060[113]和 23.401[114]做了深度描述。事实上，直到发行版本 8 之前，3GPP 规范实际上确实支持分组数据协议（PDP）语境的 PPP 类型，但它论述很少，没有实际使用。但是，PPP 上的 IPv6[100]可被用在电路交换数据连接上。

PPP 的互联网协议控制协议（IPCP）[115]支持一个 IPv4 地址本身的协商，此时，IPv6 控制协议（IPv6CP）[100]仅用于协商 IPv6 IID。对于使用协商的 IID 构造的 IPv6 地址，IID 协商支持略去 DAD 规程，原因是 IID 已知在链路上是唯一的。

当前在 3GPP 系统上的 IPv6，在 "3GPP 演进分组系统（EPS）" RFC 6459[101]中做了深度描述。在 3GPP 中，IID 是在载波建立阶段过程中协商的，对 IID 的访问非常类似于 PPP，但也可协商其他信息，如 RDNSS 地址和 P-CSCF 地址。

因为 PDP 语境的 PPP 类型已经从 3GPP 规范中被废除，所以在本书中将不再深入讨论 IPv6 是如何在 PPP 上传输的。

3.6.2　共享媒介上的 IPv6

在 3GPP 网络中使用的蜂窝链路总是一条非共享的点到点链路。当然，非常常见的是，移动手机有一条共享链路类型可用，此时手机被附接到非 3GPP 接入，如家庭或热点 WLAN 网络。有一条共享的局域链路也是非常常见的，如在栓链场景中，或当一条共享媒介用于对端到对端通信的情况。

绝大多数共享类型的链路基于以太网技术，对此在 RFC 2464 "在以太网之上传输 IPv6 分组"[99] 中定义了 IPv6 用法模型。最常见形式的以太网技术有有线 LAN 和无线 LAN，分别由 IEEE 802.3 和 802.11 定义。同样的以太网技术，带有些微的改动，也由其他链路类型使用，如 IEEE 802.15.4[108]，并可能也用在蓝牙低功率链路，对于后者，在 IETF 中目前正在进行标准化工作[116]。以太网中的链路层地址是 48bit 的 IEEE 802 地址。

为在以太网之上传输 IPv6 分组，各节点需要找出对应于一个目的 IPv6 地址的一个链路层地址，可参见 3.4 节了解有关一个 IPv6 地址的一个链路层地址是如何解析的。在组播地址的情形中，保留一个特殊的以太网组播地址 33∶33∶xx∶xx∶xx∶xx。将 IPv6 组播地址映射到以太网组播地址的一项功能是这样工作的，它将一个 IPv6 组播地址的最后 32 比特添加到固定的 33∶33 之后，所以产生一个 48 比特的组播 MAC 地址。这项技术的一项附加功能特征定义在 RFC 6085，它允许将 IPv6 组播地址映射到单播以太网链路层地址，情形是这样的，其中发送节点知道，将该消息作为一个单播仅发送到一个接收设备就行了[117]，不必组播。明显的是，为使这种方式发挥作用，接收节点一定不要将它在其单播 MAC 地址上接收到的组播 IPv6 分组丢弃。

3.6.3　链路编址

依据 3.1 节中所述的 IPv6 寻址架构，每个 IPv6 接口典型地必须有一个链路—本地地址（有些例外，例如，采用一些隧道的解决方案[160]）。那么在一条链路上的各节点将总是至少有一个链路—本地地址。这意味着，IPv6 没有无编址链路的一个概念。一条链路是否有比在用的链路本地更宽范围的地址，取决于时间和部署场景。当一条链路没有路由器通告全局或 ULA 前缀时，链路本地地址是通信的唯一方式。在一些部署中，依据设计，路由器间链路没有链路本地地址外的地址，因为对于 IPv6 分组转发，链路本地地址就够用了。

无论何时一条链路有一个前缀的话，则典型情况下，该前缀是有 64bit 长度的。在许多链路类型中，如以太网，64bit 的前缀长度是固定的[99]。时常（every now and then），多数来自极端 IPv4 地址保守需要的老习惯，人们倾向于为仅有数个节点使用前缀的场景，建议使用比 64bit 长的前缀。在 IPv6 中，地址是如此丰富，以致这样的极端保守是不必要的，特别当这会带来增加的复杂度时更是如此。但是，为什么前缀长度要最好保持在当前状态，也存在其他原因。在所有链路类型上的一个 64 比特前缀，支持 IPv6 栈实现的简化，同时确保诸如隐私地址（见 3.5.5 节）和邻居发现代理（见 3.4.10 节）等功能特征可用于各主机。

上述情况的一个特例，且是网络链路编址的一项要求，看来是用于路由器间点到点链路，并在 RFC 6164[118] 中做了描述。如果一个 64bit 全局前缀用在没有使用链路层地址的一条点到点链路中，则可发起一次乒乓攻击，方法是发送这样一个分组，它将一直在路由器之间弹来弹去。对于使用链路层地址的链路层，资源消耗攻击是可能的，此时强制路由器产生状态为 INCOMPLETE（见 3.4.4 节）的邻居缓存表项。/127 前缀用法的一项附加的但微小的优势是一个 IPv6 地址空间保持（conservation）。邻居缓存资源消耗攻击向量也可影响主机，特别是实施栓链功能的那些主机。这些主机需要实现缓解这些资源消耗攻击的一些方式，如采用速率限制 ICMPv6 消息，并从 INCOMPLETE 表项中清除缓存[72]。

星形拓扑编址

在一些场合，设计人员构建这样的网络，它有在一个星形拓扑之上实现的单个链路层，该拓扑由从一个中心点连到各端点的点到点链路组成。因为从 IPv6 的角度看，网络被认为是单条链路，所以它对于在分支上的所有节点有一个共享的前缀。在这样一个部署中，所有邻居发现消息，如那些用于 DAD 的消息，必须通过一个中心点桥接，并复制到所有分支。所有组播流量的简单桥接到所有分支，可能不必要地消耗资源，所以可能使用诸如交换的解决方案。一种高效的交换，要求中心点保持在各分支中在用地址的完全感知，且这增加了要求的状态和失败的风险。因此，对一个星形拓扑编址的最佳已知实践是为拓扑的每个分支分配一个唯一的前缀，这和 3GPP 网络中所做的一样。

3.6.4 链路类型的桥接

将以太网类型的链路桥接起来是一个非常常见的规程，通常可非常容易地正常运转。挑战多数与 MTU 中的差异有关，且可能的地址冲突发生在桥接建立的时刻。但是，将共享链路与点到点链路桥接，或带有链路层地址的链路与没有链路层寻址的链路桥接，都是一个非常令人感觉麻烦的任务。困难主要来自节点对链路特征的假定，在建立一个网桥之后，这样的假定就不再正确。例如，仅看到没有链路层地址的一条点到点链路的一个节点，不知道那条链路被桥接到有链路层地址的一条共享链路，可能导致其他节点之 DAD 规程的问题，原因是它假定在它所附接的一条链路上从来就不需要 DAD。与桥接不同类型链路有关的挑战在 IETF 中一直是人们热点关注的。

3.7 移动 IP

一个 IPv6 地址锚定在互联网网络拓扑中的一个特定点，互联网的路由系统将分组交付到由分组的目的地址标明的网络拓扑中的位置。一般而言，当一个节点从附接的第一个网络点移动到第二点时，该节点就不能接收发送到该节点在第一个附接点带有地址的分组。此外，如果节点尝试在第二个网络中使用第一个网络的地址，则分组也许会把第二个网络的入口过滤器丢弃掉，且即使没有被丢弃，返回分组也将被交付到第一个网络，而不是节点实际上所在的第二个网络。对于应用和传输协议，在一个节点的移动过程中 IPv6 地址的改变，导致中断的传输层会话。这些传输层会话，如 UDP 和 TCP，总是绑定到特定的 IPv6 地址。断开的传输层会话和接收进入连接方面的挑战，是移动节点即 MN 的主要问题。

在为节点移动性问题寻找良好的网络层解决方案方面，人们投入了大量研究工作。在 IPv6 的早期日子，移动 IPv6 计划作为 IPv6 的一个不可分割部分。这个目标已经证明是太具挑战性的。在缺少合适的网络层解决方案情况下，移动节点一般依赖应用层解决方案，如当地址改变和连接丢失时的快速会话重新建立。本节将提供 IPv6 协议组当前必须提供的网络层方法的简短概述。

3.7.1   监测网络附接

在解决由网络附接点变化导致的问题方面，第一步是检测实际发生的变化。从 IPv6 观点看，最简单的方法是接收包含以前不知道的信息的路由器通告。一条新的路由器通告表明，某些事物发生了变化，至少一台新的路由器变得可见。在一些场景中，可能变化的早期指示，可能从层 2 指示接收到，如发生从一个蜂窝网络到一个 WLAN 网络的变化。但是，由于基于网络的移动性方法方面的发展，依赖于层 2 事件，并不总是那么直接的。此外，有时在不影响层 3 的情况下，层 2 可能发生变化。

IETF 定义了一个基于层 3 的工具，用于比较快速地检测一个网络附接点上的变化。该解决方案被称作检测网络附接（DN）[119]。DNA 规程是由层 2 指示（有关可能的变化事件发生）触发的，如层 2 连接正在（重新）建立。DNA 采取的第一步是假定，所有网络链路特定信息可能已经变得过时，且需要进行验证。验证是这样发生的，通过实施 IPv6 邻居发现规程，如发送针对以前学习到的路由器的单播邻居请求，同时发送组播路由器请求消息，以便快速地学习到新的路由器。一个使用 DHCPv6 的节点将需要验证通过 DHCPv6 学习到的信息是有效的，方法是通过可到达 DHCPv6 路由器进行验证。

如果对请求的响应表明到一个网络的附接点没有改变，或改变了但对网络层没有隐含意义，则该节点可继续使用它以前有的信息。但是，如果附接点完全地或部分地发生改变，则该节点必须清空不再有效的信息，如节点从不再可达的路由器自动配置的 IPv6 地址。值得指出的是，主机移动没有理由清空所有信息，而仅是清除从不再可达的路由器和 DHCPv6 服务器接收到的信息片。

网络附接变化的（快速）检测应用的优势是，各应用可快速地得到有关断开的传输层会话的通知，所以可立刻尝试重新连接。明显的是，DNA 可被用来加速节点可能支持的任何移动性解决方案。

3.7.2   基于主机的移动 IP

IP 移动性问题的一项重要的解决方案方法是，使各 MN 建立并维护到其地址拓扑上所属网络的隧道。这种方法的主流解决方案称作移动 IP，它最初是为 IPv4[162] 设计的。第一个 MIPv6[120] 规范是于 2004 年由 IETF 发布的。自此之后，在 2011 年重新审核了基本规范[35]，并于 2009 年在 RFC 5555 引入了一项重要的双栈功能特征[121]。除了这些主要文档外，产生了附加性的和支持性的标准集，如网络移动性、快速切换、路由优化、前缀委派、管理信息库、基于 TLS 的安全性和基于流的移动性等。带有其扩展的 MIPv6

是一个大型协议，值得写一本专著。本节将在一个非常高的层次仅描述功能。

　　在 MIPv6 世界中，各 MN 被配置有来自家乡网络的 IPv6 地址，称作 HoA；被配置来自拜访网络的地址，称作 CoA。HoA 是为传输层会话和应用提供移动性和可达性服务的那些地址。为支持 MIPv6，一台主机实现为一个 MIPv6 MN 规范的功能，且在其家乡网络中的一台路由器实现称作 MIPv6 家乡代理（HA）的一项功能。HA 为 HoA 提供一个锚点和打隧道服务。通过使用 CoA，MN 建立从拜访网络到家乡网络的 IPv6 上 IPv6（或 IPv4 上 IPv6）隧道。采用 HoA 发送的所有分组都被封装，并发送到 HA。当 HA 接收到这些被封装的分组时，它实施解封装，并将解封装的分组转发到互联网。类似地，HA 将目的地为 MN 之 HoA 的所有下行链路分组，以隧道方式发送到 MN 的当前 CoA。

　　图 3.17 形象地给出了起作用的 MIPv6。在步骤 1，一个 MN 被直接连接到家乡网络，其中 MN 正在使用 IPv6 HoA 而没有使用 MIPv6——不需要打隧道，原因是 MN 处在家乡所在地。步骤 2 说明 MN 移动到一个拜访网络，并建立到 HA 的一条隧道。在步骤 2，MN 可继续使用 HA 执行可达性和移动性服务，但使用 HoA 发送的所有分组都必须通过 HA 进行路由。在步骤 1 过程中 MN 正在进行的任何会话在步骤 2 之后将继续工作，原因是使用 HoA 的流量被切换到使用隧道。

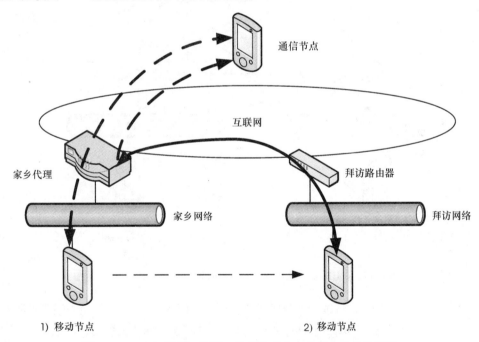

图 3.17　MIPv6 图示。情形 1 给出移动节点在家乡处的数据流，
而情形 2 给出移动节点在一个拜访网络上的情况

　　为支持创建高级 MIPv6 感知的应用和用户空间实现，MIPv6 在 RFC 4584[122] 中规范了对套接字 API 的扩展。这里将不讨论这个 API 的细节，但建议感兴趣的读者查看参考文献。

3.7.3 基于网络的移动 IP

　　基于主机的移动 IP 面临着部署挑战的一个原因是，对主机上显式支持的要求。为缓解那项担忧，IETF 标准化了一项基于网络的 IPv6 移动性解决方案，称作代理移动 IPv6（PMIPv6）[123]，并将之扩展也包括对 IPv4 的支持[124]。PMIPv6 的本质是，将具有移动接入网关（MAG）角色的路由器放置到接入网络的思路，它在每个网络附接点以相同的家乡网络前缀（HNP）服务移动主机。各 MAG 是由一个本地移动锚点（LMA）控制和协调的，LMA 作为一个锚点和一个隧道端点，这非常像 MIPv6 中的家乡代理（HA）。图 3.18 形象地给出了 PMIPv6 设置，给出一个 LMA 和两个接入网络，它们都有一个 MAG。最初，MAG "1" 从 LMA 得到一个 HNP，并将之通告给 MN。当 MN 从第一个接入网络移动到第二个网络时，第二个接入网络的 MAG "2" 从 LMA 学习到 HNP 是什么，它应该将该 HNP 通告给 MN。

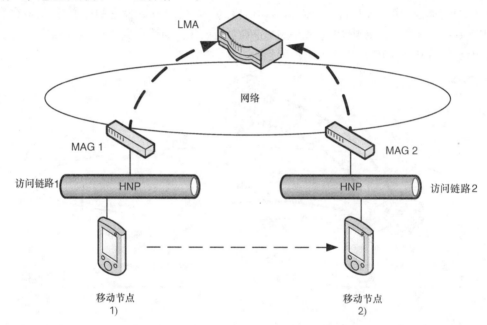

图 3.18　PMIPv6 的图示和一个 MN 移动同时保持 HNP 的情况

　　接入网之间的移动性可进一步分成两类：接入网间的移动性和接入网内的移动性。接入网间移动性指这样的场景，其中各接入网（MN 在其之间改变位置）正使用不同技术，或以另一种方式由 MN 看作不同的网络附接点（如带有不同 SSID 的 WLAN 网络）。接入网内移动性指这样的场景，其中从 MN 的观点看，网络附接点没有改变。接入网内移动性的一个例子是 MN 在 WLAN 接入点之间改变位置，同时连接到相同 SSID。

　　虽然原 PMIPv6 提供在没有任何主机影响下的移动性思路听起来是诱人的，但现实证明是比较复杂的。PMIPv6 确实可确保相同 HNP 可用在 MN 移动到的新的接入链路，但在可用于接入网内移动性场景时，不幸的是，它不足以也为接入网间场景提供移动性。接入网间场景是有问题的，因为几个操作系统没有为这种稳定性（由 PMIPv6 提供）做好准备。例如，如果在两个接入网之间的切换是以在连接前中断（break-before-make）方式实施的，则一些操作系统发行版本在第一个接入网络断开的时刻配置 IPv6 地址，且甚至在某个时刻之后再次由第二个接入网络配置相同 IPv6 地址时也是这样做的，则所有传输层会话已经被终止，所以不能做到无缝的移动性。在一些操作系统中，套接字是严格绑定到网络接口的，所以即使维持地址稳定性，各套接字也不能使用第二个接口实施切换。此外，在中断前连接（make-before-break）的情形中，许多操作系统拒绝在某个时刻为一个以上的网络接口配置相同的 IPv6 地址。

通过为主机操作系统添加显性支持能力，就可解决接入网间的移动性问题。在 IETF 中已经提出几项提案，但还没有一个成为标准。本质上而言，通过在 IPv6 和接入网络接口之间引入一个附加层，这些提案提出对一个 IPv6 栈隐藏接入网间移动性的方式。这个层经常被称作一个"逻辑接口"，其目的是隐藏真实物理接口的变化和细节，由此隐藏在接入切换过程中可能的中断，所以就避免了当前栈之假定带来的问题。由于与这种方案有关的各种问题，在 IETF 中的工作还没有完成：MTU 差异和变化是如何处理的？邻居发现将如何被管？点到点链路和共享链路如何被无缝地组合？组播传输如何被处理？等等。基于 PMIPv6 的接入网间移动性是否出现仍有待观察。

3.8　IP 安全性

在 IPv6 的早期日子里，对 IPsec 的支持，从设计角度来说，所有 IPv6 实现都必须实施。必备安全支持要求是为什么 IPv6 应该比 IPv4 卓越的一个合理性支撑。但是，随着时光流逝，IPsec 以及特别是共享的公开密钥基础设施（PKI）系统的部署（为得到所设想的安全属性，需要这样的系统）证明部署起来是太过复杂的。随着 IPv6 实现的逐步成熟，很快变得清晰的是，市场决定 IPsec 应该是协议栈的一个可选功能特征，通常仅当使用虚拟专网（VPN）时才得到支持。此外，自 20 世纪 90 年代以来，诸如 TLS 和安全外壳（secure shell）等其他选项变得流行起来，从而削弱了对 IPsec 的需要。这些事实如今得到确认，甚至得到"IPv6 节点需求"RFC 6434[1] 最新修订版的确认，该RFC 表示，各节点应该（不再是"必须"）支持 IPsec[125]。

在本书中仅肤浅地描述了 IPsec，因为在 3GPP 中对 IPsec 没有必备的主机需求。一般而言，在 3GPP 主机中，与任何其他主机一样，IPsec 仅用于 VPN。对 IPsec 感兴趣的读者应该查阅特定的 IPsec 文献。

值得指出，虽然 IPsec 是可选的，但在如今的世界，IPv6 族的任何组件的安全和坚实设计与实现都是一项硬性需求。

IPsec 架构 RFC 4301[125] 构建在如下关键组件上：安全协议、安全关联、密钥管理和密码学算法。在下面各节简短地对之进行介绍。

3.8.1 安全协议

IPsec 协议族为认证、完整性保护、抗重放、访问控制和加密提供服务。通过使用 AH[38]，可提供除加密外的所有其他服务。采用 ESP[39]，可取得 AH 的所有优势，同时也提供加密。这是 RFC 6434 要求支持 IPsec 的节点要实现 ESP 而 AH 为可选的[1]的一个原因。

可以两种模式使用 AH 和 ESP：传输和隧道。在传输模式中，为下一层协议（如 TCP 和 UDP）提供安全，而在隧道模式中，完整的 IP 分组得到保护。使用模式的选择取决于部署场景。例如，隧道模式可被用来对窃听者隐藏一个打上隧道的分组的发送方和接收方身份，窃听者仅看到隧道端点地址。隧道模式也可被用来传输以其他方式不可传输的一个 IP 地址族。例如，IPv6 分组可在 IPv4 网络之上 IPsec 隧道内进行传输。隧道模式的一个实际和典型用例是，一个 IPsec 隧道，它安全地在一个企业的各站点之间以隧道方式传输并连接所有 IP 流量。

AH 的首部结构如图 3.19 所示，ESP 如图 3.20 所示。ESP 首部的一个令人感兴趣的属性是，净荷字段实际上在隧道模式中包含一个完整的 IP 分组。在传输模式中，ESP 首部的净荷包含目的地选项、传输层协议和传输层协议的净荷。在隧道模式中，AH 首部总是被插入在外部首部和被封装分组之间，而在传输模式中，则被插入在目的地选项首部之前。图 3.21 所示为在传输和隧道模式中 AH 和 ESP 首部的位置情况。

图 3.19　认证首部

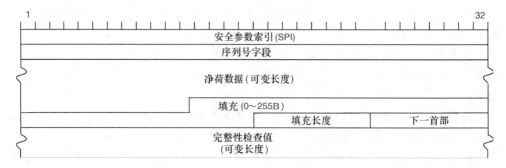

图 3.20　封装安全净荷首部

图 3.21　AH 和 ESP 首部放置示例

3.8.2　安全关联

就应该实施哪种流量 IPsec 处理的决策，是基于安全关联（SA）的，它们是采用 IKEv2 建立的。一个 SA，由安全参数索引（SPI）识别，是针对一个方向建立的，它描述 SPI 要应用到哪个目的地址（或目的地和源地址）、是应用 AH 还是 ESP、SA 相关的下一层协议是什么、使用哪些密钥以及 SPI 应用到哪种流量类。SA 被存储在一个安全关联数据库（SAD）中。重要的是指出，为保护双向流量，需要两个安全关联，每个方向一个。

3.8.3　密钥管理

由 IPsec 提供的所有安全服务都要求分发密钥。分发可以是人工的（不能非常好地进行规模扩展）或由一个密钥管理协议实施。与人工密钥分发相关的规模性问题和缺乏全球可用的自动密钥分发机制，是市场决定不广泛实施 IPsec 的主要原因，例外是 VPN 用途。IKEv2[90] 是密钥管理的主要协议。IKEv2 也可用来建立节点之间的各 SA。

3.8.4　密码学算法

为支持不同节点之间的互操作性，在 RFC 4835[126] 中列出了一组必备的密码学算法。必备的密码学算法有 NULL、带有 128bit 密钥的 AES-CBC 和 TripleDES-CBC。必备的认证算法是 HMAC-SHA1-96。本书中将不讨论这些算法的细节。

3.8.5　MOBIKE

如 3.7 节所述，各节点可以移动，而在移动的情形中，IPv6 地址发生改变。基于主机的移动性解决方案利用打隧道的方法支持静态 HoA 的使用。隧道模式中的 IPsec 在架构上非常接近基于主机的移动 IP，因此定义了“IKEv2 移动性和多穴连接（MOBIKE）”[127] 扩展，支持最外层“CoA”IPv6 地址的改变，该地址用来封装打过隧道的流量。因为 MOBIKE 支持在移动之后或如果 IP 地址在附加网络接口上变得可用时，更新各 SA，所以支持连接前中断和中断前连接这两种方法。

MOBIKE 是在 VPN 场景中提供移动性的一种吸引人的技术，原因是它不要求新的网络实体以及安全网关已经在网络中提供一个锚点。此外，虽然主机变化是基于主机的移动 IP 的一个主要问题，但对于 MOBIKE 而言，这些改变就不是那么大的一个问题，原因是主机已被修改以支持 IPsec 打隧道操作。

3.9　应用编程接口

IPv6 的引入也带来了应用编程接口（API）（包括 API 的使用）和各 API 实现的变化。取决于接口的风格，变化从微小变化到显著变化的情况都有。提供 IP 地址组无感知用途方法的各 API，不必需要任何可见的 API 变化，例外是应用要求允许显式使用 IPv6 的那些 API，这些应用确实关注这一点。另外，总是要求应用显式的 IP 版本处理的各 API 是具有最大影响的那些 API。

在所有情形中，各 API 的实际实现必须是可被 IPv6 感知的，例外是特殊情形，其中一个 API 实现使用一个附加的 API 层，由此可保持 IP 版本不感知。最终，抽象的 API 实现必须使用一个感知 IP 版本的 API 来实际地传输数据。在那个 API 层，出现了与 IP 版本有关的可能问题，且各 API 需要实现诸如"幸福的眼球"等功能，见 3.9.4 节。

3.9.1　套接字 API

受到 IPv6 影响较多的 API 之一是用于 UNIX 的可移植操作系统接口（POSIX）API，它由 Austin 组（Austin Group）管理。POSIX API 是 API 的一个教材例子，要求来自 API 用户对 IP 版本的极端关注。IETF 在几个 RFC 中以文档形式记录了"套接字"风格接口的隐含意义，这些 RFC 包括"IPv6 的基本套接字接口扩展"[128]、"IPv6 的高级套接字 API"[129]、"组播源过滤器的套接字接口扩展"[130] 和"源地址选择的 IPv6 套接字 API"[131]。API 的隐含意义不限于列出的文档，这项工作仍在进行中，如为改进多穴连接支持而添加 API 函数[132]。

3.9.2　地址组无感知 API

不敢说绝大多数，但许多现代操作系统为互联网通信提供高层 API。这些 API 为应用程序员完全隐藏 IP 地址族有关的问题。经常的情况是，提供一个连接能力 API，仅要求目的地的名字和端口号。

允许"依据名字实施连接"的一个 API 的例子是由 Qt 的 QAbstractSocket 类提供的，该类为地址组无关编程提供各 API，同时也允许套接字 API 风格的编程（见网页 http：//qt-project. org/doc/qt-4. 8/functions. html 中的规范）。使用 QAbstractSocket 的 connectoToHost 函数的一项应用，可保持地址组无感知的，方法是仅提供远端主机的域名和端口号。之后 Qt 框架实施必要的 DNS 查询，并选择是使用 IPv4 还是 IPv6 进行通信，并在首选地址没有得到一条可工作连接的情形中，实施可能要求的回退（fallback）。一旦建立一条连接，该应用就可开始使用这条连接。

3.9.3　IP 地址字面文本和唯一的资源标识符

应用可能遇到文本形式的 IP 地址字面文本（literal），如像 192.0.2.1 的 IPv4 地址或像 2001：db8：0000：42：:30 的 IPv6 地址，是通过用户界面输入的（就此而言不是一个 API，但尽管如此仍是一个接口），或作为 URI 传递的（见下面）。各应用必须准备处理这两种类型的地址，包括为显示长的 IPv6 地址（如果应用显示地址的话）而预留空间。在面临字面文本 IP 地址时，各应用需要能够正确地使用地址族感知的 API，除非低层 API 允许简单地传递 IP 字面文本，而不要调用者本身知道这些地址。

几项应用层协议［如超文本传输协议（HTTP）］使用 URI。在 URI 中使用的 IPv6 寻址格式是在"统一资源标识符（URI）：通用语法"[133]中定义的，它基本上表述为，IPv6 地址字面文本在 3.1.9 节中所述的方括号内给出。方括号有助于区分 IPv6 地址内使用的冒号和用来标记所用端口的冒号。例如，一个 IPv6 地址 2001：db8::2 表述为［2001：db8::2］，当与一个端口号（如"80"）组合使用时，则该地址表述为［2001：db8::2］：80。在 IPv6 的情形中，一个完整的 HTTP URL 的形式如下：http：//［2001：db8::2］：80/index. html。当涉及应用时，一个 IPv6 格式的 URI 并不总是要求 IP 地址族感知的，因为一个 IPv6 URI 可作为简单字符串传递给一个 HTTP loader API。之后，它将是 HTTP loader API 背后的实现，该 API 必须能够处理一个地址字面文本（通过其 API 给定）的剖析。但是，如果一个应用自己实施 URI 的任何剖析，则它必须知道，在 IPv6 的情形中，URI 也许包含方括号和一个以上的冒号，且存在一个冒号，其本身并不表明存在一个端口号。

3.9.4　"幸福的眼球"

在互联网中，IPv4 和 IPv6 也许穿越两个支持双栈的对端之间显著不同的路径。这意味着，对于 IPv4 和 IPv6，路径属性和功能也许是不同的。有时，IPv4 或 IPv6 也许是完全断开的，有显著不同的延迟，或者也许在一些特定对端之间就不工作。IETF 围绕这个问题，定义了"幸福的眼球（happy eyeballs）"概念[134]。

"幸福的眼球"，这个概念意味着端用户尽可能地保持对一个地址族中的可能失效，保持不感知的状态。在实践中，一台主机，且经常是一个 API 的实现，必须实施快速地回退到另一个地址族，如果尝试的第一个地址族没有产生成功结果的话。例如，如果一个应用首先尝试采用 IPv6 创建到一个目的地的一条连接，但它没有进行到合理的快速程度，则该应用不得不回退使用 IPv4。图 3.22 形象地给出了在一个正常工作情形中的"幸福的眼球"。在图中，一台主机正使用 TCP 连接到一个对端。主机开始时，针对对端的 IPv6 地址，发出 DNS IPv6 地址记录（AAAA）查询，并针对对端的 IPv4 地址，发出 DNS IPv4 地址记录（A）查询。在例子中，一个递归的 DNS 解析器以查询的相同顺序返回地址，同时也可能发生另一种情况。在这个例子中，为尽可能快速地得到一条工作连接，一旦主机得到响应，则它就发起 TCP 连接。在现实中，在发起第一条传输会话连接之前，一些实现也许希望等待所有的地址。在这个例子中，在主机从对端接收到返回的任何响应之前，它在 IPv6 和 IPv4 上都发送 TCP SYN 消息。可能发生的情况是，网络对分组重排序，且 TCP SYN/ACK 消息也许以不同于发送 SYN 消息的顺序到达，但在这个例子中，顺序没有变化。相反，IPv6 TCP 连接首先完成，且主机开始使用这条连接。在这个例子中，当 IPv4 连接完成时，主机通过发送一条 TCP RST 消息而立刻丢弃这条连接。但是，主机也许可容易地使 IPv4 连接投入使用，或后来就 IPv4 或 IPv6 哪个看来对应用工作得更好做一个决策。有几个不同场景可能发生。例如，IPv4 连接可能比 IPv6 更快地完成，即使 TCP SYN 首先在 IPv6 上发送，情况也是如此。

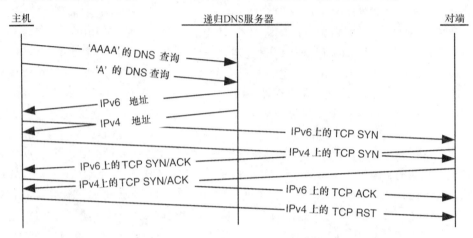

图 3.22 "幸福的眼球"规程的一个例子

非常明显的是，总是尝试两个地址族，就消耗两倍的资源。可采用某种智能，优化这项资源消耗。例如，主机也许允许第一条连接进行某段时间，且仅在这个时间之后才尝试第二个地址族。这个时间可以短到像一次 TCP 握手完成的期望时间一样长。RFC 6555 建议约在 150～250ms 的一个等待时间[134]。实现也可超过这个时间。例如，通过保持哪个地址族一般情况下或对于特定目的地，一直成功的一条记录，并采用一直工作良好的地址族开始连接。

作者预计，在找到"幸福的眼球"的最佳实现战略之前，将花费数年时间，甚至可能的是，时间证明了幸福的眼球战略是不必要的。

3.10 IPv6 对其他协议的隐含意义

在本节，将描述 IPv6 对互联网中的一些关键协议的隐含意义，并描述一般情况下 IPv6 带给较高层协议的是哪种隐含意义。无论从哪方面看，本节都没有试图给出被影响协议的一个穷尽列表。

3.10.1 传输层协议

由于 IPv6 的引入，直接在 IP 上的所有协议都面临着改变。三个最广泛使用的传输层协议是 UDP[135]、TCP[136] 和 ICMPv6（已在 3.3 节进行过深度讨论）。也存在其他传输层协议，如流控制传输协议（SCTP）[137]。

对所有高层协议的一个主要隐含意义，是由不将一个校验和字段作为 IPv6 首部组成部分的设计决策导致的，参见图 3.8。高层协议，如果它们希望验证 IPv6 首部的正确性的话，都不得不在其校验和计算中包括一个所谓的 IPv6 伪首部，如图 3.23 所示。包括伪首部是重要的，例如，在 ICMPv6 情形中，它没有其他方法验证分组是在拟想地址接收到的，且发送方地址以没有错误的情况接收到。

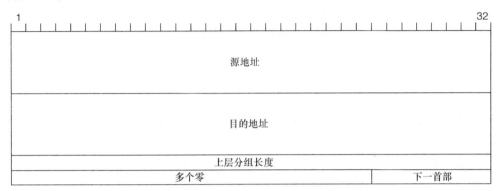

图 3.23　IPv6 伪首部[21]

在图 3.23 所示的伪首部中，目的地的 IPv6 地址是最终目的地（不是任何中间地址，如在使用路由首部的情况下），下一个首部值指向高层协议（如 TCP）（而不是指向 IPv6 扩展首部），且分组长度字段内容取决于高层。在 UDP 的情形中，携带其自己的长度信息的一个协议，在伪首部中使用的长度直接是 UDP 的长度。在 TCP 的情形中，因为 TCP 首部没有一个长度字段，则使用 IPv6 首部的净荷长度减去任何扩展首部的长度。

RFC 2460 描述，UDP 必须包括校验和字段，它涵盖 UDP 本身和伪首部。但是，某些类别的应用可受益于接收到包含一些错误的分组：音频和视频编解码可管理一些错误。对于隧道协议，经常的情况是，仅为被打上（内部）隧道的分组计算校验和就够了，且不对外部分组计算校验和是有益处的。对于那些应用，定义了 UDP-Lite，它支持仅涵盖一条分组敏感部分的校验和保护[139]。即使 UDP-Lite 非常类似于 UDP，它也是一个独立的传输层协议，它面临部署挑战，因为不是所有的设备（如防火墙）都支持它。结果，IETF 正在标准化允许没有校验和计算的 UDP 分组的方式[140]。

除了校验和计算、采用较长 IPv6 地址的能力以及剖析由 ICMPv6 提供的错误代码所要求的能力外，传输层协议不必做出改变。那就是说，传输层协议希望考虑 IPv6 地址的存在，是出于其他原因。例如，SCTP 支持节点的 IPv4 和 IPv6 地址在一条"发起"——消息内与对端的通信。所以，从设计角度看，SCTP 同时可利用 IPv4 和 IPv6 地址。传输层协议也可在寻找路径 MTU 方面提供辅助，见 3.2.3 节所述，且为邻居缓存提供对端可达性信息，如 3.4.5 节所述的。

3.10.2　域名系统

IPv6 对 DNS[141] 具有重大的隐含意义，从事 IPv6 的每个人都必须知道这一点。主要

参考文献是 "为支持 IP 版本 6 的 DNS 扩展" RFC 3596[142]。IPv6 对 DNS 的最重要隐含意义是新的 AAAA DNS 资源记录类型的引入。四个 A 指明,在这个资源记录类型中包含的 128bit IPv6 地址是在 DNS A 资源记录类型中存储的 32bit IPv4 地址大小的 4 倍。图 3.24 形象地给出了 AAAA 和 IPv6 类型的指针记录 (PTR) 这两种记录如何通过使用互联网系统联盟的 BIND 风格格式在一台 DNS 服务器上配置的。名字 BIND 来自伯克利互联网名字域 (Berkeley Internet Name Domain)。要了解更多信息,见 http://www.isc.org。

AAAA 记录:

www.example.com   IN AAAA   2001:db8:0:0:0:0:1234:abcd

PTR 记录:

$ORIGIN 0.0.0.0.8.b.d.0.1.0.0.2.IP6.ARPA.
1.0.0.0.0.0.0.0.0.0.0.0.0.0.0.0.1.0.0.0   IN   PTR   ns1.example.com.
2.0.0.0.0.0.0.0.0.0.0.0.0.0.0.0.1.0.0.0   IN   PTR   mail.example.com.

图 3.24   AAAA 和 PTR 类型的 DNS 资源记录的 BIND 风格范例

当与 IPv4 相比时,IPv6 地址增加长度导致较大的 DNS 响应消息。DNS 协议净荷的最大长度在 UDP 传输上是 512B[141],这可能成为一个限制因素,所以导致截断的消息。因此,强烈建议各实现支持 "DNS 的扩展机制 (EDNS0)"[143],它支持请求者将接收较大型响应的能力通知递归 DNS 服务器。DNS 消息的最大理论尺寸由 ENDS0 增加到 64KB,但由于分片和路径 MTU 问题,建议请求者通告以 1280B 大小接收分组的能力,或更大,如果 DNS 请求者和服务器之间的路径 MTU 发现表明传输较大型分组的网络能力。

1. A6 记录类型

虽然如今 AAAA 记录是占主导地位的,但存在称为 A6 的一个竞争记录类型。A6 最初是在 RFC 2874[144] 中定义的,但最终由 RFC 6563[145] 宣布为历史型的,该 RFC 深度讨论了 A6 记录类型失败的原因是什么。这些包括对相同事务有两个工具的一般问题 (AAAA 或 A6 必须去掉) 解析 A6 查询的较慢延迟,以及当相比 AAAA 时,增加的安全风险。

2. 转发 DNS 查询

如上所述,为存储单个 IPv6 地址,定义一个新的 AAAA 资源记录类型。如果被查询的完全合格的域名映射到多个 DNS 记录,则发出一条 AAAA DNS 查询的一个节点可能接收到一个地址列表。之后,这个地址列表由主机的地址选择算法使用 (见 3.5.4 节)。在图 3.24 中给出了 AAAA 记录的一个例子。

3. 反向 DNS 查询

对于基于一个 IPv6 地址字面问题需要解析一个完全合格域名的场景,定义了 IPv6 反向 DNS 查找的一个域。反向 DNS 查找的域驻留在 IP6.ARPA。IPv6 地址在 IP6.ARPA 域中表示的方法是,列出每个半字节 (nibble),以点号分隔,从最低半字节开始,并以后缀 ip6.arpa 结束该域名,如图 3.24 所示。

4. 递归的 DNS 服务器发现

与寻找递归 DNS 服务器的地址有关的历史是一个非常有趣的历史。即使在 20 世纪 90 年代就定义了 IPv6 的核心，就各节点应该如何发现 RDNSS 的 IPv6 地址，花费了较长时间才达成一致。最初，这不是一个非常紧迫的话题，因为 AAAA 和 PTR 资源记录可通过在 IPv4 上与 DNS 服务器通信进行查询。但是，对于纯 IPv6 模式和仅支持使用 IPv6 进行 DNS 通信的情况，就需要一种方法找到 RDNSS 的 IPv6 地址。

DNS 服务器发现机制的标准化是路由器通告和基于 DHCPv6 的方法之间的一次长期战争。最大的原则点是，IPv6 路由器通告是否应该用于路由器发现以及节点的无状态和有状态 IPv6 地址自动配置所需信息要多的任何其他信息来配置节点。特别地，担忧是，如果 DNS 配置被添加到路由器通告，则很快将有许多提案，要添加其他配置信息片到路由器通告（且事实上，过去有现在也有将其他信息片添加到路由器通告的提案）。期望，特别来自 DHCPv6 鼓吹者的期望，是以中心方式由 DHCPv6 服务台提供所有配置。另外，许多人反对强制要求对 DHCPv6 本身的支持，DHCPv6 有时被认为是显著的额外实现工作。特别是，强制对 DHCPv6 的完整支持，仅是为了提供数比特的配置信息，被看作是人们不期望做的。部分地由于这些讨论，DHCPv6 的一个无状态变种以 RFC 3736[83] 的形式出现，它仅支持 DHCPv6 的一个最小子集的实现。本质上，仅有 IN-FORMATION-REQUEST 和相应的应答消息（见 3.5.2 节）。早在 2003 年，就标准化了 DHCPv6 的 DNS 配置选项[85]。但是，对基于路由器通告方法的鼓吹是非常持久的，在 2007 年经过努力发布了试验型的 RFC，并在 2010 年演化成标准跟踪 RFC[69]。在标准跟踪 RFC 之间的 7 年有一个效果：对基于 DHCPv6 方法的主机和路由器支持，要比对基于路由器通告方法的支持远较范围广泛。但是，随着时间消逝，各实现将可能，也许不得不支持这两种方法。

对 RDNSS 发现的 DHCPv6 方法在 2012 年得以更新，加入对学习 RDNSS 的支持，这些 RDNSS 有某个特定域的特殊知识[86]。新的 "RDNSS 选择选项" 传递一个 RDNSS 的 IPv6 地址，带有域和网络前缀的一个列表，服务器有它们的特定信息。采用这个信息，一个节点可更睿智地选择它应该将查询发送到哪个 RDNSS。这个解决方案是针对多接口用例开发的，其中一个节点需要决定使用哪个网络接口进行 DNS 查询。

除了上面提到的方法外，在 2001 年 11 月 Dave Thaler 和 Jun-ichiro itojun Hagino 提出一项提案，提出一种无状态方法，并为 DNS 服务器使用著名的站点本地任意播地址。这些地址是 fec0：0：0：ffff::1、fec0：0：0：ffff::2 和 fec0：0：0：ffff::3。由于缺少任何更好的机制，一些厂商选择支持这些著名的地址。即使今天也有一些操作系统使用这些地址作为与 DNS 服务器通信的最后一招方法。所以，如果人们看到在使用这些地址，这是一个提示，即节点不能采用其他方法得到 DNS 服务器地址。尽管有这些实现，但 IETF 选择并不标准化这种方法，所以草案规范过期了。此外，在 RFC 3879[6] 中做出站点本地寻址的整个概念为过时的描述。

5. IPv4 和 IPv6 资源记录的 DNS 查询

因为过渡到 IPv6 涉及与 IPv4 共存的一个长时间段，所以主机需要能够使用 IPv4 和

IPv6 进行通信。共存对 DNS 的一个显著的隐含意义是，双栈主机需要能够解析目的地的 IPv4 地址和 IPv6 地址。要指出的一个重要事情是，DNS 查询的类型，不管它是 A 还是 AAAA，都与用来传输实际的 DNS 查询所用的 IP 地址族无关。

由于 DNS 协议中的限制，在单条 DNS 查询中请求不同类型的记录是不可行的。这种情况的主要原因是，DNS 协议缺乏在单条响应中为不同查询指示不同结果代码的能力。例如，如果一条 A 资源记录是可用的，而 AAAA 不可用，DNS 不能区分哪个记录得到成功，哪个得到失败。因此，客户端实现将总是为 A 资源记录和 AAAA 资源记录发送独立的请求。这种方法增加了节点发出的 DNS 消息数量，所以在一个网络上的信令负载增加了，但在 DNS 缓存（经常已经驻留在节点本身之上）的辅助下，这些问题没有那么显著，尽管是不可避免的。

在不同操作系统中部署了解析 IPv4 和 IPv6 地址的各种方法。发送 A 和 AAAA 查询有四种主要方法：

1）首先发送 A，且在得到响应之后，发送 AAAA。这种方法，由一个流行的桌面操作系统使用，是最安全的，这是就如下意义而言的，即在 AAAA 启动之前完成 A 查询，所以就避免了 RFC 4074 中描述的问题[146]。在过去，网络会有老旧和存在缺陷的递归 DNS 解析器，如果在一条 A 查询的解析没有完成时，接收到来自一个客户端的一条 AAAA 查询，它们的行为就会出问题。实际上，A 查询不能正确地解析。但是，采用这种方法，如果 A 解析花费时间，则 AAAA 查询将被延迟。

2）首先发送 AAAA，且在得到响应之后，发送 A。一个流行的开源操作系统利用这种方法。虽然就今天而言，这个顺序不太有用，但在未来当世界由 IPv6 占主导地位时，这也许会成为主要方法，但在那时，A 查询也许根本不用发送，除非 AAAA 不能解析一个可用的地址。如果 AAAA 查询没有按照预期进行解析，这种方法就会有问题[146]——一条 A 查询的发送将被延迟。

3）首先发送 A，之后立刻发送 AAAA。本质上而言，对于 IPv4 和 IPv6 地址的最快速解析或任一类地址的解析，都需要并行的 DNS 查询。这种方法由另一个流行的桌面操作系统使用，试图比较快速地解析两个地址族，大约以 1/2 的时间，比上述的两种方法快速。在一些场合，由 RFC 4074 描述的问题可能导致这种方法的问题[146]，但幸运的是，在最近些年来，AAAA 记录和名字服务器的问题已经显著地减少了，原因是 IPv6 部署已经比较常见，且服务器软件已经被更新。

4）首先发送 AAAA，之后立刻发送 A。这种方法与上面一种方法没有显著差异，例外是赋予 IPv6 比 IPv4 稍高一点的优先权。在一些场合，由 RFC 4074 描述的问题也导致这种方法出现问题[146]。

一旦得到 DNS 结果，主机就利用源和目的地址选择算法，选择要首先尝试哪些地址，见 3.5.4 节。尝试提供最快速响应时间的各实现，有时开始使用这样的地址，即它们一到达就使用，如果那些地址没有产生一条可工作的连接，则回退到较慢解析的地址。

3. 10. 3　应用

IPv6 对许多应用具有重大影响，特别对于那些感知 IP 版本的应用更是如此（无论出于什么原因）。文件传输协议（FTP）是在互联网上非常长时间使用的一个经典的和著名的协议。因为 FTP[147] 是 IP 版本感知的，并在其协议净荷中传递 IP 地址字面文本问题，所以对我们而言，这是一个手头可用的协议，以便突出 IPv6 可能对上层协议的典型隐含意义，那两个协议正好在层 3 之上，且那些协议都处在应用层。RFC 2428，对 IPv6 和 NAT 的 FTP 扩展，深度描述了对 FTP 的隐含意义[148]，这里给出一个简短概述。

FTP 的原规范在当时是非常好的，假定 IP 地址长度总是 32bit。因为 IPv6 地址是这个长度的 4 倍，即 128bit，所以当然会出现问题。多少涉及 IP 地址管理的任何代码片都必须修改，类似地触及 IP 地址的规范的任何部分都必须更新。问题变得更加困难，原因是端点也许采用 IPv4 和 IPv6 地址同时寻址。在 FTP 的情形中，上面提到的问题具有如下隐含意义：

1）一个 FTP 程序必须能够以 IPv6 建立到一个远程对端的一条 TCP 连接，如果对该对端名字的 DNS 解析得到一个 IPv6 地址，或一个程序被给定一个 IPv6 地址字面文本作为输入的话。在一些情形中，该程序必须能够从采用第一个地址族（如 IPv6）建立一条连接的一个失败中，回退到第二个地址族（如 IPv4）。与地址族选择有关的优先级和回退逻辑（取决于网络状况）是一个典型的 IP 版本感知的应用协议需求。

2）FTP 需要传递 IPv6 有关的端点信息的方式。在实践中，这意味着将 FTP 命令 PASV 替换为 Enhanced（增强的）PASV—EPSV，并将 PORT 替换为 Enhanced（增强的）PORT-EPRT 命令。一般来说，这意味着，无论与一个协议正在使用的信令为何，只要是 IP 地址有关的，则该协议都必须支持两个地址族的共存。

3）EPRT 命令以附加字段增强 PORT 命令，传递使用哪个地址族（IPv4 或 IPv6）和一个 IP 地址在地址组中的特定格式。该命令也可能以新的方式失效：远程对端可能以指明未知或未支持的地址组的错误出现失败。这种错误通常触发退回到另一个地址族，如果存在的话。以特定格式传递协议族和地址的这种方法，对于涉及 IP 地址的协议而言，是典型情况，虽然经常提供 IPv4 和 IPv6 地址列表。

4）EPSV 命令仅采用地址族和 IP 地址的位置保持符增强 PASV 命令。足够令人感兴趣的是，FTP 被动模式仅侦听一个地址族：控制信道正在使用的一个地址族。但是，在许多协议中，侦听到达连接操作需要在 IPv4 和 IPv6 上实施，因为远程对端也许仅有任何一个地址可用。

3. 10. 4　互联网路由

将 IPv6 引入到互联网，要求对现有 IPv4 路由基础设施做出改变。所有路由器过去和现在都不得不做修改，以便支持 IPv6 有关的转发功能。另外，路由协议过去不得不采用 IPv6 能力增强。同样值得指出的是，单单是 IPv4 和 IPv6 路由的存在，增加了对路由器之路由表管理的非常显著资源（主要是内存）需求，但那不是在本书中要焦点讨论的一个问题。除了与新地址族有关的细节外，对路由协议逻辑没有重要的隐含意义。存在一组比较微妙和微小的变化，但下面不讲述这些内容。建议对路由感兴趣的读者研究专门讨论路由的文献。

在 IETF 中对路由标准的第一个 IPv6 相关的变化是将 IPv6 引入到路由信息协议（RIP）中，于 1997 年得到称作路由信息协议下一代（RIPng）的一个新的修订版本。RIPng 是一个基于距离向量的路由协议，是针对自治系统（AS）的内部路由目的设计的。自 RIPng 以来，开发了功能更加强大的路由协议，用于外部路由目的和更高效的内部路由目的。这些包括多协议边界网关协议（MP-BGP）（首次发布是 2000 年，于 2007 年进行了更新[150]）、开放最短路径优先版本 3（OSPFv3）（2008 年[138]）和中间系统到中间系统（IS-IS）（2008 年[151]），其中最后两个协议是普遍用于 3GPP 网络中内部 IPv6 路由配置的路由协议。MP-BGP 是用于外部（AS 之间）通信的路由协议。OSPFv3 和 IS-IS 区别于 RIPng，一定程度上区别于 MP-BGP，它不使用距离向量方法，相反它们是链路—状态路由协议。MP-BGP 根本不是一个距离向量协议，原因是除了距离向量外，它使用其他信息片进行路由决策。

基于距离向量的路由协议工作原理是，各路由器与其邻居共享它们的路由表。距离向量信息通过一个网络进行传播，并最终所有路由器使路由表项都带有去往每个 IPv6 前缀的度量值，下一跳指向它们的邻居路由器。在链路—状态路由协议中，各路由器通过网络共享（或洪泛）有关其可达邻居的信息到所有其他路由器，所以每个个体路由器能够独立地构建网络的拓扑图。使用一个链路协议的一台路由器通告其邻居中的变化到网络，这将快速地导致其他路由器中网络拓扑图的重新计算。

从这里描述的路由协议，RIPng 实际上不用于 3GPP 网络中，边界网关协议（BGP）通常仅用于 AS 之间的路由（即使它可被配置也用作一个内部路由协议），对于内部路由目的，使用 OSPFv3 和 IS-IS，这缘于它们卓越的路由收敛时间。OSPFv3 和 IS-IS 不能用于自治系统间路由目的。

1. 对 RIPng 的改变

为在 RIPng 路由器的路由表中存储如下 IPv6 有关的信息，要求对 RIPng 路由器做出改变：用于一个目的地的一个 IPv6 前缀，表示将分组发送到目的地之开销的一个度量值，去往目的地的下一跳地址，指明路由最近是否变化的一个标志，以及一组定时器。一台 RIPng 路由器将其每个 IPv6 路由表项告知邻居，表项由一个前缀及其长度、一个度量以及一个路由标记表项组成。

2. 为 IPv6 对 BGP 做出的改变

IETF 在 RFC 4760 中定义了对 BGP 的 IPv6 改变，该 RFC 定义了称作 MP-BGP 的一个协议[150]。BGP 的核心不要求任何改变，但对 IPv6 所要求的是，添加 IP 地址族无关的方式，将一个网络协议绑定到下一跳和网络层可达性信息。网络层可达性信息包括一个 IPv6 前缀及其长度。另外，由于 IPv6 的有范围的寻址架构，MP-BGP 需要了解不会通告 AS 的内部前缀（如使用 ULA 的那些前缀和链路本地前缀）到其他网络[152]。

3. 为 IPv6 对 OSPF 做出的改变

支持 IPv6 的 OSPF 版本是版本 3，经常称作 OSPFv3[138]。IPv6 导致的主要改变，是与支持较长地址的寻址语义以及为使协议在每链路而不是每子网基础上工作有关的寻址语义有关的改变。除了由较长地址导致的改变外，也做出了其他改变，如改变为使用 ESP，而不是 OSPF 自己的认证方法。但是，基本机制不需要改变。

4. 对 IS-IS 的改变

IPv6 对 IS-IS 的隐含意义是需要两个新的选项，见 RFC 5308[151] 中的定义。第一个选项称作 IPv6 可达性，它被用来传递与 IPv6 前缀及其长度、一个度量和一些控制比特（包括描述信息是否从另一个路由器协议以 "外部方式" 学习到的一个比特）有关的信息。第二个选项称作 IPv6 接口地址，它实际上以另外的方式类似于相应的 IPv4 选项，但支持 128 比特的地址。IS-IS 工作在层 2 上，所以 IPv6 不会影响这个协议的传输。

5. 低功率和自组织网络的 IPv6 路由

IPv6 路由给予低功率无线网络和自组织网络特别的关注，这些网络经常甚至不支持 IPv4。在这些网络中，普遍使用网状拓扑，且路由不得不考虑路由节点非常受约束的特性。在这个领域中开发的协议包括 RPL[64]。因为本书不是有关低功率网络的，所以不讨论这些协议是如何工作的。建议读者研究与传感器网络和路由有关的文献。

3.10.5　管理信息库

简单网络管理协议（SNMP）是用于在互联网中管理网络节点的标准[153]。SNMP 用作管理的信息是在管理信息库（MIB）中定义的。存在数百个 MIB，所以也有一些用于 IPv6 的。对 IPv6 最相关的 MIB 有 RFC 4292 "IP 转发表 MIB"[154] 和 RFC 4293 "互联网协议（IP）的管理信息库"[155]。各 MIB 由实现 SNMP 代理的节点支持，代理实际上可能指在互联网中存在的所有种类的节点：主机、路由器、交换机等。

IPv6 MIB 提供有关一个节点的信息，包括 IPv6 路由、默认路由表、支持和禁止转发的设置、为跳限制设置值、提供接口和系统统计信息、节点有哪些 IPv6 前缀、节点配置了哪些 IPv6 地址、IPv6 地址到物理地址的映射表、ICMPv6 统计信息表等。在 IPv6 MIB 辅助下交付的信息，对管理 IPv6 网络是至关重要的。

除了核心 IPv6 MIB 外，IETF 也定义了一组 IPv6 有关的 MIB，正在制定过程中的还有更多 MIB。已经存在的其他 MIB 包括 "IPv6 的 RADIUS 认证服务器 MIB"[156]、"代理移动 IPv6 管理信息库"[157] 和 "IP 组播 MIB"[158]。

在本书中，限于已经讨论的，将不再深入地讨论 SNMP 或 MIB。感兴趣的读者应该查阅被引用的 RFC 或专门讨论 SNMP MIB 的教材。

3.11　确认和认证

在传统的 IETF 风格中，IPv6 协议族没有任何设施可用于官方认证或类型批准。但是，确实存在协议测试套件，可辅助确认实现、IPv6 标准的符合性，并确保各实现之间的互操作性。在本节，将给出在市场上有哪些可用（工具）的简短描述。

3.11.1　测试套件

TAHI 项目构造并维护一个非常著名的免费 IPv6 符合性测试套件，见 http：//www.tahi.org。TAHI 项目是于 1998 年在日本由三个组织建立的，东京大学、横河电机公司和 YDC 公司，最后一个公司不再参与这个项目。该套件涵盖所有的核心 IPv6 规范以及诸如 IPsec 和 MIPv6 的附加功能特征。2012 年 9 月，该项目宣布它将在 2012 年 12 月结束它的活动，确实它这样做了。

由几家厂商提供了商用测试套件，包括但不限于 "Codenomicom Defensics 核心互联网软件包"（欲了解更多内容，见 http：//www.codenomicom.com），和 "Ixia IxN2X IPv4 和 IPv6 协议符合性测试套件"（欲了解更多内容，见 http：//www.ixiacom.com）。

3.11.2　IPv6 就绪标志

IPv6 论坛 http：//www.ipv6forum.com 建立了一个 "IPv6 就绪标志（logo）项目" 有助于采用自测试工具确认实现符合性，并向人们和组织指明实现符合性的水平。该项目使用 TAHI 的符合性测试套件进行确认，通过测试是得到标志的一项要求。金色的 "阶段 2 IPv6 就绪" 标志如图 3.25 所示，虽然这里给出的是黑白版本。一个银色的 "阶段 1 IPv6 就绪" 标志在过去使用，但现在已经逐步退出。

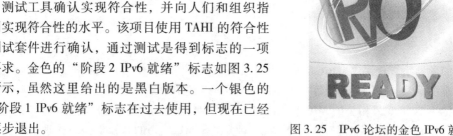

图 3.25　IPv6 论坛的金色 IPv6 就绪
标志。获得 IPv6 论坛许可重印

一项实现要取得金色 "IPv6 就绪" 标志，它必须通过相关测试套件，如 IPv6 核心协议套件，并申请这个标志。在本书撰写时的分类列在表 3.6 中。随着规范演进，该表得以更新，所以应该从 IPv6 论坛网页检查最新版本。在通过 IPv6 就绪标志技术组和 IPv6 论坛标志委员会的评审之后，赋予使用该标志的许可。在本书撰写之时，为 794 个不同实现赋予了阶段 2 金色标志，并为 480 个不同实现赋予比较老的阶段 1 银色标志。

表 3.6　IPv6 就绪标志阶段 2 测试规范和测试工具

种　类	目　标	注　释
IPv6 核心协议	路由器，主机	
DHCPv6	客户端，服务器，中继代理	
IPsec	端—节点，安全网关	
IKEv2	端—节点，安全网关	
MLDv2	路由器，侦听者	试验用
SNMP	代理，管理器	

(续)

种　　类	目　　标	注　　释
CE 路由器	CE 路由器	在公众评论之下
IMS UE	UE	试验用
MIPv6	通信节点，家乡代理，移动节点	试验用
NEMO	家乡代理，移动路由器	试验用
SIP	UA，端点，B2BUA，代理，注册处	试验用

3.12　IPv6 分组流的例子

本节将提供 IPv6 分组流的真实例子。例子包括 SLAAC、DNS 和传输层会话。这里使用了 Wireshark 分组捕获和分析工具，该工具可从 http：//www. wireshark. org 得到。

本节的目的是使读者熟悉查看 IPv6 首部，在这样做时，以非常细节的程度查看一些基本的和关键的 IPv6 概念。

3.12.1　以太网上的 IPv6

在本例中，将详细地查看在附接到一条以太网链路之后，一个流行的操作系统如何开始实施 SLAAC。也将利用这个机会详细描述 IPv6 分组，要引用到上面各节。

1. 订阅被请求节点组播地址

图 3.26 所示是第一步，且查看第 5 跟踪号（最左列）。从日志表项中，去除了与这个例子无关的流量，例如加入一个以太网之后操作系统发出的所有 IPv4 流量。

在高亮的步骤，一台主机的 IP 栈选择一个 IID（见 3.5.1 节）用于至少 IPv6 链路一本地地址生成。此时，链路—本地地址将处在"临时"状态（见 3.5.1 节）。在这个例子中，IID 是基于接口的 MAC 地址 b8：27：eb：f1：8d：0d 的，正如被请求节点组播地址 ff02::1：fff1：8d0d（在 MLDv2 协议内部看到）所提示的，其中最后三个字节与 MAC 地址中的相同。从将简短讨论的下面的消息中可看到，一台主机希望配置使用的实际链路—本地地址是 fe80::ba27：ebff：fef1：8d0d。

在分组 5，IP 栈订阅到被请求节点组播组，方法是将一条 MLDv2 "组播侦听者报告v2"消息发送到"所有支持 MLDv2 的路由器"组播地址（见 3.5.1 节）。重要的是，依据 RFC 2464[99] 的第 7 节，发送到 IPv6 组播地址的 IPv6 分组也被发送到以太网层的组播地址 33：33：00：00：00：16。这个例子的后续组播消息也被发送到以 33：33：开始的以太组播地址，依据一个目的 IPv6 组播变化的最低 48bit。以太网首部指明被传输分组的协议类型，在这种情形中是 0x88dd，即 IPv6。虽然以太网首部包含源 MAC 地址，所以 IPv6 源地址是未指派的，因为在这个点，节点没有任何可用的 IPv6 地址可以使用[46]。

即使在任何 IPv6 地址可用之前，发送这条消息的原因，是确保成功的 DAD 操作

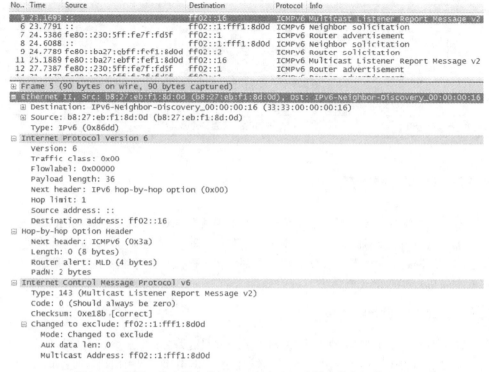

图 3.26   例子：从未指定的 IPv6 地址加入一个请求节点组播地址组

（3.4.7 节）。具体而言，为通知 MLD 感知的交换机，需要这条消息，这些交换机可能存在于接入网络中，其中存在一个节点，它侦听特定的地址。在一些网络中，MLD 嗅探型交换机也许根本不转发组播分组，除非它们看到一条被发送的 MLD 报告。

接下来，将查看整个分组的细节。对于后续的分组，将不重复 IPv6 首部的描述，而仅查看在每条消息中哪些是新的。

从 IPv6 首部本身开始，在 Internet Protocol Version 6（互联网协议版本 6）行，可看到图 3.8 中所示字段的内容。IP 版本字段被设置为 6，指明这条分组是 IPv6。对于这条分组，流量类和流标签都设置为默认的，为 0。净荷长度表明在主 IPv6 首部之后，有 36B 的数据。下一首部字段指明存在一个逐跳选项，以及后面更多内容。MLD 分组的跳限制总是为 1，也在这个例子中给出。MLD 分组不需要穿越比第一跳路由器更远的地方。如前所述，IPv6 源地址已经被设置为未确定的，原因是在此时，节点没有任何源地址可用。

因为 MLDv2 RFC 3810 第 5 节要求，逐跳选项首部（见 3.2.2 节）包括一个路由器提示选项[45]。逐跳选项的长度字段包含零，在这种情形中规范为指 8B（见 RFC 2460 第 4.3 节[21]）。那么路由器提示向路由器指明这条 IPv6 分组包含一个 MLD 消息节（参考文献［31］第 2.1 节）。包括长度为 2B 的一个 PadN 填充选项（3.2.2 节），使整个逐跳选项为 8 字节长。在逐跳选项上的下一个首部字段指明 ICMPv6，这是实际上包含 MLD 消息的协议。要求有路由器提示选项，通知在其他情况下不对 MLD 感兴趣的其他路由器。

这样来说，这条消息的实际内容是类型为"组播侦听者报告消息 v2"的 ICMPv6 分组。采用这个分组，该节点通知路由器，有被请求节点组播地址 ff02::1：fff1：8d0d 的侦听者，该组播地址匹配链路本地地址 fe80::ba27：ebff：fef1：8d0d，主机要为自己配置这个链路本地地址。ICMPv6 首部的详细内容是"消息类型"（提到过）、"代码"（在这种情形中总是为零）和校验和字段。最好记住，这个校验和涵盖整个 ICMPv6 分组，还包括伪首部，如 3.10.1 节所述，它包括前面 IPv6 首部的关键字段。MLDv2 首部表明，这个侦听者报告消息是"排除"（exclude）类型的，但因为要排除的源地址列表为空（"辅助数据长度"字段为空），它实际上意味着没有内容要排除，且来自目的地为 ff02::1：fff1：8d0d 组的所有可能源的组播分组，都应该转发到这条链路。

2. 为 IPv6 链路—本地地址发起 DAD

在与一个节点选择使用的链路—本地地址有关的 MLD 消息发送之后，该节点必须实施该地址的 DAD 规程，如 3.4.7 节所述。这确保该地址没有用在该链路上。如在图 3.27 中的跟踪数据上看到的，DAD 的实施是这样的，将 ICMPv6 邻居请求消息作为组播发送到链路地址（主机希望配置这个地址）的被请求节点组播地址 ff02::1：fff1：8d0d。该分组不被发送到"所有节点"地址 ff02::1，因为此时，没有必要将之交付到链路上的所有节点，不仅是处于冲突中的那些节点。注意，目的地址是前面当注册一个组播地址进行侦听时使用的同一节点。这个地址是从一个未确定的 IPv6 地址发送的，为的是不污染链路上其他节点的邻居缓存，如果存在冲突的话。

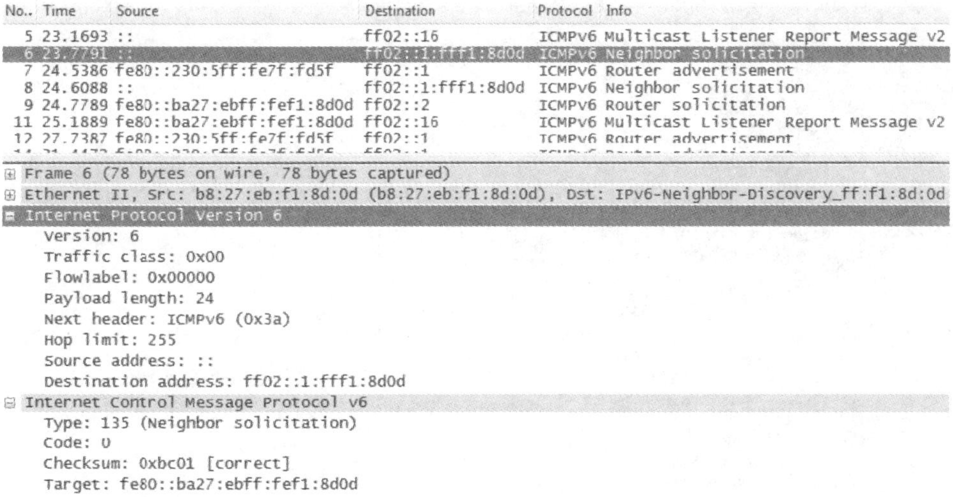

No.	Time	Source	Destination	Protocol	Info
5	23.1693	::	ff02::16	ICMPv6	Multicast Listener Report Message v2
6	23.7791	::	ff02::1:fff1:8d0d	ICMPv6	Neighbor solicitation
7	24.5386	fe80::230:5ff:fe7f:fd5f	ff02::1	ICMPv6	Router advertisement
8	24.6088	::	ff02::1:fff1:8d0d	ICMPv6	Neighbor solicitation
9	24.7789	fe80::ba27:ebff:fef1:8d0d	ff02::2	ICMPv6	Router solicitation
11	25.1889	fe80::ba27:ebff:fef1:8d0d	ff02::16	ICMPv6	Multicast Listener Report Message v2
12	27.7387	fe80::230:5ff:fe7f:fd5f	ff02::1	ICMPv6	Router advertisement

```
⊞ Frame 6 (78 bytes on wire, 78 bytes captured)
⊞ Ethernet II, Src: b8:27:eb:f1:8d:0d (b8:27:eb:f1:8d:0d), Dst: IPv6-Neighbor-Discovery_ff:f1:8d:0d
⊟ Internet Protocol Version 6
    Version: 6
    Traffic class: 0x00
    Flowlabel: 0x00000
    Payload length: 24
    Next header: ICMPv6 (0x3a)
    Hop limit: 255
    Source address: ::
    Destination address: ff02::1:fff1:8d0d
⊟ Internet Control Message Protocol v6
    Type: 135 (Neighbor solicitation)
    Code: 0
    Checksum: 0xbc01 [correct]
    Target: fe80::ba27:ebff:fef1:8d0d
```

图 3.27   例子：为一个 IPv6 链路—本地地址发起 DAD

在图 3.27 中，打开了 IPv6 分组，显示 ICMPv6 的下一个首部字段值和一个更典型的跳限制 255。ICMPv6 消息类型当然是"邻居请求"。"代码"字段为 0，这种消息类型总是这个值。"目标"地址字段是这里的关键，它给出主机正在请求的准确 IPv6 地址是什么。可能的情况是，一条链路有多个节点，它们具有相同的地址最低 24bit（在这种情形中是 f1：8d：0d），所以有多个节点也许都接收到这条请求。但是，仅有一台主机可能有完整的被请求 IPv6 地址。同样由这里，可首次了解主机这个计划为其自己配置什么样的地址。在前面的 MLDv2 消息中，仅看到被请求节点的组播地址，所以仅有最低 24bit。

在发送邻居请求之后，在该主机可非常确定没有其他节点使用这个地址之前，它必须等待一会儿。默认地仅发送一条邻居请求（参考文献［73］第 5.1 节），对其要等待一条响应——等待 1000ms[41]。在各种系统中，重传次数和等待一条响应的时间可以不同，也可以是可配置的。从图 3.27 的分组流中可看出，一条路由器请求（后面将深入讨论）是从链路本地地址 fe80::ba27：ebff：fef1：8d0d 几乎准确地在邻居请求之后 1s（比较跟踪号 6 和 9 的时间）发出的。这表明，主机等待默认的秒数，以便在可能的 ICMPv6 邻居通告在使地址完全起作用之前到达。

3. 接收非请求路由器通告

跟踪表项 7 是有意思的，如图 3.28 所示，在分组捕获过程中一点小运气的结果。

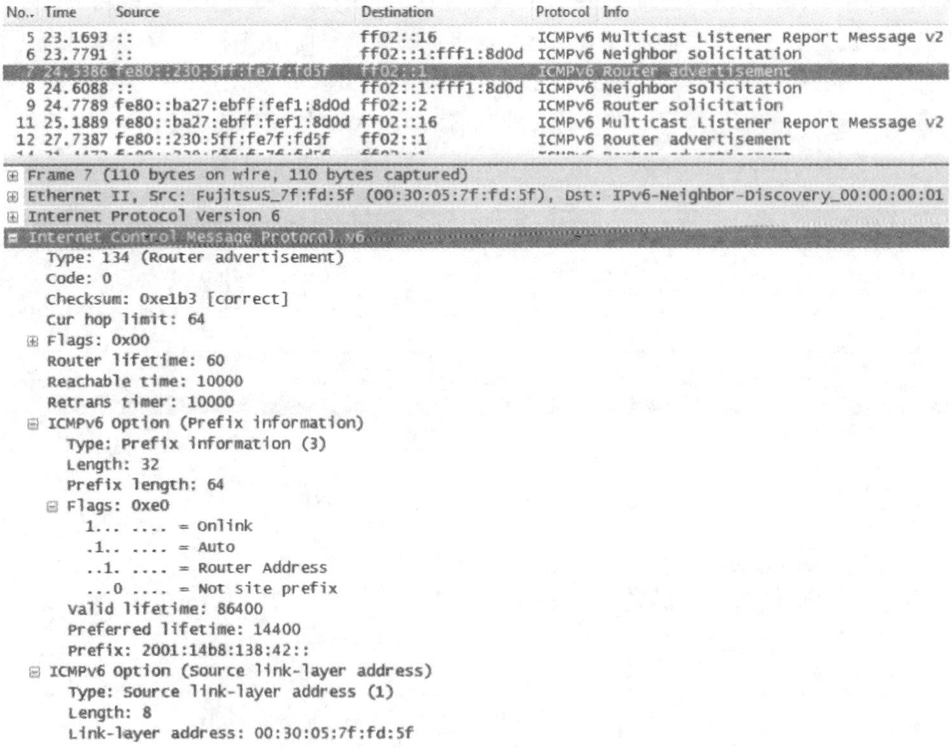

```
No.. Time     Source              Destination       Protocol  Info
  5 23.1693 ::                    ff02::16          ICMPv6 Multicast Listener Report Message v2
  6 23.7791 ::                    ff02::1:fff1:8d0d ICMPv6 Neighbor solicitation
  7 24.3386 fe80::230:5ff:fe7f:fd5f ff02::1         ICMPv6 Router advertisement
  8 24.6088 ::                    ff02::1:fff1:8d0d ICMPv6 Neighbor solicitation
  9 24.7789 fe80::ba27:ebff:fef1:8d0d ff02::2       ICMPv6 Router solicitation
 11 25.1889 fe80::ba27:ebff:fef1:8d0d ff02::16      ICMPv6 Multicast Listener Report Message v2
 12 27.7387 fe80::230:5ff:fe7f:fd5f ff02::1         ICMPv6 Router advertisement
```

```
⊞ Frame 7 (110 bytes on wire, 110 bytes captured)
⊞ Ethernet II, Src: FujitsuS_7f:fd:5f (00:30:05:7f:fd:5f), Dst: IPv6-Neighbor-Discovery_00:00:00:01
⊞ Internet Protocol Version 6
⊟ Internet Control Message Protocol v6
    Type: 134 (Router advertisement)
    Code: 0
    Checksum: 0xe1b3 [correct]
    Cur hop limit: 64
  ⊞ Flags: 0x00
    Router lifetime: 60
    Reachable time: 10000
    Retrans timer: 10000
  ⊟ ICMPv6 Option (Prefix information)
    Type: Prefix information (3)
    Length: 32
    Prefix length: 64
    ⊟ Flags: 0xe0
        1... .... = Onlink
        .1.. .... = Auto
        ..1. .... = Router Address
        ...0 .... = Not site prefix
    valid lifetime: 86400
    Preferred lifetime: 14400
    Prefix: 2001:14b8:138:42::
  ⊟ ICMPv6 Option (Source link-layer address)
    Type: Source link-layer address (1)
    Length: 8
    Link-layer address: 00:30:05:7f:fd:5f
```

图 3.28 例子：非请求路由器通告的接收

它是一条非请求 ICMPv6 路由器通告，由一台路由器从其 fe80∷230∶5ff∶fe7f∶fd5f 链路本地地址发送到一条链路上的所有节点组播地址 ff02∷1。即使这是一条非请求路由器通告，主机也欢迎它，并使用它，如跟踪表项 8 所示，后面将简短地详细讨论之。

忽略 IPv6 首部，因为其中没有新东西。另外，ICMPv6 协议是一个丰富的信息池。开始部分包含消息类型、代码和校验和，如前所述。路由器通告特定信息从"当前跳限制"字段开始，其中路由器与这样的链路上的节点通信，在其上应该使用"当前跳限制"（见 3.4.3 节）。"标志"字段为 0，指明在链路上没有无状态或有状态 DHCPv6 服务，路由器优先级是中等的（3.5.6 节），且它不是一个家乡代理（见 3.4.3 节中的解释）。

"路由器寿命"字段值是 60，指明发送路由器通告的路由器，在接下来的 60s 可被看作默认路由器（见 3.4.3 节）。"可达时间"告知如下信息，即在节点接收到可达性确认（也可见 3.4.5 节）（如来自其他节点的邻居请求消息）之后，一个节点应该假定链路上的其他节点是可达的，有多长时间。"重传定时器"告诉我们，节点在连续的邻居请求之间应该等待多长时间以及等待 DAD 完成要多长时间。在这个例子中，可达定时器和重传定时器都是 10 000ms，这在一个固定以太网连接的情形中是一个有点长的数值。

图 3.28 所示的路由器通告包括两个选项：ICMPv6 PIO 和源链路—层地址选项。PIO 选项指明前缀长度是 64bit，在以太网链路中情况总是这样的（参考文献［99］第 4 节）。此外，通过 L 标志比特，PIO 告知在内部的信息可用于在链路上的判定（见 3.4.2 节），通过 A 标志比特，PIO 告知在内部的信息可用于 SLAAC（见 3.5.1 节）。在这个跟踪数据中可看到路由器地址的比特设置（见 3.4.3 节），在这个环境中这是一个路由器通告配置缺陷：系统没有使用 MIPv6，所以就不需要在 PIO 中传递发送路由器的完整 IPv6 地址。此外，在 PIO 中携带的前缀没有包含完整的 IPv6 地址，而仅是 64bit 前缀。这是"采用您所接收到的字面文本"策略的一个不错例子，原因是在这个路由器通告中的不当配置，没有导致连接到该链路之节点的任何问题。"不是站点前缀"标志是来自过去的一个幽灵。在大约 2000 年，由 Erik Nordmark 提出的一项提案，现在过期了的文档，名为 draft-ietf-ipngwg-site-prefixes-05. txt，要有一个比特指明是否应该接受和首选所包括的前缀，这在过期的文档中有所描述。实际上当前没有标准使用这个比特。

PIO 的最有意义内容是 64 比特前缀 2001∶14b8∶138∶42∷，各主机将用之进行 SLAAC，这在 3.5.1 节做了描述。有效寿命字段指明，从所包括的前缀配置的地址可使用 86 400s（一整天）。"首选寿命"字段指明由这个前缀配置的一个 IPv6 地址保持在"首选"状态有多长时间（见 3.5.1 节），在这种情形中是 14 400s（4h）。

源链路层地址选项告诉节点，路由器的链路层地址是什么，并允许节点直接更新它们的邻居缓存。如果源链路层地址选项没有被包括在路由器通告中，则节点将不得不实施邻居发现（且不是从以太网首部中检取链路层地址的）。为支持路由器负载均衡，也许可忽略这个地址，但当然如果一个链路类型没有链路层地址的话，则这个选项将不存在。

4. 为一个全局 IPv6 地址发起 DAD

在分组号 7 上接收到的非请求路由器通告，对协议栈有一个有意义的影响。采用来自路由器通告的信息，基于在路由器通告的 PIO 中接收到的 64bit 前缀和用于链路—本地地址（见 3.5.1 节）使用的相同 IID，协议栈能够配置一个全局 IPv6 地址。得到的全局 IPv6 地址是 2001：14b8：138：42：ba27：ebff：fef1：8d0d，且和通常一样，它最初处在"临时"状态。RFC 4862 陈述，必须为所有自动配置的地址实施 DAD。可以看出，在分组号 8 上主机协议栈为全局 IPv6 地址发起 DAD，如图 3.29 所示。

```
No.. Time     Source                    Destination         Protocol Info
  5 23.1693 ::                          ff02::16            ICMPv6 Multicast Listener Report Message v2
  6 23.7791 ::                          ff02::1:fff1:8d0d   ICMPv6 Neighbor solicitation
  7 24.5386 fe80::230:5ff:fe7f:fd5f     ff02::1             ICMPv6 Router advertisement
  8 24.6088 ::                          ff02::1:fff1:8d0d   ICMPv6 Neighbor solicitation
  9 24.7789 fe80::ba27:ebff:fef1:8d0d   ff02::2             ICMPv6 Router solicitation
 11 25.1889 fe80::ba27:ebff:fef1:8d0d   ff02::16            ICMPv6 Multicast Listener Report Message v2
 12 27.7387 fe80::230:5ff:fe7f:fd5f     ff02::1             ICMPv6 Router advertisement
 14 31 4472 fe00::230:5ff:fe7f:fd5f     ff00::1             ICMPv6 Router advertisement
⊞ Frame 8 (78 bytes on wire, 78 bytes captured)
⊞ Ethernet II, Src: b8:27:eb:f1:8d:0d (b8:27:eb:f1:8d:0d), Dst: IPv6-Neighbor-Discovery_ff:f1:8d:0d
⊞ Internet Protocol Version 6
⊟ Internet Control Message Protocol v6
     Type: 135 (Neighbor solicitation)
     Code: 0
     Checksum: 0x844f [correct]
     Target: 2001:14b8:138:42:ba27:ebff:fef1:8d0d
```

图 3.29　例子：为一个全局 IPv6 地址发起 DAD

本质上而言，邻居请求消息与为链路—本地发送的前一邻居请求是相同的。同样这条邻居请求是从未确定的 IPv6 地址（全 0）发送的，原因是针对链路本地地址的 DAD 仍然在进行过程中。

5. 请求链路上的路由器

在分组 9，如图 3.30 所示，主机协议栈发送一条 ICMPv6 路由器请求消息。人们也许会惊奇，即使在已经接收到一条路由器通告时，为什么还要发送路由器请求。原因是，主机可能希望了解在相同链路上是否还有其他路由器，同时确保它得到一条完整

```
No.. Time     Source                    Destination         Protocol Info
  5 23.1693 ::                          ff02::16            ICMPv6 Multicast Listener Report Message v2
  6 23.7791 ::                          ff02::1:fff1:8d0d   ICMPv6 Neighbor solicitation
  7 24.5386 fe80::230:5ff:fe7f:fd5f     ff02::1             ICMPv6 Router advertisement
  8 24.6088 ::                          ff02::1:fff1:8d0d   ICMPv6 Neighbor solicitation
  9 24.7789 fe80::ba27:ebff:fef1:8d0d   ff02::2             ICMPv6 Router solicitation
 11 25.1889 fe80::ba27:ebff:fef1:8d0d   ff02::16            ICMPv6 Multicast Listener Report Message v2
 12 27.7387 fe80::230:5ff:fe7f:fd5f     ff02::1             ICMPv6 Router advertisement
 14 31 4472 fe00::230:5ff:fe7f:fd5f     ff00::1             ICMPv6 Router advertisement
⊞ Frame 9 (70 bytes on wire, 70 bytes captured)
⊞ Ethernet II, Src: b8:27:eb:f1:8d:0d (b8:27:eb:f1:8d:0d), Dst: IPv6-Neighbor-Discovery_00:00:00:02
⊞ Internet Protocol Version 6
⊟ Internet Control Message Protocol v6
     Type: 133 (Router solicitation)
     Code: 0
     Checksum: 0x18e0 [correct]
   ⊟ ICMPv6 Option (Source link-layer address)
        Type: Source link-layer address (1)
        Length: 8
        Link-layer address: b8:27:eb:f1:8d:0d
```

图 3.30　例子：请求在链路上的路由器

的路由器通告。情况也许是这样的，非请求的周期性路由器通告没有包含所有可能的可用信息，原因是 RFC 4861 第 6.2.3 节[41]支持路由器发送非请求的路由器通告，并略去不需要每次都发送的一些选项。

在一个比较典型的以太网情形中，将不太可能有准备好的一条非请求路由器通告，但一台主机将必须发送一条路由器请求里加速路由器通告的接收，所以就加速了地址自动配置规程。在一些其他类型的链路上，如点到点，在建立链路层之后，一台路由器可以完整信息立刻发送非请求路由器通告。

在图 3.30 中所示的跟踪数据中，可看到路由器请求分组的源 IPv6 地址为链路—本地 IPv6 地址栈，在跟踪步骤 6 开始实施 DAD。可从时间戳注意到，过去了 1s，这是等待一条邻居通告到达的默认时间。因为没有检测到冲突，链路—本地地址被转换到"首选"状态，所以可得到充分利用。路由器请求也包括带有主机之链路层地址的源链路层地址选项，所以支持消息接收者更新它们的邻居缓存表项。

6. 再次加入被请求节点组播组

在 DAD 已经提供一个首选地址之后，要做的另一件事情是重新发送"组播侦听者报告消息 v2"，加入被请求节点组播地址组，但现在是从配置的链路本地 IPv6 地址发出的，如图 3.31 所示，且是由 RFC 3810 第 5.2.13 节要求的。重传的另一个原因是确保链路上的所有 MLD 路由器都得到该报告，如 RFC 3810 第 6.1 节[45]所述。

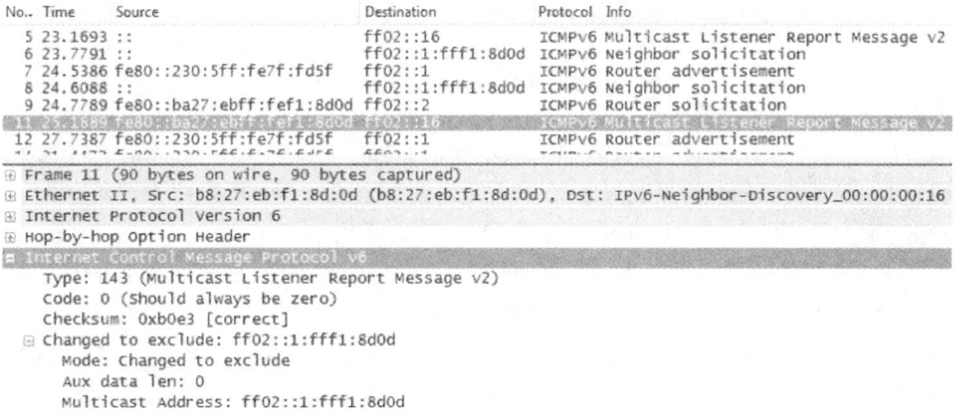

```
No.. Time      Source                      Destination          Protocol  Info
  5  23.1693   ::                          ff02::16             ICMPv6    Multicast Listener Report Message v2
  6  23.7791   ::                          ff02::1:fff1:8d0d    ICMPv6    Neighbor solicitation
  7  24.5386   fe80::230:5ff:fe7f:fd5f     ff02::1              ICMPv6    Router advertisement
  8  24.6088   ::                          ff02::1:fff1:8d0d    ICMPv6    Neighbor solicitation
  9  24.7789   fe80::ba27:ebff:fef1:8d0d   ff02::2              ICMPv6    Router solicitation
 11  25.2689   fe80::ba27:ebff:fef1:8d0d   ff02::16             ICMPv6    Multicast Listener Report Message v2
 12  27.7387   fe80::230:5ff:fe7f:fd5f     ff02::1              ICMPv6    Router advertisement
 14  31 4177   fe80::230:5ff:fe7f:fd5f     ff02::1              ICMPv6    Router advertisement

⊞ Frame 11 (90 bytes on wire, 90 bytes captured)
⊞ Ethernet II, Src: b8:27:eb:f1:8d:0d (b8:27:eb:f1:8d:0d), Dst: IPv6-Neighbor-Discovery_00:00:00:16
⊞ Internet Protocol Version 6
⊞ Hop-by-hop Option Header
⊟ Internet Control Message Protocol v6
     Type: 143 (Multicast Listener Report Message v2)
     Code: 0 (Should always be zero)
     Checksum: 0xb0e3 [correct]
  ⊟ Changed to exclude: ff02::1:fff1:8d0d
       Mode: changed to exclude
       Aux data len: 0
       Multicast Address: ff02::1:fff1:8d0d
```

图 3.31　例子：由链路—本地 IPv6 地址加入被请求节点组播组

7. 下一个路由器通告的接收

在分组 12，接收到下一条非请求的路由器通告。新的路由器通告准确地与以前相同，所以下面不展开论述。它不会导致比刷新与路由器和前缀寿命有关的各主机之定时器以及路由器有关的邻居缓存表项更显著的动作。

3.12.2　采用 DNS 和 TCP 的 IPv6

本节形象说明的另一个例子是这样一个例子，其中一台主机实施目的地之完全合格域名（FQDN）的 DNS 查询，之后发起到这个站点的 TCP 连接。在这个场景中，一个流行操作系统中的一个网页浏览器由用户请求去往 http：//www. ietf. org 网站，这是 IETF 的主页。该网站也支持双栈，即在 DNS 中它有 IPv4 和 IPv6 地址。如图 3.32 所示，在操作系统上的 DNS 解析器尝试解析 www. ietf. org 的 IPv4 和 IPv6 地址。该解析器利用在 3.10.2 节中列出的那些可能方法的"首先是 A 资源记录，之后是 AAAA 资源记录"。值得指出的是，与要解析的地址族无关，这两条 DNS 查询都是在 IPv4 之上发送的——查询类型与用来传输查询的地址族无关。在这种情形中，DNS 查询被发送到一个地址 192. 168. 1. 1，它恰巧是一个本地 DNS 代理，因为在所用双栈接入网络上的各节点没有被提供 DNS 服务器的任何 IPv6 地址。

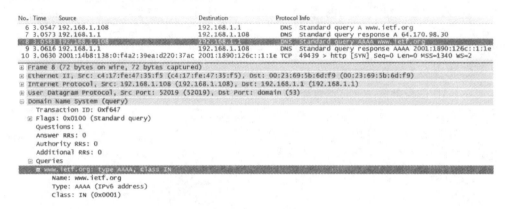

图 3.32　例子：实施 www. ietf. org 的 DNS 查询

打开的第一条跟踪表项，跟踪日志表项号 8，是显示一条 AAAA 资源记录的 DNS 查询。对一条 A 资源记录的查询与通常 IPv4 方式中实施的一样，所以略去那些查询。在高亮显示的表项，IPv6 对 DNS 协议的隐含意义可见于"查询"一节，它显示为 www. ietf. org 请求的一个类型 AAAA 资源记录。当然，IPv6 对系统的一个主要隐含意义是，需要在第一时间发送第二条 DNS 查询。

在一个 AAAA 类型的资源记录中包含一个 IPv6 地址的一条 DNS 响应，仅与 IPv4 的有微小差异。在图 3.33 中，在跟踪日志表项号 9，高亮显示包含一条 AAAA 记录的成功 DNS 应答。AAAA 资源记录以另外的方式准确地与 A 资源记录一样，但它包含类型为 AAAA 的一个标识和 www. ietf. org 的完整 IPv6 地址，在这条分组捕获的时间和位置（2001：1890：126c::1：1e）。DNS 响应也可能包含一些其他信息，如另外的 AAAA 或规范的（canonical）域名记录，但在这种情形中，该响应仅包含单条资源记录。

在主机成功地和快速地接收到它要连接的目的地的 IPv4 和 IPv6 地址之后，该主机实施地址选择算法，并和通常有双栈连接能力的主机所发生的情况一样，终结于首选 IPv6。在比较复杂的真实生活场景中，可能发生的情况是，DNS 查询得到负面回答，或它甚至在中转中丢失。在这样的情形中，在有可能接收到的正面回答过去一些时间之后，主机应该继续，即使其他地址族的解析仍然还在进行中（pending）也是如此。在

```
No. Time      Source                Destination         Protocol Info
 6 3.0547 192.168.1.108          192.168.1.1         DNS  Standard query A www.ietf.org
 7 3.0573 192.168.1.1            192.168.1.108       DNS  Standard query response A 64.170.98.30
 8 3.0583 192.168.1.108          192.168.1.1         DNS  Standard query AAAA www.ietf.org
 9 3.0616 192.168.1.1            192.168.1.108       DNS  Standard query response AAAA 2001:1890:126c::1:1e
10 3.0630 2001:14b8:138:0:f4a2:39ea:d220:37ac  2001:1890:126c::1:1e  TCP  49439 > http [SYN] Seq=0 Len=0 MSS=1340 WS=2
⊞ Frame 9 (100 bytes on wire, 100 bytes captured)
⊞ Ethernet II, Src: 00:23:69:5b:6d:f9 (00:23:69:5b:6d:f9), Dst: c4:17:fe:47:35:f5 (c4:17:fe:47:35:f5)
⊞ Internet Protocol, Src: 192.168.1.1 (192.168.1.1), Dst: 192.168.1.108 (192.168.1.108)
⊞ User Datagram Protocol, Src Port: domain (53), Dst Port: 52019 (52019)
⊟ Domain Name System (response)
     Transaction ID: 0xf647
   ⊞ Flags: 0x8180 (Standard query response, No error)
     Questions: 1
     Answer RRs: 1
     Authority RRs: 0
     Additional RRs: 0
   ⊞ Queries
   ⊟ Answers
     ⊞ www.ietf.org: type AAAA, class IN, addr 2001:1890:126c::1:1e
          Name: www.ietf.org
          Type: AAAA (IPv6 address)
          Class: IN (0x0001)
          Time to live: 14 seconds
          Data length: 16
          Addr: 2001:1890:126c::1:1e
```

图 3.33　例子：带有 AAAA 记录的 DNS 响应

这些种类的情况下，它们如何实施错误恢复方面，各实现存在不同。

在图 3.34 中，看到在分组 10 首选 IPv6 而不是 IPv4 的结果：TCP 握手规程的第一条消息要发往 www.ietf.org 的 IPv6 地址（刚刚通过 DNS 学习到），而根本没有 IPv4 流量。此外，该图给出 TCP 首部的主要内容，且可看到，其中没有 IPv6 特定的内容。当然，如 3.10.1 节中所述，除了 TCP 分组首部外，校验和字段也涵盖 IPv6 伪首部。

```
No. Time      Source                Destination         Protocol Info
 6 3.0547 192.168.1.108          192.168.1.1         DNS  Standard query A www.ietf.org
 7 3.0573 192.168.1.1            192.168.1.108       DNS  Standard query response A 64.170.98.30
 8 3.0583 192.168.1.108          192.168.1.1         DNS  Standard query AAAA www.ietf.org
 9 3.0616 192.168.1.1            192.168.1.108       DNS  Standard query response AAAA 2001:1890:126c::1:1e
10 3.0630 2001:14b8:138:0:f4a2:39ea:d220:37ac  2001:1890:126c::1:1e  TCP  49439 > http [SYN] Seq=0 Len=0 MSS=1340 WS=2
⊞ Frame 10 (86 bytes on wire, 86 bytes captured)
⊞ Ethernet II, Src: c4:17:fe:47:35:f5 (c4:17:fe:47:35:f5), Dst: 00:23:69:5b:6d:f9 (00:23:69:5b:6d:f9)
⊞ Internet Protocol version 6
⊟ Transmission Control Protocol, Src Port: 49439 (49439), Dst Port: http (80), Seq: 0, Len: 0
     Source port: 49439 (49439)
     Destination port: http (80)
     Sequence number: 0    (relative sequence number)
     Header length: 32 bytes
   ⊞ Flags: 0x02 (SYN)
     Window size: 8192
   ⊟ Checksum: 0xee0e [correct]
   ⊞ Options: (12 bytes)
```

图 3.34　例子：采用首选的地址族发起 TCP 握手

如果发生这种情况，即 IPv6 连接建立被过度延迟，则主机应该尝试使用 IPv4。这种错误实现得有多快，在本书撰写时，这是一项实现相关的决策。

紧接图 3.34 最后一条表项的步骤，是 TCP 握手的完成和发起从 www.ietf.org 的数据传递。这些在图中都没有画出。但是，在图 3.35 中高亮显示来自实际网站数据传输第一条分组。在这条分组捕获从之捕获的链路中，在路由器通告的 MTU 选项中通告的 MTU 是 1400B，这是由于上行链路限制导致的（没有画出路由器通告）。因为这种情况，TCP 数据传输被裁减以便适合路径的最小 MTU，在这种情形中，它恰好为接入链路的 MTU。在 1400B 中，40B 是 IPv6 首部本身，20B 是 TCP 首部，那么有 1340B 是实际的 TCP 分段数据。可确定协议栈使用的路径 MTU，方法是将 40B（IPv6 首部长度）加到在 IPv6 首部中给出的长度，并从跟踪数据中看到，在中转中的 TCP 数据总量显著地超过 1340B，这恰好在高亮显示的分组的净荷中。

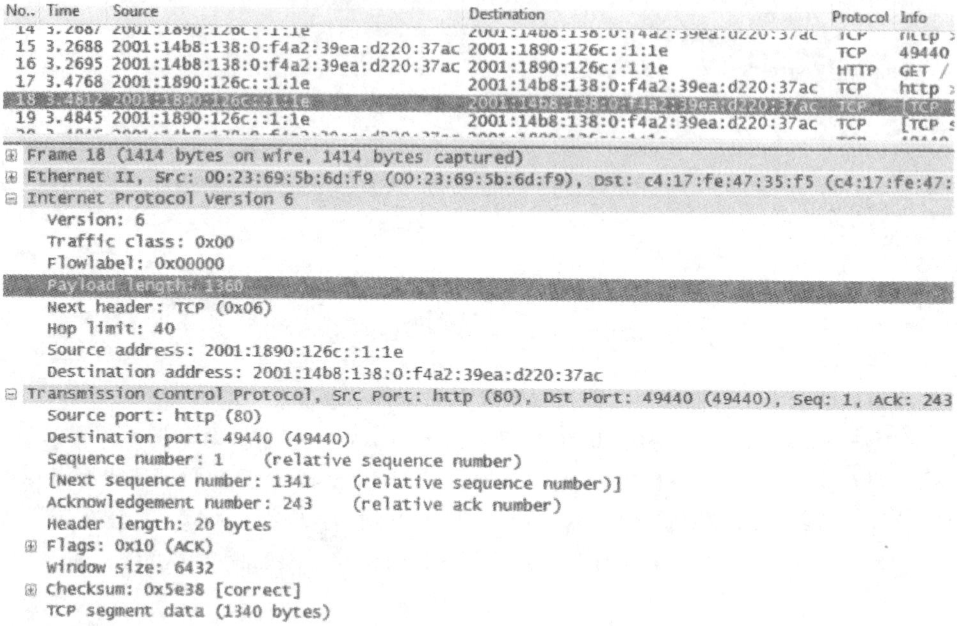

```
No..  Time    Source                              Destination                         Protocol Info
14  3.2687  2001:1890:126c::1:1e                 2001:14b8:138:0:f4a2:39ea:d220:37ac  TCP      http
15  3.2688  2001:14b8:138:0:f4a2:39ea:d220:37ac  2001:1890:126c::1:1e                 TCP      49440
16  3.2695  2001:14b8:138:0:f4a2:39ea:d220:37ac  2001:1890:126c::1:1e                 HTTP     GET /
17  3.4768  2001:1890:126c::1:1e                 2001:14b8:138:0:f4a2:39ea:d220:37ac  TCP      http
18  3.4817  2001:1890:126c::1:1e                 2001:14b8:138:0:f4a2:39ea:d220:37ac  TCP      [TCP
19  3.4845  2001:1890:126c::1:1e                 2001:14b8:138:0:f4a2:39ea:d220:37ac  TCP      [TCP
20  3.4846  2001:14b8:138:0:f4a2:39ea:d220:37ac  2001:1890:126c::1:1e                 TCP      49440

⊞ Frame 18 (1414 bytes on wire, 1414 bytes captured)
⊞ Ethernet II, Src: 00:23:69:5b:6d:f9 (00:23:69:5b:6d:f9), Dst: c4:17:fe:47:35:f5 (c4:17:fe:47:
⊟ Internet Protocol Version 6
    Version: 6
    Traffic class: 0x00
    Flowlabel: 0x00000
    Payload length: 1360
    Next header: TCP (0x06)
    Hop limit: 40
    Source address: 2001:1890:126c::1:1e
    Destination address: 2001:14b8:138:0:f4a2:39ea:d220:37ac
⊟ Transmission Control Protocol, Src Port: http (80), Dst Port: 49440 (49440), Seq: 1, Ack: 243
    Source port: http (80)
    Destination port: 49440 (49440)
    Sequence number: 1    (relative sequence number)
    [Next sequence number: 1341    (relative sequence number)]
    Acknowledgement number: 243    (relative ack number)
    Header length: 20 bytes
  ⊞ Flags: 0x10 (ACK)
    Window size: 6432
  ⊞ Checksum: 0x5e38 [correct]
    TCP segment data (1340 bytes)
```

图 3.35   例子：高亮显示的 TCP 分组尺寸和 MTU

3.13   本章小结

本章概要讨论了 IPv6 的本质功能特征。讨论了 IPv6 寻址架构如何建立，存在哪些种类的地址，它们如何以无状态方式和有状态方式分配到各主机，以及前缀委派如何在路由场景中工作。从主首部到扩展首部，分析了 IPv6 首部结构，并剖析了传输协议首部以及传输层校验和如何包括 IPv6 伪首部。研究了 ICMPv6 及其提供的关键协议，如邻居发现。大略浏览了一下 IPsec、移动 IP、路由和协议验证，并将关注点投向 IPv6 伴随协议的一个关键集合：DHCPv6 和 DNS。为真正帮助读者跳到下一章中 3GPP 的特定特征，也介绍了支持 IPv6 的不同链路模型。

本章以详细的真实 IPv6 分组捕获和所显示消息的解释作为结束。分组捕获及其分析应该帮助达到加速 IPv6 流量调试和分析的目的。在研究了这些例子之后，至少分组跟踪数据将不像看起来那么骇人。

本章提供了 IPv6 的全面描述，在阅读 IPv6 如何使用和应用在 3GPP 接入方面，将证明是有帮助的。

参考文献

1. Jankiewicz, E., Loughney, J., and Narten, T. *IPv6 Node Requirements*. RFC 6434, Internet Engineering Task Force, December 2011.
2. Singh, H., Beebee, W., Donley, C., Stark, B., and Troan, O. *Basic Requirements for IPv6 Customer Edge Routers*. RFC 6204, Internet Engineering Task Force, April 2011.
3. Arkko, J., Kuijpers, G., Soliman, H., Loughney, J., and Wiljakka, J. *Internet Protocol Version 6 (IPv6) for Some Second and Third Generation Cellular Hosts*. RFC 3316, Internet Engineering Task Force, April 2003.
4. Hinden, R. and Deering, S. *IP Version 6 Addressing Architecture*. RFC 4291, Internet Engineering Task Force, February 2006.
5. Deering, S., Haberman, B., Jinmei, T., Nordmark, E., and Zill, B. *IPv6 Scoped Address Architecture*. RFC 4007, Internet Engineering Task Force, March 2005.
6. Huitema, C. and Carpenter, B. *Deprecating Site Local Addresses*. RFC 3879, Internet Engineering Task Force, September 2004.
7. Hinden, R. and Haberman, B. *Unique Local IPv6 Unicast Addresses*. RFC 4193, Internet Engineering Task Force, October 2005.
8. Singh, H., Beebee, W., and Nordmark, E. *IPv6 Subnet Model: The Relationship between Links and Subnet Prefixes*. RFC 5942, Internet Engineering Task Force, July 2010.
9. IEEE. *Guidelines for 64-bit Global Identifier (EUI-64) Registration Authority*. Technical report, IEEE Standards Association, 1997.
10. Armitage, G., Schulter, P., Jork, M., and Harter, G. *IPv6 over Non-Broadcast Multiple Access (NBMA) networks*. RFC 2491, Internet Engineering Task Force, January 1999.
11. Narten, T., Draves, R., and Krishnan, S. *Privacy Extensions for Stateless Address Autoconfiguration in IPv6*. RFC 4941, Internet Engineering Task Force, September 2007.
12. Arkko, J., Kempf, J., Zill, B., and Nikander, P. *SEcure Neighbor Discovery (SEND)*. RFC 3971, Internet Engineering Task Force, March 2005.
13. Bao, C., Huitema, C., Bagnulo, M., Boucadair, M., and Li, X. *IPv6 Addressing of IPv4/IPv6 Translators*. RFC 6052, Internet Engineering Task Force, October 2010.
14. Huitema, C. *Teredo: Tunneling IPv6 over UDP through Network Address Translations (NATs)*. RFC 4380, Internet Engineering Task Force, February 2006.
15. Huston, G., Lord, A., and Smith, P. *IPv6 Address Prefix Reserved for Documentation*. RFC 3849, Internet Engineering Task Force, July 2004.
16. Arkko, J., Cotton, M., and Vegoda, L. *IPv4 Address Blocks Reserved for Documentation*. RFC 5737, Internet Engineering Task Force, January 2010.
17. Venaas, S., Parekh, R., de Velde, G. Van, Chown, T., and Eubanks, M. *Multicast Addresses for Documentation*. RFC 6676, Internet Engineering Task Force, August 2012.
18. Kawamura, S. and Kawashima, M. *A Recommendation for IPv6 Address Text Representation*. RFC 5952, Internet Engineering Task Force, August 2010.
19. Fuller, V., Li, T., Yu, J., and Varadhan, K. *Classless Inter-Domain Routing (CIDR): an Address Assignment and Aggregation Strategy*. RFC 1519, Internet Engineering Task Force, September 1993.
20. Carpenter, B., Cheshire, S., and Hinden, R. *Representing IPv6 Zone Identifiers in Address Literals and Uniform Resource Identifiers*. Internet-Draft draft-ietf-6man-uri-zoneid-06, Internet Engineering Task Force, December 2012. Work in progress.
21. Deering, S. and Hinden, R. *Internet Protocol, Version 6 (IPv6) Specification*. RFC 2460, Internet Engineering Task Force, December 1998.
22. Nichols, K., Blake, S., Baker, F., and Black, D. *Definition of the Differentiated Services Field (DS Field) in the IPv4 and IPv6 Headers*. RFC 2474, Internet Engineering Task Force, December 1998.
23. Ramakrishnan, K., Floyd, S., and Black, D. *The Addition of Explicit Congestion Notification (ECN) to IP*. RFC 3168, Internet Engineering Task Force, September 2001.
24. Heinanen, J., Baker, F., Weiss, W., and Wroclawski, J. *Assured Forwarding PHB Group*. RFC 2597, Internet Engineering Task Force, June 1999.

25. Davie, B., Charny, A., Bennet, J. C. R., Benson, K., Boudec, J. Y. Le, Courtney, W., Davari, S., Firoiu, V., and Stiliadis, D. *An Expedited Forwarding PHB (Per-Hop Behavior)*. RFC 3246, Internet Engineering Task Force, March 2002.

26. Baker, F., Polk, J., and Dolly, M. *A Differentiated Services Code Point (DSCP) for Capacity-Admitted Traffic*. RFC 5865, Internet Engineering Task Force, May 2010.

27. Amante, S., Carpenter, B., and Jiang, S. *Rationale for Update to the IPv6 Flow Label Specification*. RFC 6436, Internet Engineering Task Force, November 2011.

28. Amante, S., Carpenter, B., Jiang, S., and Rajahalme, J. *IPv6 Flow Label Specification*. RFC 6437, Internet Engineering Task Force, November 2011.

29. Borman, D., Deering, S., and Hinden, R. *IPv6 Jumbograms*. RFC 2675, Internet Engineering Task Force, August 1999.

30. Conta, A. and Deering, S. *Generic Packet Tunneling in IPv6 Specification*. RFC 2473, Internet Engineering Task Force, December 1998.

31. Partridge, C. and Jackson, A. *IPv6 Router Alert Option*. RFC 2711, Internet Engineering Task Force, October 1999.

32. Floyd, S., Allman, M., Jain, A., and Sarolahti, P. *Quick-Start for TCP and IP*. RFC 4782, Internet Engineering Task Force, January 2007.

33. StJohns, M., Atkinson, R., and Thomas, G. *Common Architecture Label IPv6 Security Option (CALIPSO)*. RFC 5570, Internet Engineering Task Force, July 2009.

34. Macker, J. *Simplified Multicast Forwarding*. RFC 6621, Internet Engineering Task Force, May 2012.

35. Perkins, C., Johnson, D., and Arkko, J. *Mobility Support in IPv6*. RFC 6275, Internet Engineering Task Force, July 2011.

36. Fenner, B. *Experimental Values In IPv4, IPv6, ICMPv4, ICMPv6, UDP, and TCP Headers*. RFC 4727, Internet Engineering Task Force, November 2006.

37. Abley, J., Savola, P., and Neville-Neil, G. *Deprecation of Type 0 Routing Headers in IPv6*. RFC 5095, Internet Engineering Task Force, December 2007.

38. Kent, S. *IP Authentication Header*. RFC 4302, Internet Engineering Task Force, December 2005.

39. Kent, S. *IP Encapsulating Security Payload (ESP)*. RFC 4303, Internet Engineering Task Force, December 2005.

40. McCann, J., Deering, S., and Mogul, J. *Path MTU Discovery for IP version 6*. RFC 1981, Internet Engineering Task Force, August 1996.

41. Narten, T., Nordmark, E., Simpson, W., and Soliman, H. *Neighbor Discovery for IP version 6 (IPv6)*. RFC 4861, Internet Engineering Task Force, September 2007.

42. Mathis, M. and Heffner, J. *Packetization Layer Path MTU Discovery*. RFC 4821, Internet Engineering Task Force, March 2007.

43. Krishnan, S. *Handling of Overlapping IPv6 Fragments*. RFC 5722, Internet Engineering Task Force, December 2009.

44. Deering, S., Fenner, W., and Haberman, B. *Multicast Listener Discovery (MLD) for IPv6*. RFC 2710, Internet Engineering Task Force, October 1999.

45. Vida, R. and Costa, L. *Multicast Listener Discovery Version 2 (MLDv2) for IPv6*. RFC 3810, Internet Engineering Task Force, June 2004.

46. Haberman, B. *Source Address Selection for the Multicast Listener Discovery (MLD) Protocol*. RFC 3590, Internet Engineering Task Force, September 2003.

47. Holbrook, H., Cain, B., and Haberman, B. *Using Internet Group Management Protocol Version 3 (IGMPv3) and Multicast Listener Discovery Protocol Version 2 (MLDv2) for Source-Specific Multicast*. RFC 4604, Internet Engineering Task Force, August 2006.

48. Holbrook, H. and Cain, B. *Source-Specific Multicast for IP*. RFC 4607, Internet Engineering Task Force, August 2006.

49. Fenner, B., Handley, M., Holbrook, H., and Kouvelas, I. *Protocol Independent Multicast - Sparse Mode (PIM-SM): Protocol Specification (Revised)*. RFC 4601, Internet Engineering Task Force, August 2006.

50. Liu, H., Cao, W., and Asaeda, H. *Lightweight Internet Group Management Protocol Version 3 (IGMPv3) and Multicast Listener Discovery Version 2 (MLDv2) Protocols*. RFC 5790, Internet Engineering Task Force, February 2010.

51. Haberman, B. *Allocation Guidelines for IPv6 Multicast Addresses*. RFC 3307, Internet Engineering Task Force, August 2002.
52. Haberman, B. and Thaler, D. *Unicast-Prefix-based IPv6 Multicast Addresses*. RFC 3306, Internet Engineering Task Force, August 2002.
53. Crawford, M. and Haberman, B. *IPv6 Node Information Queries*. RFC 4620, Internet Engineering Task Force, August 2006.
54. Droms, R., Bound, J., Volz, B., Lemon, T., Perkins, C., and Carney, M. *Dynamic Host Configuration Protocol for IPv6 (DHCPv6)*. RFC 3315, Internet Engineering Task Force, July 2003.
55. Haberman, B. and Martin, J. *Multicast Router Discovery*. RFC 4286, Internet Engineering Task Force, December 2005.
56. Conta, A., Deering, S., and Gupta, M. *Internet Control Message Protocol (ICMPv6) for the Internet Protocol Version 6 (IPv6) Specification*. RFC 4443, Internet Engineering Task Force, March 2006.
57. Bonica, R., Gan, D., Tappan, D., and Pignataro, C. *Extended ICMP to Support Multi-Part Messages*. RFC 4884, Internet Engineering Task Force, April 2007.
58. Bonica, R., Gan, D., Tappan, D., and Pignataro, C. *ICMP Extensions for Multiprotocol Label Switching*. RFC 4950, Internet Engineering Task Force, August 2007.
59. Atlas, A., Bonica, R., Pignataro, C., Shen, N., and Rivers, JR. *Extending ICMP for Interface and Next-Hop Identification*. RFC 5837, Internet Engineering Task Force, April 2010.
60. Crawford, M. *Router Renumbering for IPv6*. RFC 2894, Internet Engineering Task Force, August 2000.
61. Conta, A. *Extensions to IPv6 Neighbor Discovery for Inverse Discovery Specification*. RFC 3122, Internet Engineering Task Force, June 2001.
62. Kempf, J. *Instructions for Seamoby and Experimental Mobility Protocol IANA Allocations*. RFC 4065, Internet Engineering Task Force, July 2005.
63. Koodli, R. *Mobile IPv6 Fast Handovers*. RFC 5568, Internet Engineering Task Force, July 2009.
64. Winter, T., Thubert, P., Brandt, A., Hui, J., Kelsey, R., Levis, P., Pister, K., Struik, R., Vasseur, JP., and Alexander, R. *RPL: IPv6 Routing Protocol for Low-Power and Lossy Networks*. RFC 6550, Internet Engineering Task Force, March 2012.
65. Chown, T. and Venaas, S. *Rogue IPv6 Router Advertisement Problem Statement*. RFC 6104, Internet Engineering Task Force, February 2011.
66. Carpenter, B. and Moore, K. *Connection of IPv6 Domains via IPv4 Clouds*. RFC 3056, Internet Engineering Task Force, February 2001.
67. Levy-Abegnoli, E., deVelde, G. Van, Popoviciu, C., and Mohacsi, J. *IPv6 Router Advertisement Guard*. RFC 6105, Internet Engineering Task Force, February 2011.
68. Draves, R. and Thaler, D. *Default Router Preferences and More-Specific Routes*. RFC 4191, Internet Engineering Task Force, November 2005.
69. Jeong, J., Park, S., Beloeil, L., and Madanapalli, S. *IPv6 Router Advertisement Options for DNS Configuration*. RFC 6106, Internet Engineering Task Force, November 2010.
70. Haberman, B. and Hinden, R. *IPv6 Router Advertisement Flags Option*. RFC 5175, Internet Engineering Task Force, March 2008.
71. Krishnan, S., Laganier, J., Bonola, M., and Garcia-Martinez, A. *Secure Proxy ND Support for SEcure Neighbor Discovery (SEND)*. RFC 6496, Internet Engineering Task Force, February 2012.
72. Gashinsky, I., Jaeggli, J., and Kumari, W. *Operational Neighbor Discovery Problems*. RFC 6583, Internet Engineering Task Force, March 2012.
73. Thomson, S., Narten, T., and Jinmei, T. *IPv6 Stateless Address Autoconfiguration*. RFC 4862, Internet Engineering Task Force, September 2007.
74. Moore, N. *Optimistic Duplicate Address Detection (DAD) for IPv6*. RFC 4429, Internet Engineering Task Force, April 2006.
75. Aura, T. *Cryptographically Generated Addresses (CGA)*. RFC 3972, Internet Engineering Task Force, March 2005.
76. Thaler, D., Talwar, M., and Patel, C. *Neighbor Discovery Proxies (ND Proxy)*. RFC 4389, Internet Engineering Task Force, April 2006.
77. Krishnan, S. *Reserved IPv6 Interface Identifiers*. RFC 5453, Internet Engineering Task Force, February 2009.

78. Brzozowski, J., Kinnear, K., Volz, B., and Zeng, S. *DHCPv6 Leasequery*. RFC 5007, Internet Engineering Task Force, September 2007.

79. Stapp, M. *DHCPv6 Bulk Leasequery*. RFC 5460, Internet Engineering Task Force, February 2009.

80. Narten, T. and Johnson, J. *Definition of the UUID-Based DHCPv6 Unique Identifier (DUID-UUID)*. RFC 6355, Internet Engineering Task Force, August 2011.

81. Troan, O. and Droms, R. *IPv6 Prefix Options for Dynamic Host Configuration Protocol (DHCP) version 6*. RFC 3633, Internet Engineering Task Force, December 2003.

82. Korhonen, J., Savolainen, T., Krishnan, S., and Troan, O. *Prefix Exclude Option for DHCPv6-based Prefix Delegation*. RFC 6603, Internet Engineering Task Force, May 2012.

83. Droms, R. *Stateless Dynamic Host Configuration Protocol (DHCP) Service for IPv6*. RFC 3736, Internet Engineering Task Force, April 2004.

84. Venaas, S., Chown, T., and Volz, B. *Information Refresh Time Option for Dynamic Host Configuration Protocol for IPv6 (DHCPv6)*. RFC 4242, Internet Engineering Task Force, November 2005.

85. Droms, R. *DNS Configuration options for Dynamic Host Configuration Protocol for IPv6 (DHCPv6)*. RFC 3646, Internet Engineering Task Force, December 2003.

86. Savolainen, T., Kato, J., and Lemon, T. *Improved Recursive DNS Server Selection for Multi-Interfaced Nodes*. RFC 6731, Internet Engineering Task Force, December 2012.

87. Schulzrinne, H. and Volz, B. *Dynamic Host Configuration Protocol (DHCPv6) Options for Session Initiation Protocol (SIP) Servers*. RFC 3319, Internet Engineering Task Force, July 2003.

88. Boucadair, M., Penno, R., and Wing, D. *DHCP Options for the Port Control Protocol (PCP)*. Internet-Draft draft-ietf-pcp-dhcp-05, Internet Engineering Task Force, September 2012. Work in progress.

89. Matsumoto, A., Fujisaki, T., and Chown, T. *Distributing Address Selection Policy using DHCPv6*. Internet-Draft draft-ietf-6man-addr-select-opt-08, Internet Engineering Task Force, January 2013. Work in progress.

90. Kaufman, C., Hoffman, P., Nir, Y., and Eronen, P. *Internet Key Exchange Protocol Version 2 (IKEv2)*. RFC 5996, Internet Engineering Task Force, September 2010.

91. Eronen, P., Laganier, J., and Madson, C. *IPv6 Configuration in Internet Key Exchange Protocol Version 2 (IKEv2)*. RFC 5739, Internet Engineering Task Force, February 2010.

92. Thaler, D., Draves, R., Matsumoto, A., and Chown, T. *Default Address Selection for Internet Protocol Version 6 (IPv6)*. RFC 6724, Internet Engineering Task Force, September 2012.

93. Fink, R. and Hinden, R. *6bone (IPv6 Testing Address Allocation) Phaseout*. RFC 3701, Internet Engineering Task Force, March 2004.

94. Ferguson, P. and Senie, D. *Network Ingress Filtering: Defeating Denial of Service Attacks which employ IP Source Address Spoofing*. RFC 2827, Internet Engineering Task Force, May 2000.

95. Nordmark, E., Bagnulo, M., and Levy-Abegnoli, E. *FCFS SAVI: First-Come, First-Served Source Address Validation Improvement for Locally Assigned IPv6 Addresses*. RFC 6620, Internet Engineering Task Force, May 2012.

96. Wu, J., Bi, J., Bagnulo, M., Baker, F., and Vogt, C. *Source Address Validation Improvement Framework*. Internet-Draft draft-ietf-savi-framework-06, Internet Engineering Task Force, January 2012. Work in progress.

97. Baker, F. and Savola, P. *Ingress Filtering for Multihomed Networks*. RFC 3704, Internet Engineering Task Force, March 2004.

98. Gont, F. *A method for Generating Stable Privacy-Enhanced Addresses with IPv6 Stateless Address Autoconfiguration (SLAAC)*. Internet-Draft draft-ietf-6man-stable-privacy-addresses-03, Internet Engineering Task Force, January 2013. Work in progress.

99. Crawford, M. *Transmission of IPv6 Packets over Ethernet Networks*. RFC 2464, Internet Engineering Task Force, December 1998.

100. S. Varada, Haskins, D., and Allen, E. *IP Version 6 over PPP*. RFC 5072, Internet Engineering Task Force, September 2007.

101. Korhonen, J., Soininen, J., Patil, B., Savolainen, T., Bajko, G., and Iisakkila, K. *IPv6 in 3rd Generation Partnership Project (3GPP) Evolved Packet System (EPS)*. RFC 6459, Internet Engineering Task Force, January 2012.

102. Crawford, M. *Transmission of IPv6 Packets over FDDI Networks*. RFC 2467, Internet Engineering Task Force, December 1998.

103. Crawford, M., Narten, T., and Thomas, S. *Transmission of IPv6 Packets over Token Ring Networks*. RFC 2470, Internet Engineering Task Force, December 1998.
104. Armitage, G., Schulter, P., and Jork, M. *IPv6 over ATM Networks*. RFC 2492, Internet Engineering Task Force, January 1999.
105. Conta, A., Malis, A., and Mueller, M. *Transmission of IPv6 Packets over Frame Relay Networks Specification*. RFC 2590, Internet Engineering Task Force, May 1999.
106. Fujisawa, K. and Onoe, A. *Transmission of IPv6 Packets over IEEE 1394 Networks*. RFC 3146, Internet Engineering Task Force, October 2001.
107. DeSanti, C., Carlson, C., and Nixon, R. *Transmission of IPv6, IPv4, and Address Resolution Protocol (ARP) Packets over Fibre Channel*. RFC 4338, Internet Engineering Task Force, January 2006.
108. Montenegro, G., Kushalnagar, N., Hui, J., and Culler, D. *Transmission of IPv6 Packets over IEEE 802.15.4 Networks*. RFC 4944, Internet Engineering Task Force, September 2007.
109. Patil, B., Xia, F., Sarikaya, B., Choi, JH., and Madanapalli, S. *Transmission of IPv6 via the IPv6 Convergence Sublayer over IEEE 802.16 Networks*. RFC 5121, Internet Engineering Task Force, February 2008.
110. Jeon, H., Jeong, S., and Riegel, M. *Transmission of IP over Ethernet over IEEE 802.16 Networks*. RFC 5692, Internet Engineering Task Force, October 2009.
111. Carpenter, B. and Hinden, R. *Adaptation of RFC 1149 for IPv6*. RFC 6214, Internet Engineering Task Force, April 2011.
112. Vyncke, E. *IPv6 over Social Networks*. RFC 5514, Internet Engineering Task Force, April 2009.
113. 3GPP, . General Packet Radio Service (GPRS); Service description; Stage 2. TS 23.060, 3rd Generation Partnership Project (3GPP), March 2012.
114. 3GPP, . General Packet Radio Service (GPRS) enhancements for Evolved Universal Terrestrial Radio Access Network (E-UTRAN) access. TS 23.401, 3rd Generation Partnership Project (3GPP), March 2012.
115. McGregor, G. *The PPP Internet Protocol Control Protocol (IPCP)*. RFC 1332, Internet Engineering Task Force, May 1992.
116. Nieminen, J., Patil, B., Savolainen, T., Isomaki, M., Shelby, Z., and Gomez, C. *Transmission of IPv6 Packets over BLUETOOTH Low Energy*. Internet-Draft draft-ietf-6lowpan-btle-11, Internet Engineering Task Force, October 2012. Work in progress.
117. Gundavelli, S., Townsley, M., Troan, O., and Dec, W. *Address Mapping of IPv6 Multicast Packets on Ethernet*. RFC 6085, Internet Engineering Task Force, January 2011.
118. Kohno, M., Nitzan, B., Bush, R., Matsuzaki, Y., Colitti, L., and Narten, T. *Using 127-Bit IPv6 Prefixes on Inter-Router Links*. RFC 6164, Internet Engineering Task Force, April 2011.
119. Krishnan, S. and Daley, G. *Simple Procedures for Detecting Network Attachment in IPv6*. RFC 6059, Internet Engineering Task Force, November 2010.
120. Johnson, D., Perkins, C., and Arkko, J. *Mobility Support in IPv6*. RFC 3775, Internet Engineering Task Force, June 2004.
121. Soliman, H. *Mobile IPv6 Support for Dual Stack Hosts and Routers*. RFC 5555, Internet Engineering Task Force, June 2009.
122. Chakrabarti, S. and Nordmark, E. *Extension to Sockets API for Mobile IPv6*. RFC 4584, Internet Engineering Task Force, July 2006.
123. Gundavelli, S., Leung, K., Devarapalli, V., Chowdhury, K., and Patil, B. *Proxy Mobile IPv6*. RFC 5213, Internet Engineering Task Force, August 2008.
124. Wakikawa, R. and Gundavelli, S. *IPv4 Support for Proxy Mobile IPv6*. RFC 5844, Internet Engineering Task Force, May 2010.
125. Kent, S. and Seo, K. *Security Architecture for the Internet Protocol*. RFC 4301, Internet Engineering Task Force, December 2005.
126. Manral, V. *Cryptographic Algorithm Implementation Requirements for Encapsulating Security Payload (ESP) and Authentication Header (AH)*. RFC 4835, Internet Engineering Task Force, April 2007.
127. Eronen, P. *IKEv2 Mobility and Multihoming Protocol (MOBIKE)*. RFC 4555, Internet Engineering Task Force, June 2006.
128. Gilligan, R., Thomson, S., Bound, J., McCann, J., and Stevens, W. *Basic Socket Interface Extensions for IPv6*. RFC 3493, Internet Engineering Task Force, February 2003.

129. Stevens, W., Thomas, M., Nordmark, E., and Jinmei, T. *Advanced Sockets Application Program Interface (API) for IPv6*. RFC 3542, Internet Engineering Task Force, May 2003.

130. Thaler, D., Fenner, B., and Quinn, B. *Socket Interface Extensions for Multicast Source Filters*. RFC 3678, Internet Engineering Task Force, January 2004.

131. Nordmark, E., Chakrabarti, S., and Laganier, J. *IPv6 Socket API for Source Address Selection*. RFC 5014, Internet Engineering Task Force, September 2007.

132. Liu, D., and Cao, Z. *MIF API consideration*. Internet-Draft draft-ietf-mif-api-extension-03, Internet Engineering Task Force, November 2012. Work in progress.

133. Berners-Lee, T., Fielding, R., and Masinter, L. *Uniform Resource Identifier (URI): Generic Syntax*. RFC 3986, Internet Engineering Task Force, January 2005.

134. Wing, D. and Yourtchenko, A. *Happy Eyeballs: Success with Dual-Stack Hosts*. RFC 6555, Internet Engineering Task Force, April 2012.

135. Postel, J. *User Datagram Protocol*. RFC 0768, Internet Engineering Task Force, August 1980.

136. Postel, J. *Transmission Control Protocol*. RFC 0793, Internet Engineering Task Force, September 1981.

137. Stewart, R., Xie, Q., Morneault, K., Sharp, C., Schwarzbauer, H., Taylor, T., Rytina, I., Kalla, M., Zhang, L., and Paxson, V. *Stream Control Transmission Protocol*. RFC 2960, Internet Engineering Task Force, October 2000.

138. Coltun, R., Ferguson, D., Moy, J., and Lindem, A. *OSPF for IPv6*. RFC 5340, Internet Engineering Task Force, July 2008.

139. Larzon, L-A., Degermark, M., Pink, S., Jonsson, L-E., and Fairhurst, G. *The Lightweight User Datagram Protocol (UDP-Lite)*. RFC 3828, Internet Engineering Task Force, July 2004.

140. Eubanks, M., Chimento, P., and Westerlund, M. *IPv6 and UDP Checksums for Tunneled Packets*. Internet-Draft draft-ietf-6man-udpchecksums-07, Internet Engineering Task Force, January 2013. Work in progress.

141. Mockapetris, P. V. *Domain names – implementation and specification*. RFC 1035, Internet Engineering Task Force, November 1987.

142. Thomson, S., Huitema, C., Ksinant, V., and Souissi, M. *DNS Extensions to Support IP Version 6*. RFC 3596, Internet Engineering Task Force, October 2003.

143. Vixie, P. *Extension Mechanisms for DNS (EDNS0)*. RFC 2671, Internet Engineering Task Force, August 1999.

144. Crawford, M. and Huitema, C. *DNS Extensions to Support IPv6 Address Aggregation and Renumbering*. RFC 2874, Internet Engineering Task Force, July 2000.

145. Jiang, S., Conrad, D., and Carpenter, B. *Moving A6 to Historic Status*. RFC 6563, Internet Engineering Task Force, March 2012.

146. Morishita, Y. and Jinmei, T. *Common Misbehavior Against DNS Queries for IPv6 Addresses*. RFC 4074, Internet Engineering Task Force, May 2005.

147. Postel, J. and Reynolds, J. *File Transfer Protocol*. RFC 0959, Internet Engineering Task Force, October 1985.

148. Allman, M., Ostermann, S., and Metz, C. *FTP Extensions for IPv6 and NATs*. RFC 2428, Internet Engineering Task Force, September 1998.

149. Malkin, G. and Minnear, R. *RIPng for IPv6*. RFC 2080, Internet Engineering Task Force, January 1997.

150. Bates, T., Chandra, R., Katz, D., and Rekhter, Y. *Multiprotocol Extensions for BGP-4*. RFC 4760, Internet Engineering Task Force, January 2007.

151. Hopps, C. *Routing IPv6 with IS-IS*. RFC 5308, Internet Engineering Task Force, October 2008.

152. Marques, P. and Dupont, F. *Use of BGP-4 Multiprotocol Extensions for IPv6 Inter-Domain Routing*. RFC 2545, Internet Engineering Task Force, March 1999.

153. Harrington, D., Presuhn, R., and Wijnen, B. *An Architecture for Describing Simple Network Management Protocol (SNMP) Management Frameworks*. RFC 3411, Internet Engineering Task Force, December 2002.

154. Haberman, B. *IP Forwarding Table MIB*. RFC 4292, Internet Engineering Task Force, April 2006.

155. Routhier, S. *Management Information Base for the Internet Protocol (IP)*. RFC 4293, Internet Engineering Task Force, April 2006.

156. Nelson, D. *RADIUS Authentication Server MIB for IPv6*. RFC 4669, Internet Engineering Task Force, August 2006.

157. Keeni, G., Koide, K., Gundavelli, S., and Wakikawa, R. *Proxy Mobile IPv6 Management Information Base*. RFC 6475, Internet Engineering Task Force, May 2012.

158. McWalter, D., Thaler, D., and Kessler, A. *IP Multicast MIB*. RFC 5132, Internet Engineering Task Force, December 2007.

159. Hui, J. and Vasseur, JP. *The Routing Protocol for Low-Power and Lossy Networks (RPL) Option for Carrying RPL Information in Data-Plane Datagrams*. RFC 6553, Internet Engineering Task Force, March 2012.

160. Townsley, W. and Troan, O. *IPv6 Rapid Deployment on IPv4 Infrastructures (6rd) – Protocol Specification*. RFC 5969, Internet Engineering Task Force, August 2010.

161. Savola, P. and Haberman, B. *Embedding the Rendezvous Point (RP) Address in an IPv6 Multicast Address*. RFC 3956, Internet Engineering Task Force, November 2004.

162. Perkins, C. *IP Mobility Support for IPv4, Revised*. RFC 5944, Internet Engineering Task Force, November 2010.

第 4 章　3GPP 网络中的 IPv6

本章介绍互联网协议版本 6（IPv6）如何在第三代伙伴项目（3GPP）核心网络和 3GPP 符合的用户设备（UE）中进行实现。也了解一下特定于 3GPP 的网络特征。感兴趣的网络架构是通用分组无线服务（GPRS）和演进的分组系统（EPS），这两者都提供分组交换服务。出于可读性原因，将主要使用 EPS 的术语，当某项技术特征特定于 GPRS 时，会具体指出。

4.1　PDN 连接服务

3GPP 网络架构中的基本概念之一是分组数据网络（Packet Data Network，PDN）连接服务，它在用户设备（UE）和公众陆地移动网络（Public Land Mobile Network，PLMN）的外部基于 IP 的 PDN 网络之间提供互联网协议（IP）连接能力和服务。PDN 连接服务支持 IP 流汇聚的传输，IP 流汇聚由各种 IP 流过滤器标识的一条或多条流组成。PDN 可以是移动运营商网络内的一个内部的、像带围墙的花园一样的 IP 网络，或在运营商管理之外的任何 IP 网络，如互联网。PDN 连接能力实现为一条已建立的 PDN 连接。PDN 连接是一台 UE 和由一个接入点名（APN）表示的一个 PDN 之间的关联。每条 PDN 连接有一个关联的互联网协议版本 4（IPv4）地址[1] 和/或一个 IPv6 前缀[2]。本节从 IPv6 使用和部署的观点，描述重要的 PDN 连接服务特征。出于简单性考虑，除非特别声明，使用术语"分组核心"指 GPRS 和演进的分组核心（EPC）。

一个期望的 PDN 的选择是使用一个 APN 实现的，APN 本质上指分组核心中的一个网关，它有到 PDN 的连接能力。一个 3GPP 分组核心中的网关是网关 GPRS 支持节点（GGSN）或分组数据网络网关（PGW）。出于可读性考虑，当在 PGW 和 GGSN 之间没有真正的功能差异时，将多数情况下使用术语 PGW 作为 GGSN 的一个同义词。特定的发行版本、功能或接口相关的差异是单独指出的。

一旦创建了一条 PDN 连接，就在各种分组核心节点中建立所要求的 PDN 连接状态，如服务网关支持节点（SGSN）、服务网关（SGW）、归属位置寄存器（HLR）等。PDN 连接状态信息包含对端网关节点的地址、各种 GPRS 隧道协议（GTP）相关的标识符、服务质量（QoS）相关的参数，但最重要的是与 PDN 连接关联的 IPv4 地址和/或 IPv6 前缀。每条 PDN 连接其自己的 IPv4 地址和/或 IPv6 前缀（由 PDN 指派给它的），它拓扑上处在到 PDN 的相应网关（GGSN 或 PGW）中。PDN 负责将 IPv4 地址和/或 IPv6 前缀分配给 UE。在 UE 上，一条 PDN 连接等价于一个网络接口。将在 4.1.2 节进一步讨论不同类型的 PDN 连接。

4.1.1　载波概念

　　PDN 连接服务的一个重要部分是载波概念。一个 EPS 载波唯一地识别各流量流，它们接受一个 UE 和一个 PGW（对于基于 GTP 的 S5/S8 接口[3,4]）之间以及一个 UE 和一个 SGW（对于基于 PMIP 的 S5/S8 接口[5-7]）之间的一项常见 QoS 处理。一个载波可进一步地分成 UE 和基站之间的无线电载波、基站和 SGW 之间的 S1 载波以及 SGW 和 PGW 之间的 S5/S8 载波（在基于 GTP 的 S5/S8 接口的情形中）。在 GPRS 侧，EPS 载波的等价概念是分组数据协议（PDP）语境。

　　普遍情况下，将 PDN 连接和 PDP 语境作为等价概念引用，虽然这不是完全没有错误的。在 GPRS 侧，存在与 EPC 的几个架构上的差异，见 2.2 节所讨论的内容，由此将一个 PDP 语境映射到一个 EPS 载波不是直接的，此时涉及载波行为细节、各种分组核心单元间的功能细节以及在各种接口上使用的协议。例如，SGSN 和 GGSN 之间基于 GTP 的 Gn/Gp 接口，以及在无线电网络控制器（RNC）和 SSGN 之间的直接隧道[8] 情形中，使用较陈旧的 GPRS 隧道协议版本 1（GTPv1）[9,4]。EPS 的通用载波概念如图 4.1 所示。当使用基于 GTP 的 S5/S8 接口和基于 PMIP 的 S5/S8 接口时如图 4.2 所示。出于简单性和整体清晰

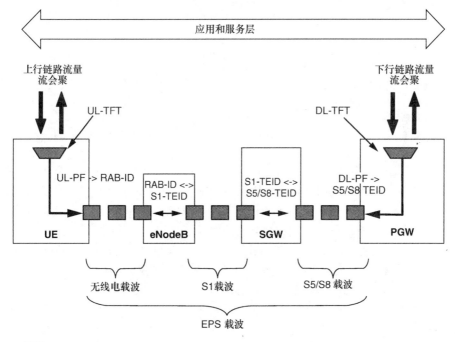

图例：

UL-TFT – 上行链路流量流模板　　　　　DL-TDT – 下行链路流量流模板
UL-PF – 上行链路分组过滤器　　　　　　DL-PF – 下行链路分组过滤器
RAB-ID – 无线电接入载波标识符　　　　　TEID – 隧道端点标识符

图 4.1　基于 GTP 的 S5/S8 接口的简化的单播 EPS 载波概念

性考虑，也将使用术语"PDN 连接"指代 PDP 语境，除非存在不适用于这两者的特定特征或功能差异，在这种情形中，将使用准确的术语。

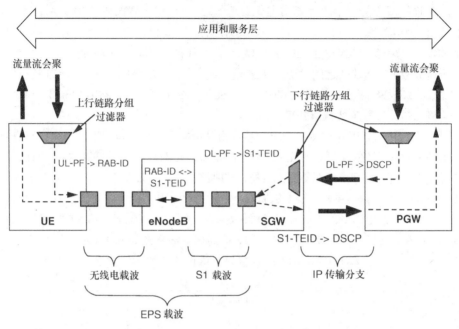

图 4.2   基于代理移动 IP（PMIP）的 S5/S8 接口的简化的单播 EPS 载波概念

当 UE 上电、附接到一个无线电网络和连接到一个 PDN 时，立刻建立一个 EPS 载波，在 PDN 连接的寿命期间，载波保持建立状态，这为 UE 提供到 PDN 的一种总是在线的 IP 连接能力。这个载波在 EPS 中被称作默认载波，在 GPRS 中从历史角度来说被称作主 PDP 语境。为相同 PDN 连接建立的任何其他的 PDP 语境或 EPS 载波，在 EPS 中被称作一个专用载波，在 GPRS 中被称作一个辅助 PDP 语境。专用载波与默认载波共享其命运（一个细节是，对于 GPRS 主辅 PDP 语境来说，情况是不相同的）。出于简单性考虑，对 GPRS 辅助 PDP 语境和 EPS 专用载波使用术语"专用载波"。

默认载波处理，EPS 和 GPRS 是不同的。在 GPRS 中，UE 可被附接到无线电网络，但仍然没有建立 PDN 连接。结果是，没有 IP 地址分配给 UE 和 PDN 连接。就 IP 编址资源的消耗而言，这是 EPS 和 GRPS 之间的一个相当基础的差异。当附接到无线电网络时，使用 EPS IP 连接能力的一个 UE 总是消耗 IP 号码资源，即 UE 总是面向 IP 连接能力的。对于默认载波，延迟 IPv4 地址的分配是可能的，如果 UE 指明它乐意使用动态主机配置协议版本 4（DHCPv4）[10, 11] 进行地址配置的话。在 4.4 节详细讨论 PDN 连接和默认载波的地址分配。

在默认载波和专用载波之间，存在一个相当大的差异。每次创建一个新的默认载波［和建立的（founding）PDN 连接］时，就为 PDN 连接分配和指派一个新的 IPv4 地址和/或 IPv6 前缀。但是，当创建一个专用载波时，它共享为 PDN 分配的现有 IPv4 地址和/或 IPv6 前缀。在使用一个流量流模板（TFT）方面，专用载波存在差异。一个 TFT 本质上是一个 IP 流的过滤器，它识别一条 IP 流，该流接受 UE 和 PGW 之间的一项特定 QoS 处理。

一个默认载波（且一个专用载波也是这样）激活和去除是有代价的。这两者都涉及在 UE 和网络［移动管理实体（MME）］之间无线电链路之上的大量［如非接入层（NAS）[12, 13]］信令、许多载波管理信令消息以及在分组核心内策略和订购数据相关的信令。如果载波激活和去除是频繁的，则可能导致人们不希望的信令负载。另外，每个新的载波总是消耗一个另外的无线电接入载波（RAB），这影响稀有的无线电接入资源。最后，常见的是，设备厂商微软并发载波数建立许可证方案，这意味着运营商有优化每个 UE 所用载波数的一项激励。

4.1.2   PDP 和 PDN 类型

如 4.1 节所讨论的，每条 PDN 连接都与一个 IPv4 地址和/或 IPv6 前缀关联。一条 PDN 连接可仅携带在默认载波建立过程中协商得到协议类型。从历史角度看，一个 PDP 语境也可携带点到点协议（PPP）[14] 帧。但是，自从在 3GPP 发行版本 8 中引入 EPS 之后，PPP 就废弃不用。存在三种不同的 PDP 类型（在 GPRS 中）和 PDN 类型（在 EPS 中）。出于简单性考虑，除非另外指出，对 PDP 类型和 PDN 类型使用术语"PDN 类型"：

1）**PDN 类型 IPv4**——PDN 连接准确地与一个 IPv4 地址关联。这个 PDN 类型普遍被称作纯 IPv4 载波或纯 IPv4 PDN 连接。自从 3GPP 规范[8]的第一发行版本以来，PDN 类型 IPv4 一直是 3GPP 规范的组成部分。

2）**PDN 类型 IPv6**——PDN 连接准确地与一个带一个/64 前缀长度的 IPv6 前缀关联。这个 PDN 类型普遍被称作纯 IPv6 载波或纯 IPv6 PDN 连接。自从 3GPP 规范[8]的发行版本 99 以来，PDN 类型 IPv6 实际上就成为 3GPP 规范的组成部分。

3）**PDN 类型 IPv4v6**——PDN 连接与一个 IPv4 地址和一个 IPv6 前缀关联。这个 PDN 类型也普遍地被称作一个双栈载波或一个双栈 PDN 连接。对于 EPS 自 3GPP 发行版本 8（即对于 S5/S8 接口和 S4 接口）[15, 16]和对于 GPRS 自发行版本 9（即对于 Gn/Gp 接口）[8, 15]以来，PDN 类型 IPv4v6 成为 3GPP 规范的组成部分（出于一种不可知的原因，就 PDN 类型 IPv4v6 而言，EPC 和 GPRS 有一项不幸的特征。仅在 3GPP 发行版本 9 中，GPRS 才达到相同水平）。

仅有协商的流量类型才可在 PDN 连接之上被传输。此外，常见实践是，应用进入过滤，禁止一个 UE 发送带有与所关联 PDN 连接不同的源地址之 IP 分组[17]。但是，存在移动路由器解决方案，其中一个完整的 IPv4 子网被静态地路由到 UE 背后的一个网络。这样的解决方案是特定于厂商的，3GPP 标准不涵盖这些方案。

PDN 类型的严格分离以及每条 PDN 连接一个 IPv4 地址和/或 IPv6 前缀的约束，导致每 UE 并发 PDN 连接数量的大量增加。例如，如果符合 3GPP 预发行版本 8 标准的一个 UE，希望具有双栈连接能力，基本上来说，它必须创建两条并发的 PDN 连接：一条是 PDN 类型 IPv4，另一条是 PDN 类型 IPv6。此外，当存在在一个 PDN 中隔离流量并提供差异性路由的需要时，常见实践是，创建到一个可能不同的 APN 的一条 PDN 连接，仅为一项新服务在 UE 中配置另一个 IPv4 地址和/或 IPv6 前缀。因为每条 PDN 连接（及其关联的 IP 寻址）是相互不同的，所以服务和 PDN 差异性就成为可能。这种方法实际上模仿（mimic）端主机多接口法。但是，为在一个 UE 上配置一个以上的 IPv4 地址和/或 IPv6 前缀，使用多个默认载波，具有人们所不期望的信令和资源消耗副作用，如 4.1.1 节所述。在 6.2.2 节将继续讨论这个专题以及有关多载波和 IP 寻址模型的可能的未来增强措施。

4.1.3　3GPP 中的链路模型

从 IP 功能角度来看，链路模型具有一个重要地位，特别当涉及 IPv6 时更是如此。最初，3GPP GPRS 架构有单链路模型：一个 UE 和一个 GGSN 之间的一条点到点链路，它是依据一条 PPP 链路建模的。对于 3GPP EPS 架构，相同的链路模型仍然成立，此时使用基于 GTP 的 S5/S9 接口，其中点到点链路是位于一个 UE 和一个 PGW 之间的。实际上，自 3GPP 发行版本 8 以来，由于 EPC 中另外支持的 IP 移动能力和隧道技术[5, 18-20]，所以现在有多个链路模型。但是，仅集中讨论有商用部署的两个 IP 移动性协议和链路模型：3GPP 接入技术的一个基于 GTP 的解决方案和一个基于 PMIP 的解决方案。

1. 使用基于 GTP 的接口，3GPP 接入的链路模型

图 4.3 形象地给出了基于 GTP 的 S5/S8 接口的用户平面。对于用户平面而言，除了不同的网关命名外，基于 Gn/Gp 的接口几乎是相同的。使用基于 GTP 的 Gn 接口、Gp 接口和 S5/S8 接口之 3GPP 接入的链路模型，在用户平面上具有如下通用特征：

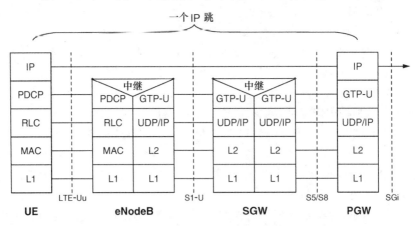

图 4.3　EPS 基于 GTP 接口的链路模型和用户平面协议栈

1）3GPP 链路是一个 UE 和一个 PGW 之间一条像点到点的链路。在链路上可能仅有两个节点：UE 和第一跳路由器。

2）PGW 是 UE 的第一跳路由器。

3）IPv4 地址和/或 IPv6 前缀，拓扑上在 PGW 处。

4）链路没有链路层地址。

5）PGW 从来不在面向 UE 的其接口上配置一个 IPv4 地址。

6）在链路上 IP 地址的寿命与 PDN 连接寿命共享相同的命运（即相同）。

3GPP 链路模型具有如下 IPv6 特定的性质和特征：

1）PGW 是唯一的 UE 与之交换邻居发现协议（NDP）消息的对端节点。

2）PGW 不得不在其面向 UE 的接口上配置一个链路本地 IPv6 地址，且没有具有一个不同范围的其他 IPv6 地址。具体而言，PGW 没有在它在链路上所通告的 IPv6 前缀外配置任何地址。

3）准确地说链路有一个前缀，每个 UE 独特的/64 IPv6 前缀［在相同路由域下，如果使用独特链路地址（ULA）的话］，且 UE 基于这个 IPv6 前缀，配置它的非链路范围的单播 IPv6 地址。

4）在链路上/64 IPv6 前缀的寿命与 PDN 连接寿命共享相同的命运。因此，这个/64 前缀将首选和有效寿命都设置为无穷。

5）PGW 为 UE 选择 IPv6 接口标识符（IID）[21]。在 NAS 信令之上将 IID 传递给 UE，要求 UE 使用 PGW 选择的 IID 配置它的链路—本地 IPv6 地址。这是为了确保在链路上从来不会存在一次重复地址检测（DAD）[22]失败。几个调制解调器驱动和框架不能从无线调制解调器和 NAS 信令交付到主机侧。相反它们产生它们自己的 IID，这对在 3GPP 链路上的一次链路—本地地址冲突，出现了理论上的可能性。

6）不需要 NDP 地址解析和重定向功能。在链路上除了 UE 和 PGW 外，没有链路层地址或节点。但是，进行地址解析应该不会带来伤害，除了产生不必要的流量外。

7）应该不需要 NDP DAD。在主机中的 DupAddrDetectTransmits[22]配置变量应该被设置为 0，将 DAD 关闭。但是，除了产生不必要的流量外，实施 DAD 不会带来伤害。如果 UE 使用一个邻居发现代理[23]，开始作为一台 IPv6 栓链设备，则情况也许会发生变化。

8）NDP 邻居不可达检测（NUD）不是特别必要的，但建议激活它。如果 UE 使用一个邻居发现代理[23]，开始启动栓链法，则情况也许会发生变化。

9）在没有重新建立 PDN 连接的情况下，重新编址链路上的 IPv6 前缀，不支持这种情况。

就上面的 3GPP 链路的具体细节（点到点和没有链路层地址）而言，在 3GPP 链路上 NUD 是特别有意思的。像在 RFC 4861[24]中描述的那样，使用单播邻居请求和通告的 NUD 算法，对链路（没有链路层地址）（像 3GPP 链路）不做另外假定的条件下，实际上是不能正常工作的。那么剩下的就是上层确认，从路由器观点看（如 PGW），这特别是不充分的，除非有双向和活跃的传输层流。此外，PGW 应该会发起一次路由器—主机 NUD 吗？其中使用在链路上通告的/64 前缀外的其他前缀配置地址。因为/64 前缀是作为整体路由到 UE 的，且 PGW 邻居发现协议实现将没有理由为从/64 前缀派生的任何地址维护额外的邻居状态，我们论证过，在那个方面，NUD 不应该有例外。如果 PGW 坚持使用一条单播邻居请求，发起一次路由器—主机 NUD，那么它应该使用网络侧指派的 UE 之单播链路本地地址作为目的地。在 3GPP 链路上的 NUD，不管 UE 还是 PGW 发起的，都必须正确地处理邻居发现协议状态转换，而不管缺乏链路层寻址的情况。例如，UE 和 PGW 可处理 NUD 发起的邻居发现协议消息，就像合适的链路层寻址选项总是存在一样。也应该理解的是，如果 NUD 失败，则 3GPP 规范就接下来应该发生什么，应该保持沉默，对于路由器—主机 NUD，这将特别成为一项担忧。

2. 使用基于 PMIP 的接口， 3GPP 接入的链路模型

从发行版本 8[16]开始，将 3GPP 接入的基于 PMIP 的 S5/S8 接口以及信任的非 3GPP 接入的 S2a/S2b 接口被引入到 3GPP 架构。图 4.4 形象地给出了基于 PMIP 的 S5/S8 接口的用户平面。使用基于 PMIP 的 S5/S8 接口的 3GPP 接入链路模型，在用户平面上有如下通用特征：

1）该链路是一个 UE 和一个 SGW 之间像点到点的一条链路。在链路上仅有两个节点：UE 和第一跳路由器。

2）SGW 是 UE 的第一跳路由器。注意这是基于 GTP 的接口和基于 PMIP 的接口之间的一个基本差异，在 3GPP 规范中就链路模型的规范方面，存在某些已知的异常。将在本节后面进一步讨论基于 PMIP 的 S5/S8 接口链路模型。

3）IPv4 地址和/或 IPv6 前缀仍然在拓扑上处在 PGW，除了第一跳路由器在 SGW 外。

4）3GPP 链路没有链路层地址。

5）SGW 可在其面向 UE 的接口上配置一个 IPv4 地址，作为默认网关地址。但是，就发行版本 11 而言，NAS 信令不能将默认网关地址传递给 UE。

6）链路上 IP 地址的寿命与 PDN 连接寿命具有相同的命运。

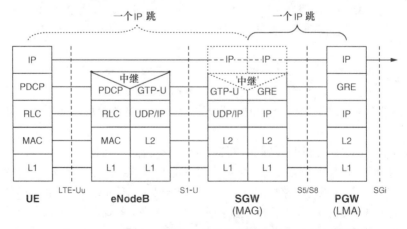

图 4.4   EPS 基于 PMIP 接口的链路模型和用户平面协议栈

3GPP 链路模型具有如下 IPv6 特定的性质和特征：

1）SGW 是 UE 与之交换 NDP 消息的唯一对端节点。

2）SGW 必须将一个链路本地 IPv6 地址配置到其面向 UE 的接口，且没有带有一个不同范围的其他 IPv6 地址。具体而言，SGW 没有配置它在链路上通告的 IPv6 前缀外的任何地址。

3）该链路有准确的一个、每 UE 唯一的/64 IPv6 前缀，且 UE 基于这个 IPv6 前缀配置它的单播 IPv6 地址。

4）在链路上/64 IPv6 前缀的寿命与 PDN 连接寿命具有相同命运。因此，在链路上的/64 前缀将首选寿命和有效寿命设置为无穷。

5）PGW（注意，不是 SGW）为 UE 选择 IPv6 IID[21]。IID 在 NAS 信令之上被传递给 UE，且要求 UE 使用 PGW 选择的 IID 来配置其链路—本地 IPv6 地址。这是为了确保在链路上从来不会出现一次 DAD[22] 失效。几个调制解调器驱动和框架不能将来自无线电调制解调器和 NAS 信令的 IID 交付到主机侧。相反，它们产生其自己的 IID，这为在 3GPP 链路上出现一次链路本地地址冲突，出现了一种理论上的可能性。

6）不需要 NDP 地址解析和重定向功能。在链路上除了 UE 和 SGW 外，没有链路层地址或节点。但是，除了产生不必要的流量外，实施地址解析没有害处。

7）不应该需要 NDP DAD。主机中的 DupAddrDetectTransmits[22] 配置变量应该被设置为 0，关闭 DAD。但是，除了产生不必要的流量外，实施 DAD 没有害处。如果使用一个邻居发现代理，UE 开始作为一个 IPv6 栓链设备时，状况也许发生变化。

8）NDP NUD 不是特别必要的，但建议激活它。如果使用一个邻居发现代理，则 UE 开始实施栓链法，则这可能变得重要。

9）因为第一跳路由器位于 SGW 处，作为 UE 移动性和 SGW 重定位的结果，SGW 可能发生变化。这意味着，从 NDP 角度看，空闲模式移动性需要特别小心，因为路由器通告发送间隔没有在 SGW 之间做出协调。一旦 UE 变得活跃，则 SGW 应该将一条路由器通告立刻发往 UE，否则在 SGW 以另外方式发送它的周期性非请求路由器通告之前，UE 中的默认路由器也许会超时。

10）在没有重新建立 PDN 连接的条件下，重新编址链路上的 IPv6 前缀，这项功能没有得到支持。

依据互联网工程任务组（IETF）代理移动 IPv6（PMIPv6）规范[6, 7]，一台移动接入网关（MAG）是移动节点的第一跳路由器。这意味着，在 3GPP 架构中位于一个 SGW 中的 MAG，将它所转发的每条 IP 分组的跳限制/存活时间（TTL）值减 1。类似地，在 3GPP 架构中位于一个 PGW 中的本地移动性锚点（LMA），将它所转发的每条 IP 分组的跳限制/TTL 值减 1。就 SGW 是否应该将跳限制/TTL 值减 1，在 3GPP 规范的预发行版本 11[5] 中（有意地）留下未做规范，因此，到处存在着两种不同解释和实现。图 4.4 形象地给出了基于 PMIP 的 S5/S8 接口。SGW 中的点式线给出 3GPP 定义的 PMIP 链路模型的有争议部分。

另外，3GPP 规范[25]明确了 SGW 发出路由器通告。3GPP 规范[16]同样明确了 SGW 必须实现一项动态主机配置协议版本 6（DHCPv6）中继[26]功能，而 PGW 实现 DHCPv6

服务器功能，该规范同样澄清的是，当使用基于 PMIP 的 S5/S8 接口时，SGW 是一台路由器。最终结果是基于 PMIP 的和基于 GTP 的 EPC 联网节点之间相当不幸的功能不匹配，当将其他非 3GPP 接入技术集成到 EPC［如无线局域网（WLAN）］[18] 或在基于 PMIP 的 S5/S8 接口之上部署 DHCPv6 前缀委派（PD）[27, 28] 时，这已经导致潜在的互操作问题。

3GPP 发行版本最终纠正了针对所有非 3GPP 接入的链路模型，从而它们在链路模型上遵循 IETF 定义，这包括基于 PMIP 的 S5/S8 接口，现在 SGW 已正式地将跳限制/TTL 减 1。

4.2　端用户 IPv6 服务对 3GPP 系统的影响

4.2.1　用户、控制和传输平面

3GPP 做出了一项睿智的决定，将在 IP 之上传输的所有接口分成控制平面、用户平面和传输平面。控制平面包括信令协议，如 Diameter[29] 和 GTP 控制平面（GTP-C）[3] 等。因为用来传输一个控制平面的 IP 版本独立于实际内容——信息单元（IE），如 Diameter 属性值对（AVP），所以从信息内容的角度看，任何控制平面接口均可迁移到 IPv6，同时在分组核心中仍然在一个纯 IPv4 的传输平面之上传输该内容。这允许将控制平面以阶段方式迁移到 IPv6，即保持实际的传输平面在 IPv4 中，同时控制平面本身迁移到 IPv6。图 4.5a 和图 4.5b 形象地说明了在 3GPP GPRS/EPC 中控制平面和传输平面的一个典型常见构造。

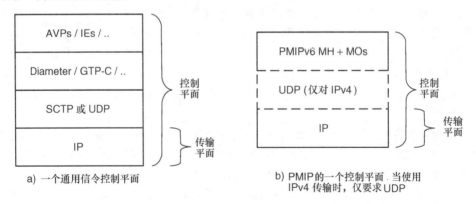

图 4.5　一个控制平面与一个传输平面的关系

所有端用户流量都是在一个分组核心内以隧道方式传输的，典型地是在一个 GTP 用户平面（GTP-U）[4] 或一个 PMIP[6] 隧道内部。类似于控制平面，实际内容，即用户平面将内部流量和寻址（这是端用户和 UE 看到的）打上隧道，独立于传输平面上的隧道的外部 IP 寻址。同样，这允许将用户平面分阶段迁移到 IPv6（和迁移到双栈），同时仍

然保持实际的传输平面在 IPv4 中。图 4.6a 和图 4.6b 形象地给出了在 3GPP GPRS/EPC
中用户平面和传输平面的构造。

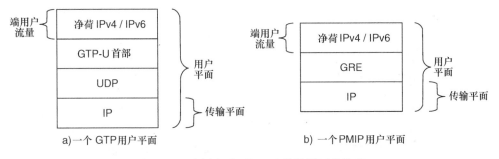

图 4.6　一个用户平面与一个传输平面的关系

　　将传输平面与用户平面和控制平面分离，以及所有用户平面流量以隧道方式传输
的事实，将在理论上允许部署多数分组核心网元（3GPP 特定的和纯粹的 IP 路由/交换
设备），而在其本身的联网连接能力水平上不支持 IPv6 的情况下做到这一点。例如，如
果一家运营商在其分组核心网络中有现有的纯 IPv4 多协议标记交换（MPLS）[30]，则可
保持不做改变且是不感知 IPv6 的或不支持 IPv6 的[31, 32]。

4.2.2　受到影响的联网单元

　　如在 4.2.1 节讨论的，将 3GPP 接口分成一个控制平面、一个用户平面和一个传输
平面的做法，使分阶段地将 3GPP 系统的不同部分迁移到 IPv6 成为可能。特别地，将传
输平面与其他两个平面分离的做法，从端用户服务角度看，允许将整个 3GPP 系统迁移
到 IPv6，而同时仍然保持底层运营商分组核心、回传线路（backhaul）和无线电接入网
络 IP 基础设施保持不变，并仍处在 IPv4 上。但是，当引入 IPv6 作为端用户服务时，仍
然在系统层次，多数 3GPP 联网单元会受到影响。

　　图 4.7 给出了 GPRS 和 EPS 联网单元，其中包括 UE，它受到端用户 IPv6 或双栈服
务（即在用户平面上交付 IPv6）引入的影响。基本上而言，除了 IP 传输平面（IP 传
输）和 3GPP 接口［不包括（S）Gi］，所有方面均受到影响。在图 4.7 中，被影响的单
元被标记一个星号。比起通常的概念架构图而言，该图要复杂得多（且也是比较难以
剖析的），原因是需要指出所有被影响的单元和接口。这里将简短地浏览一下所有被影
响的单元，并看看对于端用户 IPv6 访问来说，作为入门水平都需要什么。

1. 用户设备

　　IPv6 在多个层对 UE 具有重大影响。在高层，针对 IPv6 支持，必须验证如下方面：

　　1）无线电调制解调器及其固件必须支持 IPv6。常见实践是，如果顾客没有具体地
请求实现那项特征，即使一个特定的 3GPP 发行版本强制要求的那些特征，也不加以实
现，即并不实现所有功能特征。长时间以来，IPv6 和 IPv4v6 PDN 类型就一直是这种
情况。

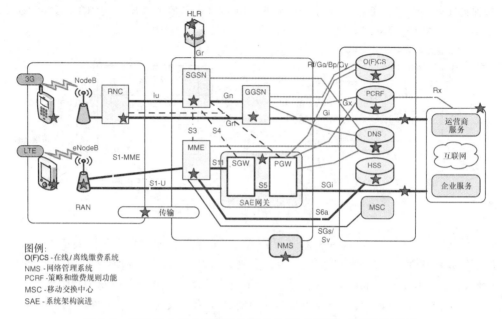

图例：
O(F)CS - 在线/离线缴费系统
NMS - 网络管理系统
PCRF - 策略和缴费规则功能
MSC - 移动交换中心
SAE - 系统架构演进

图 4.7   受到 IPv6 用户平面服务影响的 3G-GPRS 和 EPS 联网单元

2）UE TCP/IP 栈必须支持所要求的 IPv6 标准[33]。

3）如果 UE 实现了任何种类的连接管理器，则它必须感知 IPv6，例如能够针对 IPv6 连接能力，请求 PDN 类型 IPv6。

4）应用编程接口（API）和可能的中间件必须支持新的 IP 版本，即 IPv6。

5）各项应用必须支持 IPv6，或在最佳情形中，应用根本不需要关注 IP 版本。假定 API 和中间件已经提供 IP 版本不感知的应用接口，那么就不需要将应用移植到 IPv6 之上（例外情况，当应用必须感知 IP 时的情况）。

取决于 IP 栈和无线电调制解调器功能的集成水平，3GPP 传统上将 UE 分成两个主要类别。典型情况下，一个 UE 指一部移动电话，它是紧密集成的设备，其中调制解调器与主机其他部分（包括 IP 栈）的分离，在实践中是没有定义的。在一个标准空间中，调制解调器和主机之间的接口是一个注意（AT）命令[34]和一个 PPP 接口。但是，在现实中，集成设备可有任何种类的接口。典型情况下，一个集成的 UE 有一个经过裁剪的"蜂窝感知的" TCP/IP 栈和用于各应用的 API。在这种情形中，IPv6 就绪状态（在前面的列表条目从 1 到 5 的条目）通常是完全由 UE 厂商控制的，另外则是第三方应用。AT 命令集和接口必须明显地支持 IPv6 扩展，且如果真正使用 PPP，它也必须显式地支持 IPv6 和互联网协议版本 6 控制协议（IPv6CP）[35]。

实现一个 UE 的另一种方式是将带有 IP 栈的端主机［终端设备（TE）部分］与无线电调制解调器［移动终端（MT）部分］隔离开。这是一个典型的拨号模型设置，并普遍被称作分离的 UE。TE 和 MT 之间的协议传统上是 PPP，这最初是在 3GPP 标准[25]中定义的。但是，如今非常常见的是使用 TE 和 MT 之间基于统一串行总线（USB）的连接[36,37]，并将蜂窝点到点链路输出为一个以太网接口。同样，集成 UE 和分离 UE 之间的差异变得模糊了，且被认为是集成式的许多 UE，实际上内部是分离 UE。

在 4.7 节，将讨论细节，描述 UE 特定的 IPv6 考虑。

2. 无线电接入网络

无线电接入网络（RAN）对用户平面 IP 寻址应该是完全透明的。但是，如果激活并使用 IP 首部压缩，则可能出现差异。不幸的是，存在首部压缩算法的多种组合，这取决于 RAN 的类型和在用的哪个 3GPP 发行版本。典型情况下，一个首部压缩算法对压缩 IPv6 分组具有显性支持。首部压缩发生在基于 Gb 的第二代（2G）/GSM/边缘无线电接入网络（GERAN）的子网相关汇聚协议（SNDCP）[38] 处，或发生在基于 Iu 的第三代（3G）/UMTS 陆地无线电接入网络或基于 Iu 的 2G/GERAN[41,42] 的分组数据汇聚协议（PDCP）层[39,40] 处，并最终发生在基于 S1 的长期演进（LTE）/演进的 UMTS 陆地无线接入网络（E-UTRAN）的 PDCP 层处。

SNDCP 层处在 UE 和 SGSN 之间。PDCP 层处在 UE 和 3G/UTRAN 的 RNC 或 LTE/E-UTRAN 的演进节点 B（eNodeB）之间。在首部压缩应该得到支持的情况下，那么网络必须具有对网元上所要求首部压缩算法的支持，网元终结 SNDCP 或 PDCP。表 4.1 列出了 3GPP 系统支持的首部压缩算法及其 IPv6 支持。另外，不错的做法是，验证需要的首部压缩算法 IPv6 概要实际上都得到实现，原因是对 IPv4 和 IPv6 通常存在不同的概要。

表 4.1　对 IPv6 的首部压缩支持

算　　法	IPv6 支持	SNDCP	PDCP	备　　注
Van Jacobson[43]	否	是	否	过时
IPHC[44]	是	发行版本 99	发行版本 99	LTE 之上的话音（VoLTE）是不需要的[45]
ROHC[46,47,48]	是	发行版本 6	发行版本 4	VoLTE[45] 要求概要 0x0001 和 0x0002

如果多媒体广播组播服务（MBMS）[49] 在运营商网络内得到支持，那么 RNC（对于 UTRAN）和 eNodeB（对于 E-UTRAN）可能需要 IPv6 组播支持，更具体而言是对源—特定组播（SSM）[50-52] 的支持。

3. SGSN、SGW 和 MME

假定 SGSN 和 SGW 对用户平面流量都是透明的，因为它们不被看作实施转发的路由器而是被看作桥接设备。在 PDN 连接创建过程中，PDN 类型有一个至关重要的角色。首先，SGSN，或在 EPC 情形中的 MME，必须理解来自 UE 的请求 PDN 类型。第二，SGSN/MME 也必须理解作为订购概要数据 [在（S4）SGSN 情形中在 Gr 或 S6d 接口以及 MME 情形中 S6a 接口上下载的] 下载的 PDN 类型。第三，被请求的和订阅的 PDN 类型必须匹配。在用户平面上，IPv6 也对计费有影响，具体而言是在计费数据记录（CDR）中 IPv6 和双栈 PDN 类型及地址信息的支持有影响。在后面的 4.2.3 节讨论计费方面的影响。

对于使用 Gn/Gp 接口之 GPRS 的一个 SGSN，使用 S4 接口之 EPC 的一个 S4-SGSN，

以及使用 S5/S8 接口的一个 SGW，对 PDN 类型具有不同支持，特别涉及 PDN 类型 IPv4v6，且对一个未知 PDN 类型的处理是不同的，这取决于 3GPP 发行版本。在 4.5 节讨论各种 PDN 类型处理组合和回退场景。

在过去，存在甚至不理解 PDP 类型 IPv6 的 SGSN，这只会导致 PDP 语境创建的失败。虽然这种行为可被看作违背了 3GPP 规范。

表 4.2 汇总了用户平面 IPv6 支持及其对分组核心 SGSN、SGW 和 MME 单元的影响。用户平面 IPv6（纯 IPv6 或双栈）从 3GPP 发行版本 8 以上在 SGW、MME、S4-SGSN 和相关的信令接口中在 EPC 上得到原生支持。在 GPRS 的情形中，在任何发行版本上基于 Gn/Gp/Gr 的 SGSN 都是以虚拟方式支持纯 IPv6 的。对于双栈，要求 3GPP 发行版本 9。具体而言，发行版本 9 将 PDP 类型 IPv4v6 引入 Gn/Gp 接口，为 Gr 接口引入 Ext-PDP-Type 和 Ext-PDP-Address 信息单元[53]。在实际厂商产品中，这些发行版本特定的许多特征都要求购买合适的许可证才能被激活和运行。

如果在运营商核心网络内支持 MBMS[49]，那么 SGSN 需要支持 IPv6 组播，更具体而言是支持 SSM[50-52]。

表 4.2　SGSN、SGW 和 MME 对用户平面 IPv6 的支持

功　　能	Gn/Gp-SGSN	SGW/S4-SGSN	MME	备　　注
纯 IPv6	发行版本 99	发行版本 8	发行版本 8	——
双栈	发行版本 9	发行版本 8	发行版本 8	在 Gn/Gp-SGSN 中也要求发行版本 9 的 Gr 支持

4. GGSN 和 PGW

从用户平面角度看，GGSN 和 PGW 是用于基于 GTP 的 Gn 接口、Gp 接口和 S5/S8 接口的第一个 IP 感知的分组核心单元。在基于 PMIP 的 S5/S8 接口的情形中，SGW 是第一个 IP 感知的分组核心单元。

除了 GTP 层次的 IPv6 影响外（见 4.3 节），PGW 支持多项 IP 路由器和接入网关层次的功能，也必须激活对 IPv6 的支持。这些功能包括如下方面：

1）DHCPv6 服务器功能[25, 26]。直到发行版本 10，仅支持对附加参数配置的 DHCPv6 操作无状态模式[54]。但是，DHCPv6 PD 的引入为之增加了一种有状态操作模式[27, 55]。

2）DHCPv6 客户端功能[25, 26]。

3）远程认证拨入用户服务（RADIUS）和/或 Diameter 客户端功能[25]。属性和 AVP 必须有对 IPv6 值和内容的 IPv6 支持实现。

4）基本路由和相应的路由协议［例如开放最短路径优先 3（OSPFv3）][56]和/或多协议边界网关协议（MP-BGP）[57]。

5）在 MBMS 的情形中，一个 GGSN 也必须理解 IPv6 SSM[50]和组播侦听者发现版本 2（MLDv2）[51, 52]。

表 4.3 汇总了用户平面 IPv6 对 PGW 单元的影响，这取决于 3GPP 发行版本。

表 4.3　GGSN 和 PGW 对用户平面 IPv6 的支持

功　能	GGSN	PGW	备　注
纯 IPv6	发行版本 99	发行版本 8	—
双栈	发行版本 9	发行版本 8	—
DHCPv6 客户端	发行版本 99	发行版本 8	—
DHCPv6 中继	发行版本 99	发行版本 8	中继功能是"可能的"
DHCPv6 服务器	发行版本 99	发行版本 8	直到发行版本 10 之前都是无状态的（DHCPv6 PD）
RADIUS 客户端	发行版本 99	发行版本 8	—
Diameter 客户端	发行版本 99	发行版本 8	—

另外，PGW 也可能包括防火墙、各种风格的网络地址转换（NAT）和深度分组检测（DPI）功能，这取决于厂商的不同。但是，这些功能不是 3GPP 标准的组成部分。

多数 PGW 产品，如果不是所有 PGW 产品，也支持订购概要（或会话概要、APN 配置，这取决于厂商）的本地配置。这意味着，产品必须理解基本的订购配置，如 IPv6 前缀池、IPv6 域名系统（DNS）服务器地址[58] 和代理会话控制功能（P-CSCF）地址等（这里只列举一些）。

PGW 也有策略和计费控制（PCC）[59] 策略和计费增强功能（PCEF）与许多计费相关的接口。理论上说，所有 PCC 和计费相关的接口都是 IPv6 感知的，原因在于它们是在发行版本 7 中引入的。对双栈 PDN 类型的支持，没有导致对 PCC 信令接口的任何特定改变。一般而言，对于所有基于 Diameter 的接口，在属性值对（AVP）层次对 IPv6 的支持，必须针对每家厂商的产品都做验证。存在几种情形，其中在 AVP 处理层次，对 IPv6 的支持都未实现。例如，一个特定的 AVP 即使存在，但如果内容是 IPv6 而不是 IPv4，这将导致一个错误或不确定的行为。

最后，（S）Gi 接口提供到外部 PDN 的连接能力。最小程度，（S）Gi"所处"接口必须理解 IPv6，并被连接到提供中转（到一些支持 IPv6 的 PDN）的一个网络，如互联网。从（S）Gi 到外部 PDN 的连接能力也以隧道方式提供，例如，如果直接连接到（S）Gi 的物理（中转）网络是纯 IPv4 的话。将在 4.2.4 节讨论外部 PDN 连接能力。

如前所述，PGW 可能有一个 RADIUS 客户端[60, 61] 和 Diameter 客户端的功能。位于外部 PDN 网络中的认证、授权和计费（AAA）服务器在（S）Gi 接口之上使用任一 AAA 协议进行连接。从设计上说，Diameter 也是在 AVP 及其值的层次上感知 IPv6 的。RADIUS 是在后来增加 IPv6 感知属性的[62, 63, 64]。

5. 用户管理系统、HLR 和 HSS

PDN 类型是存储在一个 HLR 或一个 HSS 中订购概要数据的组成部分。严格地从 3GPP 规范观点看，从 3GPP 发行版本 5 开始，HLR 就被替换为 HSS。但是，在实践中这两种系统都仍然在并行地开发和部署。除非运营商也打算部署 IP 多媒体子系统（IMS）和/或 EPS，否则它们没有部署一个 HSS 的急迫的（外部）激励（pressing incentive）。

按照每个用户一个 APN 的做法，提供所支持的 PDN 类型。每个用户可被提供多个接入点名称。在 HLR/HSS 中，对于每个 APN 可能有如下 PDN 类型：

1）**纯 IPv4 PDN/PDP 类型**——该 APN 仅提供 IPv4 服务。

2）**纯 IPv6 PDN/PDP 类型**——该 APN 仅提供 IPv6 服务。

3）**IPv4v6 PDN/PDP 类型**——该 APN 提供双栈或单 IP 版本服务。

4）**IPv4_or_IPv6 PDN 类型**——该 APN 提供 IPv4 或 IPv6 服务。这个 PDN 类型特定于 HSS，且不存在于 HLR 中（即 Gr 接口[53]）。独立地为同一 APN 定义 PDN/PDP IPv4 和 IPv6，功能上等价于 PDN 类型 IPv4_or_IPv6，但这取决于实现，也许要求复制用户数据的多个组成部分。

特定的 IPv4_or_IPv6 PDN 类型在实践中没有带来附加值。一个 HLR 可能有不同 PDN 类型的多个 APN 配置，即使对于同一名字也可能是这样的；实际上，这些配置将取得相同的功能。此外，在发行版本 10 中澄清的是，为一个给定 APN 提供 PDN 类型 IPv4v6，指为那个 APN 也提供 PDN 类型 IPv4 和 PDN 类型 IPv6。

应该指出的是，3GPP 发行版本 9 之前，在 HLR 的 Gr 接口[53]信令中不存在 PDN 类型 IPv4v6。PDP 类型 IPv4v6 导致 SGSN 订购概要下载失败（因为对于 Gr 接口，不理解 Ext-PDP-Type 和 Ext-PDP-Address 信息单元）或将 PDP 类型 IPv4v6 看作 PDP 类型 IPv4 进行处理（欲了解详细讨论，见 4.5 节）。

6. IP 传输平面

用户平面 IPv6 对传输平面没有直接影响。传输平面以后可被迁移到 IPv6。但是，IPv6 分组首部（最小 40B）比 IPv4（最小 20B）要大得多。因为所有 IP 流量是以隧道方式通过分组核心的，且传输层最大传输单元（MTU）可能已经针对典型的 IPv4 流量做了优化，令人不期望的结果可能是增加的 IPv6 分组分片[65]或在最坏情况下，分组根本不能通过，如由于过滤互联网控制消息协议（ICMP）消息。IPv6 迁移机制的可能引入也没有使情况有所好转，而情况恰恰相反（欲了解详细讨论，见 5.2.2 节）。在 3GPP 网络中典型的打隧道额外负担是（假定一个基于 IPv4 的传输平面）最小 36B，这个大小来源于外部的 IPv4 首部（20B）、用户数据报协议（UDP）[66]首部（8B）和 GTP-U 首部（最小 8B）。假定在分组核心传输平面中的一个 1500 字节 MTU，这将得到在用户或控制平面中 1464 字节的一个最大可行 MTU。

常见实践是，3GPP 感知的 UE 栈优化它们的 3GPP 链路默认 MTU 值，或传输控制协议（TCP）最大分段尺寸（MSS）[67]，以便避免分组核心中不必要的分片[68]。同样假定在分组核心传输平面中的 1500 字节 MTU，则对于 IPv6 流量，最大 TCP MSS 将是 1404（即 1500 – 36 – 40 – 20）字节，而对于 IPv4，最大 MSS 将是 1424（即 1500 – 36 – 20 – 20）字节。一些分组数据网络网关也尝试缓解 IPv6 源发的（originated）MTU 问题，方法是在路由器通告中通告一个 MTU（其中将底层 GTP 打隧道的额外负担考虑在内）或以另外的方式实施在线（on-wire）MSS 钳制法（clamping）。建议一台支持 IPv6 的端主机[33]实施一个路径 MTU 发现规程[69]。但是，已知许多网络不必要地过滤分组太大互联网控制消息协议版本 6（ICMPv6）消息[70, 71]。一种替代方法将是，各 UE 支持分组化层路径 MTU 发现[72]。

一名知识渊博的读者现在也许有点迷惑，原因是 3GPP 规范[8]声称最大安全的 MTU 值是 1358B。这个值是从哪里来的呢？让我们仔细研究最坏情形场景之一，其中 GTP 分组是在一个 RAN 节点和核心网之间受到 IPsec[73]保护的隧道模式，且 IPv6 甚至是在传输层部署的。在那种情形中，用户平面分组首先被封装在一个 GTP 隧道中，这得到如下额外负担：

1）40B 的 IPv6 首部

2）8B 的 UDP 首部

3）16B 的扩展 GTP-U 首部

这得到 64B 的 GTP 额外负担。GTP 分组被进一步地封装到一条 IPsec 隧道。最终的 IPsec 隧道额外负担取决于所用的加密和完整性保护算法。3GPP 安全规范[74]强制要求对 128bit 密钥长度的 AES-CBC[75]的支持，并针对完整性保护使用 HMAC_SHA-1[76]。因此，采用那些算法的 IPsec 的额外负担可计算如下：

1）40B 的 IPv6 首部

2）4 + 4B 的封装安全净荷（ESP）[77]安全参数索引（SPI）和序列号额外负担

3）16B 的用于加密算法的初始化向量

4）填充，使加密净荷的尺寸为 16 的整数倍

5）填充长度和下一首部字节（2B）

6）12B 的完整性检查值

为使用户平面分组尺寸尽可能地大，假定 0B 的填充。采用这个零填充的假定下，ESP 的总额外负担是 78B。总之，在带有 64 字节 GTP 额外负担下，这得到 142B 的首部额外负担，得到最终用户平面分组的 1500 - 142 = 1358B。

7. 策略和计费控制系统

就 PCC[59]，没有多少要补充讲述的，在前面就用户平面 IP 流量的 IPv6 支持，也没有讲到。PCC 及其基于 Diameter 的接口在 AVP 层次一直是 IPv6 符合的，原因是它们在发行版本 7 中就被包括在 3GPP 架构内。核心的 PCC 接口，像 Gx/Rx/S9 接口[78-81]，包括专用 IPv6 AVP（如帧式-IPv6-前缀）或通用的任意 IP 版本 AVP（如 CoA-IP-地址或 UE-本地-IP-地址）。通用"任意 IP 地址"AVP 利用预定义的 Diameter 类型地址，它以可变的前缀长度传递 IPv4 和 IPv6 地址。

前面说过，每条 PDN 连接被指派一个/64 IPv6 前缀，且该前缀应该被用来匹配进出 UE 的流量流（traffic flow）。在 3GPP 架构内，并不真正地支持完整的/128 IPv6 地址。但是，像 PCC Rx 接口[80]的一些接口仍然尝试使用完整的/128 IPv6 地址。例如，通过使用/128 的前缀长度，帧式-IPv6-前缀 AVP 被编码为一个地址。PCC 接口没有真正地在 PDN 类型之间做出任何区分。被激活的 PDN 连接是纯 IPv6 的还是双栈的，可从传递 AVP 的 IP 地址中推导出来。

如前所述，如果 PCEF 或策略和计费规则功能（PCRF）实现只是忽略 IPv6 内容的话，虽然接口在 AVP 层次支持 IPv6，IPv6 支持还是不能得到保障。

4.2.3 计费和计账

3GPP 架构有多个计费单元和协议/接口，它们并不总是（甚至）太多地进行协调的。在参考文献［82］中描述计费架构，并特别地在参考文献［83］中针对分组交换域做了描述。所关注的主要计费接口是：

1）Gy——PCEF 和在线计费系统（OCS）之间的在线计费参考点。Gy 接口被替换为 Ro 接口。

2）Gz——PCEF 和计费网关功能（CGF）/离线计费系统（OFCS）之间的离线计费参考点。Gz 接口被替换为 Rf 接口。

3）Ro——分组核心单元（即 SGSN、GGSN、PGW、SGW 和 MME）和 OCS 之间的在线计费参考点。

4）Rf——分组核心单元（即 SGSN、GGSN、PGW、SGW 和 MME）和计费数据功能（CDF）之间的离线计费参考点。

除了这些外，SGSN 中的分组交换域在线计费使用针对移动网络增强逻辑（CAMEL）技术和机制[84, 85]的定制应用，进行了实现。但是，那些超出了本书的范围。分组核心单元也将 IETF 协议用于计费目的，一个例子是（S）Gi 接口上的 AAA 协议（欲了解进一步的讨论，见 4.2.4 节）。一般而言，本书所讲述的计费方面充其量也是肤浅的。

主要计费接口共享相同的计费数据记录（CDR）格式[86]，该格式在 3GPP 发行版本间一直在演化。当涉及用户平面 IPv6 服务时，存在一些人们关注的特定计费数据记录元素：

1）PDP 类型和 PPD/PDN 类型，包括 IPv4、IPv6 或 IPv4v6。

2）服务的 PDP 地址和服务的 PDP/PDN 地址，包括 IPv4 或/128 IPv6 地址。

3）在 PDN 类型 IPv4v6 的情形中，即使用双栈时，服务的 PDP/PDN 地址扩展包含 IPv4 地址。在这种情形中，IPv6 地址被包括在服务的 PDP 地址中。

4）服务的 PDP/PDN 地址前缀长度包含 IPv6 地址前缀长度。如果没有这个元素，则假定/64 前缀长度。

从开始对 IPv6 的支持就存在于 CDR 中。当出现在 3GPP 架构其他部分中时，并行地引入双栈支持。有相当的（典型的是产品实现层次的）细节要加以考虑。计费接口（因此也有 CDR 格式）不必遵循网元发行周期的其他部分。可能存在这样的情况，其中 SGSN/GGSN 支持双栈语境但计费不支持，甚至更加混合的情形，其中一个组合的 PGW 将支持 EPS 的双栈计费信息，但不支持 GPRS 的双栈计费信息。必须针对每个厂商的产品验证这些组合。幸运的是，缺少双栈计费信息并不意味着 PDN 连接激活将失败，仅是运营商接收的计费信息缺乏信息而已。在运营商间漫游的情形中，缺乏计费信息可能是一项商务层次的障碍，但不是部署 IPv6 的障碍。

除了 3GPP 定义的计费接口和 CDR 格式外，GSM 联盟（GSMA）也定义了其自己的运营商间计费记录格式，称作 TAP3[87]，用于漫游记账。TAP3 仍然被广泛使用，在数年前被更新以便支持 IPv6 和双栈。但是，运营商是否在他们的漫游记账系统中开发了足够新的 TAP3，必须逐个情形实施验证（如今多数漫游契约是双边的）。

4.2.4　外部 PDN 接入和（S）Gi 接口

在（S）Gi 接口之上访问一个外部 PDN，可能涉及如下功能，从一名用户认证和授权开始，从 PLMN 的地址空间或从外部 PDN 的地址空间实施 IP 地址分配，提供到外部 PDN 网络的安全访问等。3GPP 定义了访问外部 PDN 的两种方式，这些 PDN 如互联网、一些企业内部网或互联网服务提供商（ISP）网。这两种访问方法为

1）对互联网的透明访问——IP 寻址和所有用户管理都属于 PLMN。PGW 确实需要参与到去往外部 PDN 的用户认证/授权中。透明访问提供基本的 ISP 服务。

2）对内部网或 ISP 网络的非透明访问——从企业内部网或 ISP 寻址空间为 UE 指派一个 IP 地址。此外，PGW 必须从属于企业内部网或 ISP 后台的服务器［如 AAA、动态主机配置协议（DHCP）等］请求用户认证/授权和 IP 配置信息。

非透明的情形被频繁地以如下方式部署，其中配置到 PDN 连接的 IP 地址拓扑上锚定在一台路由器，而不是 PGW。在这种部署用例中，PGW 实际上成为一台网关/中继，且所有的 IP 层功能都被"委派"给这台外部路由器和其背后的网络。所谓"企业 APN"或采用 PDN 网络互联，典型地就是像这样构建的。

对于 GPRS 和带有基于 Gn/Gp 接口的一个 GGSN，3GPP 规范也定义了使用 PPP 的采用 PDN 网络互联[25]。EPC 没有像这样支持 PDP 类型 PPP，因为在 3GPP 发行版本 8 中所要求的 PDP 类型 PPP 就被废弃了。在这个部署选项中，GGSN 作为层 2 隧道协议（L2TP）接入汇聚器（LAC）的角色，而外部路由器有 L2TP 网络服务器（LNS）的角色。来/去 UE 的 PPP 分组由来/去 LNS 的 GGSN 中继，或转换到某个其他协议，这取决于 GGSN 和外部路由器之间的隧道协议。

一般来说，就如下方面没有统一的 3GPP 标准，即在企业 APN 的情形中，如何完成 UE 和外部路由器之间 IP 流量的传输，以及如何使 PGW 的行为像一台网桥。另外，对于 PDP 类型 PPP，存在基于 PPP 和 L2TP 的外部路由器网络互联场景的一个描述，自 3GPP 发行版本 8 以来，PDP 类型 PPP 过时了。从实践部署和厂商实现角度看，L2TP 可以且正在与 PDP 类型 IP 一起使用。PGW 具有 LAC 的角色，且实施从 GTP 到 PPP 的所要求的协议转换，原因是在 UE 和 LNS 之间没有端到端 PPP。

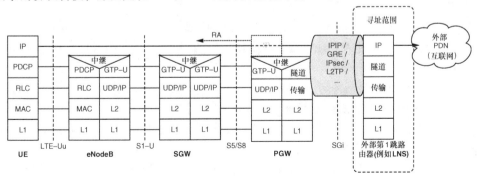

图 4.8　EPC 和一个外部"APN 路由器"部署

UE 和外部路由器之间的 IP 流量必须在 PGW 和外部路由器之间以隧道方式传输，原因是所用 IP 地址空间拓扑上不属于运营商/所用的 PLMN。图 4.8 给出了一个基于 GTP 的 3GPP EPC 范例部署，它有一个外部 PGW "APN 路由器"，该路由器也作为 UE 的第一跳路由器。存在多项隧道技术，不限于那些下面列出的：

1) 通用路由封装（GRE）[88]。

2) 层 2 隧道协议版本 3（L2TPv3）[89]。

3) IPsec 隧道[73, 77]。

4) IP 内 IP 隧道（IPIP）[90]。

如果两个隧道端点实现支持，则所有列出的隧道协议都能够在隧道内传输 IPv6 流量。在考虑外部路由器部署时，存在一些非细微的（non-trivial）IPv6 链路模型特定考虑。存在这样的实现，它们在所有情形中都没有完全正确的链路模型。

依据 IPv6 标准 RFC 4861[24]，在链路上的第一跳路由器也是能够发出路由器通告的节点。但是，这并不总是得到理解，特别当 PGW 的行为像一台网桥（或中继），而终结隧道协议的外部路由器被假定为第一跳路由器时更是如此。存在这样的部署实现，其中 PGW 终结所有的 NDP 消息（包括发出路由器通告），但从 IPv6 跳限制观点看，外部路由器是第一跳路由器。这明显是不正确的。这是否有任何实践的负面影响是另一个问题。它可能有这样的情况，例如，如果 PGW 不被允许目的地为组播地址的在线（on-link）范围的 IPv6 流量通过它的话。

就 S5 接口上的 PMIP 而言，有一台外部第一跳路由器，且仍然使 IPv6 链路模型正确，并不是简单的事情。这是由于如下事实，即当使用 PMIPv6 协议时，假定 SGW 而不是 PGW 为第一跳路由器。因此到外部路由器的隧道应该源自 SGW 而不是 PGW。但是，情况并不是这样的。这个细节是否有任何真实生活的问题，则是另一个问题。3GPP 没有定义这样一个设置会如何工作。

1. 在（S）Gi 接口上使用 AAAA

（S）Gi 接口[25]为 GPRS 和 EPS 用途定义了 RADIUS[60-63, 91, 92] 和 Diameter[29, 93] 概要。一个 PGW 假定一个 AAA 客户端的角色，那么服务器位于运营商 PDN 内或在一个外部 PDN 中（如在一个企业网或无线 ISP 网络中）。独立于用户平面 IP 寻址，AAA 传输可以是 IPv4 或 IPv6。

AAA 接口的使用紧密耦合于一条 PDN 连接的寿命，并在 PDN 连接（或者，也可能是 EPS 载波）状态发生变化或被修改等任何事件上被唤醒。（S）Gi AAA 接口被频繁地用于：

1) 在 PDN 连接激活期间，认证/授权一名用户（和一个 UE）。

2) 管理 UE 的 IP 地址。这可能涉及用户的重新授权。

3) 将有关 IP 地址和用户/UE 身份以及被访问的服务映射等信息，通知 PDN 中的服务基础设施。

4) 将 UE 位置、被访问的 PLMN 信息等通知 PDN 中的服务基础设施。

5) 计费目的，包括对服务基础设施和计费服务器的周期性更新。

6）将载波中的变化（如在一个辅助 PDP 语境或一个专用载波的创建过程中），通知服务基础设施。

7）从网络侧终结 PDN 连接。

AAA 接口可用于对 PDN 的透明访问和非透明访问。我们的主要兴趣在 IP 地址管理上，特别在 IP 地址管理的 IPv6 部分上。4.4 节讨论 IP 地址管理，也将（S）Gi AAA 接口的使用与之联系起来。图 4.9 给出了（S）Gi 接口上可能的 AAA 交互，是由 PDN 连接的管理触发的。

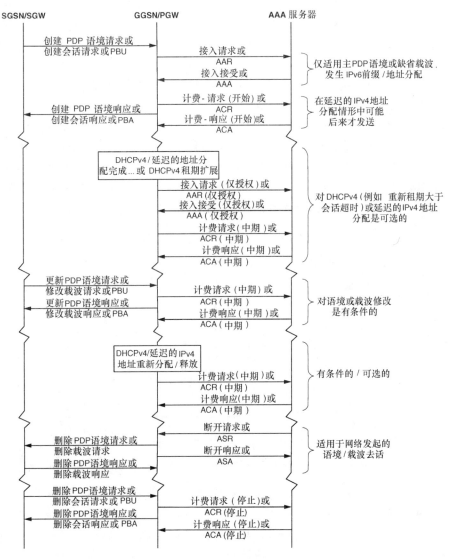

图 4.9　在 PDP 语境/PDN 连接之寿命过程中，在（S）Gi 接口上与一台外部 AAA 服务器的可能 RADIUS 和 Diameter 交互

2. 在（S）Gi 接口上使用 DHCP

针对 GPRS 和 EPS 用途，（S）Gi 接口[25]定义了 DHCPv4[10, 11, 94, 95]和 DHCPv6[26, 27, 54, 55, 96, 97]操作模式。当一个 PGW 需要服务 UE 且不需要与一个 PDN 中的外部 DHCP 服务器通信时，它可假定一台 DHCP 服务器的角色。当 PGW 需要与 PDN 中的外部 DHCP 服务器交互时，同时作为或不作为各 UE 的一台 DHCP 服务器情况下，它可假定一个 DHCP 客户端的角色。最后，PGW 也可假定一个 DHCP 中继的角色，而不是作为 DHCP 服务器 + 客户端的一个组合体。所有这些可能的操作模式示于图 4.10，并在 3GPP 阶段 3 规范[25]中做了描述，但在阶段 2 架构规范[8, 15, 16]中没有完全（或清晰）地进行描述。

在一个 PGW 中的不同 DHCP 模式总是令人迷惑。当 PGW 仅是一台服务器或一个客户端时，其功能是明显的。另外，在 PGW 的服务器 + 客户端和中继模式之间有什么区别？答案在于，从一个客户端观点看，当它与一台服务器或一个中继通信时，DHCPv6 协议行为如何，以及从一个 PGW 观点看，则是 UE 发起 DHCPv6 消息。

首先，在一起没有与一台 DHCPv6 服务器通信并通过由 DHCPv6 服务器发送的服务器单播选项[26]而接收到单播通信的一条显性许可条件下，一个 DHCPv6 客户端从来不会发起到它的一条单播消息。说到这一点，将可能基于 APN 选择一个特定 DHCPv6 服务器的一个 PGW，不能依赖于基于 DHCPv6 服务器发现的正常请求和组播。另外，允许一个 DHCPv6 发送一条单播。作为中继的一个 PGW 能够完成期望的 DHCPv6 服务器选择功能，但仅当 UE 发起 DHCPv6 消息时的情形中才如此。

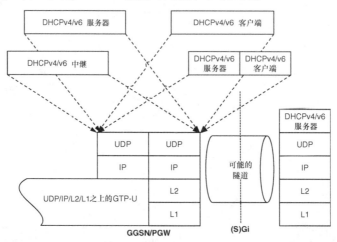

图 4.10　在（S）Gi 接口上采用一台外部 DHCP 服务器的可能 DHCPv4 和 DHCPv6 模式

第二，从 PGW 分组处理的角度看，也许可能令人期望的是，它不能被 UE 旁路。如果 PGW 必须（出于任何原因）检查 "IP 层控制平面"（如 DHCPv6），那么作为一个中继就不是最优的。如果一台 DHCPv6 服务器允许单播通信，那么 UE 就可在用户平面旁路 PGW。明显的是，IP 分组仍然通过 PGW，但它们不将之作为目的地，由此 PGW 必须主动地检测通过它的每条用户平面 IP 分组。从 IP 转发效率的角度看，这也许是人们所不期望的。如果 PGW 假定 DHCPv6 服务器 + 客户端的角色，则 UE 将总是将分组首先发送到 PGW 地址，在允许或不允许单播通信的情况下都是这样的。

　　DHCP 的使用密切地耦合于一条 PDN 连接的建立。迄今为止，在 3GPP 网络中使用 DHCP 是受限的，在缺乏从相关 3GPP 标准（至少像在发行版本 11 中一样）的实况部署了解到的细节情况下，是可看到的。在（S）Gi 接口之上的 DHCP 可用于对 PDN 的透明访问和非透明访问，且仅可用于 IP 地址管理和附加的端主机配置（如配置 DNS 和 P-CSCF 服务器地址）。4.4 节讨论 IP 地址管理，并将（S）Gi 接口之上 DHCP 的使用与之联系起来。图 4.11 给出了由 PDN 连接管理触发的（S）Gi 接口之上的可能 DHCP 交互。当前，3GPP 规范就 DHCP 服务器发起的端主机重新配置方面保持沉默，但为什么一个厂商产品不能实现删除一条 PDN 连接，是没有理由的。

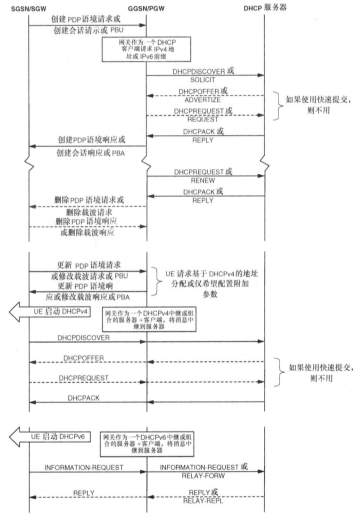

图 4.11　在 PDP 语境/PDN 连接之寿命期间，采用一个外部 DHCP 服务器的在（S）Gi 之上的可能 DHCPv4 和 DHCPv6 交互

应该指出，AAA 和 DHCP 可同时用在（S）Gi 接口之上。一个例子将是为一条 PDN 连接认证/授权使用 AAA，那么为 IP 地址管理使用 DHCP。另一个例子将是为计费目的而使用 AAA，同样为 UE IP 地址管理而使用 DHCP。

4.2.5 漫游挑战

在为支持 IPv6 的 UE 和订购而提供一项漫游[98, 99]服务方面，人们表示关注，但不是所有拜访网络［如拜访 PLMN（VPLMN）］为外发漫游者请求 IPv6 服务都做好了准备：

1）拜访网络 SGSN 可能不支持 IPv6 PDP 语境或 IPv4v6 PDP 语境类型。多数情况下，这些应该涉及不带 S4-SGSN 的预发行版本 9 的 2G/3G 网络，但没有确定的规则，因为取决于实现和产品许可证，所部署的功能特征集会发生变化。

2）拜访网络在商务上可能没有为 IPv6 外发漫游者做好准备，而从技术角度看在用户平面层次每件事情都运转良好。这将导致 "收入流失"（revenue leakage），特别从拜访运营商的角度看更是如此（注意，使用一个拜访网络 PGW，在如今的数据漫游商务部署中，这种情况实际上并不存在）。

3）拜访网络从技术上也许没有为使用 IPv6 的记账外发漫游者做好准确，即被拜访的运营商仅是不能从 SGSN 或 SGW 收集相关的和要求的记账和计费信息。这再次导致 "收入流失"。见 4.2.3 节了解有关计费和记账的一般讨论。

运营商也许关注的是，直到 IPv6 漫游从商务上可用之前，有选择地禁止来自特定被拜访网络的漫游。3GPP 没有规范一种机制，也在没有禁止 IPv4 访问和其他分组服务[100]的条件下，会禁止 IPv6 漫游。禁止漫游用户的 IPv6 访问的如下选项，可用于一些网络部署和厂商产品中：

1）当满足一条期望的准则时，PCC 可被用来使载波授权失败。当一个 PDN 类型 IPv6 或 IPv4v6 和一个特定的被拜访网络匹配时，PCRF 可返回 DIAMETER_ERROR_BEARER_NOT_AUTHORIZED 错误。可在归属网络 PCRF 或局部于被拜访网络（如在一个 PGW 或被拜访 PCRF 中），准备提供各项规则。Gx（x）接口及其 AVP 是我们感兴趣的。例如，帧式-IPv6-地址 AVP 指明使用 IPv6，3GPP-SGSN-MCC-MNC AVP 可被用来发现 UE 正在漫游，而 Called-Station-Id AVP 指明被访问的 APN。存在帧式-IPv6-地址和帧式-IP-地址 AVP 表明建立了双栈 PDN 连接。

2）一些 HLR 和 HSS 用户数据库支持在一个特定（被拜访）网络中针对一个指定的 PDN 类型（如依照 VPLMN 粒度）禁止漫游。

3）IP 地址管理可以外包到一个外部 PDN。RADIUS 和 Diameter 协议可被用来在（S）Gi 接口上传递 PDN 连接的寻址信息（从位于外部 PDN[25]中的 AAA 服务器）。一些厂商的产品允许使用 RADIUS 和 Diameter 协议控制在（S）Gi 接口之上的 PDN 寻址。这项功能也可被用来将 IPv6 漫游限制在一个特定 VPLMN 中。3GPP-PDP-类型和 3GPP-SGSN-MCC-MNC AVP 可被用来检测：UE 正在一个特定 VPLMN 内漫游，且被请求的 PDN 连接是 IPv6 的还是双栈的。之后如果 AAA 服务器以纯 IPv4 寻址信息做出响应，则

PGW 退回到一条纯 IPv4 PDN 连接。

4）在一个 HLR/HSS 中的一次订购至多与每个 APN 有 16 个不同的计费特征[82, 101]。虽然在 3GPP 规范中没有做精确的描述，但计费特征可被用来影响一些厂商产品的 SGSN 或 MME 中的 PGW 选择。思路可能是将支持 IPv6 的 APN 和用户与一个计费特征关联，计费特征可以仅当 UE 位于归属 PLMN（HPLMN）中时才发挥作用。在所有其他情形中，如当 UE 漫游时，选择带有纯 IPv4 APN 的一个 PGW。

5）同样依赖于（S）Gi 接口及其 RADIUS 或 Diameter 使用，一些厂商产品允许 AAA 服务器在 PDN 连接建立过程中更改（override）APN。与前面的类似，特定 VPLMN 将被指派一个纯 IPv4 APN。

6）最后，一个相当原始的解决方案将特定 PGW 专用于 HPLMN 中的所有进来的漫游者（inbound roamer）。那么这些特定的 PGW 将有支持 IPv6 相应 APN（为 PGW 配置的）的纯 IPv4 "镜像" APN。

明显的问题是，这些解决方案通常是非标准的，由此，在网络间部署统一的，所以从 UE 观点看，也缺乏一个良好规范的回退机制。

4.3　端用户 IPv6 服务对 GTP 和 PMIPv6 协议的影响

4.3.1　GTP 控制平面版本 1

本节讨论多数（如果不是所有的）GTPv1 消息及其信息元素，它们包含用户平面 IPv4 寻址信息。这里提供大量信息元素图及其分解，以方便 GTP 跟踪数据的可能调试。

1. 端用户地址信息元素

图 4.12 和图 4.13 形象地给出了一条创建 PDP 语境响应的 GTPv1 端用户地址信息元素，它包含要求的 IP 寻址信息。在 SGSN 和 GGSN 之间的 PDP 语境建立过程中，请求和指派 IP 地址和前缀给 UE 时，使用这个信息元素。从发行版本 9 之后，信息元素也同时包含两个地址[9]。

比特

字节	8	7	6	5	4	3	2	1
1	类型 = 0x80							
2–3	长度(6 是 IPv4, 18 是 IPv6, 22 是 IPv4v6)							
4	空闲'1111'				PDP 类型组织（1 是 IETF）			
5	PDP 类型号（0x21 是 IPv4, 0x57 是 IPv6, 0x8D 是 IPv4v6)							
6–n	PDP 地址(IPv4, IPv6 或 IPv4 后跟 IPv6)							

图 4.12　携带 GTPv1 IP 寻址信息的端用户地址信息元素的定义

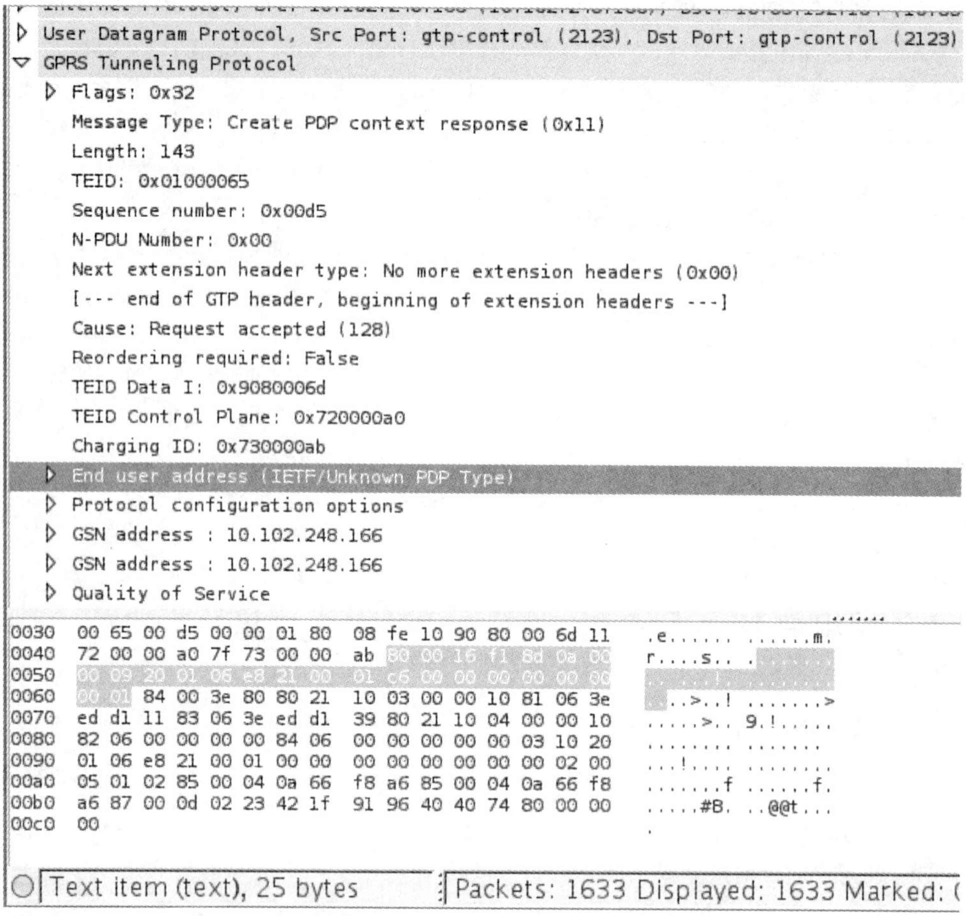

```
 ▷ Internet Protocol, Src: 10.102.248.166 (10.102.248.166), Dst: 10.103.192.134 (10.103
 ▷ User Datagram Protocol, Src Port: gtp-control (2123), Dst Port: gtp-control (2123)
 ▽ GPRS Tunneling Protocol
    ▷ Flags: 0x32
      Message Type: Create PDP context response (0x11)
      Length: 143
      TEID: 0x01000065
      Sequence number: 0x00d5
      N-PDU Number: 0x00
      Next extension header type: No more extension headers (0x00)
      [--- end of GTP header, beginning of extension headers ---]
      Cause: Request accepted (128)
      Reordering required: False
      TEID Data I: 0x9080006d
      TEID Control Plane: 0x720000a0
      Charging ID: 0x730000ab
    ▷ End user address (IETF/Unknown PDP Type)
    ▷ Protocol configuration options
    ▷ GSN address : 10.102.248.166
    ▷ GSN address : 10.102.248.166
    ▷ Quality of Service

0030  00 65 00 d5 00 00 01 80  08 fe 10 90 80 00 6d 11   .e...... .....m.
0040  72 00 00 a0 7f 73 00 00  ab 80 00 16 f1 8d 0a 00   r....s..  ......
0050  00 09 20 01 06 e8 21 00  01 c6 00 00 00 00 00 00   .. ...!.  ......
0060  00 01 84 00 3e 80 80 21  10 03 00 00 10 81 06 3e   ..>..!   .......>
0070  ed d1 11 83 06 3e ed d1  39 80 21 10 04 00 00 10   .....>.. 9.!....
0080  82 06 00 00 00 00 84 06  00 00 00 00 00 03 10 20   ........ .......
0090  01 06 e8 21 00 01 00 00  00 00 00 00 00 00 02 00   ...!.... ........
00a0  05 01 02 85 00 04 0a 66  f8 a6 85 00 04 0a 66 f8   .......f ......f.
00b0  a6 87 00 0d 02 23 42 1f  91 96 40 40 74 80 00 00   .....#B. ..@@t...
00c0  00                                                 .
```

| Text item (text), 25 bytes | Packets: 1633 Displayed: 1633 Marked: (|

图 4.13　携带 IPv4v6 PDP 类型的 GTPv1 IP 寻址信息（对用于捕获的 Wireshark
版本是未知的）的一个被捕获的端用户地址信息元素

PDP 类型编址遵循 PPP 数据链路层协议号码互联网指派号码（IANA）注册机构（见 http：//www. iana. org/assignments/ppp-numbers）针对 IPv4 和 IPv6 的规定。但是，IETF 为 PDP 类型 IPv4v6 没有定义一个合适的值，由此 3GPP 为之分配其自己的值 0x8D（以十六进制表示）。除了 IETF 外，PDP 类型组织也可能有欧洲电信标准委员会（ETSI），但在 ETSI PDP 类型组织下还没有哪个协议非常流行，且甚至在 EPS 中都不再使用，由此总是可安全地假定，IETF 是协议定义的组织。

有关 GTPv1 信令，IPv6 地址的 IID 部分没有含义，但在历史角度看是有意义的。由于在 SGSN 中对合法截获（LI）的早期支持，在信令中交换完整的 IPv6 地址。仅有前缀是有意义的，要注意前缀长度被假定为/64。对一个前缀长度，没有独立的字段。

就 IPv6 地址而言，它们是包含两个前缀的完整地址，它们是固定到/64 的，且由 GGSN 选择（或在一些情形中由 PGW 选择）的一个 64 比特 IID。

2. PDP 语境信息元素

PDP 语境信息元素可能存在于 SGSN 语境响应和前向重新定位请求 GTPv1 消息中，这些消息可用在 SGSN 间路由区域更新（RAU）和无线电间接入技术（RAT）切换和相关的语境转换期间。PDP 语境信息元素包含 PDP 地址字段内的用户平面 IP 地址信息。IPv4 或 IPv6 地址可包括在 PDP 地址字段中。在 3GPP 发行版本 9 之前，可能仅有 PDP 地址字段的一个实例。自发行版本 9 以来，PDP 语境信息元素首部有一个附加标志——扩展端用户地址标志，它指明 PDP 地址字段的第二个实例可在 PDP 语境信息元素中找到。为双栈目的添加了第二个 PDP 地址。

IPv6 地址是一个完整的/128 IPv6 地址，而不仅是一个前缀。

3. MBMS 端用户地址

MBMS 端用户地址信息元素与图 4.12 所示的"正常"端用户地址信息元素（用在 GTPv1 信令中）相同。唯一的区别是，现在 IPv6 地址是一个组播地址[21]。注意，在 IPv6 组播地址情形中，对地址 IID 部分及其用途的评述不再适用。IPv6 组播地址的格式不同于 IPv6 单播地址的，见 3.1 节了解单播和组播地址格式区别的进一步描述。

MBMS 端用户地址信息元素可出现在如下 MBMS 相关 GTPv1 消息中：MBMS 注册请求，MBMS 销册请求，MBMS 会话开始请求，MBMS 会话停止请求，以及 MBMS 会话更新请求[9, 49]。

4. MBMS UE 语境

MBMS UE 语境信息元素可存在于 SGSN 语境响应和前向重新定位请求 GTPv1 消息中，这些消息可用于 SGSN 间 RAU、RAT 间切换和相关的语境转换期间。MBMS UE 语境信息元素在 PDP 地址字段内包含 IP 组播地址信息。IPv4 或 IPv6 地址可被包括在 PDP 地址字段中。仅支持单 IP 族，对于 MBMS 载波，不允许像 3GPP 发行版本 9 的双栈操作。

4.3.2   GTP 控制平面版本 2

本节讨论多数（如果不是所有的）GTPv2 消息及其信息元素，后者包含用户平面 IPv6 寻址信息。这里提供大量信息元素图及其分解，以便利 GTP 跟踪数据的可能调试。

1. PDP 地址分配信息元素

图 4.14 和图 4.15 形象地给出了来自一条创建会话响应的 GTPv2 PDN 地址分配（PAA）信息元素，它包含需要的 IP 寻址信息。这个信息元素被用于 SGW 和 PGW（S5/S8 接口）之间、S4-SGSN 和 SGW（S4 接口）之间以及 MME 和 SGW（S11 接口）之间的 PDN 连接建立期间，用来请求和指派 IP 地址及前缀到 UE。

PDP 类型编址遵循在参考文献［3］中定义的 3GPP 自己的注册机制。此外，在 GTP 隧道上现在仅允许 IP 分组，所以对于像 GTPv1 原有的组织类型，不存在特定的字段。

就 IPv6 地址而言，它们是包含前缀和一个 64 比特 IID（由 PGW 选择的）的完整地址。有关 GTPv2 信令，除了与 GTPv1 实践保持一致，IPv6 地址的前缀部分没有含义。

比特

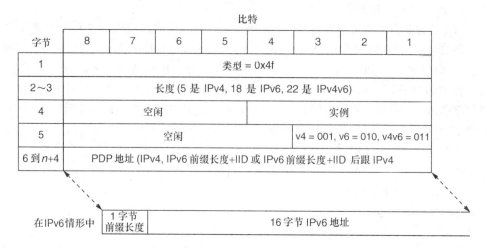

字节	8	7	6	5	4	3	2	1
1	类型 = 0x4f							
2~3	长度 (5 是 IPv4, 18 是 IPv6, 22 是 IPv4v6)							
4	空闲				实例			
5	空闲				v4 = 001, v6 = 010, v4v6 = 011			
6 到 n+4	PDP 地址 (IPv4, IPv6 前缀长度+IID 或 IPv6 前缀长度+IID 后跟 IPv4							

在IPv6情形中	1字节 前缀长度	16字节 IPv6 地址

图 4.14   携带 GPRS 隧道协议版本 2（GTPv2）IP 寻址信息的 PDN 地址分配信息元素

```
▷ User Datagram Protocol, Src Port: gtp-control (2123), Dst Port: gtp-control (2123)
  GPRS Tunneling Protocol V2
▽ Create Session Response
  ▷ Flags: 72
    Message Type: Create Session Response (33)
    Message Length: 123
    Tunnel Endpoint Identifier: 1912602635
    Sequence Number: 1
    Spare: 0
  ▷ Cause :
  ▷ Fully Qualified Tunnel Endpoint Identifier (F-TEID) :
  ▽ PDN Address Allocation (PAA) :
      IE Type: PDN Address Allocation (PAA) (79)
      IE Length: 22
      000. .... = CR flag: 0
      .... 0000 = Instance: 0
      .... .011 = PDN Type: IPv4/IPv6 (3)
      IPv6 Prefix Length: 64
      PDN IPv6: fc00:6:8000::1 (fc00:6:8000::1)
      PDN IPv4: 10.254.0.29 (10.254.0.29)
```

```
0040  87 72 00 00 1c 0a 66 c8  2c 4f 00 16 00 03 40 fc   .r....f, ,O....@.
0050  00 00 06 80 00 00 00 00  00 00 00 00 00 01 0a   ...............
0060  fe 00 1d 7f 00 01 00 00  4e 00 14 00 80 80 21 10   ..... N.....!.
0070  04 01 00 81 06 00 00 00  00 00 83 06 00 00 00 00   ...............
0080  5d 00 20 00 49 00 01 00  05 02 00 02 00 10 00 57   ]. .I... ......W
0090  00 09 02 85 96 00 00 1b  0a 66 c8 2c 5e 00 04 00   ........ .f.^....
00a0  72 00 00 1c 03 00 01 00  08                        r....... .
```

○ Text item (text), 26 bytes   Packets: 1636 Displayed: 1636 Marked: 0

图 4.15   携带 GTPv2 IPv4 和 IPv6 寻址信息的一个被捕获的 PDN 地址分配信息元素

相比 GTPv1，在 GTPv2 中存在一个重大的改变/改进，即 IPv6 前缀长度现在被包括作为信令的组成部分。如果在 IPv6 地址自动配置[22]中存在改变时，这个微小的（字段）添加将更好地有利于 GTPv2 的前向兼容性。

2. PDP 类型信息元素

PDP 类型信息元素仅发现存在于 E-UTRAN 初始附接、UE 请求的 PDP 连接能力或 PDP 语境激活（S4 情形）期间的创建会话请求消息中。信息元素仅用于指明连接激活过程中被请求的 PDP 类型。与 GTPv1 中不同的是，被请求的 PDP 类型信息现在独立于寻址信息——PDP 地址分配信息元素。图 4.16 给出了信息元素格式。

字节	8	7	6	5	4	3	2	1
1	类型 = 0x63							
2～3	长度 (现在是 1)							
4	空闲				实例			
5	空闲				v4 = 001, v6 = 010, v4v6 = 011			
6 到 n+4	如果在未来做出规范的话, 则是存在的							

（比特）

图 4.16　携带被请求 PDP 类型的 GTPv2 PDN 类型信息元素

3. IP 地址信息元素

除了 PDN 地址分配信息元素，IP 地址信息元素用于 GTPv2 携带有关用户平面 IPv4 或 IPv6 地址的信息。信息元素目前（就 3GPP 发行版本 11 而言）被发现包括在 PDN 连接分组类型信息元素（这些元素用在前向重新定位请求和语境响应消息内部）内。这些消息在各种切换和重新定位规程（在 MME 和 S4-SGSN 之间的 S10 接口、S3 接口和 S16 接口之上）期间使用。

图 4.17 给出了信息元素格式。典型情况下，实例值 1 用来指明，PDN 地址分配信息元素包含一个 IPv6 地址。IPv6 地址是一个完整的 /128 IPv6 地址，而不仅是一个前缀。

字节	8	7	6	5	4	3	2	1
1	类型 = 0x4a							
2～3	长度 n (4 是 IPv4, 16 是 IPv6)							
4	空闲				实例			
5 到 n+4	IPv4 或 IPv6 地址(全地址)							

（比特）

图 4.17　携带 IPv4 或 IPv6 地址的 GTPv2 IP 地址信息元素

4. GTPv2 的 MBMS IP 组播分发

MBMS IP 组播分发信息元素可出现在 MBMS 会话开始请求 GTPv2 消息中，该消息是从 MBMS 网关发送到 MME/S4-SGSN[3, 49]的。信息元素包含 IPv4 或 IPv6 组播目的地址和源地址（对于 SSM[50]而言）。图 4.18 给出了 MBMS IP 组播分发信息元素的格式。

字节	比特							
	8	7	6	5	4	3	2	1
1	类型 = 0x8e							
2~3	长度 = n							
4	空闲 '0000'				实例			
5~8	常见隧道端点标识符							
9	v4 = 0, v6 = 1			地址长度 (v4 = 4, V6 = 16)				
10 − k	IP 组播分配地址(IPv4 或 IPv6); 组播地址							
k+1	v4 = 0, v6 = 1			地址长度 (v4 = 4, V6 = 16)				
(k+2)−m	IP 组播地址 (全 IPv4 或 IPv6 地址)							
m+1	MBMS 首部压缩指示符 (0 = 未压缩, 1 = 压缩)							
(m+2)−n	...							

图 4.18   携带 IPv4 或 IPv6 地址的 MBMS IP 组播分发信息元素

4.3.3   GTP 用户平面

用户平面上的 IPv6 对 GTP-U 没有影响。GTP-U 对它所携带的 IP 版本是透明的。

4.3.4   PMIPv6

因为 PMIPv6 最初是围绕移动 IPv6（MIPv6）[102]设计和构建的，在用户平面上的 IPv6 对 PMIPv6 没有影响，对用户平面和控制平面都没有影响。但是，如果传输平面仍然在 IPv4 中，那么 PMIPv6 就必须增强对 IPv4 寻址和一个 IPv4 传输平面[7]的支持。

4.4   IP 地址指派、配置和管理

4.4.1   寻址假定

3GPP 定义了多种 IP 地址指派机制。虽然本书的主要焦点在 IPv6 上，但也简短地讨论一下 IPv4 相关的地址指派和配置方面。毕竟它们被紧密地与一个双栈（即 PDN 类型 IPv4v6）载波的行为联系在一起。表 4.4 列出了存在于 3GPP 系统中所有"有关的"

IPv4 和 IPv6 地址指派和配置机制。3GPP 支持每个 UE 之动态地或静态地指派地址和/或前缀。

表 4.4　在 3GPP 中可用的 IPv4 和 IPv6 地址管理和配置方法

IP 版本	方 　法	备 　注
IPv4	NAS 信令	强制的，最常用的
IPv4	DHCPv4	在 UE 或网络中没有被普遍地（曾）加以实现
IPv4	IKEv2	用于 I-WLAN[103] 和 S2b 不被信任的非 3GPP 接入
IPv4	MIPv4	规范异常[20]
IPv6	SLAAC	对 IPv6 是强制的
IPv6	DSMIPv6	S2c（和 H1[104]）接口
IPv6	IKEv2	I-WLAN[105] 和 S2b 不被信任的非 3GPP 接入[18]
IPv6	DHCPv6 PD	用于移动路由器，而不是 UE 本身

　　在 3GPP 载波上，存在某些 IP 寻址相关的特殊性和约束。对于链路模型，其中一些是固有的，这在 4.1.3 节中做了讨论。一条 PDN 连接可有单个 IPv4、单个/64 IPv6 前缀或两者都有。一个 UE 可同时有多个活跃的 PDN 连接，这使该 UE 本质上是多接口的。典型情况下，每条 PDN 连接表示为到主机 IP 栈的一个网络接口。

　　在 3GPP 发行版本 11 之前，被指派到一个 UE 的 IPv4 地址总数一个/32。自发行版本 11 以来，GTP-C 信令也传递默认网关和子网长度信息。针对到 EPC 的 GTP 和 WLAN 接入上基于 S2a 的移动性（SaMOG）[106] 和采用电子与电气工程师学会（IEEE）802.11 WLAN 无线电，为支持正常工作的 DHCPv4 功能，需要这些增强措施。在实践中，/30 是用于广播链路（如 IEEE 802.11）的最小可工作子网尺寸。对于子网地址、相同子网上的默认网关、端主机地址和子网广播地址，共需要 4 个地址。

　　类似于 IPv4，在 3GPP 链路上，IPv6 的前缀长度固定为/64。自 3GPP 发行版本 10 以来，DHCPv6 PD 允许指派短于/64 的一个 IPv6 前缀给一个 UE（当作为一台移动路由器或一台栓链设备时）。但是，这些较短的前缀不用于到 PGW 链路的 UE 上，而是用在 UE 之下行接口的网络和设备上。

　　因为 3GPP 链路模型是没有原生组播能力的一条点到点链路，对 IPv4 或 IPv6 没有真正的广播或组播能力，这会影响直接连接链路外的任何方面。

　　当一个 UE 决定对其 IPv4 地址分配使用 DHCPv4 时，UE 必须使用 NAS 信令（见 4.4.7 节）将那个决定传输到网络。一个 PGW 可能有一个 DHCPv4 服务器或中继的角色[25]。使用 DHCPv4 的做法，使 UE 推迟其地址分配到地址真正需要的时间点成为可能。这种所谓的延迟地址分配规程，与 PDN 类型 IPv4v6 载波组合使用，可被用来保留稀有的 IPv4 编址资源。DHCPv4 功能也允许在任何时间刷新和释放所获得的 IPv4 地址，当使用 PDN 类型 IPv4v6 载波时，这可能是有用的。在 UE 决定释放其 IPv4 地址的情况下且 PDN 类型是 IPv4 时，PGW 启动一个网关发起的载波去活规程，这最终导致 PDN

连接的关闭。延迟的 IPv4（家乡）地址分配可用于使用 DHCPv4 的 3GPP 接入，也可用于使用 DHCPv4 的被信任的非 3GPP 接入（S2a 接口）和使用家乡地址（HoA）销册规程的双栈移动 IPv6（DSMIPv6）[19]（S2a 接口）。

4.4.2 节将比较详细地讨论 IPv4 及其寿命。但是，一般而言，IPv6 前缀的寿命与 PDN 连接寿命共享相同的命运。

3GPP 架构相当好地处理重叠的用户空间地址空间。因为用户空间流量总是在核心网内以隧道方式传输的，并以隧道端点标识符（TEID）或其他隧道标识符（如 GRE 密钥）标识的，所以 IP 编址仅在 IP 分组到达 UE 或其第一跳路由器时，才是"有意义的"，即在基于 GTP 隧道情形中的一个 PGW，以及在基于 PMIP 隧道情形中的 SGW。非常常见的是，多个支持 IPv4 的 APN 具有重叠的地址空间，特别对于大型运营商更是如此。自然地，当用户平面 IP 流量被路由到（S）Gi 接口时，如果使用重叠地址，则需要小心从事。技术是变化的，但在固定 IP 联网中隔离流量的最常见技术也可用于（S）Gi 接口上。

IP 编址由运营商（即互联网的透明接入）或一个外部 PDN 或 ISP（即到一个内部网或 ISP 的非透明接入）所管理。在 4.2.4 节讨论了这两种不同的部署模型。作为一个提示，图 4.19 给出一个范例架构，其中 IP 寻址由一个运营商管理，且 IP 地址空间逻辑上属于运营商的网络。图 4.20 给出一个范例架构，其中 IP 寻址由一个外部 PDN 或一个 ISP 管理，且拓扑上也属于外部网络。从技术角度看，在透明和非透明情形中，IP 寻址和 UE 认证机制之间的分界线是微妙的。一条指导原则是，在非透明情形中，IP 地址空间拓扑上不属于运营商的网络（PGW 位于其中），且在将 IP 流量从外部网络路由到 PGW 过程中触发某种隧道（在层 2 或层 3）。表 4.5 列出了这样的典型位置，其中在 3GPP 部署中管理 IPv4 地址和 IPv6 前缀。

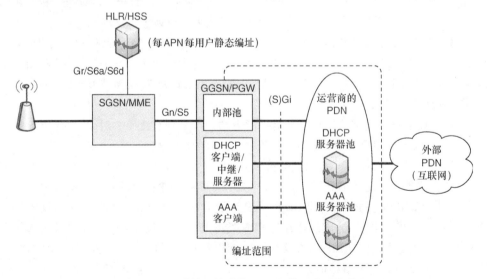

图 4.19　透明接入情形的 IP 地址管理方法和位置

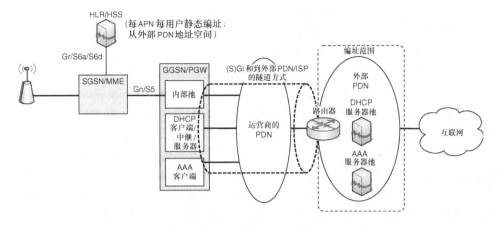

图 4.20　非透明接入情形的 IP 地址管理方法和位置

表 4.5　依据 3GPP 标准[25]，在核心网中可用的 IPv4 和 IPv6 地址管理方法

管理方法	备　　注
PGW 内部池	从 PGW 内部池指派 IP 地址和前缀。所用的池也可使用外部 AAA 或 DHCP 服务器加以选择。PGW 也实现一个 DHCP 服务器功能
HLR/HSS 订购概要	可依据 APN 和用户配置 IPv4 地址和/或 IPv6 前缀。每名用户可有多个静态配置
外部 AAA 服务器	存在多种方法。AAA 服务器可指派一个 IPv4 地址和/或 IPv6 前缀，或 AAA 服务器命名 PGW 内部地址池
外部 DHCP 服务器	PGW 作为一个 DHCP 客户端或中继，为一个 IP 地址或一个 IPv6 前缀（包括前缀委派）而查询一个外部 DHCP 服务器
外部路由器	APN 终结到一个外部路由器，后者使用某种机制指派 IPv4 地址和/或 IPv6 前缀。L2TP 部署的典型设置，其中一个 PGW 是 LAC，而外部路由器是 LNS

下面各节讨论表 4.4 中列出的绝大多数 IP 地址配置机制如何工作的进一步细节。在大多数情形中，IP 地址配置导致 IPv4 地址或 IPv6 前缀动态分配到一个 UE。但是，3GPP 架构也使一个 IPv4 地址或 IPv6 前缀分配给 UE 成为可能。下面将详细地描述这两种模式的 IP 地址分配。

4.4.2　无状态 IPv6 地址自动分配

在参考文献［22，23］中规范的 IPv6 无状态地址自动分配（SLAAC），是由针对一个 3GPP 接入和一个被信任的非 3GPP 接入之 3GPP 规范支持的唯一 IPv6 地址配置机制。这些规范涵盖 S5 接口、S8 接口和 S2a 接口。3GPP 规范不支持有状态的基于 DHCPv6 的地址配置[26]。另外，支持无状态的 DHCPv6 服务来得到其他配置信息[54]。这意味着 M 比特总是 0，且 O 比特可能在发送到 UE 的路由器通告中被设置为 1。路由器通告中标志的设置符合参考文献［107］，即使当谈到 DHCPv6 PD 时也是如此。

　　3GPP 网络为每个默认载波分配一个唯一的/64 的 IPv6 前缀，并使用层 2 NAS 信令[12, 13]将一个 IID 传递给 UE，确保 IID 不与网关的 IID 冲突。UE 必须使用这个 IID 配置它的链路本地地址。只要被选择的 IID 尊重预留的 IID 值[108]和 IPv6 寻址架构[21]，就允许 UE 使用针对其他配置的地址（具有比链路本地范围要大的一个范围）希望有的任何 IID。这对使用 SLAAC[109]的私有扩展或其他类似类型的机制是没有限制的。但是，存在网络驱动要素，它不能将 IID 传递到栈，相反是整合它们自己的 IID，通常从一个本地产生的/配置的 IEEE 802 媒介访问控制（MAC）地址派生得到的。如果 UE 略过 DAD，且有 NDP（见 4.9.1 节）有其他问题，那么 UE 将配置准确地与 PGW 相同的链路本地地址，理论上就存在微小的机会。那么地址冲突可能导致 IP 连接能力方面的问题。例如，UE 不能将任何分组转发到上行链路。

　　从历史角度看，NAS 信令将一个完整的 IPv6 地址从网络传递到 UE。这仅对 GPRS[12]是成立的。在 EPS 中，仅有 IID 是在 NAS 信令之上传递的。4.4.7 节进一步讨论 NAS 协议的细节。作为一项试验，可选的 AT 命令 AT + CGPADDR 和 AT + CGCON-TRDP[34]可被用来针对当前 PDP 地址而查询调制解调器。

　　在 3GPP 链路模型中，指派到 UE 的/64 IPv6 前缀，不能用于在线（on-link）确定，路由器通告中前缀信息选项（PIO）中的 L 标志比特一定总是设置为零。如果被通告的前缀用于 SLAAC，那么 PIO 中的 A 标志比特必须被设置为零。在参考文献［25］的 11.2.1.3.2a 节提供了 3GPP 链路模型和地址配置的细节。更具体而言，PGW 保障/64 前缀对 UE 是唯一的。因此，就不需要对 UE 产生的各地址（即 UE 中的 DupAddrDetect-Transmits 变量可能为零）实施任何 DAD。不允许 PGW 为其自己（使用通告给 UE 的/64 IPv6 前缀）产生任何全局唯一的 IPv6 地址。

　　当前 3GPP 架构将每个载波中的前缀数量限制到单个/64 IPv6 前缀。如果 UE 在路由器通告中发现一个以上的前缀，则它仅考虑第一个前缀，并悄悄地丢弃其他前缀[25]。因此，在单个载波内的多寻址并不是实际可能的。在不关闭层 2 连接的条件下重新编址以前通告的前缀也是不可能的。即使被通告的前缀寿命长于层 2 连接寿命，/64 IPv6 前缀的寿命也绑定到层 2 连接的寿命。被通告的寿命（有效寿命和首选寿命）总是被设置为无穷（即 0xffffffff）。

1. AAA 基础设施

　　当在（S）Gi 接口上使用 RADIUS（类似地有 Diameter）时，外部 AAA 服务器可将一个特定 APN 的一个 IPv6 前缀指派给一个 UE。使用帧式-IPv6-前缀属性/AVP 传递 IPv6 前缀，或替代地使用帧式-IPv6-池属性/AVP，在接入-接受/认证和/或授权应答消息中命名 PGW 内部 IPv6 前缀池。对于 UE，IID 仍然是由 PGW 选择的。但是，AAA 服务器可影响 IID 的选择，并在接入-接受/认证和授权应答消息中的帧式接口-ID 属性/AVP 中返回一个特定的 IID 值。那么，PGW 实际上是否允许 AAA 服务器提供 IID，这取决于 PGW 实现。

　　PGW 也可能将它指派给 UE 的 IID 通知到 AAA 服务器。接入-请求/认证和授权请求中的帧式接口-Id 也可用于这个目的。就发行版本 11[25]而言，那么有关 AAA 服务器是否允许覆盖由 PGW 选择的 IID，(S) Gi 规范是不清晰的，由此比较安全的做法是假定情况不是这样的（即不允许）。同样，当地址分配完全地委派给外部 AAA 服务器，即 PGW 本身没有前缀可建议给 AAA 服务器时，在接入-请求/认证和授权请求中的帧式-IPv6-∗属性/AVP 内要包括什么，规范在这方面也是不清晰的。

2. DHCP 基础设施

PGW 可作为一个 DHCPv6 客户端，并为一个 UE 从一台外部 DHCPv6 服务器请求一个 IPv6 前缀。有趣的是，像人们可能预料的那样，使用了在 RFC 3315[26] 中定义的有状态 DHCPv6 规程，没有使用 DHCPv6 PD 规程[27]。如何传递某些关键的 DHCPv6 参数，如 DHCP 唯一标识符（DUID）和身份关联标识符（IAID）（见 3.5.2 节），就这方面，3GPP 规范是不清晰的。在动态寻址的情形中，幸运的是，这不太成为一个问题。对于 PGW，就它所交换的所有 DHCPv6 消息，DUID 应该是相同的。

在 (S) Gi 之上使用 DHCPv6 而不是 DHCPv6 PD，谈到这一点时，就 IID 是否在 DHCPv6 情形中被传递到 UE，3GPP 规范保持沉默。毕竟从 DHCPv6 服务器接收到的 IPv6 地址是一个/128 IPv6 地址。此外，当 UE 配置其 IPv6 全局唯一地址（GUA）时，UE 会遵守它从 PGW 接收到的 IID，就这一点而言是没有保障的。DHCPv6 功能的细节落入一个厂商特定类别和 UE-实现-特定的行为。

4.4.3　有状态 IPv6 地址配置

就发行版本 11 来说，3GPP 架构和地址分配模型不支持 PDP 语境或 PDN 连接的基于 DHCPv6 的有状态 IPv6 地址分配[26]。但是，在 3GPP 规范中定义了一个基于有状态 DHCPv6 的 IPv6 前缀委派。另外，在 3GPP 架构中支持基于 DHCPv4 的有状态 IPv4 地址分配。

4.4.4　延迟的地址分配

虽然对于 IPv4 地址管理，延迟的地址分配是特别有意义的，但作为保留 IPv4 号码资源的一项技术来说，其在 PDN 类型 IPv4v6 的语境中的用途是令人感兴趣的。延迟的地址分配可建立在 DHCPv4 或 DSMIPv6（S2c 接口）之上。在 DHCPv4 情形中，UE 必须特别地指明它希望使用 DHCPv4 配置它的 IPv4 地址。该指示是在 NAS 层使用一个特定的协议配置选项（PCO）选项（欲了解进一步的细节，见 4.4.7 节）完成的。

作为一个 3GPP "规范敏感（specification wise）" 的注释，延迟的地址分配作为一个术语仅出现在阶段 2 中的非 3GPP 接入和 DHCPv4[16]（就发行版本 11 来说）。另外，针对 UE 的基于 DHCPv4 地址分配，对于 3GPP 接入也是可能的。依据 3GPP 阶段 3 规范[25]，延迟的地址分配也适用于 3GPP 接入。但是，也不是完全清晰，因为延迟的地址分配要求在初始 PDN 连接建立之后 SGW 和 PGW 之间的附加 PDN 连接信令，且目前 3GPP 接入规范中没有这个信令[15]。

在任何情形中，使用 DHCPv4 的延迟地址分配的基本思路如下：当激活 PDN 类型 IPv4v6 的 PDN 连接时，UE 将指明其使用 DHCPv4 配置 IPv4 地址的意图。在 PDN 连接激活期间，PGW 不会向 UE 指派任何 IPv4 地址，仅指派 IPv6 前缀。从 UE 和网络观点看，PDN 连接仅保持纯 IPv6 到这样的时点，此时 UE 实际上使用 DHCPv4 请求 IPv4 地址。此时，PGW 将 IPv4 地址指派给 UE，并使用 SGW 和 PGW 之间的附加信令，以新指派的 IPv4 地址修改 PDN 连接。最后，UE 通过 DHCPv4 得到 IPv4 地址。以后 UE 也可释放 IPv4 地址，从 UE 和网络角度看，这不会导致 PDN 连接的删除，而仅使之为纯 IPv6 的。

4.4.5　静态 IPv6 寻址

　　3GPP 架构允许将一个静态 IPv4 地址和/或一个 IPv6 前缀指派给一个 UE。对 3GPP 系统架构，典型的情况是，存在多种提供和地址管理方法。最直接的方法是将静态地址/前缀放置到每个 APN HLR/HSS 订购概要中。除了基于 HLR/HSS 的方法外，到一个内部网或 ISP 的非透明接入[25]（见 4.2.4 节）可使用（S）Gi 接口之上外部连接到 PGW 的方法，将地址/前缀分配给一个 UE。这些方法包括 AAA（PGW 作为一个 RADIUS 或 Diameter 客户端）、DHCPv6（PGW 作为一个客户端）和各种隧道方法，如 L2TP[89]（PGW 作为一个 LAC）。在某些情形中，即使 GTPv2 也能够区分被指派的 IP 地址是否为静态指派的。更具体而言，在修改载波规程中，出于计费目的[83]，指示信息元素[3]可能包含静态 IP 地址信息标志。不幸的是，就指示信息元素是否也适用于订购概要方法外的其他方法用在静态地址分配的情形，从规范看，是不清晰的。

　　存在某些部署考虑，就静态寻址方面需要进行理解。静态 IP 地址和前缀总是锚定在一个特定 PGW，其后在 IP 地址拓扑上属于一个 PDN，并最终会被路由器到该 PDN。为确保一个 UE 锚定到正确的 PGW，3GPP 标准提供两种基本方法。这两种方法依赖于 HLR/HSS 订购概要及其相应的 APN 配置：

　　1）静态 IPv4 地址和/或 IPv6 前缀是在一个 APN 下提供的，该 APN 总是解析到一个特定的 PGW。当订购概要是从一个 HLR 检索时，这种方法也可工作。

　　2）一个 HSS 中的 APN 配置概要可包含一个 PGW 身份（即一个完全合格的域名 FQDN）或静态指派 PGW 的一个 IP 地址（见 S6a/S6b/STa 接口的 MIPv6-Agent-Info AVP[110-112]）。基于下载的订购概要，MME 或 S4-SGSN 可定位合适的 PGW，其中也可提供静态指派的 IPv4 地址和 IPv6 前缀。作为一条旁注，在这种情形中，MME 有两个源，从中可定位合适的 PGW：APN 和 PGW 身份。在这种情形中，PGW 身份有优先权，原因是取决于 PGW "IP 架构"，PGW 仍然被提供 DNS 作为一个多穴连接的节点且 APN FQDN[113]可解析到多个 IP 地址，而 PGW 身份则准确地识别一个 IP 地址。

　　将一组 UE 总是安顿（camp）到特定 PGW 的做法，可能是一个扩展性问题和一个非最优路由问题。一些厂商产品允许 PGW 动态地通告它们拥有的地址块，使用诸如开放最短路径优先（OSPF）或边界网关协议（BGP）的路由协议。动态路由的使用可能解决将各 UE（或更确切的是各用户）安顿到一个特定 PGW 的问题，且另外让正常的网关选择规程选择和指派一个 PGW 到一条 PDN 连接。但是，在各 UE 开始到处漫游而使之不可能维护合适汇聚的情况下，存在如下风险，即不可容忍的大量主机路由将在路由系统中被通告。因此，在大规模部署时，应该小心仔细地评估静态 IP 寻址的使用。

1. 订购概要

一个 HSS 为订购概要内的每个 APN，有每用户静态寻址信息，见参考文献［111］中为 S6a/S6d 接口定义的 APN 配置 AVP 和服务方 IP 地址（Served-Party-IP-Address）AVP）。类似地对于 HLR，见为 Gr 接口[53]定义的 PDP-Address 和 Ext-PDP-Address 参数。在 IPv6 地址/前缀的情形中，IID 应该为全零，这意味着不可能依据标准将一个完整的 IPv6 地址指派给一个 UE。即使在 Gr/S6a/S6d 接口上将一个完整的 IPv6 地址传递给一个 SGSN 或一个 MME，就不能保障 IID 将被交付到 UE。另外，即使 IID 交付到 UE，也不保障该 UE 使用它配置链路本地地址外的地址。

当静态寻址信息来自一个订购概要时，一个 SGW 在 PDN 连接激活信令中包括静态地址/前缀信息。之后 PGW 授权或拒绝静态地址/前缀的使用。即使在静态寻址的情形中，PGW 仍然为 UE 选择 IID。否则，就存在 3GPP 链路上重复链路本地地址的理论概率（theoretical chance）。

就 3GPP 发行版本 11 而言，GTPv2 规范[3]描述，可从 HSS 订购概要中接收 IID。这明显地与 S6a/S6d（和 HSS）规范矛盾[111]。

2. AAA 基础设施

在 RADIUS 的（类似的有 Diameter）情形中，一台外部 AAA 服务器使用接入-接受消息中的帧式-IPv6-前缀（Framed-IPv6-Prefix）属性，向一个 UE 指派一个静态 IPv6 前缀。IID 仍然是由 PGW 指派的，并被包括在接入-请求（Access-Request）和接入-接受（Access-Accept）消息的帧式接口-Id（Framed-Interface-Id）属性中。就发行版本 11[25]而言，（S）Gi 接口规范没有清楚说明是否允许 AAA 服务器覆盖 IID，由此比较安全地是假定，情况不是这样（即不允许）。在地址/前缀分配被完全地委派给一台外部 AAA 服务器的情形中，要将什么放入到相关的帧式-IP ＊（Framed-IP）属性中，3GPP 规范没有做出清晰描述。依据规范，在接入-请求（Access-Request）中这些属性是必备的，但 PGW 没有什么有意义的东西要放入到这些属性中。在实践中，这些细节留给了厂商产品规范。类似地，就发行版本 10 而言，被委派-IPv6-前缀（Delegated-IPv6-Prefix）属性可被用来将一个静态被委派 IPv6 前缀指派给一个 UE。从 AAA 服务角度看，UE 和被请求的 APN 识别是烦琐的事务（trivial）。来自 PGW 的 AAA 请求消息总是在被叫-站-Id（Called-Station-Id）属性中包含 APN，呼叫-站-Id（Calling-Station-Id）属性包含 UE 的移动站国际用户目录号（MSISDN），3GPP-IMEISV 包含 UE 的国际移动设备身份（IMEI），以及 3GPP-IMSI 包含 UE 的国际移动用户身份（IMSI）。

3. DHCP 基础设施

以一种类似的方式，一个 PGW 可作为一个 DHCPv6 客户端，并从一台外部 DHCPv6 服务器为一个 UE 请求一个 IPv6 前缀。有意思的是，使用了参考文献［26］中定义的有状态 DHCPv6 规程，而没有像人们可能预料的那样使用 DHCPv6 PD 规程[27]。

就如何传播（populate）IAID，3GPP 规范没有清晰描述，该 IAID 将被请求识别每个 IPv6 地址（为一个特定 UE 请求的）。对于 PGW 交换的所有 DHCPv6 消息，DUID 应该明显地是相同的。就 DHCPv6 PD 语境中的 IAID 和 3GPP 网络，在参考文献［114］中存在一些讨论。但是，有关这方面，3GPP 规范不是没有歧义的，由此支持使用 DH-CPv6 的静态 IPv6 寻址，从 DHCPv6 服务器提供的角度看，或多或少是厂商特定的问题。此外，在 DHCPv6 情形中，是否将 IID 传递给 UE，3GPP 规范也没有说明。同样已知的是，并不强制 UE 使用接收到的 IID 用于它所配置的 IPv6 全局单播地址 GUA。针对静态 IPv6 寻址，使用 DHCPv6 的做法，归入到网络和 UE 侧的一个厂商特定类别。

4. 基于 IKEv2 方法

3GPP 规范也支持 S2c 接口（即当 UE 支持 DSMIPv6[19]时）的基于互联网密钥交换版本 2（IKEv2）[115, 116]家乡网络前缀（HNP）配置，以及（S）wu/S2b 接口[18, 105]（即当 UE 支持不被信任的非 3GPP 接入时）的完整 IPv6 地址配置。（S）wu/S2b 接口情形，也许是将一个网络侧选择的/128 IPv6 地址配置到 UE 的唯一解决方案。即使在这种情形中，网络也必须有一种确定性的方式在 PGW 中组合 IPv6 前缀和 IID，如前所述，这证明了是有挑战的。

5. 基于 L2TP 方法

在 4.2.4 节考虑了基于 L2TP 的"外部路由器"部署。一个 LNS 可使用任何可用的方法，将一个静态/64 IPv6 前缀指派给一个 UE。不存在 3GPP 规范，谈到组合 L2TP 和其他"3GPP 定义的"静态 IPv6 前缀（或地址）提供的语言描述。

6. UE 和 NAS 信令中的手工配置

最后，还有另一种可能性是在 UE 中配置一个静态地址/前缀，并使用 NAS 信令将地址/前缀从 UE 传递到网络。GGSN 最终了解到在 PDP 语境激活信令期间 UE 建议的寻址。GGSN 接受该建议或拒绝它。

应该指出的是，静态地址配置和 PDP 语境激活期间一个 UE 配置前缀的请求，仅对 GPRS 是可能的，对 EPS 是不可能的。这是由于 NAS 信令中的变化导致的。更具体地说，UE 发起的针对一条默认 EPS 载波创建的 PDN 连接请求[13]NAS 消息，不再包含一个特定的 IPv4 和/或 IPv6 地址。另外，UE 发起的针对一个默认（即主）PDP 语境创建的 PDP 激活语境请求[12]NAS 消息，包含 PDP 地址信息元素，并可能填充有 UE 请求的 IP 寻址信息。

当一个 UE 支持 DSMIPv6（即 S2c 接口）时，它可能包括在一个 NAS 层次针对一个 IPv6 HNP 的一条请求。通过在 NAS 信令请求中包括特定的 PCO，做到这一点。仅当 UE 也请求家乡代理（HA）IPv6 地址时，UE 才请求 IPv6 HNP。自发行版本 8 以来，这项功能特征才可用于 GPRS 和 EPS。4.4.7 节将比较详细地讨论前述的 NAS 协议信息元素。

4.4.6　IPv6 前缀委派

IPv6 前缀委派是 3GPP 发行版本 10 的一个组成部分，没有被任何以前的发行版本所涵盖。但是，为每个默认载波分配（并分配到 UE）的/64 前缀可由实现邻居发现（ND）[23]或某种类似功能的 UE，共享于局域网。

发行版本 10 前缀委派使用基于 DHCPv6 的 PD[27]。为发行版本 10 定义的模型要求可汇聚的前缀，这意味着为默认载波分配（并分配到 UE）的/64 前缀必须是较短被委派前缀的组成部分。这主要是源自 PCC 架构的一项需求，将属于单条 PDN 连接的所有前缀处理为一个较短的汇聚前缀，是人们所期望的和可行的。值得指出的是，不管在 DHCPv6 PD 交换期间接收到的寿命值为何，被委派前缀的寿命与它们所关联的 PDN 连接的寿命是一样的。这源自这样的事实，即被委派前缀和被排除的/64 前缀必须汇聚。除非用户也被提供一个静态/64 IPv6 地址，否则在 PDN 连接断开间要保持被委派前缀相同，就是没有保障的。

　　DHCPv6 前缀委派有一项显性限制，这在参考文献 ［27］ 的 12.1 节中描述，即委派给请求路由器（RR）的一个前缀不能由委派路由器（DR）（在这种情形中即是 PGW）使用。这意味着，较短的 "被委派前缀" 不能像这样地赋予 RR（即 UE），而是必须由 DR（即 PGW）以这样一种方式交付，其中分配给默认载波（PDN 连接）的/64 前缀不是被委派前缀的组成部分。从委派中排除一个前缀的一个选项[55]防止了这个问题的出现。图 4.21 形象地给出了带有一条被排除前缀的一个范例部署。

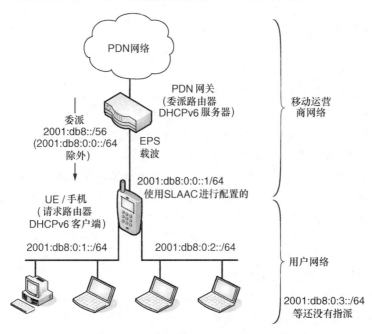

图 4.21　基于 DHCPv6 的前缀委派范例和在 3GPP 发行版本/0 网络中的共享网络情景

　　虽然由 3GPP 规范认可，但参考文献 ［55］ 的使用是可选的。但是，支持汇聚前缀的要求仍然是强制的。在没有排除做法[55]的情况下，有两种解决委派问题的替代方法。

　　首先，DHCPv6 服务器仅能将分配给 PDN 连接的前缀空间的 1/2 进行委派，那么从另一半中为 UE 取/64 前缀。从这另一半中，前缀的其他部分就 "丢失了"，并采用一条汇路由（sink route）加以处理。这明显是非常浪费前缀使用的。见下面的这种方法的一个委派例子：

　　PDN 连接用的前缀：2001：db8：:/56

分配给 UE 的前缀：2001：db8::/64

委派给 UE 的前缀：2001：db8：0：80::/57

带有一条汇路由的前缀：2001：db8：0：1::/64 到 2001：db8：0：7f::/64

其次，被委派的前缀可切分为较小的"子网"，之后委派为一个前缀组。虽然从 RFC 3633[27] 角度看，这样的（复杂）方法是完美有效的，但仍然假定它没有很好地得到 RR 的支持。见下面的一个委派例子：

PDN 连接用的前缀：2001：db8::/56

分配给 UE 的前缀：2001：db8::/64

委派给 UE 的前缀 1：2001：db8：0：80::/57

委派给 UE 的前缀 2：2001：db8：0：40::/58

委派给 UE 的前缀 3：2001：db8：0：20::/59

委派给 UE 的前缀 4：2001：db8：0：10::/60

委派给 UE 的前缀 5：2001：db8：0：8::/61

委派给 UE 的前缀 6：2001：db8：0：4::/62

委派给 UE 的前缀 7：2001：db8：0：2::/63

委派给 UE 的前缀 8：2001：db8：0：1::/64

第三种替代方法将是使用"未编号的链路模型"[117]，其中请求路由器和委派路由器仅使用它们共享链路上的链路本地地址。但是，这个模型根本不适用于 3GPP 链路模型，因此从可能解决方案中被排除。

由于基于 PMIPv6 和基于 GTP 的分组核心之间的链路模型差异，PMIPv6 要求在一次切换之后在一个 SGW/MAG 中稍微不同的处理。在参考文献 [28] 中描述的解决方案，确保被委派前缀的所要求转发状态在一个目标 SGW/MAG 中得到更新。

DHCPv6 PD 的一项显著改进，是将有状态的 DHCPv6 服务器引入到 3GPP 分组核心架构和 PGW。

使用外部 DHCP 和 AAA 服务器的前缀管理。

可使用前面针对/64 IPv6 前缀管理的相同方法，管理被委派的前缀。这些包括一个 PGW 内的内部前缀池、外部 DHCPv6 服务器前缀池（当 PGW 实现一个 DHCPv6 中继或一种 DHCPv6 服务器 + 客户端组合时）和外部 AAA 服务器池。

当前 3GPP 发行版本 11 规范[8, 15, 25] 隐含地假定，PGW 内部池或外部 AAA 服务器被用于委派前缀管理。如果 DHCPv6 被用来与外部 DHCPv6 服务器做接口，则 UE/64 IPv6 地址（前缀）和被委派前缀应该在一次 DHCPv6 协议交换中被指派，否则被排除前缀的处理甚至变得比已经很复杂的情况变得更加复杂。就这方面，在 3GPP 架构中存在一些问题，例如甚至在 3GPP 标准中没有描述这样的一个规程。首先，UE 被显性地禁止使用 DHCPv6 执行有状态地址分配，另外情况是请求被委派的前缀。3GPP 规范[25] 解决这个问题的方法是，针对 PDN 网络互联，在一个 PGW 中使用组合的 DHCPv6 服务器 + 客户端模式。此外，DHCPv6 协议本身没有完全清楚如何同时处理 PD（带有 IA_PD 选项）和地址指派（带有 IA_NA 或 IA_TA 选项）。在参考文献［107，118］中有已知缺点和灰色区域的一个不错讨论。为委派前缀管理使用外部 DHCPv6 服务器归入到 3GPP 发行版本的厂商特定部署解决方案。

另外，针对 RADIUS 和 Diameter，在参考文献［25］中很好地定义了在（S）Gi 接口上使用 AAA 服务器的方法。如果 PGW 从其内部池中指派一个 IPv6 前缀，则在 RADIUS Access-Request（接入-请求）或 Diameter 认证和授权请求消息中可能存在 Delegated-IPv6-Prefix（被委派的-IPv6-前缀）属性/AVP[63]。这主要用于授权目的。类似地，当外部 AAA 服务器用于前缀指派和管理时，Delegated-IPv6-Prefix（被委派的-IPv6-前缀）属性/AVP[63]可能出现在 RADIUS Access-Accept（接入-接受）或 Diameter 认证和授权应答消息中。

4.4.7   NAS 协议信令和 CP 选项

4.4.5 节描述了当与 UE 中的 IPv6 地址配置相关时 NAS 信令和 PCO 的细节。对于 GPRS[12]，NAS 协议信令发生在一个 UE 和 SGSN 之间；对于 EPS[13]，则发生在一个 UE 和一个 MME 之间。对于 GPRS/EPS 服务，该信令用于电路交换（CS）连接的呼叫控制、会话管理和移动管理，以及 CS 和 GRPS/EPS 的无线电资源管理。

NAS 协议也用于 PDP 语境和 EPS 载波处理，并特别用于用户平面的控制，这是在本节中的关注点。讨论和例子限制在涉及用户平面 IP 配置的部分。NAS 协议规程发生在用户平面 IP 启动之前，概念上与 PPP 网络控制协议（NCP）有相似性。特别地，已经存在（in place）NAS 协议封装各种互联网协议控制协议（IPCP）选项。在这样的细节程度上投入精力讨论 PCO 和 NAS 协议的原因在于，它们在 3GPP 网络中的流行度和密集使用。总是存在一种诱惑，将 NAS 协议扩展到每项 IP 配置需要，代价是出于相同目的的 IETF 协议。自从引入非 3GPP 接入之后，做出了在 DHCP[119]或 PMIPv6[120]之上标准化 PCO 角度的几次尝试。在 PMIPv6 的情形中，3GPP 已经针对封装 PCO[121]标准化了一个 3GPP 厂商特定的移动选项。

图 4.22 详细地给出了分组数据协议地址信息元素[12]。从图中去掉了一些无关（和从来就没有部署的）细节，例如另外的 PDP 类型组织选择及其相应的伴随 PDP 类型。

字节	比特							
	8	7	6	5	4	3	2	1
1	分组数据协议地址 IEI = 0x2B							
2	长度(2 为无 , 6 是 IPv4, 18 是 IPv6, 22 是 IPv4v6)							
3	空闲 '0000'				IETF 为 PDP 类型组织1			
4	PDP 类型 0x21 是 IPv4, 0x57 是 IPv6, 0x8D 是 IPv4v6							
5-n(24)	PDP 地址 (IPv4, 全 IPv6 或 IPv4 后跟全 IPv6)							

图 4.22   GPRS 的 PDP 地址消息元素

在发行版本 9 之前，仅支持 PDP 类型 IPv4 和 IPv6。如果由于任何原因，一个 UE 或一个 SGSN 不理解 PDP 类型内容，它必须被看作 PDP 类型 IPv4（即十六进制的 0x21）。

在 GPRS 中使用分组数据协议地址信息元素，它可能出现在激活 PDP 语境请求、激活 PDP 语境接受、请求 PDP 语境激活和修改 PDP 语境请求 NAS 协议消息中。不像在 EPS 中的是，PDP 地址信息元素也可包括在由一个 UE 发出的 NAS 消息中（即激活 PDP 语境请求消息）。即使不存在实际的寻址信息，信息元素也包含被请求的 PDP 类型。

即使一个完整的 IPv6 地址被包括在信息元素内，当 PDP 地址信息元素是从网络上接收时，一个 UE 必须忽略 /64 前缀，并仅为 PDP 语境的链路本地地址的进一步配置抽取 IID（这在多个 3GPP 规范[12, 13, 25]中做了特别的陈述）。一些 SGSN 甚至发送一个 IPv6 链路本地地址，而不是指派给 PDP 语境的 IPv6 GUA。

图 4.23 给出了用于 EPS 中的 PDN 地址信息元素[13]。它可能仅出现在网络发起的激活默认 EPS 载波语境请求 NAS 消息中。不像其 GPRS 伴随物（companion）的是，信息元素不再携带一个 IPv6 前缀，仅携带 IID。此外，请求一条 PDN 连接特定类型的 PDN 类型，现在有一个专用的 PDN 类型信息元素，这可在 UE 发起的 PDN 连接能力请求 NAS 消息中找到。图 4.24 给出了 PDN 类型信息元素。如果出于任何原因，一个 MME 不理解 PDP 类型内容，则它必须被看作 PDN 类型 IPv6（即 010）。

比特

字节	8	7	6	5	4	3	2	1
1	PDN 地址 IEI（在当前 NAS 消息中是必备的，由此没有码点）							
2	长度（5 是 IPv4, 9 是 IPv6, 13 是 IPv4v6）							
3	空闲 '00000'					PDN 类型（v4 = 001, v6 = 010, v4v6 = 011）		
4−n(15)	PDN 地址（IPv4, IPv6 IID 或 IPv6 IID 后跟 IPv4）							

图 4.23　EPS 的 PDN 地址信息元素

比特

字节	8	7	6	5	4	3	2	1
1	PDN 类型 IEI（没有码点）				0	PDN 类型（v4 = 001, v6 = 010, v4v6 = 011）		

图 4.24　PDN 类型信息元素

另一个小的细节涉及 EPS 和 NAS 信令。虽然 GTPv2 信息元素（见 4.3.2 节中的图 4.14）允许任意长度的 IPv6 前缀，但 PDN 地址信息元素被硬编码为 /64。

在 PDN 连接激活期间，在 UE 和 PGW 之间交换许多 IP 层配置参数。除了 IPv4 地址和/或 IPv6 前缀外，配置信息是在 PCO 内传递的[12]。UE 可请求递归的 DNS 服务器（RDNSS）和 P-CSCF 地址，或指明它是否希望使用 DHCPv4 配置它的 IPv4 地址。作为一条响应，PGW 返回零个或多个匹配的 PCO。图 4.25 给出了一个 PCO 的编码。在 UE

和 SGSN/MME 之间的 NAS 协议消息内，以及在 MME、SGW 和 PGW 之间的 GTP-C 消息内传递 PCO。NAS 和 GTP-C 传输之间编码的唯一差异是信息元素代码号和长度字段。

字节	比特							
	8	7	6	5	4	3	2	1
1	协议配置选项 IEI = 0x27 (或 0x84 当在 GTP-C 中时)							
2	选项内容的长度							
3	1	空闲 '0000'				配置协议 ('000' 是 PPP)		
3–4	协议 ID x							
5	协议 ID x 内容的长度							
6–n	协议 ID x 内容							
...	协议 ID y 或容器 ID z ...							

图 4.25　协议配置选项信息元素

一个 PCO 中的许多协议 ID 是从 PPP 中借鉴来的，其用途在配置协议字段中指明（PCO 中的第 3 个字节）。在发行版本 11 中，支持如下基于 PPP 的协议 ID：链路控制协议（LCP）（0xC023）、挑战-握手认证协议（CHAP）（0xC223）和 IPCP（0x8021）。协议 ID 内容等于一条"NCP 分组"[14]，该分组去除了"协议（Protocol）"和"填充（Padding）"字段。

除了基于 PPP 的协议 ID 外，3GPP 定义了许多其自己的内容 ID。例如，一个内容 ID 0x0003 指一个 DNS 服务器 IPv6 地址。各容器有其自己的编码，这在相应的 3GPP 文档[12]中做了描述。图 4.26 给出了包含 IPv4 和 IPv6 DNS 服务器地址的一个 PCO，且是从网络侧发往 UE 方向的。

```
0000  27                              PCO IEI
0001  27                              长度 = 39
0002  80                              配置协议 PPP
0003  80 21                           协议 ID = IPCP
0005  10                              协议 ID 内容长度
0006  03                              配置 -Nak (网络覆盖UE)
0007  00                              标识符
0008  00 10                           长度 = 16
000a  81 06 0a 66 32 e4               主 DNS 服务器 10.102.50.228
0010  83 06 0a 66 32 e5               辅 DNS 服务器 10.102.50.229
0016  00 03                           内容 ID - DNS 服务器 IPv6 地址
0018  10                              长度 = 16
0019  20 01 04 90 0f f0 c2 1a 00 00 00 00 0a 66 32 f4
                                      地址 = 2001:490:ff0:c21a::a66:32f4
0029  ...
```

图 4.26　从一个网络到一个 UE 的 NAS 协议内 PCO 编码例子，覆盖 UE 所建议的 DNS
服务器 IPv4 地址，同时交付一个 DNS 服务器 IPv6 地址

表 4.6 和表 4.7 给出了发行版本 11 中存在的内容 ID。应该指出的是，各内容 ID 有不同的编码，这取决于它们是由一个 UE 发出的（请求某些信息）或由一个网络发出的（提供配置信息）。

表 4.6　从一个 UE 到一个网络方向的各内容 ID

内容 ID	描　　述	内容 ID	描　　述
0x0001	P-CSCF IPv6 地址请求	0x000A	通过 NAS 信令的 IP 地址分配
0x0002	IM CN 子系统信令标志	0x000B	通过 DHCPv4 的 IPv4 地址分配
0x0003	DNS 服务器 IPv6 地址请求	0x000C	P-CSCF IPv4 地址请求
0x0004	不支持	0x000D	DNS 服务器 IPv4 地址请求
0x0005	网络请求的载波控制指示器的 MS 支持	0x000E	MSISDN 请求
0x0006	保留	0x000F	IFOM-支持-请求（IFOM-Support-Request）
0x0007	DSMIPv6 家乡代理地址请求	0x0010	IPv4 链路 MTU 请求
0x0008	DSMIPv6 家乡网络前缀请求	0xFF00 ~ 0xFFFF	为运营商特定用途预留
0x0009	DSMIPv6 IPv4 家乡代理地址请求		

表 4.7　从一个网络到一个 UE 方向的内容 ID

内容 ID	描　　述	内容 ID	描　　述
0x0001	P-CSCF IPv6 地址	0x000A	保留
0x0002	IM CN 子系统信令标志	0x000B	保留
0x0003	DNS 服务器 IPv6 地址	0x000C	P-CSCF IPv4 地址
0x0004	策略控制拒绝代码	0x000D	DNS 服务器 IPv4 地址
0x0005	被选中的载波控制模式	0x000E	MSISDN
0x0006	保留	0x000F	IFOM-支持（IFOM-Support）
0x0007	DSMIPv6 家乡代理地址	0x0010	IPv4 链路 MTU
0x0008	DSMIPv6 家乡网络前缀	0xFF00 ~ 0xFFFF	为运营商特定用途保留
0x0009	DSMIPv6 IPv4 家乡代理地址		

最后，NAS 协议也用来在一个 UE 和一个网络之间交换 TFT。各 TFT 主要是特定于一条 PDN 连接的 IP 分组过滤器。各 TFT 可包含下行链路方向、上行链路方向或两个方向的分组过滤器，它们可被动态地创建、删除和修改。分组过滤器确定到 PDP 连接的流量映射，并被用于将 IP 流关联到用于 QoS 实施目的的专用载波。流量流模板信息元素的最大长度是 257B，这基于现有编码，每个流量流模板信息元素可最大持有 4 个全尺寸的 IPv6 分组过滤器。IPv6 分组过滤器的最大尺寸 IPv6 分组过滤器可以是 60B。但是，可将 16 个过滤器添加到一个现有的 TFT。仅有数个 IPv6 特定的 TFT 过滤器组成：一个完整的 16B IPv6 地址、8bit 的流量类和一个 20bit 的流标签。

4.4.8 带有 IPv4 和 IPv6 地址配置的初始 E-UTRAN 附接例子

图 4.27 形象地给出了一个初始 E-UTRAN 附接的步骤，带有关联的 IPv4 和 IPv6 地址配置。从信令和个体消息角度看，该例没有做穷尽处理，因此缺乏细节（欲了解更多完全的信令流信息，参见参考文献 [13, 15]）。在 UE 和 MME 之间的信令步骤中，这是特别明显的。注意，在例子中甚至没有包括 eNodeB。但是，我们认为，对于一个地址配置例子，载波和无线电资源管理的那些额外的 3GPP 特定细节是无关紧要的。所选择的整个场景基于这样的假设，即网络和 UE 支持 PDN 类型 IPv4v6，且地址是自动配置的。

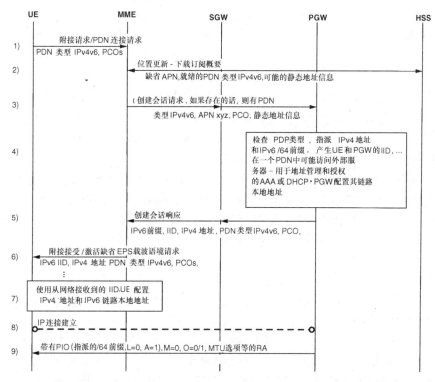

图 4.27 简化的初始 E-UTRAN 附接例子，其中包括 IPv4 和 IPv6 地址配置

1）UE 发起附接规程，并通过 eNodeB 将 PDN 连接能力请求消息发送到 MME。该消息包含 PCO 信息元素，用于请求 IP 层配置（如 DNS 服务器地址），并将该 UE 不想使用 DHCPv4 配置其 IPv4 地址的情况通知网络。该消息也包含 PDN 类型信息元素，请求 PDN 类型 IPv4v6。UE 也请求一个特定 APN，但通常在初始附接期间没有完成，且网络定义的默认 APN 将用于 PDN 连接。

2）MME 从 HSS 下载用户订购概要。该概要包含如下信息，如默认 APN、订购的订购 APN 以及每个 APN 的 PDN 类型。也可能出现的情况是，某个 APN 被提供静态 IPv4 地址和/或 IPv6 前缀，且如果情况是这样的话，则静态寻址信息将用在 PDN 邻居激活的后续创建会话请求消息。

3）MME 在 S11 接口之上将创建会话请求 GTP 控制平面版本 2（GTPv2-C）消息发送给 SGW，它进一步在 S5/S8 接口上将相应的创建会话请求消息发送给 PGW。此时，MME 也检查可能的回退情形（见 4.5 节），即订购的 PDN 类型、被请求的 PDN 类型和网络侧配置是否匹配，并基于这个选择，确定哪些内容要进入创建会话请求 GTPv2-C 消息中的 PDN 类型信息元素内（在这个例子中是 IPv4v6）。GTPv2-C 消息也包含 PCO 选项、被选中的 APN（来自 UE 或来自订购概要）、双地址载波标志（DAF）设置和可能的静态寻址信息等。

4）PGW 接收创建会话请求消息，并依据所接收的信息以及在 PGW 已经配置的信息，检查所请求的 PDN 连接是否能够建立。此时，PGW 也可咨询外部 AAA 或 DHCP 服务器进行地址分配和/或连接授权（欲了解更多信息，见 4.2.4 节）。依据所请求的 PDN 类型 IPv4v6，PGW 为 PDN 连接指派一个 IPv4 地址和一个 IPv6 前缀。PGW 也为 UE 和 PGW 自己产生/指派两个 IID，进行链路地址配置。

5）PGW 通过 SGW 发送创建会话响应消息给 MME。该消息包含一个 PDN 地址分配信息元素，它包含指派的 IPv6 前缀、为 UE 指派的 IID、指派的 IPv4 地址和 PDN 类型（在这个例子中是 IPv4v6）。该消息也包含从 PGW 到 UE 的响应 PCO 选项，它可带有 DNS 服务器信息。

6）MME 发起 PDN 连接/默认载波激活，并发送激活专用 EPS 载波语境请求消息给 UE。这个 NAS 消息包含来自 GTPv2-C 的所有前面提到的信息，例外是"IPv6 前缀不发送到 UE"，仅有 PGW 指派的 IID 才发送到 UE。这个步骤后跟 UE 和 MME 之间的一条附加信令，在图 4.27 中没有画出。

7）UE 配置它的 IPv4 地址、DNS 服务器信息和其他 IP 配置。UE 也基于从 PGW 接收到的 IID，配置 IPv6 链路本地地址。

8）此时，已经针对双栈建立 IP 连接能力，即 PDN 连接和默认的 EPS 载波。对于 UE IP 栈而言，PDN 连接看起来是一个双栈支持的网络接口。接口的实际"类型"可以是基于 UE 侧实现的 PPP、以太网或其他类型。UE 加入"所有节点组播地址"组播地址。UE 可为其接口上的所有当前和未来配置的地址，加入"请求节点组播地址"组播组，这可能隐含着发送所要求的组播侦听者发现（MLD）消息。UE 不需要对其链路本地地址实施 DAD，原因是依据设计，地址冲突是不可能的（假定 UE 遵循 3GPP 规范）。

9）一旦 IP 连接（即 PDN 连接）启动（up），则发生 SLAAC，且 UE 通过发送一条路由器请求而请求路由器。PGW 发送一条或多条 IPv6 路由器通告到 UE。路由器通告至少携带包含/64 IPv6 前缀的 PIO 选项，该前缀是由网络指派给 UE 和 PDN 连接的。IPv6 前缀的寿命已经被设置为无穷，将 A 标志设置为 1，并将 L 标志设置为 0。路由器寿命设置取决于 PGW 配置，但典型情况下接近最大可能值。M 比特被设置为 0，O 比特可能被设置为 0 或 1。路由器通告中的其他可能选项可包括 MTU 选项。在接收到路由器通告之后，UE 完成 SLAAC，并为其接口配置一个 GUA。被配置 GUA 的 IID 可能是 UE 认为合适的任何内容，如使用私有地址[109]。UE 不需要为其 GUA 实施 DAD，原因是依据设计，地址冲突是不可能的（假定 UE 遵循 3GPP 规范）。UE 从所接收的路由器通告中学到 PGW 链路本地地址，且因为在 3GPP 链路中没有链路层地址，所以 UE 不需要针对 PGW 链路本地地址实施地址解析。

4.5 载波建立和回退场景

本节讨论初始 PDN 连接激活和切换情形，以及在不同 UE 和网络配置中不同 PDN 类型的行为如何。

4.5.1 初始连接建立

在连接激活完成之后 PDN 连接最终得到的 PDN 类型取决于各种参数。因为仅关注在用户平面上的 IP 支持（由端用户交付和看到的 IP 寻址），所以并不是每个分组核心网元都必须要理解 IP 寻址中的差异。但为使 PDN 连接创建正常进行，在 3GPP 系统内的多个联网单元必须支持所请求的 PDN 类型：

1）UE 请求的 PDN 类型（以及 UE IP 和无线电调制解调器能力）。

2）存储在 HLR/HSS 之订购概要中的 APN 特定的允许 PDN 类型。

3）SGSN 发行版本、能力和设置。

4）GGSN/PGW 发行版本、能力和设置。

5）SGSN/MME 中的 DAF 设置。

6）外部 PDN 设置和能力，例如如下情形，其中 IP 地址管理被委派给一台外部 AAA 服务器。

7）厂商特定的，指覆盖标准的 PDN 类型处理逻辑。

为 PDN 连接创建，无线电调制解调器及其固件必须支持相应的 PDN 类型。PDN 连接创建可由 UE 或网络发起。在一些情形中，主机操作系统和 UE 内的 IP 栈也许没有无线电调制解调器对不同 PDN 类型支持的全部知识，如当端主机（TE）和调制解调器（MT）分离时的情形。遵循 3GPP 发行版本 8（对于 EPS）或发行版本 9（对于 GPRS）的一个 UE，应该遵守如下规则：

1）如果 UE 是纯 IPv4 的，那么请求 PDN 类型 IPv4 PDN 连接。

2）如果 UE 是纯 IPv6 的，那么请求 PDN 类型 IPv6 PDN 连接。

3）如果 UE 有一个双栈，那么应该请求 PDN 类型 IPv4v6 PDN 连接。

4）如果 UE 不知道无线电调制解调器支持的是哪种 PDN 类型，那么应该请求 PDN 类型 IPv4v6 PDN 连接。

取决于网络侧的支持和配置，被激活的 PDN 连接也许有与所请求的类型不同的一个 PDN 类型。实际上，各 UE 不（需要）遵循这些指导原则，且典型地存在由 UE 厂商或运营商提供的每 APN 设置，它覆盖 3GPP 规范的默认行为。存在部署情形，其中一个运营商对支持双栈的各 UE 倾向使用单个 IP 版本 PDN 连接，并使用可用的 IPv6 过渡机制之一提供双栈连接能力。第 5 章将详细讨论 IPv6 过渡。

4.5.2　与较早期发行版本的后向兼容能力

记住一些 PDN 类型处理规则是很重要的。在 3GPP 发行版本 9 之前，一个 SGSN 将一个 PDP 类型 IPv4v6 看作一个 PDP 类型 IPv4（就像它不理解的任何 PDP 类型一样）[12]。另外，从发行版本 9 SGSN 开始的一个 SGSN 和从发行版本 8 开始的一个 S4-SGSN/MME，将一个未知的 PDN 类型看作一个 PDN 类型 IPv6[13]。未知 PDN 类型可从一个 UE 或一个 HLR/HSS 到达 MME。处理应该是相同的。

从后来的 3GPP 发行版本 10 开始，一个 HLR/HSS 订购概要中的 PDN 类型 IPv4v6 隐性地指，对于给定的 APN 配置，支持 PDN 类型 IPv4 和 IPv6，之后一个 SGSN/MME 相应地执行。在发行版本 10 之前，SGSN/MME 也许拒绝 UE 发起的 PDN 类型 IPv4 或 IPv6 请求，即使订购了 PDN 类型 IPv4v6，而不是 IPv4 或 IPv6，此时也是要拒绝的。在一些早期部署中，情况就是这样，此时一个 HLR 为一个 APN 提供一个 PDP 类型 IPv4v6，且订购概要已下载到一个发行版本 10 以前的 SGSN（甚至发行版本 9 以前的）。结果，PDP 类型仅被处理为 PDP 类型 IPv4，UE 没有方法去激活一个 PDP 类型 IPv6 PDP 语境。实际上，应该永远不允许发生前述那样的部署。一个网络部署必须确保 SGSN/MME 版本保持与 HLR/HSS 版本和提供配置的一致，且没有特征不一致的情况出现。

一些早期的 GGSN 不能处理这样的一个配置，其中两个 APN 有相同的名字但不同的 PDP 类型。为了减缓这种情况的影响，在发行版本 8 之前，没有 3GPP 规范文本强制要求处理这样的配置。但是，这样的一个限制，实际上做出了回退到两个单一 IP 版本 PDP 语境而不是一个双栈语境，使回退到一个双栈语境的情形更加艰难。UE 和网络必须为每个 PDN 类型配置不同的 APN，而不是仅有一个 APN。

4.5.3　双地址载波标志

DAF 用于 PDN 连接激活期间的 GTP-C（接口 S2b、Gn/Gp、S5/S8、S3 和 S11）信令。其值是由一个运营商提前配置的，当一个 UE 请求一个 PDN 类型 IPv4v6 以及 UE 可能切换到的所有 SGSN 是发行版本 9 且支持 PDP 类型 IPv4v6 时，则由一个 SGSN/MME 进行设置。在一个分阶段核心网迁移到完全支持发行版本的 SGSN 期间，这是有用的。当一次 SGSN 间 RAU 或一次 RAT 内切换发生时，存在一项严格要求，即 PDN 类型必须是一对一匹配的。在迁移阶段期间，核心网络也许有发行版本 9 SGSN、发行版本 9 以前的 SGSN 和可能的 MME 的混合情况，且应该允许那些设备之间的切换。

DAF 是在 GTPv2[3] 中指示信息元素内通知的。在 GTPv1 内，DAF 发现存在于通用标志（Common Flag）信息元素[9]中。缺少 DAF 被解释为没有进行设置。

4.5.4　在一个 PGW 中被请求 PDN 类型的处理

一个 PGW 配置也影响一条 PDN 连接的 PDN 类型的最后选择。典型情况下，该配置特定于一个 APN 或一些 PGW 内部路由原语/函数构造。表 4.8 列出了请求 PDN 类型中的可能变化和实际上创建了什么。DAF 列中的一个短线指 DAF 的值没有意义。

表 4.8　PGW 配置和双地址载波标志对 **PDN** 类型选择的影响

所 请 求 的	配 置 的	DAF	结 　果	备 　注
IPv4	IPv4	—	IPv4	
IPv4	IPv6	—	拒绝	
IPv4	IPv4 v6	—	IPv4	
IPv6	IPv4	—	拒绝	
IPv6	IPv6	—	IPv6	
IPv6	IPv4 v6	—	IPv6	
IPv4 v6	IPv4 和 IPv6	—	IPv4 或 IPv6	注释 3
IPv4 v6	IPv4 v6	没有设置	IPv4 或 IPv6	注释 3
IPv4 v6	IPv4	设置	IPv4	注释 1
IPv4 v6	IPv6	设置	IPv6	注释 2
IPv4 v6	IPv4 v6	设置	IPv4 v6	

注释 1　PGW 以代码#18（对于 GTPv2）或#129（对于 GTPv1）的语句"New PDP/PDN Type due to network preference（由于网络优先权产生的新 PDP/PDN 类型）"做出响应，一个 UE 最终将之看作一条接收到的（E）SM 语句#50 "PDN/PDP Type IPv4 only allowed"（仅允许 PDN/PDP 类型 IPv4）[12,13]。为了模仿双栈行为，UE 一定不要尝试建立一个不同 PDN 类型的第二条并行 PDN 连接。

注释 2　PGW 以代码#18（对于 GTPv2）或#129（对于 GTPv1）的语句"New PDP/PDN Type due to network preference（由于网络优先权产生的新 PDP/PDN 类型）"做出响应，一个 UE 将最终将之看作一条接收到的（E）SM 语句#51 "PDN/PDP Type IPv6 only allowed（仅允许 PDN/PDP 类型 IPv6）"[12,13]。为了模仿双栈行为，UE 一定不要尝试建立一个不同 PDN 类型的第二条并行 PDN 连接。

注释 3　PGW 以代码#19（对于 GTPv2）或#130（对于 GTPv1）的语句"New PDP/PDN Type due to single address bearer only（由于仅有单个地址载波产生的新 PDP/PDN 类型）"做出响应，一个 UE 最终将之看作一条接收到的（E）SM 语句#52 "single address bearers only allowed（仅允许单地址载波）"[12,13]。为了模仿双栈行为，UE 被允许/应该建立一个不同 PDN 类型的第二条并行 PDN 连接。

当由于在 PGW 针对所请求的 APN 不支持一个 UE 请求的一个 PDN 类型，而导致一次 PDN 连接激活失败时，PGW 可发回一条错误语句代码#83 "Preferred PDN Type not supported（首选的 PDN 类型得不到支持）"。MME 最终可能将之翻译成（E）SM 语句代码#50 或#51，并在 NAS 信令之上将那些代码发给 UE。

4.5.5　回退场景和规则

通用规则是，如果所请求的 PDN 类型匹配 HLR/HSS 订购概要中所订购（提供）的

PDN 类型之一，那么所创建的 PDN 连接将具有那个类型。在订购概要已经从 HLR/HSS 下载到 SGSN/MME 中之后的连接建立阶段期间，所请求的和订购的 PDN 类型首先在一个 SGSN/MME 中被验证。第二次时，所请求的 PDN 类型与一个 PGW 中配置的 PDN 类型进行验证。如果所请求的类型与订购的或配置的类型不同，那么依据良好定义的规则，该类型被改变。在表 4.9 中列出了基本匹配和转换规则。

如果对于同一 APN，订购概要提供多个 PDN 类型，那么被选中 PDN 类型的选择就取决于实现。例如，对于同一 APN，订购概要可能有 PDN 类型 IPv4 和 IPv6。如果请求的是 PDN 类型 IPv4v6，则取决于 SGSN/MME 实现来确定要选择哪个。某些组合是没有意义的，例如，对同一 APN 有 PDN 类型 IPv4 和 PDN 类型 IPv4v6，这是因为所提供的类型是重叠的，由此是冗余的（除非和前面讨论的一样，在网络中存在以前 3GPP 发行版本已知的问题）。

表 4.9 汇总了迄今为止描述的所有 PDN 类型选择和回退规则。在表中，UE Req. 代表最初由 UE 请求的 PDN 类型，而 NW Req. 代表在已经完成与所订购 PDN 类型的匹配之后由 SGSN/MME 所请求的 PDN 类型。该表没有包括绝大多数的冗余组合，如请求一个 PDN 类型（在一个 HLR/HSS 中没有订购或在一个 PGW 中没有配置的）。该表也没有考虑对 PDN 类型处理的可能的有意图的约束（intentional restriction），例如对进入和外发漫游者的情形可能就是这样的。在 4.2.5 节简短地讨论了漫游约束。在表 4.9 中，逗号分隔的寻址类型列表，指这些是可能的选择，即 or（或）。

表 4.9   PDP/PDN 类型匹配和转换规则非穷尽汇总

UEReq.	订购的	DAF	NWReq.	PGW	结果	备注
IPv4	IPv4，IPv4v6，IPv4_or_IPv6	—	IPv4	IPv4，IPv4v6	IPv4	
IPv6	IPv6，IPv4v6，IPv4_or_IPv6	—	IPv6	IPv6，IPv4v6	IPv6	
IPv4	IPv4v6	—	IPv4	IPv4，IPv4v6	IPv4	
IPv6	IPv4v6	—	IPv6	IPv6，IPv4v6	IPv6	
IPv6	IPv4v6	—	IPv6	IPv4，IPv6，IPv4v6	IPv4	
IPv6	IPv4v6	—	—	—	拒绝	注释 1
IPv4v6	IPv4	—	IPv4	IPv4，IPv4v6	IPv4	
IPv4v6	IPv6	—	IPv6	IPv6，IPv4v6	IPv6	
IPv4v6	IPv4，IPv6	—	IPv4	IPv4，IPv4v6	IPv4	注释 1
IPv4v6	IPv6	—	—	—	拒绝	注释 1
IPv4v6	IPv4，IPv6，IPv4_or_IPv6	—	IPv4	IPv4，IPv6，IPv4v6	IPv4	注释 2
IPv4v6	IPv4，IPv6，IPv4_or_IPv6	—	IPv6	IPv4，IPv6，IPv4v6	IPv6	注释 3
IPv4v6	IPv4v6	—	IPv4v6	IPv4	IPv4	注释 2

（续）

UEReq.	订购的	DAF	NWReq.	PGW	结　果	备　注
IPv4v6	IPv4v6	—	IPv4v6	IPv6	IPv6	注释 3
IPv4v6	IPv4v6	—	IPv4v6	IPv4，IPv6	IPv4 或 IPv6	注释 4
IPv4v6	IPv4v6	没有设置	IPv4v6	IPv4v6	IPv4	注释 4
IPv4v6	IPv4v6	没有设置	IPv4v6	IPv4v6	IPv6	注释 4
IPv4v6	IPv4v6	设置	IPv4v6	IPv4v6	IPv4v6	

注释 1　一个发行版本 9 之前的 SGSN 将一个未知 PDP 类型（这里是 IPv4v6）看作 IPv4。这也许导致 SGSN 中的一次直接的 PDP 语境创建失效，或转换到 PDP 类型 IPv4。此外，UE 不接收任何发行版本 9 的错误代码，这会指令 UE 创建一个 IPv6 类型并行 PDP 语境。

注释 2　一个 UE 将接收一条（E）SM 语句#50 "PDN/PDP Type IPv4 only allowed（仅允许 PDN/PDP 类型 IPv4）" [12, 13]。为模仿双栈行为，UE 一定不要尝试建立一种不同 PDN 类型的第二条并行 PDN 连接。

注释 3　一个 UE 将接收一条（E）SM 语句#51 "PDN/PDP Type IPv6 only allowed（仅允许 PDN/PDP 类型 IPv6）" [12, 13]。为模仿双栈行为，UE 一定不要尝试建立一种不同 PDN 类型的第二条并行 PDN 连接。

注释 4　一个 UE 将接收一条（E）SM 语句#52 "single address bearers only allowed（仅允许单地址载波）" [12, 13]。为模仿双栈行为，UE 被允许/应该建立一种不同 PDN 类型的第二条并行 PDP 语境/PDN 连接。

除了表 4.9 中的选择规则外，各 UE 可实现它们的厂商特定的附加逻辑。一个例子是这样的情形，其中尝试 PDN 类型 IPv4v6 失败，UE 回退到 PDN 类型 IPv6，并最终退回到类型 IPv4。从 UE 的角度看，逻辑可能是急切地（vigorously）尝试建立任何 IP 连接能力，原因是相比根本没有连接能力的情况，最可能得到一种较佳的端用户体验。

4.5.6　RAT 间切换和 SGSN 间路由区域更新

3GPP 规范严格要求，在一次 RAT 间切换或一次 SGSN 间 RAU 期间，在源和目标节点中激活 PDN 连接的 PDN 类型必须一对一地匹配。如果那个假设不成立，则认为是一次网络规划和部署失败。特别当期望 UTRAN 到 E-UTRAN 的 RAT 间切换并使用 PDN 类型 IPv4v6 时，则可能构成一个问题。作为一个提示，仅自发行版本 9 以来 GPRS 才支持 PDP 类型 IPv4v6，而 EPS 甚至从发行版本 8 就支持了。为减轻在这种部署场景中的问题，特别开发了双地址载波标志。4.2.2 节中的表 4.2 列出了 SGSN 和一个 MME 的 3GPP 发行版本，它们支持 IPv6 和双栈。

如果网络部署 S4-SGSN，那么就 UTRAN 和 E-UTRAN 之间的 RAT 切换而言，不存在 3GPP 发行版本问题，原因是从发行版本 8 开始，S4-SGSN 就使用 EPS 协议并支持 PDN 类型 IPv4v6。如果当网络的 GPRS 侧仍然为 Gn/Gp 接口部署 SGSN 且网络互联发生在一个 Gn/Gp 感知的 PGW 中，就出现了问题。

人们可预料出现如下情况，即也许出现误配置，且带有成熟的（established）双栈连接能力的各 UE，尝试移动并附接到比较老旧的发行版本网络段。3GPP 发行版本 9 之前的 GTPv1 规范[9]宣称，当在一条请求消息中接收到有一个无效长度的一个信息元素时，接收节点发送一条错误响应，带有设置为 Mandatory IE incorrect（必备 IE 不正确）的一个语句代码。当一个发行版本 7 的 SGSN 接收到带有扩展端用户地址（为双栈目的而包括在一条前向重定位请求消息中）的 PDP 语境信息元素时，实际上会发生这种情况。类似地，3GPP 发行版本 9 之前的 GTPv1 规范宣称，当在一条响应消息中接收到有一个无效长度的一个信息元素时，接收节点将信令规程处理为一个失败的规程。当带有扩展端用户地址信息元素（为双栈目的而包括在一条 SGSN 语境响应消息中）的 PDP 语境信息元素时，情况就是这样的。

从 3GPP 发行版本 9 开始，对不可预料的信息元素长度的处理是比较开明的（liberal）。但是，就上面讨论的特定专题而言，不应该有任何问题，原因是自发行版本 9 以来，就假定 Gn/Gp-SGSN 理解 GTPv1 中的所有必备的双栈增强措施。

4.6　信令接口

本节简短地了解一下 IPv6 作为以 3GPP 分组核心的各种信令接口上一个传输协议的情况。不打算像这样来讨论 IPv6 传输层，因为这样做隐含着完全忽略 RAN 功能特征。

4.6.1　IPv6 作为传输层

依据定义，GPRS 和 EPS 内的多数信令和控制平面接口都应该支持 IPv6。GTP 和会话初始协议（SIP）[122]运行在 UDP[66]之上，RADIUS 运行在 UDP 之上，而 Diameter 运行在流（Stream）控制传输协议（SCTP）[123]上。它们没有绑定到一个特定 IP 版本上。即使基于非 IP 的 7 号信令系统（SS7）的协议，也可使用 SIGTRAN[124, 125]或 SIP[126]而在 IP 上传输。

一个给定的信令协议是使用 IPv6 传输而不使用 IPv4，典型情况下取决于两个因素：

1）核心网络节点在自己的网络接口上支持 IPv6 吗？

2）有将核心网络升级到 IPv6 的一个原因吗？

但是，在 3GPP 规范中，情况自然是不同的，且没有那么直接。例如，对 IPv6 支持，GTP 仍然是一项可选支持（就发行版本 11 而言）。自然地，那么就由一些系统和网络节点据此实施。在实践中，绝大多数 3GPP 核心网络节点正在得到完全的 IPv6 支持（独立于厂商），但应该验证细节。相比于 IP 功能，令人不快的震惊和功能特征不匹配仍然是一项现实情况。

4.6.2　信息元素层次中的 IPv6

在信息元素层次，从 GPRS 开始，IPv6 支持就已经存在，或多或少地通过所有的信令和控制平面接口。为在用户平面激活 IPv6 支持，这实际上是要求做的，情况已经是这样，至少从 GPRS 开始的规范层面是这样的。

就 IPv6 和信令协议的信息元素而言，希望突出一个细节。由于某个原因，在 3GPP 内 IPv6 地址表示法方面存在不一致。多少可预料的是，在 3GPP 和 IETF 定义的协议之间会存在不一致。但是，即使在相同协议内，3GPP 也取得多个编码格式。

4.7　用户设备特定考虑

在本节讨论在支持 3GPP 的 UE 上与 IPv6 支持有关的一些关键考虑。这些 UE 范围涵盖从典型的移动手机到路由器级设备，到机到机（M2M）设备。通过列出和分类在 3GPP UE 上通用 IPv6 协议支持所要求的 RFC，开始这样的考虑。由于 3GPP 网络架构的性质和特殊性，RFC 列表多少与 IETF 在通用 "IPv6 节点需求" RFC 6434[33] 中列出的有所不同。在列出各 RFC 之后，描述 IPv6 支持具有隐含意义的其他 UE 功能。

4.7.1　IPv6 和被影响的层

将 IPv6 支持引入到 UE，对所用操作系统具有深远的隐含意义，对应用和所用芯片组的影响程度较小。图 4.28 给出了这些被影响层和软件模块的高层抽象，很快将深度讨论这些层和模块。IPv6 影响的各实体的数量是将 IPv6 引入到 UE 一般而言一直缓慢的主要原因之一。

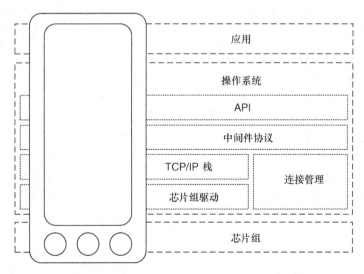

图 4.28　由于 IPv6 需要做出改变的各层图示

只要一个 UE 附接到 IPv4 或双栈网络，则它可有纯 IPv4 组件。但是，对于纯 IPv6 部署，最近在 3GPP 网络中引起巨大兴趣，绝对地每个部件都必须支持 IPv6（除非使用某种过渡方案，这在第 5 章讨论）。

1. 操作系统的隐含意义

操作系统，特别在 TCP/IP 栈，是实现 IPv6 本身之处。所以，隐含意义是重大的，这是非常容易令人理解的。除了实现协议本身之外，由于两个并行地址族问题，栈的实现可能需要重大的重构。

除了支持较高层利用 IPv6，各 API 也需要更新（见 3.9 节）。为了允许使用详细的协议功能特征，地址族感知的套接字 API 要求做出对应用可见的改变。多数情况下，各 API 为高层提供地址族无关的 API，也不是没有改变的：这样的 API 需要能够在 IPv6 之上运作起来。

一个模块（为支持 IPv6，也许不被明显地看作一个重要的组件）是连接管理。下面讨论的连接管理是各种事物的高层抽象，这些事物与设备提供、IPv6 连接建立（包括栓链）以及管理接口连接和处理各种可能错误与回退场景有关。连接管理器中一个不必要的但常见问题一直是不认为纯 IPv6 连接足以用于可正常工作的互联网接入。有时连接管理器拒绝这样的网络连接，它们不提供原生 IPv4 连接能力。

通用操作系统几乎总是带有一组中间件协议，如超文本传输协议（HTTP）。除了能够使用 IPv6 网络层外，这些协议经常需要管理 IPv6 地址（字面文本）的能力。实际上，由于 IPv6，所有中间件协议都需要升级。

要求 IPv6 改变的操作系统绝大部分中的最后一项是芯片组驱动。隐含意义可能是比较重大的，这就像与 3GPP 芯片组接口的驱动情形，或影响程度较小的，此时是与以太网类型的网络接口。如果驱动恰好是实现首部压缩算法之处（如 RoHC），那么隐含意义是比较重大的。如果没有其他事情，则芯片组驱动需要与 IPv6 进行合适的测试。即使看来没有地址组相关性，也许可能就有相关性的：我们见证过这样的情形，其中功率优化函数导致 IPv6 的问题，原因是优化假设仅使用 IPv4。

2. 对应用的隐含意义

取决于一项应用使用的 API 和应用类，为支持 IPv6 可能需要做出改变。如果一项应用正使用一个地址族感知的 API，则它必须升级来支持 IPv6。幸运的是，如今常规应用普遍使用地址族无关的 API（见 3.9.2 节），所以可避免做出改变。

要求做出改变的各项应用（独立于它们使用的 API）是将 IP 地址（字面文本）作为其协议净荷（见 3.9.3 节）传递的那些应用。经常的情况是，由这种应用［如 SIP 和文件传输协议（FTP）］使用的协议标准也需要或已经需要针对 IPv6 做出更新。已经在 3.10 节比较详细地提及这个专题。

3. 对芯片组的隐含意义

出现时间最长的是，UE 之 IPv6 支持的一项重大障碍是调制解调器上缺乏对无线芯片组的支持。对于熟悉基于以太网技术的用户而言，看来这也许是令人奇怪的，因为在以太网成帧中，像这样长的时间，对 IPv6 的支持早就就绪了。在 3GPP 中，PDN 连接类型和附加参数需要得到普遍在无线调制解调器中实现的各协议的支持，如 SNDCP 和 PDCP。如果一条调制解调器不支持 PDN 连接的 IPv6 类型的建立，那么一个 UE 也不能建立一条原生 IPv6 3GPP 连接。

一些调制解调器从 21 世纪早期就支持 IPv6 PDP 语境类型，但在这个世纪的前 10 年多数调制解调器不支持。但是，在本书撰写之时，IPv6 支持似乎在所有重要的芯片组中都打开了通路，所以 IPV6 瓶颈不再被人们认为是在现代调制解调器上。

4. 7. 2　主机 UE 所必须支持的 RFC

必须支持的各 RFC 集合自然地取决于所支持的 IPv6 功能特征。在表 4. 10 中列出了在 3GPP UE 上所需的最小 RFC 集。在表 4. 11 中列出了可选的各 RFC。在表 4. 12 中列出了可帮助构建协议和节点实现的信息型文档。在列出的信息型文档中，那些与 IPv6 API 有关的文档是特别令人感兴趣的，因为它们描述应用如何利用 IPv6 的基本模型。从本质上来说，各 API RFC 都是信息型的，因为各 API 总是内部于一个操作系统的，完全地取决于操作系统的架构，对一个节点的外部是不可见的。

当然可能的情况有，一个 UE 也许附接到非 3GPP 网络，其中可能已经满足了附加需求或优先级。例如，在 3GPP 网络中有状态的 DHCPv6 不是必需的，而在企业 WLAN 网络中，典型地是带有 DHCPv6 的。这个需求列表没有涵盖这样的 IPv6 相关的 RFC，对于附加的非 3GPP 相关的功能特征，也许需要这些 RFC。因此，如 IPsec、应用特定组播用途、多项 DHCPv6 选项、MIPv6 或其他 WLAN 接入类型相关的 RFC 都没有列出，甚至它们一般是每项实现的可选项时也不列出。也没有在列表中包括任何 IPv6 过渡机制（在本节上所见到的），因为在 3GPP 接入中使用的基本 IPv6 过渡工具在 5. 4. 2 节和 5. 4. 3 节描述，它们不需要在 UE 上的任何特别的过渡协议支持。对于要求显式 UE 支持的那些过渡工具，如 5. 4. 4 节中描述的双重转换（double translation），将需要附加的 RFC（加以规范）。当前而言，要从大量已经可用的过渡工具中支持哪些特定的 IPv6 过渡工具是 UE 实现的特定决策。作者期望在将来数年期间，IPv6 过渡工具箱会稳定下来，那时各项需求也将不言自明。

值得指出的是，各 RFC 是非常常见的大型文档，它们包含必备的和可选的组件。可选组件是否需要支持，通常取决于要在一个 UE 上支持哪些较高层功能特征，且有时取决于资源约束。例如，如果一个 3GPP UE 是严格工作于一个主机模式中的，则它不需要实现路由器特定的功能特征。

表 4. 10　所有 3GPP UE 需要的各 IPv6 RFC

RFC	名　　称	本书章节	参考文献
1981	路径 MTU 发现	3. 2. 3	[69]
2460	互联网协议版本 6	3. 2	[2]
2671	DNS 的扩展机制（EDNS0）	3. 10. 2	[127]
2710	IPv6 的 MLD	3. 2. 4	[128]
2711	IPv6 路由器告警选项	3. 2. 2	[129]
3590	MLD 协议的源地址选择	3. 2. 4	[130]
3596	支持 IP 版本 6 的 DNS 扩展	3. 10. 2	[131]

（续）

RFC	名　称	本书章节	参考文献
3986	统一资源标识符（URI）：通用语法	3.9.3	[132]
4191	默认路由器优先级和更具体的路由	3.5.6	[133]
4193	唯一本地 IPv6 单播地址	3.1.2	[134]
4291	IPv6 编址架构	3.1	[21]
4443	IPv6 的 ICMP	3.3	[135]
4861	IPv6 的邻居发现	3.4	[24]
4862	IPv6 无状态地址自动配置	3.5.1	[22]
4941	SLAAC 的隐私扩展	3.5.5	[109]
5095	废弃 IPv6 中类型 0 路由首部	3.2.2	[136]
5453	保留的 IPv6 接口标识符	3.5.1	[108]
5722	重叠 IPv6 分片处理	3.2.3	[137]
5942	IPv6 子网模型	3.1.2	[138]
5952	一项 IPv6 地址文本表示建议	3.1.9	[139]
6106	DNS 配置的 IPv6 RA 选项	3.4.3	[140]
6555	幸福的眼球：采用双栈主机的成功	3.9.4	[141]
6724	IPv6 的默认地址选择	3.5.4	[142]

表 4.11　用于 3GPP UE 的各 IPv6 可选 RFC

RFC	名　称	本书章节	参考文献
2464	在以太网之上 IPv6 分组的传输	3.6	[143]
2675	IPv6 巨型数据报	3.2.3	[144]
3122	针对反向发现规范的 IPv6 ND 扩展	3.4.4	[145]
3315	IPv6 DHCPv6	3.5.2	[26]
3646	DHCPv6 的 DNS 配置选项	3.10.2	[96]
3736	无状态 DHCPv6	3.5.2	[54]
3810	IPv6 的 MLDv2	3.2.4	[52]
3971	安全的邻居发现（SEND）	3.4.9	[146]
3972	以密码学方式产生的地址（CGA）	3.4.2	[147]
4242	DHCPv6 的信息刷新时间选项	3.5.2	[148]
4429	IPv6 的乐观重复地址检测（DAD）	3.4.7	[149]
4604	为 SSM 使用 IGMPv3 和 MLDv2	3.2.4	[51]
4607	IP 的源特定组播	3.2.4	[50]
4821	分组化层路径 MTU 发现	3.2.3	[72]

（续）

RFC	名　　称	本书章节	参考文献
4884	为支持多部分消息而扩展 ICMP	3.3	[150]
5072	PPP 之上的 IP 版本 6	3.6	[35]
5175	IPv6 路由器通告标志选项	3.4.3	[151]
5790	轻量 IGMPv3 和 MLDv2 协议	3.2.4	[152]
5837	为 i/f 和下一跳识别而扩展 ICMP	3.3	[153]
6085	以太网上 IPv6 组播分组的地址映射	3.6.2	[154]
6437	IPv6 流标记规范	3.2.1	[155]
6731	MIF 节点的改进 RDNSS 选择	3.10.2	[156]

表 4.12　3GPP 主机和路由器的信息型 RFC

RFC	名　　称	本书章节	参考文献
3316	用于一些第二代和第三代蜂窝主机的 IPv6	3	[157]
3493	IPv6 的基本套接字接口扩展	3.9.1	[158]
3542	IPv6 的高级套接字 API	3.9.1	[159]
3678	组播源过滤器的套接字接口扩展	3.9.1	[160]
5014	源地址选择的 IPv6 套接字 API	3.9.1	[161]
6204	IPv6 客户边缘路由器的基本要求	3	[162]
6583	运营方面的邻居发现问题	3.4.4	[163]

4.7.3　DNS 问题

部分地由于 RDNSS 发现的精彩历史，3GPP 系统包括将递归 DNS 服务器地址作为 PCO 信息元素信令的组成部分加以传递。此外，为传递信息，3GPP 规范允许使用无状态 DHCPv6。在本书撰写之时，3GPP 没有正式支持一种基于路由器通告的方法。

对于 UE，仅支持基于 PCO 信息元素的方法就足够了，但当前在支持 IPv6 的所有 3GPP 部署中这都得到支持。但是，因为 UE 通常也支持其他接入技术，其中使用 DHCPv6 和路由器通告方法，所以睿智的做法是，在 3GPP 接口中也支持这些方法——作为一种备份解决方案和未来扩展，如果没有其他原因的话。支持 IP 层方法的一个大型 UE 群，将支持 3GPP 架构的简化，所以也许在遥远的未来会支持去除基于 PCO 信息元素的方法。

4.7.4　就绪提供

3GPP 发行版本 8 之前的 3GPP 规范，将请求 IPv4 还是 IPv6 PDN 连接的决策留给了 UE。那么 UE 包含运营商的数据库及其设置，包括地址族参数和/或利用来自开放移动联盟（OMA）的就绪提供系统（是为设备管理和客户端就绪提供进行标准化的[164]）。OMA 的规范为网络接入点定义（NAPDEF）（见参考文献［164］的 4.6.5 节）而定义参数。不幸的是，NAPDEF 不支持 IP 地址类型的定义，即使它允许为一个 UE 提供 IPv4 和 IPv6 地址时也是如此。缺乏地址族设置，导致定义 PDN 连接类型的厂商特定的扩展。例如，诺基亚记录了一项专利解决方案，它修改扩展标记语言（XML）文件，通过为 NAPDEF 引入称作 IFNETWORKS 的一个新的设置值，用于就绪提供（见参考文献［165］的 2.3.4 节）。如果仅将 IFNETWORKS 设置为 IPv4 或 IPv6，那么将创建单个地址族 PDN 连接。

在发行版本 8 中，23.060 标准宣称，支持 IPv4 和 IPv6 的一个 UE，将总要求 PDN 连接的 IPv4v6[8]。那么该标准给出网络降级或缩小 UE 之请求和提供纯 IPv4 或纯 IPv6 PDN 连接（如果那是网络运营商喜欢使用的连接的话）的一种可能性。但是，在实践中，至少在过渡的这个点，蜂窝网络运营商经常希望控制 UE 请求哪种类型的载波，所以涉及继续需要 OMA 之 NAPDEF 外的厂商特定附加信息。这项要求的基础大部分是当遇到请求的一个新的 IPv4v6 类型时遗留网元的未经测试特性，它导致连接建立问题的增加风险。在诺基亚的专利范例中，双栈连接能力可通过将 IFNETWORKS 设置为 "IPv4, IPv6" 而提供。当设置了这两个地址族时，一个 UE 将首先尝试打开一个 IPv4v6 双栈类型的 PDN 连接（可能时），否则使用并行的 IPv4 和 IPv6 的单地址 PDN 连接。

4.7.5 IPv6 栓链法

如 2.6.2 节中所述，作为一台路由器的一个栓链式 UE，需要实现表 4.10 和表 4.11 中所列通用 IPv6 RFC 中的路由器特定功能特征。例如，在 RFC 6106 的情形中，作为主机的一个 UE 可侦听路由器通告中的 DNS 配置选项，但作为路由器的一个 UE 应该在路由器通告［该 UE 发送到局域网（LAN）］中发送该选项。另外，一个路由型 UE 需要实现在表 4.13 中列出的纯路由器 RFC 集。

表 4.13   栓链法用例中所需的各 RFC

RFC	名 称	本书章节	参考文献
2464	在以太网之上 IPv6 分组的传输	3.6.2	［143］
3315	IPv6DHCPv6	3.5.2	［26］
3633	用于 DHCPv6 的 IPv6 前缀选项	3.5.2	［27］
3646	用于 DHCPv6 的 DNS 配置选项	3.10.2	［96］
4389	邻居发现代理	3.4.10	［23］
6106	用于 DNS 配置的 IPv6 RA 选项	3.4.3	［140］
6603	用于支持 DHCPv6 PD 的前缀排除选项	3.5.2	［55］

所需的准确 RFC 取决于支持的 3GPP 规范版本和接入网络。UE 对其下网络编址的官方 3GPP 方式基于使用 DHCPv6 PD，这要求 RFC 3315、3633 和 6603。但是，在发

行版本 10 之前的 3GPP 网络，DHCPv6 PD 没有作为标准得到支持，甚至在基于发行版本 10 的网络中，DHCPv6 PD 支持也取决于运营商。如果 DHCPv6 PD 不可用，则 UE 几乎没有选择，只有像在 RFC 4389 中描述的那样实现邻居发现代理或它的某个变种。就 DHCPv6 PD 和邻居发现代理（或类似物）而言，存在两种重要的替代方法，都带有重大的问题。第一种替代方案将是实现 IPv6 NAT，它不应该被引入到 IPv6，因为它将带来与 IPv4 NAT 类似的伤害。第二种替代方案是对局域网中的各节点采用 DHCPv6 实施有状态的编址，但仅当 LAN 中的所有节点都支持 DHCPv6 时（实际上不是这样的），那种方法才是适用的。所以，在实践中，现代的各种实现需要支持 DHCPv6 PD，且也要支持邻居发现代理或类似物，这针对的是接入网络没有激活 DHCPv6 PD 的情形。

表 4.13 列出了 RFC 2464 作为所要求的 RFC 之一。这是因为 3GPP 环境中的栓链法最普遍地采用基于以太网的 LAN 加以实现的。最常见的，但不限于，WLAN。明显的是，栓链法也可采用其他接入链路类型来实施，那么这将要求路由器实现相应的 RFC。为服务主机，也包括两个 RDNSS 配置选项，这些主机使用那两个选项中的任何一个来进行 RDNSS 发现。

1. 栓链法情形中的 DNS 问题

基于 PCO 信息元素的 RDNSS 发现带有一个重大缺陷：它对分离 UE，是不能真正地工作的。当 PDN 连接终结于调制解调器上时，就出现了问题，正是调制解调器接收 PCO 信息元素中的所有信息。在一个传统的 UE 架构中，其中调制解调器紧密地与 UE 的操作系统集成在一起，此时这不是一个问题。但是，在分离 UE（见 2.6.2 节）的情形中，其中调制解调器与操作系统是松散集成的，有时甚至是运行在不同设备中的，所以在从调制解调器如何将 RDNSS 地址交付到操作系统时，就出现了问题。一种方法是为调制解调器和操作系统之中的一个驱动之间的通信使用专有解决方案，但它有明显的缺陷，即要求操作系统中的额外软件。另一种方法包括调制解调器修改路由器通告（从 GGSN 代理而来的），已经将 RFC 6106［140］RDNSS 选项添加到通告之中。这种修改不会被主机检测到，原因是安全邻居发现（SEND）典型情况下没有得到使用。第三种方法是在调制解调器上运行（无状态）DHCPv6 服务器，并采用 DHCPv6 服务 RDNSS 选项。实施栓链法的 UE 基本上来说，不得不支持这些方法中的一些方法来交付下游方向的（downstream）RDNSS 地址，原因是不要求 3GPP 网络提供 DHCPv6 服务或在路由器通告中发送 RDNSS 信息。

2. DHCPv6 刷新和重新绑定

DHCPv6 包括刷新和重新绑定功能特征，一台请求路由器可用之扩展被委派前缀的寿命，并再次请求相同的前缀。在 3GPP 网络中，如由于丢失的网络覆盖，UE 的 PDN 连接可非常容易地被丢弃。在这种情形中，令人期望的是，LAN 不应该需要被重新编址，即使在连接重新建立阶段期间 UE 的 PDN 连接重新编址时也是如此。通过确保 UE 记住它被委派的前缀、它使用的 IAID 并带有不变的 DUID，UE 可再次请求相同的前缀。所以，如果网络允许，则被委派的前缀可在 UE 重启或重新连接间保持静态。

4.7.6 IPv6 应用支持

只要对一个 UE 存在纯 IPv4 应用，则 3GPP 网络就不能使用 IPv6 过渡的单步协议转换工具（见 5.4.3 节），而是网络不得不利用更多的资源消耗方法［如双栈（见 5.4.2 节）］或更复杂的设置［如双重转换（见 5.4.4 节)]。

为了在未来某个时点提供纯 IPv6 连接能力，并降低 IPv4 网络地址转换的负载，应该使应用支持 IPv6。当然，这主要是应用编写人员的职责，但 UE 可通过提供容易使用的地址无关 API（见 3.9.2 节）而提供帮助，并同时建议和强调需要使用那些 API。当涉及 IP 感知应用时，如一般而言的应用"对等"类，应该采用可理解 IPv6 编址的能力增强那些应用。在本书中的 3.10.3 节和 3.9.4 节中给出了对应用 IPv6 意味着什么的一些深邃认识。

为使所有应用进入 IPv6 世界，共享信息和需求是所有人共同的责任。

4.8 组播

在 3GPP 架构内[49]，使用 MBMS 服务实现 IP 组播（和广播）交付。但是，因为 MBMS 不是一项广泛使用的服务，所以在本书中不会详细地描述 MBMS。纯粹从 IPv6 观点看，4.2.2 节已经简短地讨论了哪些分组核心网和 RAN 单元会受到 MBMS 服务的影响。除了无线电网络层优化外，原生 IP 组播可用在 3GPP RAN 和分组核心内，作为一项流量优化机制，使组播流量比较接近 UE（它们订购了一个组播组或将接收广播)。

为了提供 MBMS 服务，现有 3GPP 架构功能实体［GGSN、MME、SGSN、eNodeB、RNC、基站控制器（BSC)］实施几项 MBMS 相关的功能和规程，其中一些是特定于 MBMS 的。在 GPRS 和 EPS 之间，MBMS 架构是有区别的。图 4.29 形象地给出了 GPRS 的 MBMS 架构。应该指出的是，一个 GGSN 是组播交付的组成部分。在 RAN 内，一个 RNC 或一个 BSC 也可接收原生 IP 组播流量。图 4.30 形象地给出了 EPS 的 MBMS 架构。在 EPS 中，旁路 PGW，且原生 IP 组播流量被交付到远至 eNodeB。

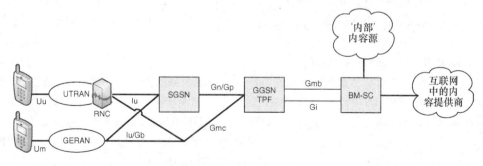

图 4.29　GPRS 的 MBMS 架构

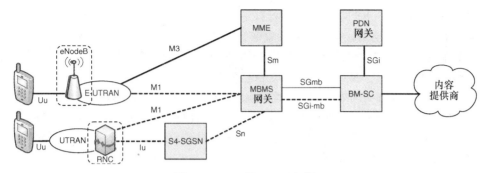

图 4.30 EPS 的 MBMS 架构

一个 MBMS 特定功能实体——广播组播服务中心（BM-SC），支持各种 MBMS 用户特定的服务，如组播流量的提供和交付。在 EPS 中，在核心网和 BM-SC 之间的边缘处，存在称为 MBMS 网关的一个功能实体。在 EPS 的情形中，就 IP 组播流量的交付要旁路 PGW。BM-SC 为 MBMS 用户服务提供就绪准备和组播流量交付的功能。它可作为内容提供商的一个入口点。

BM-SC 是一个功能实体，为每项 MBMS 用户服务，必须都有一个。BM-SC 由如下子功能组成：

1）成员关系功能。

2）会话和传输功能。

3）代理和传输功能。

4）服务宣告功能。

5）安全功能。

6）UTRAN 中 MBMS 的内容同步。

7）E-UTRAN 中 MBMS 广播模式的内容同步。

8）UTRAN 中的首部压缩；就 3GPP 发行版本 11 而言，在 E-UTRAN 中不支持首部压缩。

4.9 已知的 IPv6 问题和异常

本节描述和展示在 GPRS 和 EPS 网络的早期 IPv6 部署中一些已知的异常和问题。下面描述的问题表明，当时在一个蜂窝环境中 IPv6 的适当测试和严肃部署试验是多么少。一些有记录的情形确实是如此琐碎，以致它们是不应该发生的。可部分地指出，开发人员没有完全地理解 IPv4 和 IPv6 之间的差异，特别当涉及链路模型，并在任意链路技术上运行 IPv6 时更是如此。在本节中记录的问题不适用于所有厂商及其产品，虽然所用的样本案例来自厂商。

4.9.1 IPv6 邻居发现考虑

IPv6 NDP 是一个复杂协议，使之在一条 3GPP 链路上正常地工作，已经证明不是简单的事情。在真实 GPRS 网络[166]中，发现了几项已知的和有记录的缺陷。这些是典型的端主机（UE）侧网络接口和链路抽象框架稍带瑕疵，以及网络侧 PGW 对 IPv6 如何应该工作在一条 3GPP 定义的链路上其解释太过严格，这两者的组合体。结果通常是，没有用户平面流量流，而实际上没有人完全将事情做错的。

接下来看看在真实网络中找到的数个例子。记录这些例子，仅是出于学习的目标，以及可能帮助人们识别他们面临的可能错误情形。我们期望在最新的（升级过的）网络和 UE 中不会找到这些例子。在此我们指出，这些错误情形的例子已经采用多个 UE 厂商和 PGW 厂商的产品进行了检验。

1. 端主机接口被看作一个路由器接口

一个 UE 和一台下一跳路由器（如 PGW）之间的一条 3GPP 链路就像一条点到点链路，它没有链路层地址[157]，且从 2G/3G GPRS 到 EPS 就没有改变过。UE IP 栈必须将这一点考虑在内。当 3GPP PDN 连接看来是到 UE 的一个 PPP 接口时，IP 栈通常准备好以一种合适的方式处理 NDP 和相关的邻居缓存状态机转换，即使 NDP 消息不包含链路层地址信息时也是如此。但是，作为一项默认设置，一些操作系统在其 PPP 接口上丢弃路由器通告。当 3GPP PDN 连接建立时，这导致 SLAAC 失败，由此使所有 IPv6 流量陷入泥潭。在相当长的时间里，这种端主机默认设置一直是 Linux 和早期 OS/X 操作系统中的情况。原因也许是这样的，即一条 PPP 链路被看作一条路由器到路由器的链路，且在那种情形中，该接口不应使用 SLAAC 配置它的地址。

2. IP 栈不正确地要求地址解析

当前，几种操作系统及其网络驱动可将 3GPP PDN 连接看作到 IP 栈的一个 IEEE 802 接口。有时甚至几条 PDN 连接都被捆绑在同一网络接口之下，例如当不同 PDN 类型的两条 PDN 连接被用来模仿一个双栈连接时的情况。

一种非常常见的方法是使用一个 USB 线路将调制解调器连接到一台主机，即位于 TE 和 MT 之间。基于 USB 的连接可以是外部的或内部的，所以它不会仅限于 USB dongles（USB 加密狗）。

基于 USB 的网络驱动框架[36, 37]有一些已知问题，特别当使 IP 栈认为底层链路有链路层地址时更是如此。首先，作为一条邻居请求（由地址解析触发）的响应，由一个 PGW 发送的邻居通告，也许没有包含一个目标链路层地址选项（见参考文献［157］的4.4节）。那么可能的情况是，当 UE 尝试解析 PGW 的链路层地址时，地址解析根本就不能完成，由此使所有 IPv6 流量陷入泥潭。

3. 网络侧的部分邻居发现协议实现

与以前不当行为的端主机驱动实现的经验相联系，这种情况可能会被夸大。也可能是这样的情形，其中（老旧的）GGSN 简单地丢弃由地址解析触发的所有邻居请求消息，这是因为参考文献［157］的2.4.1节，有时被误解为：对地址解析和下一跳判定的响应是不需要的。作为一个结果，当 UE 尝试解析 GGSN 的链路层地址时，地址解析从来就不会完成，由此使所有 IPv6 流量陷入泥潭。图4.31 给出了在一个真实网络中发生这种情况的一个分组跟踪数据。在假定邻居发现实现已经执行正确的事情情况下，

就这一点在 PGW 没有什么可做的。但 UE 栈必须能够以它们选择用来表示接口的方式
处理地址解析。换句话说，如果它们模拟 IEEE 802 接口，则它们也需要正确地处理
NDP 消息。

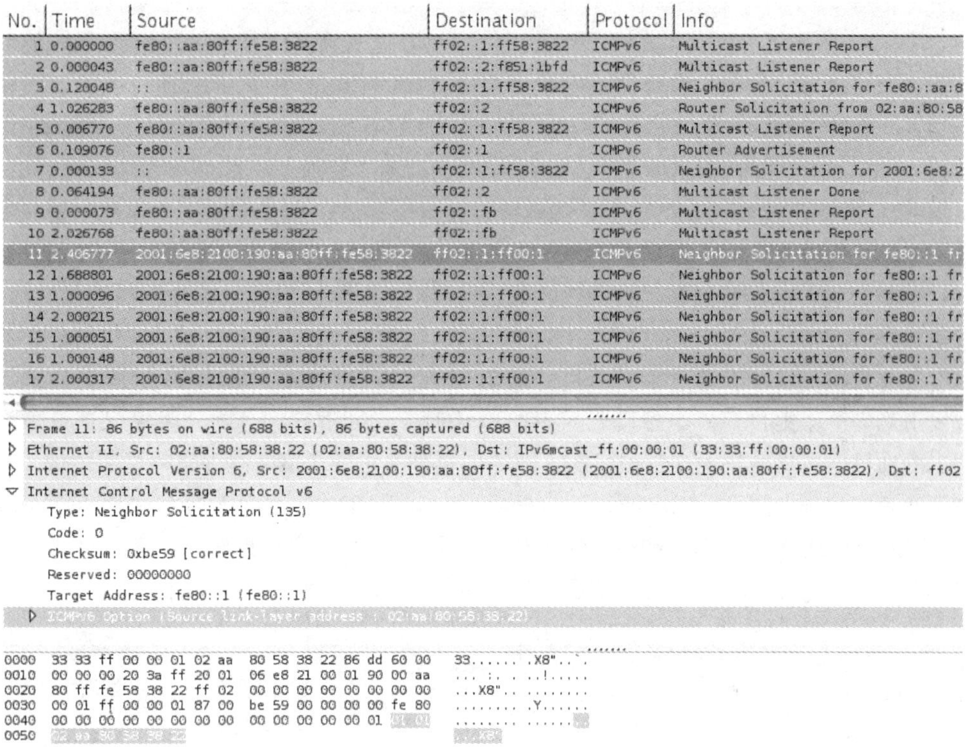

No.	Time	Source	Destination	Protocol	Info
1	0.000000	fe80::aa:80ff:fe58:3822	ff02:1:ff58:3822	ICMPv6	Multicast Listener Report
2	0.000043	fe80::aa:80ff:fe58:3822	ff02::2:ff851:1bfd	ICMPv6	Multicast Listener Report
3	0.120048	::	ff02::1:ff58:3822	ICMPv6	Neighbor Solicitation for fe80::aa:8
4	1.026283	fe80::aa:80ff:fe58:3822	ff02::2	ICMPv6	Router Solicitation from 02:aa:80:58
5	0.006770	fe80::aa:80ff:fe58:3822	ff02::1:ff58:3822	ICMPv6	Multicast Listener Report
6	0.109076	fe80::1	ff02::1	ICMPv6	Router Advertisement
7	0.000133	::	ff02::1:ff58:3822	ICMPv6	Neighbor Solicitation for 2001:6e8:2
8	0.064194	fe80::aa:80ff:fe58:3822	ff02::2	ICMPv6	Multicast Listener Done
9	0.000073	fe80::aa:80ff:fe58:3822	ff02::fb	ICMPv6	Multicast Listener Report
10	2.026768	fe80::aa:80ff:fe58:3822	ff02::fb	ICMPv6	Multicast Listener Report
11	2.406777	2001:6e8:2100:190:aa:80ff:fe58:3822	ff02:1:ff00:1	ICMPv6	Neighbor Solicitation for fe80::1 fr
12	1.688801	2001:6e8:2100:190:aa:80ff:fe58:3822	ff02:1:ff00:1	ICMPv6	Neighbor Solicitation for fe80::1 fr
13	1.000096	2001:6e8:2100:190:aa:80ff:fe58:3822	ff02:1:ff00:1	ICMPv6	Neighbor Solicitation for fe80::1 fr
14	2.000215	2001:6e8:2100:190:aa:80ff:fe58:3822	ff02:1:ff00:1	ICMPv6	Neighbor Solicitation for fe80::1 fr
15	1.000051	2001:6e8:2100:190:aa:80ff:fe58:3822	ff02:1:ff00:1	ICMPv6	Neighbor Solicitation for fe80::1 fr
16	1.000148	2001:6e8:2100:190:aa:80ff:fe58:3822	ff02:1:ff00:1	ICMPv6	Neighbor Solicitation for fe80::1 fr
17	2.000317	2001:6e8:2100:190:aa:80ff:fe58:3822	ff02:1:ff00:1	ICMPv6	Neighbor Solicitation for fe80::1 fr

```
▷ Frame 11: 86 bytes on wire (688 bits), 86 bytes captured (688 bits)
▷ Ethernet II, Src: 02:aa:80:58:38:22 (02:aa:80:58:38:22), Dst: IPv6mcast_ff:00:00:01 (33:33:ff:00:00:01)
▷ Internet Protocol Version 6, Src: 2001:6e8:2100:190:aa:80ff:fe58:3822 (2001:6e8:2100:190:aa:80ff:fe58:3822), Dst: ff02
▽ Internet Control Message Protocol v6
     Type: Neighbor Solicitation (135)
     Code: 0
     Checksum: 0xbe59 [correct]
     Reserved: 00000000
     Target Address: fe80::1 (fe80::1)
  ▷ ICMPv6 Option (Source link-layer address : 02:aa:80:58:38:22)
```

```
0000  33 33 ff 00 00 01 02 aa  80 58 38 22 86 dd 60 00   33......X8"...`.
0010  00 00 00 20 3a ff 20 01  06 e8 21 00 01 90 00 aa   ... :. ...!....
0020  80 ff fe 58 38 22 ff 02  00 00 00 00 00 00 00 00   ...X8".........
0030  00 01 ff 00 00 01 87 00  be 59 00 00 00 00 fe 80   .........Y......
0040  00 00 00 00 00 00 00 00  00 00 00 00 00 00 00 01   ................
0050  02 aa 80 58 38 22                                   ...X8"
```

图 4.31　在一条 3G 链路上 NDP 失败的例子，它阻塞所有用户发起的 IPv6 流量

4. 重复地址检测失败

如已经知道的，一个 PGW 告诉一个 UE，它必须使用 PGW 告之的 IID 来配置其链
路本地地址。但是，同样由于不当行为的端主机驱动实现或其他实现相关的原因，UE
IP 栈可能终结于使用这样一个 IID，它不同于 PGW 告之要用的那个 IID。这为在链路上
使用之链路本地地址的理论上 DAD 失效，打开了大门。注意，将不会有与 GUA 冲突的
一个地址，原因是 PGW 从来不会使用在链路上通告的前缀为其自己配置一个地址。

人们也许会争辩说，一个 IP 栈应该依据在参考文献［22］中定义的正常规程，处
理地址冲突。另外，我们也知道，一些比较陈旧的 PGW 可忽略 NDP 的部分，特别是
DAD 规程，因为地址冲突不应该发生[157]。在实践中，一个地址冲突的概率是如此之
小，以致偶然遇到一次冲突是不会发生的，例外是作为一个编程错误的结果或当有意
为之时的情况。

如果 PGW 忽略 DAD，且在 UE 上配置一个重复的链路本地地址（即 PGW 的链路本
地地址配置在 UE 接口上）时，那么将发生如下错误情形。UE 得出这样的结论，即冲

突的链路本地地址在链路上是唯一的，因为 PGW 从来不对带有未定源地址的 DAD 产生的请求节点组播邻居请求做响应。将流量发送到 PGW 的任何进一步尝试失败了，原因是现在分组的目的地是 UE 中的本地接口，没有用户平面 IP 分组离开 UE。目的地缓存也许仍然持有 PGW 链路本地地址的老旧表项，它是当接收路由器通告时学习到的。

图 4.32 给出了一个捕获的例子，其中一个 UE 配置有 GGSN 的一个链路本地地址（即 fe80::1/10）。作为一条旁注，这里（老品牌的）GGSN 不回答 DAD 发起的邻居请求消息。在分组#41 处看到 2001：6e8：2100：100::30 的 ping6，在目的地缓存为 2001：6e8：2100：100::30 创建指向 fe80::1（GGSN 的链路本地地址）的一个表项。在分组#48，手工地在 UE 接口上配置 GGSN 的地址，且也看到 IPv6 栈发起这样的规程，是当配置一个新地址时需要的规程，如加入一个合适的请求节点组播组和发起一个 DAD 规程（分组#49）。因为对 DAD 发起的邻居请求没有应答，所以（协议）栈开始使用该地址。但是，仍然有指向 fe80::1 的现有目的地缓存表项，这个地址现在也被 UE 使用。在链路上没有什么流量可以通过，因为目的地为 2001：6e8：2100：100::30 的所有分组都被发送到一个本地接口，该接口之后不能以任何方式处理它们，则分组仅仅是被静静地丢弃而已，可能是由于这样的事实，即邻居缓存不正确地指向错误的链路层地址，IP 栈不知道如何进行处理（即迷惑了）。最后，在分组#62 处，从 UE 接口去除 fe80::1，之后 UE IPv6 栈立刻为 GGSN 链路本地地址 fe80::1 实施一次地址解析，且一旦邻居缓存被更新，则用户平面分组再次像正常时一样开始流动（从分组#65 处开始）。

No.	Time	Source	Destination	Protocol	Info
6	5.078601	fe80::1	ff02::1	ICMPv6	Router Advertisement
7	5.078778	::	ff02::1:ffc9:35c4	ICMPv6	Neighbor Solicitation for 2001:6e8:2100:198:6
8	5.090830	fe80::6b:85ff:fec9:35c4	ff02::2	ICMPv6	Multicast Listener Done
9	5.090931	fe80::6b:85ff:fec9:35c4	ff02::fb	ICMPv6	Multicast Listener Report
10	5.108896	fe80::1	ff02::1	ICMPv6	Router Advertisement
18	8.973894	fe80::6b:85ff:fec9:35c4	ff02::fb	ICMPv6	Multicast Listener Report
34	15.191912	fe80::6b:85ff:fec9:35c4	fe80::1	ICMPv6	Neighbor Solicitation for fe80::1 from 02:6b:
35	15.195259	fe80::1	fe80::6b:85ff:fec9:35c4	ICMPv6	Neighbor Advertisement fe80::1 (rtr, sol, ov
41	28.269187	2001:6e8:2100:198:6b:85ff:fec9:35c4	2001:6e8:2100:100::30	ICMPv6	Echo (ping) request id=0x1cd4, seq=0
42	28.558916	2001:6e8:2100:100::30	2001:6e8:2100:198:6b:85ff:fec9:35c4	ICMPv6	Echo (ping) reply id=0x1cd4, seq=0
43	29.269349	2001:6e8:2100:198:6b:85ff:fec9:35c4	2001:6e8:2100:100::30	ICMPv6	Echo (ping) request id=0x1cd4, seq=1
44	29.558793	2001:6e8:2100:100::30	2001:6e8:2100:198:6b:85ff:fec9:35c4	ICMPv6	Echo (ping) reply id=0x1cd4, seq=1
46	30.269244	2001:6e8:2100:198:6b:85ff:fec9:35c4	2001:6e8:2100:100::30	ICMPv6	Echo (ping) request id=0x1cd4, seq=2
47	30.558749	2001:6e8:2100:100::30	2001:6e8:2100:198:6b:85ff:fec9:35c4	ICMPv6	Echo (ping) reply id=0x1cd4, seq=2
48	42.898861	fe80::6b:85ff:fec9:35c4	ff02::1:ff00::1	ICMPv6	Multicast Listener Report
49	42.898895	::	ff02::1:ff00::1	ICMPv6	Neighbor Solicitation for fe80::1
50	44.790176	fe80::6b:85ff:fec9:35c4	ff02::1:ff00::1	ICMPv6	Multicast Listener Report
62	53.826088	fe80::6b:85ff:fec9:35c4	ff02::2	ICMPv6	Multicast Listener Done
63	55.194931	2001:6e8:2100:198:6b:85ff:fec9:35c4	ff02::1:ff00::1	ICMPv6	Neighbor Solicitation for fe80::1 from 02:6b:
64	55.196033	fe80::1	2001:6e8:2100:198:6b:85ff:fec9:35c4	ICMPv6	Neighbor Advertisement fe80::1 (rtr, sol, ov
65	55.196092	2001:6e8:2100:198:6b:85ff:fec9:35c4	2001:6e8:2100:100::30	ICMPv6	Echo (ping) request id=0x1cd9, seq=7
66	55.500575	2001:6e8:2100:100::30	2001:6e8:2100:198:6b:85ff:fec9:35c4	ICMPv6	Echo (ping) reply id=0x1cd9, seq=7
67	55.557011	2001:6e8:2100:198:6b:85ff:fec9:35c4	2001:6e8:2100:100::30	ICMPv6	Echo (ping) request id=0x1cd9, seq=8

图 4.32　由于一个 UE 在其接口上配置重复地址，导致一条 3G 链路上 NDP 失效的例子

5. 丢失初始路由器通告

同样可能的是，当激活一条 PDN 连接时，初始路由器通告丢失。如果初始 MAX_INITIAL_RTR_ADVERTISEMENTS 丢失，则 UE 就没有配置一个默认的路由器或 IPv6 前缀，这将 UE 留在这样一个状态，其中它没有 IPv6 连接能力[167]。存在仅发送一条路由器通告的部署（老旧）的 GGSN。此外，一些 GGSN 可能或不可能对一条路由器请求做

出响应。

不应该发生在一条 3GPP 链路上丢失一条路由器通告的情况。这项持久性的（persistent）声明一直就是，没有分组会由于过量的重传（在 3GPP 无线电之上是这样实施的）而丢失。事实上，路由器通告会丢失，但未必在实际的无线链路分段上，而是在无线电调制解调器和主机 IP 栈之间。因此，对于分离 UE，特别在较陈旧的 UE（使用两个并行 PDN 连接实现双栈），这是一个真实的问题。一个典型案例是，当一个双栈式的网络接口在 UE 上启动时，许多急迫（eager）的 IPv4 应用立刻发送 TCP 连接尝试、DNS 查询和各种范围发现查询的洪泛到调制解调器；当 PDN 连接激活仍然在进行时，此时这就会过载，结果路由器通告就恰在此时丢失。一个像样的端主机 IP 栈实现，过一会儿，应该发送一条路由器请求，但这似乎不是所有场合下的情形。

6. 修正这种状况的方案

对于修正 3GPP 链路模型和 IPv6 方面的可能 NDP 问题，存在多种方法。已知一些支持 IPv6 的无线电调制解调器和 PGW 实施如下处理方法（hack）/技巧：

1）一个 PGW 将一个伪造的源链路层地址选项添加到路由器通告消息，在接收到路由器通告消息时，这使 UE ND 缓存立刻从 INCOMPLETE 状态转移到 STALE 状态。

2）一个 PGW 将一个伪造的源链路层地址选项添加到地址解析请求邻居通告消息，在接收到邻居通告消息时，这使地址解析完成且 UE ND 缓存立刻从 INCOMPLETE 状态转移到 STALE 状态。

3）代表 PGW，一个无线电调制解调器固件将一条伪造的源链路地址选项添加到路由器通告消息。

4）当一台主机尝试地址解析时，一个无线电调制解调器将邻居请求单播到 PGW。这看起来像到 PGW 的一个 NUD，因为所有实现必须对 NUD[25] 做出响应，极可能的情况是，PGW 在其邻居通告中以有意义的信息做出响应（一些 PGW 实现将一个伪造的源链路层地址选项添加到邻居通告消息）。

所有上述方法仍然是处理方法/技巧，以最大限度地缓解由崩溃的 UE 实现导致的问题。UE 和 PGW 实现应该仅合适地理解 3GPP 链路模型，之后据此实现 NDP 状态改变。

4.9.2　PDN 连接模型和多个 IPv6 前缀

当 3GPP 正在将 IPv6 添加到其规范中时，IETF 建议，3GPP 链路应该允许在链路上有多个 IPv6 前缀，见参考文献 [168] 的第 2 节。如我们所知，这项建议从来就没有在 3GPP 被落实过。相反，当期望有多个前缀时，那么激活多个 PDN 连接（默认载波）。这种方法有某些优势，如一个 UE 同时连接到多个 PGW 的可能性，这些 PGW 可专用于不同目的。另外，使用多条 PDN 连接，仅是为支持多寻址，听起来有点浪费。在网络侧，每条连接要求许多（a handful of）资源。连接激活信令不是最轻量的信令，且涉及多个核心网元。在 UE 侧，多条连接意味着无线电之上的多个无线电接入载波（RAB），无线电接入载波也被看作一项昂贵的资源。

但是，在一条 PDN 连接上的单/64 前缀是 3GPP 链路模型的这样一个基本部分，以致改变它不是那么直接的。我们仍然认为当前的模型是太过约束的。对 3GPP 链路模型和 PDN 连接寻址假定的改变，必定是未来 3GPP 发行版本值得三思的事情。将在第 6 章中给出有关 3GPP 架构可能演进情况的一些初步讨论。

4.10 IPv6 特定的安全考虑

人们鼓吹 IPv6 是比 IPv4 更安全的协议。不幸的是，事实不是这样的，这最可能是由早期的 IPv6 节点要求[169]促发的结果，它宣称每个 IPv6 栈必须支持 ESP[77]和认证首部（AH）[170]。但是，在过去数年间变得清晰的是，业界并不希望为每个 IPv6 栈实现互联网的安全架构[73]。因此，IPv6 节点要求，特别是有关安全的部分得以放松[32]，且现在对安全架构的支持是可选的，虽然是被强烈建议的选项。

在最近些年来，存在许多尝试，纠正被识别出的 IPv6 特定的安全弱点。基于其特征和被利用的弱点，可对它们分类，并将相关的攻击向量分为几个组：

1）IPv6 寻址，这涵盖主机扫描，以一次分组洪泛（导致发生一次地址解析）毒化路由器 ND 缓存，以及可能的隐私泄露（breach）（采用容易预测的地址或稳定的 IID）。

2）IPv6 分片和重新组装缺陷，用于伪造 IPv6 分片，目的是旁路防火墙。

3）IPv6 第一跳和/或在线（on-link）安全弱点，这涵盖 NDP 消息欺骗，伪造的重定向，流量窃取，以及流氓（rogue）式的路由器通告。

4）可能的 IPv6 防火墙旁路，做法是使 IPv6 扩展首部链过长，或重叠的分片。

5）IPv6 扩展首部和选项缺陷，用于蓝精灵（smurf）攻击和流量放大，其中使用 ICMPv6 和未知的选项，或类型 0 路由首部。

6）路由器负载生成，使用的是路由器告警 IPv6 逐跳扩展。

就 3GPP 架构而言，一些列出的弱点并不适用。更具体而言，3GPP 链路模型以及如下事实，即在相同链路上仅有一个 UE 和第一跳路由器（即 PGW，或 PMIPv6 情形中的 SGW），使某些在线攻击不太严重。几项有记录的弱点是特别将目标锁定在像以太网那样的共享链路的。另外，从 UE 观点看，对于链路外（off-link）攻击，3GPP 架构像任何 IP 网络一样脆弱。在下面各节将从一个 3GPP 架构角度讨论前面列出的安全威胁，并仅集中讨论有关用户平面的那些安全专题。在参考文献［171］中可找到通用运营 IPv6 安全担忧的一个不错总结。

在下面各节中讨论的攻击、弱点和安全威胁没有形成一个确定性的列表。它们表示作者们了解到的和在 IETF 中也有文档记录的集合，用于修正所发现弱点的目的。

4.10.1 IPv6 寻址威胁

本节讨论在 3GPP 架构语境中几项已知的 IPv6 寻址中被利用的弱点。仅考虑涉及 UE 的用户平面寻址，由此将不深入考察将目标直接锁定为 GPRS 或 EPC 核心网节点（在其传输和控制平面上）的攻击和弱点。也仅集中讨论远程网络攻击，原因是在

3GPP 链路上准确地说只有一个端主机，这使在线（on-link）局域网攻击不太重要。

IPv6 地址架构因为其隐私问题而受到批评。具体而言，SLAAC 配置的地址倾向于以基于 EUI-64 之 IID 的形式有一个永久的 cookie。如果 EUI-64 是从一个 MAC 地址或任何固定的标识符派生得到的，那么独立于变化的前缀，IID 保持不变，这允许对设备/用户进行全球范围的跟踪。隐私地址[109]，这在如今的实践中得到每个现代操作系统的支持，解决了 IID 为一个永久 cookie 的问题。那么，隐私地址有一个新的问题集合，诸如地址变化太频繁。例如，从网络接入控制及其资源消耗的角度看是这样的。最近有关稳定的隐私地址方面[172]的工作，使 IID 在一个较长时间上保持不变，实践中是只要链路被重新编址或端主机改变到有一个不同前缀的另一条链路时（才发生改变）。在 3GPP 网络中，在每条 PDN 连接激活期间，才产生一个新的稳定的隐私地址。

对可能受害者的地址范围——或者更确切地说——一个/64 IPv6 前缀的扫描，是另一个令人担忧的问题。这种扫描经常被以本地方式旁路掉，宣称 IPv6 地址的 IID 号空间是如此之大（2^{64} 种可能性），以致离线（off-link）发起的扫描尝试注定要失败。但是，在实践中，IID 空间是远较小得多的[173]。如果扫描攻击将目标锁定在一种特定品牌的设备，那么 EUI-64 的组织唯一标识符（OUI）部分可以是固定的（即比扫描的要少 24bit）。如果预料目标有一个以太网接口，那么修正 EUI-64 由之派生的 IEEE 48 比特 MAC 地址的另外 16bit 是固定的（EUI-64 中间的 0xfffe 部分）。现在将要扫描的号码空间缩小到 24bit，这不再像听起来那么差了。类似地，如果地址是手工配置的或端主机可能是双栈的，则由于网络管理人员的懒惰，猜测地址就有较高的概率。令人惊奇常见的情况是，仅内嵌适合的小数目（small number）IID 的最后一个字节（像 69），或以服务端口号作为 IPv6 IID。另一种常见实践是使用端主机的 IPv4 地址或形成一个可读单词的某种十六进制组合作为 IPv6 IID（以 2001∶db8∶∶192.0.2.1 和 2001∶db8∶∶abad∶cafe 为例）。对于后者，手工配置的 IID、稳定的隐私地址[172]或"人类-安全的"密码学方式产生的地址（CGA）[174]作为避免可预测地址的一种不错的解决方案。

另一个远程 IPv6 地址扫描的副作用是由链路上第一跳路由器执行的不必要的地址解析，它尝试解析（假造的）IPv6 目的地址的链路层地址。这被称作一种拒绝服务（DoS）攻击，它尝试填充路由器的 ND 缓存[163]。地址解析的速率限制或过滤在其目的地址中带有"不可能"IID 范围的进入分组，是缓解这种攻击的一些方法。

这些是 3GPP 架构中的威胁和弱点吗？自然地，有些是，但不是所有的都是。如在 4.1.3 节看到的，3GPP 链路是没有链路层地址的一条点到点链路，且 UE 是该链路上的唯一端主机。同样，通告给 3GPP UE 的/64 前缀是从来就不会在线的（on-link）（PIO L 标志被设置为 0）。因此，在 3GPP 链路上，一个 PGW 可略去地址解析，并仅将整个/64 转发给 UE。结果是，对于一种 ND 缓存毒化攻击，PGW 不是脆弱的。

端主机带有的 EUI-64 永久不要从一个 IEEE 48bit MAC 地址派生得到，因为在 UE 中没有可用的链路层地址。如在 4.9.1 节指出的，并不总是这种情况。此外，也存在这样的担忧，即 UE IP 栈也许使用永久的用户身份，如一个 IMSI，作为 IPv6 地址 IID。这将是一种隐私威胁，并将允许对用户进行跟踪。因此，禁止使用一个 IMSI（或任何

3GPP 特定的身份[113]）作为 IID[15]。在 UE 实现中鼓励使用隐私地址[109]。但是，对于阻塞行为不当的 UE（使用一个"错误"类型的 IID）没有标准化的方法。预计多数网络连接是相对短命的，且静态的 IPv6 寻址在消费者大众市场不会太流行。结果，UE（和用户）可能有频繁变化的前缀，这与任何正当的（decent）IPv6 IID 生成方法组合使用，从 IPv6 寻址角度看，应该提供足够的隐私（能力）。

4.10.2   IPv6 第一跳安全

本节讨论 3GPP 架构语境中已知的 IPv6 NDP 被利用的弱点。仅考虑涉及 UE 的用户平面寻址，由此不深入讨论直接将目标锁定在 GPRS/EPC 核心网络节点（在其传输平面和控制平面上）的攻击和弱点。已经在 4.10.1 节讨论过 ND 缓存毒化攻击，所以在本节不再重新介绍。

如果攻击者能够访问链路，同时也欺骗（spoof）它的 NDP 分组源地址，则攻击在一条多接入链路[175]上的主机和路由器有许多独特的方式。将流量重新定向到在线（on-link）或甚至离线（off-link）的受害主机，使一台主机不能将流量发送到离线目的地，从端主机的默认路由器列表中去除合法的默认路由器，通过有意地使 DAD 规程失败并在链路上通告伪造的前缀而防止主机完成 SLAAC，这些仅是利用 NDP 弱点的一些著名攻击[176]。所有这些都以缺乏证明 NDP 消息之所宣称源地址的属主而告终。

伪造的路由器通告也是一个令人烦恼的问题，它防止端主机到达其期望的离线目的地[177]。在许多情形中，偶然（in the wild）看到的伪造路由器通告是非有意造成的：一个错误配置主机或主机操作系统中有瑕疵实现的副产品。

安全邻居发现 SEND[146]有这样一种机制，用于在个体节点上表明地址属主关系，是基于 CGA[147]的。SEND 利用 X.509 证书，它包括 IPv6 地址的扩展[178, 179, 180]，证明在线路由器被授权通告一个给定的 IPv6 前缀。SEND 的挑战是，它要求来自 SEND 所保护的 NDP 消息之发送者和接收者的支持。也存在进一步的网络和设备管理挑战。所要求的证书提供以及 RPKI 证书[182]处理的资源公开密钥基础设施（RPKI）[181]，也许是一个更加严重的问题，比技术本身来，它更严重地妨碍比较广泛地被采用。

解决在线（on-link）威胁的另一种方法是使用专用（层 2）设备或集成到其他必备联网设备中的功能，这种设备实施链路上源地址、NDP 消息和地址指派的所要求的跟踪。像源地址确认改进（SAVI）[183, 184]和 RA 保镖（Guard）[185]等技术归入这个类别。人们打算使用这些机制弥补进入（ingress）过滤技术，帮助检测和防御源地址欺骗，也可过滤伪造的路由器通告消息。

上面的威胁和弱点是 3GPP 架构中的问题吗？由于 4.1.3 节中描述的 3GPP 链路模型，这不太可能。一台 PGW 路由器和一个 UE 可能是同一条 3GPP 点到点链路上的仅有节点。此外，如 4.10.1 节所讨论的，在 UE 或 PGW 中只是忽略多数 NDP 规程而已。要使在线（on-link）威胁中任何一个成为可能，PGW 应该或多或少地被攻破，且其软件被修改。

4. 10. 3　IPv6 扩展首部被非法利用

使用许多不同的扩展首部及其选项，扩展 IPv6，见 3.2 节。在本节中要讨论的威胁是基于合法扩展首部的滥用而言的。

1. 选项处理被非法利用

标准 IPv6 逐跳和目的地选项首部处理，可被用于一次蓝精灵（smurf）攻击和流量放大攻击[186]。该攻击要求，敌对主机能够伪造被发送分组的源地址，且在攻击发出（sourcing）网络中支持组播转发。所使用的非法利用是相当简单的。IPv6 扩展首部有一个 1B 长的选项类型代码，且其最高两个比特指定：如果 IPv6 节点不能识别选项类型的话，必须采取的动作。选项类型之一，即 10xxxxxx，导致处理节点丢弃分组，并发送一条 ICMPv6 参数问题代码 2 消息给原始分组的源地址，而不管原始目的地址是否为一个组播地址。结果是，一台敌对主机在任何逐跳或目的选项中发送带有一个伪造选项类型的任意虚假的分组，发送到一个已知的组播组或地址，之后导致所有组播接收节点以 ICMPv6 消息洪泛冲击受害主机。

另一个流量放大攻击是存在的，它是用现在被废弃的类型 0 路由首部（RH0）[187, 136]。RH0 允许 IPv6 分组通过预先确定的目的节点的一个列表的源路由。带有单个 RH0 的单条 1280 字节的 IPv6 分组，可包含 70 个以上的中间节点地址。带有一个 RH0 选项的一条精巧构造的分组可在两个 IPv6 节点或路由器之间振荡，只要消耗使用 RH0 选项中的所有表项（目的地），就会出现这种情况。这允许一个离线攻击者采用一种相当廉价的方式，导致两个节点之间一条路径上的拥塞。

所有逐跳选项都必须被处理或至少由源和目的地之间的所有中间节点进行检查。IPv6 路由器告警选项是一个逐跳选项的一个例子[129]，它当前由 MLD 和 MLDv2 使用。在一条路径上的一台路由器将比较密切地检查该分组，这典型地意味着，它从快速路径中被拉取出来，以便中央处理单元（CPU）进行处理。明显地，从路由器角度看，这是代价更加高昂的，且当这样的分组洪泛冲击一台路由器时，IPv6 路由器告警选项可被用作一种 DoS 机制。

上面的攻击和弱点是 3GPP 架构中的问题吗？它们本质上可以而且能够使一个移动系统作为一名攻击者的一个不错的资源工具，发起分布式的攻击。但是可推测，3GPP 链路模型，以及缺乏原生的 IP 层组播和 MBMS 的非已有（non-existing）部署，多少可缓解所述的攻击。至少编排这种远程的情况，将是稍微有点挑战性的。

2. 旁路防火墙

IPv6 允许任意的扩展首部尺寸，甚至可被分片成几个分组。不正常的长扩展首部链[188, 189]的使用，为防火墙产品中数种攻击和可能的弱点，打开了可能性。防火墙过滤规则典型地基于如下五元组：

1）源地址。

2）目的地址。

3）下一个首部。

4）源端口号（当可用时）。

5）目的端口号（当可用时）。

现在如果扩展首部链是如此之长，以致链和实际的净荷（带有一个可能的端口信息）将不能填入第一个分片，那么防火墙没有其他选择，只有：

1）重新组装整个分组，这对防火墙产品是一个严重的扩展性问题，且对防火墙而言是 DoS 攻击的一个潜在威胁。

2）让分片的分组通过，那么这可能是一个严重的安全缺口。

3）仅丢弃所有分片。

对上述问题的一种直接修正方法，将是强制要求整个扩展首部链和最终的净荷传输协议首部必须填入第一个分片。这将允许针对五元组，构建有意义的过滤规则，而不需要在防火墙中重组分组。

不常见的长首部链有其他的非安全相关的问题。以 IPv6 过渡工具为例。为构建转换状态，一个有状态的网络地址转换（NAT64）[190] 再次需要五元组。如果整个首部不存在，NAT64 就不能建立状态，丢弃各分组（假定 NAT64 不重新组装各分组）。

当讨论 IPv6 过渡时，各种隧道和转换机制用于在 IPv4 网络上传输 IPv6 分组[191]。简短而言，当 IPv6 在 IPv4 之上传输时，那么可完全地旁路特定的 IPv6 访问控制和过滤规则[192]。一种简单的解决方案将是，只阻塞在 IPv4 隧道中针对 IPv6 的已知协议类型，如 41，用于通过 IPv4 云的 IPv6 域的连接（6to4），但那样也会阻塞老式的合法配置的隧道。一种较好的方法将是，比较深入地查看分组，并从内部 IPv6 分组首部中验证实际上正在发生什么。但是，从计算角度看，那是代价更加高昂的。一般而言，IPv6 过滤[193] 是容易做错的，并可能导致不希望的副作用，如阻碍 NDP。

这些威胁和弱点是 3GPP 架构中的问题吗？它们可能是，而且相比任何其他（固网）IPv6 部署，没有真正的差异。

3. 原子式的和重叠的分片

最后深入讨论两个分片特定的安全威胁：重叠分片[137] 和使用原子式分片作为一个工具，发起其他分片和可预测的基于标识符的攻击[194, 195]。

IPv6 规范[2] 没有具体禁止相互重叠的分片（当重新组装分组时），即由分片偏移指明的一个分片的开始部分，构成其他分片部分的新分片重叠部分。这可被用来愚弄防火墙和入侵检测系统，使它们认为所接收的分组分片是合法的，然而最终的重新组装分组包含一些攻击向量，如一个专门构造的 TCP 分组。之后，得以澄清的是，重叠分片导致所有前面接收的分片和那些仍然在传输的分配被丢弃[137]。

原子式分片是这样的 IPv6 分组，它包含分片偏移和 M 标志都设置为 0 的分片首部，即后面没有其他分片，且即使分组包含一个分片首部，该分组也不会被分片。IPv6 允许这样的分组，原因是可能的 IPv6 到 IPv4 转换，其中网络的 IPv4 侧可能要求：分片分组要小于 1280B 的最小允许 IPv6 分组尺寸。一个原子式分片是由一个攻击者触发的，它将一条伪造的 ICMPv6 分组太大（消息）发送给一个受害主机，其中包含小于 1280B 的一个下一跳 MTU 值，且被伪造的源地址设置为某个第三方主机。现在受害主机将（假定它没有应对模仿伪造的其他应对措施）一个分片首部添加到它发送给第三方主机的每条分组。现在攻击者可发起其他基于分片（和可能的可预测标识符）的攻击，目标是受害者和第三方主机。一个例子是"简单的"污染第三方主机的分片标识符空间，方法是攻击者发送伪造的重叠分片到第三方主机，这实际上导致在第三方主机处丢弃来自受害主机的所有通信。

上述的攻击和弱点是 3GPP 架构中的问题吗？它们可能是，而且相比任何其他（固网）IPv6 部署，没有真正的差异。

4.11　本章小结

本章描述了用户平面 IPv6 如何集成到 3GPP 架构以及哪些分组核心联网节点会受到引入用户平面 IPv6 的影响。解释了 3GPP 点到点链路模型是如何工作的以及有关这方面的 IPv6 特定细节。详细讨论了 IPv6 地址指派、管理和提供。也没有忘记（讨论）静态寻址。也深入考察了低层和控制平面协议，目的是指出这样的位置，其中用户平面 IPv6 信息得以在分组核心网元之间以及分组核心网元和 UE 之间交换。也详细讨论了移动设备中用户平面 IPv6 的影响。

也讨论了现有 IPv6 部署中已知的问题，并揭示了它们的根源，这是以作者所了解的程度加以介绍的。也讨论了多个位置，其中 3GPP 规范"还没有涉及"或它们是相互矛盾的。最后，讨论了许多已知的 IPv6 安全问题，并将它们反映到 3GPP 架构。

总之，我们可以说，就 3GPP 网络中的 IPv6 而言，仍然有许多事情可做得更好。这来自于如下事实，即在真实 3GPP 网络中使用 IPv6 的部署比较少，且运营方面仍然处在其摇篮阶段。不需说明的是，分组核心联网产品仍然有大量工作要做才能赶上来，这主要由于缺乏源自运营经验的功能特征增强措施。

参考文献

1. Postel, J. *Internet Protocol*. RFC 0791, Internet Engineering Task Force, September 1981.
2. Deering, S. and Hinden, R. *Internet Protocol, Version 6 (IPv6) Specification*. RFC 2460, Internet Engineering Task Force, December 1998.
3. 3GPP. *3GPP Evolved Packet System (EPS); Evolved General Packet Radio Service (GPRS) Tunnelling Protocol for Control plane (GTPv2-C); Stage 3*. TS 29.274, 3rd Generation Partnership Project (3GPP), March 2012.
4. 3GPP. *General Packet Radio System (GPRS) Tunnelling Protocol User Plane (GTPv1-U)*. TS 29.281, 3rd Generation Partnership Project (3GPP), June 2010.
5. 3GPP. *Proxy Mobile IPv6 (PMIPv6) based Mobility and Tunnelling protocols; Stage 3*. TS 29.275, 3rd Generation Partnership Project (3GPP), March 2012.
6. Gundavelli, S., Leung, K., Devarapalli, V., Chowdhury, K., and Patil, B. *Proxy Mobile IPv6*. RFC 5213, Internet Engineering Task Force, August 2008.
7. Wakikawa, R. and Gundavelli, S. *IPv4 Support for Proxy Mobile IPv6*. RFC 5844, Internet Engineering Task Force, May 2010.
8. 3GPP. *General Packet Radio Service (GPRS); Service description; Stage 2*. TS 23.060, 3rd Generation Partnership Project (3GPP), March 2012.
9. 3GPP. *General Packet Radio Service (GPRS); GPRS Tunnelling Protocol (GTP) across the Gn and Gp interface*. TS 29.060, 3rd Generation Partnership Project (3GPP), March 2012.
10. Droms, R. *Dynamic Host Configuration Protocol*. RFC 2131, Internet Engineering Task Force, March 1997.

11. Park, S., Kim, P., and Volz, B. *Rapid Commit Option for the Dynamic Host Configuration Protocol version 4 (DHCPv4)*. RFC 4039, Internet Engineering Task Force, March 2005.

12. 3GPP. *Mobile radio interface Layer 3 specification; Core network protocols; Stage 3*. TS 24.008, 3rd Generation Partnership Project (3GPP), March 2012.

13. 3GPP. *Non-Access-Stratum (NAS) protocol for Evolved Packet System (EPS); Stage 3*. TS 24.301, 3rd Generation Partnership Project (3GPP), March 2012.

14. Simpson, W. *The Point-to-Point Protocol (PPP)*. RFC 1661, Internet Engineering Task Force, July 1994.

15. 3GPP. *General Packet Radio Service (GPRS) enhancements for Evolved Universal Terrestrial Radio Access Network (E-UTRAN) access*. TS 23.401, 3rd Generation Partnership Project (3GPP), March 2012.

16. 3GPP. *Architecture enhancements for non-3GPP accesses*. TS 23.402, 3rd Generation Partnership Project (3GPP), March 2012.

17. Baker, F. and Savola, P. *Ingress Filtering for Multihomed Networks*. RFC 3704, Internet Engineering Task Force, March 2004.

18. 3GPP. *Access to the 3GPP Evolved Packet Core (EPC) via non-3GPP access networks; Stage 3*. TS 24.302, 3rd Generation Partnership Project (3GPP), September 2011.

19. 3GPP. *Mobility management based on Dual-Stack Mobile IPv6; Stage3*. TS 24.303, 3rd Generation Partnership Project (3GPP), September 2011.

20. 3GPP. *Mobility management based on Mobile IPv4; User Equipment (UE) – foreign agent interface; Stage 3*. TS 24.304, 3rd Generation Partnership Project (3GPP), April 2011.

21. Hinden, R. and Deering, S. *IP Version 6 Addressing Architecture*. RFC 4291, Internet Engineering Task Force, February 2006.

22. Thomson, S., Narten, T., and Jinmei, T. *IPv6 Stateless Address Autoconfiguration*. RFC 4862, Internet Engineering Task Force, September 2007.

23. Thaler, D., Talwar, M., and Patel, C. *Neighbor Discovery Proxies (ND Proxy)*. RFC 4389, Internet Engineering Task Force, April 2006.

24. Narten, T., Nordmark, E., Simpson, W., and Soliman, H. *Neighbor Discovery for IP version 6 (IPv6)*. RFC 4861, Internet Engineering Task Force, September 2007.

25. 3GPP. *Interworking between the Public Land Mobile Network (PLMN) supporting packet based services and Packet Data Networks (PDN)*. TS 29.061, 3rd Generation Partnership Project (3GPP), December 2011.

26. Droms, R., Bound, J., Volz, B., Lemon, T., Perkins, C., and Carney, M. *Dynamic Host Configuration Protocol for IPv6 (DHCPv6)*. RFC 3315, Internet Engineering Task Force, July 2003.

27. Troan, O. and Droms, R. *IPv6 Prefix Options for Dynamic Host Configuration Protocol (DHCP) version 6*. RFC 3633, Internet Engineering Task Force, December 2003.

28. Zhou, X., Korhonen, J., Williams, C., Gundavelli, S., and Bernardos, C. J. *Prefix Delegation for Proxy Mobile IPv6*. Internet-Draft draft-ietf-netext-pd-pmip-05, Internet Engineering Task Force, October 2012. Work in progress.

29. Calhoun, P., Loughney, J., Guttman, E., Zorn, G., and Arkko, J. *Diameter Base Protocol*. RFC 3588, Internet Engineering Task Force, September 2003.

30. Rosen, E., Viswanathan, A., and Callon, R. *Multiprotocol Label Switching Architecture*. RFC 3031, Internet Engineering Task Force, January 2001.

31. Clercq, J. De, Ooms, D., Prevost, S., and Faucheur, F. Le. *Connecting IPv6 Islands over IPv4 MPLS Using IPv6 Provider Edge Routers (6PE)*. RFC 4798, Internet Engineering Task Force, February 2007.

32. Asati, R., Manral, V., Papneja, R., and Pignataro, C. *Updates to LDP for IPv6*. Internet-Draft draft-ietf-mpls-ldp-ipv6-07, Internet Engineering Task Force, June 2012. Work in progress.

33. Jankiewicz, E., Loughney, J., and Narten, T. *IPv6 Node Requirements*. RFC 6434, Internet Engineering Task Force, December 2011.

34. 3GPP. *AT command set for User Equipment (UE)*. TS 27.007, 3rd Generation Partnership Project (3GPP), December 2011.

35. S. Varada, Haskins, D., and Allen, E. *IP Version 6 over PPP*. RFC 5072, Internet Engineering Task Force, September 2007.

36. USB,. *Universal Serial Bus Communications Class Subclass Specification for Mobile Broadband Interface Model*. CDC MBIM Revision 1.0, USB Implementers Forum, Inc. (USB-IF), November 2011.

37. USB,. *Universal Serial Bus Communications Class Subclass Specification for Ethernet Control Model Devices*. CDC ECM Revision 1.2, USB Implementers Forum, Inc. (USB-IF), February 2007.

38. 3GPP. *Mobile Station (MS) – Serving GPRS Support Node (SGSN); Subnetwork Dependent Convergence Protocol (SNDCP)*. TS 44.065, 3rd Generation Partnership Project (3GPP), December 2009.

39. 3GPP. *Packet Data Convergence Protocol (PDCP) specification*. TS 25.323, 3rd Generation Partnership Project (3GPP), October 2010.

40. 3GPP. *Evolved Universal Terrestrial Radio Access (E-UTRA); Packet Data Convergence Protocol (PDCP) specification*. TS 36.323, 3rd Generation Partnership Project (3GPP), January 2010.

41. 3GPP. *GSM/EDGE Radio Access Network (GERAN) overall description; Stage 2*. TS 43.051, 3rd Generation Partnership Project (3GPP), December 2009.

42. 3GPP. *UTRAN Iu interface data transport and transport signalling*. TS 25.414, 3rd Generation Partnership Project (3GPP), April 2011.

43. Jacobson, V. *Compressing TCP/IP Headers for Low-Speed Serial Links*. RFC 1144, Internet Engineering Task Force, February 1990.

44. Degermark, M., Nordgren, B., and Pink, S. *IP Header Compression*. RFC 2507, Internet Engineering Task Force, February 1999.

45. GSMA. *IMS Profile for Voice and SMS. PRD IR.92* 5.0, GSM Association (GSMA), December 2011.

46. Jonsson, L-E., Pelletier, G., and Sandlund, K. *The RObust Header Compression (ROHC) Framework*. RFC 4995, Internet Engineering Task Force, July 2007.

47. Bormann, C., Burmeister, C., Degermark, M., Fukushima, H., Hannu, H., Jonsson, L-E., Hakenberg, R., Koren, T., Le, K., Liu, Z., Martensson, A., Miyazaki, A., Svanbro, K., Wiebke, T., Yoshimura, T., and Zheng, H. *RObust Header Compression (ROHC): Framework and four profiles: RTP, UDP, ESP, and uncompressed*. RFC 3095, Internet Engineering Task Force, July 2001.

48. Jonsson, L-E., Sandlund, K., Pelletier, G., and Kremer, P. *RObust Header Compression (ROHC): Corrections and Clarifications to RFC 3095*. RFC 4815, Internet Engineering Task Force, February 2007.

49. 3GPP. *Multimedia Broadcast/Multicast Service (MBMS); Architecture and functional description*. TS 23.246, 3rd Generation Partnership Project (3GPP), December 2011.

50. Holbrook, H. and Cain, B. *Source-Specific Multicast for IP*. RFC 4607, Internet Engineering Task Force, August 2006.

51. Holbrook, H., Cain, B., and Haberman, B. *Using Internet Group Management Protocol Version 3 (IGMPv3) and Multicast Listener Discovery Protocol Version 2 (MLDv2) for Source-Specific Multicast*. RFC 4604, Internet Engineering Task Force, August 2006.

52. Vida, R. and Costa, L. *Multicast Listener Discovery Version 2 (MLDv2) for IPv6*. RFC 3810, Internet Engineering Task Force, June 2004.

53. 3GPP. *Mobile Application Part (MAP) specification*. TS 29.002, 3rd Generation Partnership Project (3GPP), March 2012.

54. Droms, R. *Stateless Dynamic Host Configuration Protocol (DHCP) Service for IPv6*. RFC 3736, Internet Engineering Task Force, April 2004.

55. Korhonen, J., Savolainen, T., Krishnan, S., and Troan, O. *Prefix Exclude Option for DHCPv6-based Prefix Delegation*. RFC 6603, Internet Engineering Task Force, May 2012.

56. Coltun, R., Ferguson, D., Moy, J., and Lindem, A. *OSPF for IPv6*. RFC 5340, Internet Engineering Task Force, July 2008.

57. Bates, T., Chandra, R., Katz, D., and Rekhter, Y. *Multiprotocol Extensions for BGP-4*. RFC 4760, Internet Engineering Task Force, January 2007.

58. Mockapetris, P. V. *Domain names – concepts and facilities*. RFC 1034, Internet Engineering Task Force, November 1987.

59. 3GPP. *Policy and charging control architecture*. TS 23.203, 3rd Generation Partnership Project (3GPP), March 2012.

60. Rigney, C., Willens, S., Rubens, A., and Simpson, W. *Remote Authentication Dial In User Service (RADIUS)*. RFC 2865, Internet Engineering Task Force, June 2000.

61. Rigney, C. *RADIUS Accounting*. RFC 2866, Internet Engineering Task Force, June 2000.

62. Aboba, B., Zorn, G., and Mitton, D. *RADIUS and IPv6*. RFC 3162, Internet Engineering Task Force, August 2001.

63. Salowey, J. and Droms, R. *RADIUS Delegated-IPv6-Prefix Attribute*. RFC 4818, Internet Engineering Task Force, April 2007.

64. Dec, W., Sarikaya, B., Zorn, G., Miles, D., and Lourdelet, B. *RADIUS attributes for IPv6 Access Networks*. Internet-Draft draft-ietf-radext-ipv6-access-15, Internet Engineering Task Force, January 2013. Work in progress.

65. Savola, P. *MTU and Fragmentation Issues with In-the-Network Tunneling*. RFC 4459, Internet Engineering Task Force, April 2006.

66. Postel, J. *User Datagram Protocol*. RFC 0768, Internet Engineering Task Force, August 1980.

67. Postel, J. *Transmission Control Protocol*. RFC 0793, Internet Engineering Task Force, September 1981.

68. Postel, J. *TCP maximum segment size and related topics*. RFC 0879, Internet Engineering Task Force, November 1983.

69. McCann, J., Deering, S., and Mogul, J. *Path MTU Discovery for IP version 6*. RFC 1981, Internet Engineering Task Force, August 1996.

70. Jaeggli, J., Colitti, L., Kumari, W., Vyncke, E., Kaeo, M., and Taylor, T. *Why Operators Filter Fragments and What It Implies*. Internet-Draft draft-taylor-v6ops-fragdrop-00, Internet Engineering Task Force, October 2012. Work in progress.

71. deBoer, M. and Bosma, J. Discovering Path MTU black holes on the Internet using RIPE Atlas. Masters thesis, University of Amsterdam, MSc. Systems & Network Engineering, July 2012.

72. Mathis, M. and Heffner, J. *Packetization Layer Path MTU Discovery*. RFC 4821, Internet Engineering Task Force, March 2007.

73. Kent, S. and Seo, K. *Security Architecture for the Internet Protocol*. RFC 4301, Internet Engineering Task Force, December 2005.

74. 3GPP. *3G security; Network Domain Security (NDS); IP network layer security*. TS 33.210, 3rd Generation Partnership Project (3GPP), June 2010.

75. Frankel, S., Glenn, R., and Kelly, S. *The AES-CBC Cipher Algorithm and Its Use with IPsec*. RFC 3602, Internet Engineering Task Force, September 2003.

76. Krawczyk, H., Bellare, M., and Canetti, R. *HMAC: Keyed-Hashing for Message Authentication*. RFC 2104, Internet Engineering Task Force, February 1997.

77. Kent, S. *IP Encapsulating Security Payload (ESP)*. RFC 4303, Internet Engineering Task Force, December 2005.

78. 3GPP. *Policy and Charging Control (PCC) over Gx/Sd reference point*. TS 29.212, 3rd Generation Partnership Project (3GPP), March 2012.

79. 3GPP. *Policy and charging control signalling flows and Quality of Service (QoS) parameter mapping*. TS 29.213, 3rd Generation Partnership Project (3GPP), December 2011.

80. 3GPP. *Policy and charging control over Rx reference point*. TS 29.214, 3rd Generation Partnership Project (3GPP), December 2011.

81. 3GPP. *Policy and Charging Control (PCC) over S9 reference point; Stage 3*. TS 29.215, 3rd Generation Partnership Project (3GPP), March 2012.

82. 3GPP. *Telecommunication management; Charging management; Charging architecture and principles*. TS 32.240, 3rd Generation Partnership Project (3GPP), April 2011.

83. 3GPP. *Telecommunication management; Charging management; Packet Switched (PS) domain charging*. TS 32.251, 3rd Generation Partnership Project (3GPP), December 2011.

84. 3GPP. *Customised Applications for Mobile network Enhanced Logic (CAMEL) Phase 4; Stage 2*. TS 23.078, 3rd Generation Partnership Project (3GPP), December 2011.

85. 3GPP. *Customised Applications for Mobile network Enhanced Logic (CAMEL) Phase X; CAMEL Application Part (CAP) specification*. TS 29.078, 3rd Generation Partnership Project (3GPP), June 2010.

86. 3GPP. *Telecommunication management; Charging management; Charging Data Record (CDR) parameter description*. TS 32.298, 3rd Generation Partnership Project (3GPP), March 2012.

87. GSMA,. *TAP3 Format Specification*. PRD TD.57 30.3, GSM Association (GSMA), May 2012.

88. Farinacci, D., Li, T., Hanks, S., Meyer, D., and Traina, P. *Generic Routing Encapsulation (GRE)*. RFC 2784, Internet Engineering Task Force, March 2000.

89. Lau, J., Townsley, M., and Goyret, I. *Layer Two Tunneling Protocol – Version 3 (L2TPv3)*. RFC 3931, Internet Engineering Task Force, March 2005.

90. Perkins, C. *IP Encapsulation within IP*. RFC 2003, Internet Engineering Task Force, October 1996.

91. Chiba, M., Dommety, G., Eklund, M., Mitton, D., and Aboba, B. *Dynamic Authorization Extensions to Remote Authentication Dial In User Service (RADIUS)*. RFC 5176, Internet Engineering Task Force, January 2008.

92. Zorn, G. *Microsoft Vendor-specific RADIUS Attributes*. RFC 2548, Internet Engineering Task Force, March 1999.

93. Calhoun, P., Zorn, G., Spence, D., and Mitton, D. *Diameter Network Access Server Application*. RFC 4005, Internet Engineering Task Force, August 2005.

94. Alexander, S. and Droms, R. *DHCP Options and BOOTP Vendor Extensions*. RFC 2132, Internet Engineering Task Force, March 1997.

95. Schulzrinne, H. *Dynamic Host Configuration Protocol (DHCP-for-IPv4) Option for Session Initiation Protocol (SIP) Servers*. RFC 3361, Internet Engineering Task Force, August 2002.

96. Droms, R. *DNS Configuration options for Dynamic Host Configuration Protocol for IPv6 (DHCPv6)*. RFC 3646, Internet Engineering Task Force, December 2003.

97. Schulzrinne, H. and Volz, B. *Dynamic Host Configuration Protocol (DHCPv6) Options for Session Initiation Protocol (SIP) Servers*. RFC 3319, Internet Engineering Task Force, July 2003.

98. GSMA,. *Inter-Service Provider IP Backbone Guidelines*. PRD IR.34 5.0, GSM Association (GSMA), December 2010.

99. GSMA,. *GSMA PRD IR.88 'LTE Roaming Guidelines'*. PRD IR.88 6.0, GSM Association (GSMA), August 2011.

100. 3GPP. *Technical realization of Operator Determined Barring (ODB)*. TS 23.015, 3rd Generation Partnership Project (3GPP), December 2009.

101. 3GPP. *Telecommunication management; Charging management; Charging data description for the Packet Switched (PS) domain*. TS 32.215, 3rd Generation Partnership Project (3GPP), June 2005.

102. Perkins, C., Johnson, D., and Arkko, J. *Mobility Support in IPv6*. RFC 6275, Internet Engineering Task Force, July 2011.

103. 3GPP. *3GPP system to Wireless Local Area Network (WLAN) interworking; System description*. TS 23.234, 3rd Generation Partnership Project (3GPP), December 2009.

104. 3GPP. *Mobility between 3GPP Wireless Local Area Network (WLAN) interworking (I-WLAN) and 3GPP systems; General Packet Radio System (GPRS) and 3GPP I-WLAN aspects; Stage 3*. TS 24.327, 3rd Generation Partnership Project (3GPP), June 2010.

105. 3GPP. *3GPP system to Wireless Local Area Network (WLAN) interworking; WLAN User Equipment (WLAN UE) to network protocols; Stage 3*. TS 24.234, 3rd Generation Partnership Project (3GPP), September 2011.

106. 3GPP. *Study on S2a Mobility based on GTP & WLAN access to EPC*. TR 23.852, 3rd Generation Partnership Project (3GPP), December 2011.

107. Singh, H., Beebee, W., Donley, C., and Stark, B. *Basic Requirements for IPv6 Customer Edge Routers*. Internet-Draft draft-ietf-v6ops-6204bis-12, Internet Engineering Task Force, October 2012. Work in progress.

108. Krishnan, S. *Reserved IPv6 Interface Identifiers*. RFC 5453, Internet Engineering Task Force, February 2009.

109. Narten, T., Draves, R., and Krishnan, S. *Privacy Extensions for Stateless Address Autoconfiguration in IPv6*. RFC 4941, Internet Engineering Task Force, September 2007.

110. Korhonen, J., Bournelle, J., Tschofenig, H., Perkins, C., and Chowdhury, K. *Diameter Mobile IPv6: Support for Network Access Server to Diameter Server Interaction*. RFC 5447, Internet Engineering Task Force, February 2009.

111. 3GPP. *Evolved Packet System (EPS); Mobility Management Entity (MME) and Serving GPRS Support Node (SGSN) related interfaces based on Diameter protocol*. TS 29.272, 3rd Generation Partnership Project (3GPP), March 2012.

112. 3GPP. *Evolved Packet System (EPS); 3GPP EPS AAA interfaces*. TS 29.273, 3rd Generation Partnership Project (3GPP), March 2012.

113. 3GPP. *Numbering, addressing and identification*. TS 23.003, 3rd Generation Partnership Project (3GPP), March 2012.

114. Sarikaya, B., Xia, F., and Lemon, T. *DHCPv6 Prefix Delegation in Long-Term Evolution (LTE) Networks*. RFC 6653, Internet Engineering Task Force, July 2012.

115. Kaufman, C., Hoffman, P., Nir, Y., and Eronen, P. *Internet Key Exchange Protocol Version 2 (IKEv2)*. RFC 5996, Internet Engineering Task Force, September 2010.
116. Giaretta, G., Kempf, J., and Devarapalli, V. *Mobile IPv6 Bootstrapping in Split Scenario*. RFC 5026, Internet Engineering Task Force, October 2007.
117. Shen, N. and Zinin, A. *Point-to-Point Operation over LAN in Link State Routing Protocols*. RFC 5309, Internet Engineering Task Force, October 2008.
118. Troan, O. and Volz, B. *Issues with multiple stateful DHCPv6 options*. Internet-Draft draft-ietf-dhc-dhcpv6-stateful-issues-03, Internet Engineering Task Force, November 2012. Work in progress.
119. Melia, T. and Mghazli, Y. El. *DHCP option to transport Protocol Configuration Options*. Internet-Draft draft-melia-dhc-pco-00, Internet Engineering Task Force, February 2009. Work in progress.
120. Zhu, C. and Zhou, X. *The interworking between IKEv2 and PMIPv6*. Internet-Draft draft-zhu-netext-ikev2-interworking-pmip-00, Internet Engineering Task Force, April 2011. Work in progress.
121. 3GPP. *Mobile IPv6 vendor specific option format and usage within 3GPP*. TS 29.282, 3rd Generation Partnership Project (3GPP), December 2009.
122. Rosenberg, J., Schulzrinne, H., Camarillo, G., Johnston, A., Peterson, J., Sparks, R., Handley, M., and Schooler, E. *SIP: Session Initiation Protocol*. RFC 3261, Internet Engineering Task Force, June 2002.
123. Stewart, R. *Stream Control Transmission Protocol*. RFC 4960, Internet Engineering Task Force, September 2007.
124. Ong, L., Rytina, I., Garcia, M., Schwarzbauer, H., Coene, L., Lin, H., Juhasz, I., Holdrege, M., and Sharp, C. *Framework Architecture for Signaling Transport*. RFC 2719, Internet Engineering Task Force, October 1999.
125. Loughney, J., Sidebottom, G., Coene, L., Verwimp, G., Keller, J., and Bidulock, B. *Signalling Connection Control Part User Adaptation Layer (SUA)*. RFC 3868, Internet Engineering Task Force, October 2004.
126. Camarillo, G., Roach, A. B., Peterson, J., and Ong, L. *Integrated Services Digital Network (ISDN) User Part (ISUP) to Session Initiation Protocol (SIP) Mapping*. RFC 3398, Internet Engineering Task Force, December 2002.
127. Vixie, P. *Extension Mechanisms for DNS (EDNS0)*. RFC 2671, Internet Engineering Task Force, August 1999.
128. Deering, S., Fenner, W., and Haberman, B. *Multicast Listener Discovery (MLD) for IPv6*. RFC 2710, Internet Engineering Task Force, October 1999.
129. Partridge, C. and Jackson, A. *IPv6 Router Alert Option*. RFC 2711, Internet Engineering Task Force, October 1999.
130. Haberman, B. *Source Address Selection for the Multicast Listener Discovery (MLD) Protocol*. RFC 3590, Internet Engineering Task Force, September 2003.
131. Thomson, S., Huitema, C., Ksinant, V., and Souissi, M. *DNS Extensions to Support IP Version 6*. RFC 3596, Internet Engineering Task Force, October 2003.
132. Berners-Lee, T., Fielding, R., and Masinter, L. *Uniform Resource Identifier (URI): Generic Syntax*. RFC 3986, Internet Engineering Task Force, January 2005.
133. Draves, R. and Thaler, D. *Default Router Preferences and More-Specific Routes*. RFC 4191, Internet Engineering Task Force, November 2005.
134. Hinden, R. and Haberman, B. *Unique Local IPv6 Unicast Addresses*. RFC 4193, Internet Engineering Task Force, October 2005.
135. Conta, A., Deering, S., and Gupta, M. *Internet Control Message Protocol (ICMPv6) for the Internet Protocol Version 6 (IPv6) Specification*. RFC 4443, Internet Engineering Task Force, March 2006.
136. Abley, J., Savola, P., and Neville-Neil, G. *Deprecation of Type 0 Routing Headers in IPv6*. RFC 5095, Internet Engineering Task Force, December 2007.
137. Krishnan, S. *Handling of Overlapping IPv6 Fragments*. RFC 5722, Internet Engineering Task Force, December 2009.
138. Singh, H., Beebee, W., and Nordmark, E. *IPv6 Subnet Model: The Relationship between Links and Subnet Prefixes*. RFC 5942, Internet Engineering Task Force, July 2010.
139. Kawamura, S. and Kawashima, M. *A Recommendation for IPv6 Address Text Representation*. RFC 5952, Internet Engineering Task Force, August 2010.
140. Jeong, J., Park, S., Beloeil, L., and Madanapalli, S. *IPv6 Router Advertisement Options for DNS Configuration*. RFC 6106, Internet Engineering Task Force, November 2010.

141. Wing, D. and Yourtchenko, A. *Happy Eyeballs: Success with Dual-Stack Hosts*. RFC 6555, Internet Engineering Task Force, April 2012.
142. Thaler, D., Draves, R., Matsumoto, A., and Chown, T. *Default Address Selection for Internet Protocol version 6 (IPv6)*. RFC 6724, Internet Engineering Task Force, September 2012.
143. Crawford, M. *Transmission of IPv6 Packets over Ethernet Networks*. RFC 2464, Internet Engineering Task Force, December 1998.
144. Borman, D., Deering, S., and Hinden, R. *IPv6 Jumbograms*. RFC 2675, Internet Engineering Task Force, August 1999.
145. Conta, A. *Extensions to IPv6 Neighbor Discovery for Inverse Discovery Specification*. RFC 3122, Internet Engineering Task Force, June 2001.
146. Arkko, J., Kempf, J., Zill, B., and Nikander, P. *SEcure Neighbor Discovery (SEND)*. RFC 3971, Internet Engineering Task Force, March 2005.
147. Aura, T. *Cryptographically Generated Addresses (CGA)*. RFC 3972, Internet Engineering Task Force, March 2005.
148. Venaas, S., Chown, T., and Volz, B. *Information Refresh Time Option for Dynamic Host Configuration Protocol for IPv6 (DHCPv6)*. RFC 4242, Internet Engineering Task Force, November 2005.
149. Moore, N. *Optimistic Duplicate Address Detection (DAD) for IPv6*. RFC 4429, Internet Engineering Task Force, April 2006.
150. Bonica, R., Gan, D., Tappan, D., and Pignataro, C. *Extended ICMP to Support Multi-Part Messages*. RFC 4884, Internet Engineering Task Force, April 2007.
151. Haberman, B. and Hinden, R. *IPv6 Router Advertisement Flags Option*. RFC 5175, Internet Engineering Task Force, March 2008.
152. Liu, H., Cao, W,, and Asaeda, H. *Lightweight Internet Group Management Protocol Version 3 (IGMPv3) and Multicast Listener Discovery Version 2 (MLDv2) Protocols*. RFC 5790, Internet Engineering Task Force, February 2010.
153. Atlas, A., Bonica, R., Pignataro, C., Shen, N., and Rivers, JR. *Extending ICMP for Interface and Next-Hop Identification*. RFC 5837, Internet Engineering Task Force, April 2010.
154. Gundavelli, S., Townsley, M., Troan, O., and Dec, W. *Address Mapping of IPv6 Multicast Packets on Ethernet*. RFC 6085, Internet Engineering Task Force, January 2011.
155. Amante, S., Carpenter, B., Jiang, S., and Rajahalme, J. *IPv6 Flow Label Specification*. RFC 6437, Internet Engineering Task Force, November 2011.
156. Savolainen, T., Kato, J., and Lemon, T. *Improved Recursive DNS Server Selection for Multi-Interfaced Nodes*. RFC 6731, Internet Engineering Task Force, December 2012.
157. Arkko, J., Kuijpers, G., Soliman, H., Loughney, J., and Wiljakka, J. *Internet Protocol Version 6 (IPv6) for Some Second and Third Generation Cellular Hosts*. RFC 3316, Internet Engineering Task Force, April 2003.
158. Gilligan, R., Thomson, S., Bound, J., McCann, J., and Stevens, W. *Basic Socket Interface Extensions for IPv6*. RFC 3493, Internet Engineering Task Force, February 2003.
159. Stevens, W., Thomas, M., Nordmark, E., and Jinmei, T. *Advanced Sockets Application Program Interface (API) for IPv6*. RFC 3542, Internet Engineering Task Force, May 2003.
160. Thaler, D., Fenner, B., and Quinn, B. *Socket Interface Extensions for Multicast Source Filters*. RFC 3678, Internet Engineering Task Force, January 2004.
161. Nordmark, E., Chakrabarti, S., and Laganier, J. *IPv6 Socket API for Source Address Selection*. RFC 5014, Internet Engineering Task Force, September 2007.
162. Singh, H., Beebee, W., Donley, C., Stark, B., and Troan, O. *Basic Requirements for IPv6 Customer Edge Routers*. RFC 6204, Internet Engineering Task Force, April 2011.
163. Gashinsky, I., Jaeggli, J., and Kumari, W. *Operational Neighbor Discovery Problems*. RFC 6583, Internet Engineering Task Force, March 2012.
164. OMA. *Provisioning Content*. TS 1.1, Open Mobile Alliance (OMA), July 2009.
165. Nokia. *Nokia Views on IPv6 Transition*. White Paper 2.5, Nokia, December 2011.
166. Korhonen, J., Soininen, J., Patil, B., Savolainen, T., Bajko, G., and Iisakkila, K. *IPv6 in 3rd Generation Partnership Project (3GPP) Evolved Packet System (EPS)*. RFC 6459, Internet Engineering Task Force, January 2012.
167. Krishnan, S., Anipko, D., and Thaler, D. *Packet loss resiliency for Router Solicitations*. Internet-Draft draft-krishnan-6man-resilient-rs-01, Internet Engineering Task Force, July 2012. Work in progress.

168. Wasserman, M. *Recommendations for IPv6 in Third Generation Partnership Project (3GPP) Standards*. RFC 3314, Internet Engineering Task Force, September 2002.

169. Loughney, J. *IPv6 Node Requirements*. RFC 4294, Internet Engineering Task Force, April 2006.

170. Kent, S. *IP Authentication Header*. RFC 4302, Internet Engineering Task Force, December 2005.

171. Chittimaneni, K., Kaeo, M., and Vyncke, E. *Operational Security Considerations for IPv6 Networks*. Internet-Draft draft-ietf-opsec-v6-01, Internet Engineering Task Force, November 2012. Work in progress.

172. Gont, F. *A method for Generating Stable Privacy-Enhanced Addresses with IPv6 Stateless Address Auto-configuration (SLAAC)*. Internet-Draft draft-ietf-6man-stable-privacy-addresses-03, Internet Engineering Task Force, January 2013. Work in progress.

173. Gont, F. *Network Reconnaissance in IPv6 Networks*. Internet-Draft draft-ietf-opsec-ipv6-host-scanning, Internet Engineering Task Force, December 2012. Work in progress.

174. Yourtchenko, A., Asadullah, S., and Pisica, M. *Human-safe IPv6: Cryptographic transformation of host-names as a base for secure and manageable addressing*. Internet-Draft draft-yourtchenko-humansafe-ipv6-00, Internet Engineering Task Force, February 2012. Work in progress.

175. Nikander, P., Kempf, J., and Nordmark, E. *IPv6 Neighbor Discovery (ND) Trust Models and Threats*. RFC 3756, Internet Engineering Task Force, May 2004.

176. Gont, F. *Neighbor Discovery Shield (ND-Shield): Protecting against NeighborDiscovery Attacks*. Internet-Draft draft-gont-opsec-ipv6-nd-shield-00, Internet Engineering Task Force, June 2012. Work in progress.

177. Chown, T. and Venaas, S. *Rogue IPv6 Router Advertisement Problem Statement*. RFC 6104, Internet Engineering Task Force, February 2011.

178. Lynn, C., Kent, S., and Seo, K. *X.509 Extensions for IP Addresses and AS Identifiers*. RFC 3779, Internet Engineering Task Force, June 2004.

179. Gagliano, R., Krishnan, S., and Kukec, A. *Certificate Profile and Certificate Management for SEcure Neighbor Discovery (SEND)*. RFC 6494, Internet Engineering Task Force, February 2012.

180. Gagliano, R., Krishnan, S., and Kukec, A. *Subject Key Identifier (SKI) SEcure Neighbor Discovery (SEND) Name Type Fields*. RFC 6495, Internet Engineering Task Force, February 2012.

181. Lepinski, M. and Kent, S. *An Infrastructure to Support Secure Internet Routing*. RFC 6480, Internet Engineering Task Force, February 2012.

182. Huston, G., Michaelson, G., and Loomans, R. *A Profile for X.509 PKIX Resource Certificates*. RFC 6487, Internet Engineering Task Force, February 2012.

183. Wu, J., Bi, J., Bagnulo, M., Baker, F., and Vogt, C. *Source Address Validation Improvement Frame-work*. Internet-Draft draft-ietf-savi-framework-06, Internet Engineering Task Force, January 2012. Work in progress.

184. Nordmark, E., Bagnulo, M., and Levy-Abegnoli, E. *FCFS SAVI: First-Come, First-Served Source Address Validation Improvement for Locally Assigned IPv6 Addresses*. RFC 6620, Internet Engineering Task Force, May 2012.

185. Levy-Abegnoli, E., deVelde, G. Van, Popoviciu, C., and Mohacsi, J. *IPv6 Router Advertisement Guard*. RFC 6105, Internet Engineering Task Force, February 2011.

186. Gont, F. *Security Implications of IPv6 options of Type 10xxxxxx*. Internet-Draft draft-gont-6man-ipv6-smurf-amplifier-02, Internet Engineering Task Force, January 2013. Work in progress.

187. Biondi, P. and Ebalard, A. *IPv6 Routing Header Security*. Pdf, CanSecWest Security Conference 2007, April 2007.

188. Gont, F. and Manral, V. *Security and Interoperability Implications of Oversized IPv6 Header Chains*. Internet-Draft draft-ietf-6man-oversized-header-chain-02, Internet Engineering Task Force, November 2012. Work in progress.

189. Gont, F. *Security Implications of the Use of IPv6 Extension Headers with IPv6 Neighbor Discovery*. Internet-Draft draft-gont-6man-nd-extension-headers-03, Internet Engineering Task Force, June 2012. Work in progress.

190. Bagnulo, M., Matthews, P., and van Beijnum, I. *Stateful NAT64: Network Address and Protocol Translation from IPv6 Clients to IPv4 Servers*. RFC 6146, Internet Engineering Task Force, April 2011.

191. Gont, F., and Liu, W. *Security Implications of IPv6 on IPv4 Networks*. Internet-Draft draft-ietf-opsec-ipv6-implications-on-ipv4-nets-02, Internet Engineering Task Force, December 2012. Work in progress.

192. Giobbi, R. *Bypassing firewalls with IPv6 tunnels*. html, CERT, April 2009.

193. Davies, E. and Mohacsi, J. *Recommendations for Filtering ICMPv6 Messages in Firewalls*. RFC 4890, Internet Engineering Task Force, May 2007.
194. Gont, F. *Processing of IPv6 "atomic" fragments*. Internet-Draft draft-ietf-6man-ipv6-atomic-fragments-03, Internet Engineering Task Force, December 2012. Work in progress.
195. Gont, F. *Security Implications of Predictable Fragment Identification Values*. Internet-Draft draft-gont-6man-predictable-fragment-id-03, Internet Engineering Task Force, January 2013. Work in progress.

第 5 章　3GPP 网络的 IPv6 过渡机制

本章会从 IPv6 过渡机制产生的诱因讲起，附以对其各种技术解决方案的机制以及其利弊的高度概括。在提及产生诱因以及各种技术解决方案的机制后，会细致地列举出对于第 3 代伙伴项目（3GPP）进行 IPv6 转换所需要的工具以及方案。本章主要包括 IPv6 转换对于 3GPP 架构的影响，也包括应用程序员、移动电话供应商和网络运营商将如何对过渡进行规划。

5.1　过渡机制的诱因

网络向 IPv6 发展的主要诱因是 IPv4 的地址短缺，该原因进一步导致了对于地址转换的需求，以及私有地址空间重叠等情况。这些情况既导致了运营 IPv4 网络的成本增加，也阻碍了革新。IPv6 解决了地址短缺以及由此引发的其他并发问题，因此从长期看有希望节约运营成本。相比地址问题其他部署 IPv6 的原因便显得较为次要，而且通常其他原因也是由地址空间增加这一点所引发的。大量的工具和技术被开发出来用于将网络的单 IPv4 状态向由 IPv6 主宰的状态平缓而无缝地过渡（对于网络用户而言）。过渡完成时，IPv6 在这个世界上将占据主导地位（目前来看还需要很久），而一般用户却并没有感知到这一点。当然对于网络管理员、软件开发者以及硬件营销商而言，变化并没有显得过于清晰，因此需要辛勤的研究工作。在本章节余下的部分里，将关注这一过程在 3GPP 网络中如何实现。

1. 早期

在 IPv6 发展的早期，想法是 IPv4 与 IPv6 将平行存在，直到所有节点都成功实现 IPv6，然后 IPv4 将会逐渐解体，实现途径便是双栈过渡技术，该技术在 RFC 1933[1] 中首次提出，并在 RFC 4213[2] 中被更新。RFC 1933 也定义了配置通过 IPv4 访问 IPv6（IPv6 over IPv4）手工和自动隧道的方法，这使得 IPv6 数据包和 IPv6 云最初的部署可以连接到 IPv4 的基础架构上。

但是伟大的计划通常会遭遇重重阻碍，直到 IPv4 地址池干涸的很长一段时间内全世界并没有开始部署 IPv6。因此，在 IPv4 地址耗尽之前让每个人用上 IPv6 的计划并没有成功。当然，已经进行了很多 IPv6 的部署，骨干网络也进行了很大程度的更新升级，但是与目标的距离依旧很远。尽管如此，双栈过渡机制仍然是 3GPP 进行过渡最好用的手段，这一点在 5.4 节中将会看到。

在很长的一段时间里，过渡机制的焦点都是如何在 IPv4 基础架构的条件下实现 IPv6 的连通性。这一焦点使得大量通过 IPv4 访问 IPv6 的隧道技术得以形成标准化，也引发了很多关于隧道实现方法的建议。除了手工隧道以及静态设置隧道以外，用来实现通过 IPv4 访问 IPv6 的自动隧道最重要的工具包括：IPv6 域通过 IPv4 云的连接（IPv6 到 IPv4）[3]，非直接隧道下通过 IPv4 访问 IPv6[4]，IPv6 在 IPv4 基础架构下的快速部署[5]，站内自动隧道寻址协议（ISATAP）[6]，在 UDP 网络通过 NAT 建立 IPv6 隧道（Teredo）[7]。这些工具在过去乃至现在都是至关重要的。最后想要强调的是仍有很多其他机制，但都不著名。

2. 工具的发展与进步

随着时间的流逝，IPv4 的地址变得越来越紧缺，但是仍然没有重量级应用在纯 IPv6 的网络环境下（即网络中只存在 IPv6 协议）运行。然而逐渐清晰的一点是通过隧道将主机连接到 IPv6 云实际上并不是必需的。众所周知，通过 IPv4 访问 IPv6 隧道技术并无法缓解 IPv4 地址紧缺的事实。这一形式开始使人们对于在接入网络上用 IPv6 取代 IPv4 产生了兴趣。由于几乎全世界都在使用 IPv4，这也意味着通过 IPv6 网络连接到 IPv4 网络的需求会随之产生。

通过 IPv6 承载 IPv4 过渡方法的先驱也许就是由 Laurent Toutain、Hossam Afifi 和 Jim Bound 在 1999 年（记录在已过期的标准草案 draft-toutain-ngtrans-dstm-00. txt 中）提出的双栈过渡机制（DSTM）。这些学者看到了通过纯 IPv6 接入网络实现 IPv4 连通性的需求，并且提供了一种方法使主机可以申请一个临时分配的 IPv4 地址，进而通过 IPv6 隧道传输 IPv4 分组。在 DSTM 提出大概 10 年以后，这项机制开始飞速发展，在经过互联网任务工程组（IETF）的大量讨论后，最终提出了双栈精简技术[8]，与此同时 IETF 也在考虑新的方法。

3. 最终主机将不需要隧道

在 IPv6 过渡的开始阶段，正如本书所写，部署基于主机的隧道过渡方案终究不是一个很好的解决方案。特别是对于 3GPP 而言，隧道接入技术似乎并不是正确的思路，原因会在 5.2.2 节中详细阐述。即便如此，基于网络的隧道方案也确实扮演着重要的角色：基于单地址族基础架构的隧道技术便可以通过诸如用户端设备（CPE）或访问集中器（数据分组数据网网关，PGW）的设备实现。

或多或少地由于和开发基于隧道的过渡技术同样的原因，基于协议转换的方法也被开发了出来。转换所需要的工具数量要更少，本质上是关于 IPv4/IPv6 网络地址转换（NAT64）的（在 5.3.3 节中描述）。对于不相容的 IPv4 与 IPv6 之间的转换会导致 5.2.1 节中将提到的问题，因此很多人并不喜欢协议转换。但是如果这些问题可以被接受或者可以解决，那么协议转换将是一种非常实用的工具。也正是因为这样，IETF 目前正在花费大量周期来完善协议转换技术（换而言之，就是缓和以及减少那些问题）。

下面介绍分阶段过渡。

工业界对 IPv6 进行提早部署的消极态度着实为双栈过渡技术泼了一大盆冷水。事实上，人类在面临世界上一切资源耗尽问题的态度几乎都如此。现在，由于有限的 IPv4 地址已经确切地处于一种短缺状态，部署 IPv6 的工作才刚刚展开。为了解决鸡与蛋的问题，世界上几大内容提供商特意让他们的业务内容可以经由 IPv6 访问。这些部署通过诸如 2011 年 6 月 8 日的世界 IPv6 日（http：//www. worldipv6day. org）以及 2012 年 6

月 6 日的世界 IPv6 启动活动（http：//www. worldipv6launch. org）进行宣传。在这些意义重大的部署的影响下，现在网络运营商只需要为他们服务的主机提供 IPv6 连通性便能够连入 IPv6 网络。也正因此，运营商可以通过部署 IPv6 来减少网络地址转换（NAT）的成本。这无疑是意义重大的，因为这实际上是 IPv6 所引发的第一次成本节约。

主机，尤其是个人电脑（台式机、笔记本）使用的操作系统，大部分都能够使用 IPv6。因此，只要给它们提供 IPv6 连通性，这些主机便可以开始使用 IPv6。不幸的是，3GPP 用户设备（UE）的处境便不是那么乐观。在撰写这本书的时候，大部分的用户设备（不排除少数例外）都不能在蜂窝接入网使用 IPv6。目前，并不是所有用户设备上需要更新的组件都已经完成了升级。因此，可以发现即便是设备过渡的已实现部分也仍然还在不断完善。

由于越来越多的终端设备（主机、业务内容）开始支持 IPv6，发展过渡技术的负担很大一部分落在了网络提供者的肩上，也有一部分落在了那些还无法适应 IPv6 的用户设备供应商的身上，当然也包括那些剩下的业务内容提供商。撰写这本书是为了倡议使用 IPv6 并让相关人士对他们应该负责的 IPv6 组件多做出一些支持。

希望看到在接下来的几年里除了主机和业务内容提供商以外，人们对 IPv6 接入网络方面的支持能够有所增加。尤其是在 3GPP 领域，希望 LTE（长期演进）的部署可以使 IPv6 的部署变得更加普及。绝大多数的部署会类似基于主机的双栈技术，因此双栈过渡技术会持续处于统治地位，而隧道技术和双重转换技术也会在接入网络内部使用。

为只能使用 IPv4 的主机提供连通性的需求还需要持续很长一段时间。断开人们家中的大量纯 IPv4 的计算机或娱乐设备的连接显然是不可能的，也许在最后一台纯 IPv4 设备卖出的十年后，有可能会关掉 IPv4 的连接，但是目前还无法预见到最后一台纯 IPv4 设备生产出来的那一天。因此在可见的未来里，将看到的更多是 IPv4 与 IPv6 共存，偶尔伴以纯 IPv6 部署下的分组传输（保持与 IPv4 域的连通性，如协议转换）。

5.2 技术概述

在本节中，会对 IPv6 过渡技术以及关于它们的正反意见进行更详细的概述。基于封装与转换的解决方法所共有的优势在于它们避免了专门部署本地双栈连通性的必要。

5.2.1 转换

除了 IPv6 包头所引发的最大传输单元的问题以外，协议转换的方法因其可以非常有效地避免大部分隧道技术（见 5.2.2 节）引发的相关问题而引人注目。转换技术同样提供了主机处在 IPv6-Only 域中对于 IPv4 网络的接入方案。

不幸的是，转换技术也伴随着几个重要的难题。这些难题过于致命，以至于直接导致原始的网络地址转换—协议转换技术（NAT-PT）（于 2000 年在 RFC 2766[9] 中定义）被 2007 年的 RFC 4966[10] 断言为"历史性"难题。然而，IETF 也由于 NAT-PT 而继续改进转换技术。尽管转换技术仍不完善，但它们确实正在不断进步。

关于协议转换目前在 3GPP 应用前景中最大的问题将在下面列出。

1. 应用兼容性

在负载中 IP 地址信息的应用协议需要精确的支持来完成协议的转换，这意味着协议转换器需要为每个负载中有 IP 地址族专有内容的协议提供应用层网关（ALG）。在最坏的情况下，应用层协议不支持经由协议转换器的内容修改（如加密或协议本身不支持），这意味着实际上协议转换器并不能 100% 地支持不需辅助的应用，当然应用也可以被修改为支持协议转换器的状态。

但是，一种特殊的协议转换技术可以支持上述所产生问题的应用，这种技术称为双重转换（会在 5.4.4 节中具体讨论）。这是因为对于应用而言，像 IPv4 NAT 这样的转换技术通常分为两部分：由第一个协议转换器只将最外层报头从 IPv4 向 IPv6 转换，由第二个协议转换器将报头从 IPv6 转回 IPv4。但实际上 IPv4 的地址和端口号是在变化的，因此应用可以使用与 IPv4 NAT 穿越相同的机制来适应这一点。

2. 域名系统中的问题（DNS）

一方面，整个协议转换技术的思想是建立在目的地是 IPv4-Only 的主机基础上的，因此在域名系统（DNS）中并没有 IPv6 地址（AAAA）的资源记录。另外，纯 IPv6 网络上的主机显然需要获得 AAAA 记录来完成 DNS 查询。所以，可以使用网络地址转换的 DNS 拓展（DNS64）来合成 AAAA 资源记录，这样就可以从 IPv4 地址（A）资源记录中获得 IPv6 地址。主机使用这种合成地址会遇到如下问题：

1）合成地址无法被域名系统安全拓展（DNSSEC）[11]验证，因为它们被中间设备修改过。

2）合成地址无法成为其他节点的参照。

3）合成地址只在接收到地址的网络中有效。

3. 丢失的报头信息

IPv4 的 IP 报头和互联网控制报文协议（ICMP）报头内容都与 IPv6 有所不同，在经由地址族的转换之后不可能再恢复原始的报头，分段的标识字段便是一个例子。在 IPv4 报头中，标识字段是 16 位而在 IPv6 中标识字段是 32 位。一类 v4 版本互联网控制分组协议（ICMPv4）的首部通过如 IP/ICMP 的转换算法可以变为支持 IPv6 的形式[12]。特别要提的是，该种转换是有状态的 IP/ICMP 转换算法，并且 NAT64 并不转换 IPv4 选项。除非 IPv4 包中包含未过期的源路由选项，否则这些 IPv4 选项会被默默地忽视，然后导致整个分组被丢弃（随后一个 ICMPv4 目的地不可达，源路由失败的分组将会发出）。

4. 网络的状态

传统的网络服务提供商（ISP）模式认为核心网络中需要尽可能少地记录每个用户的状态，并且将所需的 NAT 状态都尽可能下放到用户系统网络中，网络设备中的状态越少越好。已被广泛部署的从 IPv4 到 IPv4 NAT（NAT44）的客户端设备（CPE）使这个模型成为可能。同样，因为每个用户仍可以通过客户端设备（CPE）的公网 IP 地址来唯一地进行辨认，多样化的日志功能也更利于处理这种 NAT 解决方案。

现在从网络服务提供商（ISP）的角度来看有一个可能存在的威胁，即过渡技术改变了现有惯例。NAT 功能需要放置入 ISP 的核心网络中。当 ISP 没有足够的公网地址来提供给客户端设备（CPE）[13]时，他们将不得不提供两个层次的 NAT，这会导致上述威胁的发生。另外一个例子是有状态的 NAT64 功能[14]，这些有状态 NAT 功能可能会面对可扩展性问题，更不用说还有诸如政府对于地址转换记录[15]的需求问题。

从移动运营商的角度来看情况也是类似的。有一点轻微的区别是 3GPP 系统性地拒绝了标准化以及部署某些在新的软件需求方面会对用户设备产生影响的过渡/迁移方案。IPv6 的转换有一个额外的成本：某些过渡/迁移方案必须提供给用户设备以供其使用纯 IPv6 接入技术［如 IPv6 下的分组数据网络（PDN）提供的技术］连接到 IPv4 网络。如果使用有状态的 NAT64，那么这些状态必须在移动运营商的核心网络中安装，这意味着在 NAT 方面的巨额投资。另外，移动运营商可以部署双栈接入来解决接入 IPv4 网络的问题，但是双栈技术并不能彻底解决 IPv4 地址短缺的问题。相反的，每个使用双栈的用户设备都必须设置一个 IPv4 地址，这通常会增加移动运营商的压力，原因是需要在移动运营商分组核心中部署更大的 NAT44 区域。由于这些 NAT 解决方法通常是有状态的，所以关于可扩展性的担忧是确实存在的。

5.2.2 封装

将一个地址族的分组封装为其他地址族分组的方法有利也有弊。

主要的优势在于封装的分组不需要经过修改，因此可以直接转发。这对于通过隧道传输分组的节点提供了最好的相容性以及良好的透明性。

正因为如此多的优点，IETF 最终选择当本地双栈技术不可用时使用基于隧道技术的方法。

然而，尤其是对 3GPP 网络而言，基于主机的隧道技术有一系列重大的弊端已经显现。会在下面讨论这些弊端。

1. GPRS 隧道协议（GTP）早已存在

3GPP 中使用的 GTP[16]可以为手机提供多种不同网络基础架构的 IP 连通性，IPv4 与 IPv6 的隧道都能使用。因此在 GTP 上任何种类的隧道协议本质上说都很容易实现。实践经验表明，除了少数并不支持 IPv6 分组数据协议内容（PDP）的服务网关支持节点（SG-SN）外，IPv6 的 PDP 内容可以安装在地球上几乎任何提供 3GPP 分组接入的地方。

2. 无法提供服务质量（QoS）

3GPP 对不同隧道流量承载力的欠缺是一个非显而易见的、用于反对基于隧道技术的理由。这一限制来源于业务流模板（TFT），业务流模板定义了规则来过滤不同连接的流，如主要和次要 PDP 上下文之间。TFT 只对最外层报头设置了规则（见 4.1.1 节和 4.4.7 节），因此 QoS 无法为基于隧道报头的内容进行 QoS 差异化服务。

3. 深度包检测（DPI）成本

3GPP 网络出于多种原因（如丰富服务或转发流的原因）会产生对深度包检测（即 DPI）的需要。DPI 并不是 3GPP 标准的一部分，但是它的存在是公认的。尽管技术上讲 DPI 可以审查隧道的分组，用隧道传输大量的数据时 DPI 系统仍需要占用过多资源，因此 DPI 并不很受欢迎。

4. MTU 的启示

即便是今天，为 PDN 连接提供的 MTU 通常是小于 1500B 的，因为 3GPP 网络将用户平面的分组在网络段上用隧道技术发送时通常使用 1500B 的 MTU。尽管添加任何隧道协议都会使 MTU 变小并不是什么严重的问题，但仍然会造成一种浪费。在某些情况下，隧道技术同样会在隧道端点造成分段、重组，并因此提高资源消耗以及丢包的风险。在其他情况下，当在隧道地址族中接收到分组过大的报文后，隧道端点必须生成隧道协议地址族类型的 ICMP 分组过大报文。例如在 IPv4 访问 IPv6 的情况下，如果隧道端点接收到 ICMPv4 分组过大消息，它便需要生成互联网控制分组协议（ICMPv6）[2]。

5. 新增的复杂性与部署挑战

最后一点也是非常重要的一点，将隧道应用到大量不同的用户设备上是十分困难的，此处的用户设备包括在划分用户设备场景下得到的终端设备（TE）。即便是完成后，也仍需要工具来进行隧道端点的发现、隧道设置以及隧道维护。长远地讲，此类操作使得信令数量大大增加，而通常希望看到的是信令的减少，而非增加（已有网络遇到大量信令流量的问题）。

5.2.3　网状网络或星形网络

当选择一个合适的 IPv6 过渡与迁移方法时，不管转换技术还是基于封装的技术，其中一个架构性的决定因素便是该解决方法是否支持网状网络或辐射状网络的网络拓扑。一些解决方案可能两个都支持，这时如何选择便交于网络管理员来决定。

在星形网络（中央—分支网络）的网络拓扑中，数个"客户端"（分支）连接到少量通常只用来实现转换功能或只作为隧道/流量集中器的网关（中央节点），分支之间并不直接进行通信。在转换/迁移上下文中，连接分支与中央的核心网络只需要支持一个地址族，其他地址族可以通过转换技术或者隧道技术在分支与中央节点间使用。通常一组分支锁定在一个中央节点上。双栈精简技术（DS-lite）[8] 便是解决星形网络（中央—分支网络）问题教科书一样的方法。

在网状网络中，如果管理员允许的话，"客户端"之间可能互相直接连接。边界设备（路由器）为外部网络和核心网络提供连通性。在过渡/迁移上下文中，连接"客户端"与边界设备的核心网络只能支持一个地址族，其他地址族需要经过转换技术或者隧道技术才能使用。转换/迁移功能会根据所采用技术的不同在客户端或者边界设备上完成。由于网状网络支持任意互联的连通性，所以转换/迁移方案无疑是无状态的，至少在边界设备上是无状态的。6RD[5] 使用 IPv4 任意播来找寻最近的边界中继（BR）便是网状网络应用的例子之一。

5.2.4　可扩展性的考虑

过渡/迁移技术的选择与各种各样的可扩展性考虑密切相关。在 5.2.1 节已经提到过可能发生的无用核心网络转换状态的增加，这是可扩展性的考虑之一。然而，可扩展性不光和处理以及保持转换状态有关，下列的其他可扩展性考虑也应该被考虑在内。

1）过渡/迁移方案在地址空间上有过于浪费的需求吗？比较常见的是，过渡/迁移技术将所有的过渡专有信息嵌入到 IPv6 的地址中。例如，一个典型的 6RD 部署需要最少/32 的 IPv6 前缀来投入到运营商部署的每个 6RD 域的转换中。从管理以及推广的角度来看，将整个 IPv4 地址嵌入 6RD 指定前缀要比基于分散的 IPv4 子网设计前缀与路由要简单许多。6RD 的普及性甚至影响到了 IPv6 的初始分配以及区域互联网注册管理机构（RIR）层面上[18]的分配大小策略。另外一个例子是 464XLAT[19]，它从根本上促使每个用户设备有两个/64 IPv6 前缀的分配策略（一个供给本地 IPv6 流量，另外一个用于转换 IPv6 流，尽管使用单个/64 前缀也能完成）。虽然可以说 IPv6 地址足以提供给所有可能的需求，但是浪费严重的 IPv6 地址使用状况仍会在短短几年内成为困扰我们的问题。

2）过渡/迁移方案对外部或内部的路由基础设施有影响吗？举例来说，一种过渡方案可能会需要在内部网关协议（IGP）中传播任播路由或主机路由。

3）过渡/迁移方案的日志信息会产生怎样的影响？方案也许不能很好地决定架构。例如，转换状态可能会引发过量的日志信息产生，因此每个转换约束都需要根据本地政府规划来进行记录。

4）过渡/迁移方案有没有地址或端口号的分配率方面的考虑？在公网 IPv4 地址必须被使用的部署中十分普遍。由于 NAT44 端口共享技术长期的存在，该技术和部署需求也被拓展到多终端设备共享同一个 IP 地址的情况。此类 A + P（地址和端口共享）[20]技术仍然被使用，并且在近期诸如使用封装或转换的地址和端口映射（MAP）[21]的过渡技术中被采纳。

5.3   过渡工具箱

在 IETF 产出的大量的 IPv6 过渡工具中，在之前的介绍中已经包括了和 3GPP 网络关系最紧密的那些，但这并不意味着其他工具不能使用。它们可以成为供应商或特定网络在特殊情况下的选择，但这并不是 3GPP 接入网络中 IPv6 转换的前景所在。此外，由于用户设备也可以接入非 3GPP 接入网络，他们会认为对于这些网络应用一些基于隧道技术的转换方法是有意义的（如果他们想要实现 IPv6 连通性）。

图 5.1 中的流程图目的在于推荐一个当用户设备与网络端需要满足一定需求和容量时可使用的过渡工具。流程图只包含了 3GPP 系统架构中的过渡工具以及在问题空间中有用的过渡工具，IETF 中定义的用于通过 IPv4 访问 IPv6（IPv6 over IPv4）的过渡工具全部被排除在外。这里双栈技术[2]也作为一种过渡工具来考虑。需要注意的是，流程图中的多个过渡策略反映出用户设备拥有激活特定类型的 PDN 连接或支持特殊过渡方案的能力。

5.3.1   未包含在内的过渡方案

事实上，所有基于隧道技术的工具（包括通过 IPv4 访问 IPv6 和 IPv6 访问 IPv4）都将以用户设备作为终端，对于 3GPP 接入而言其实是不相关的，原因在 5.2.2 节中已列

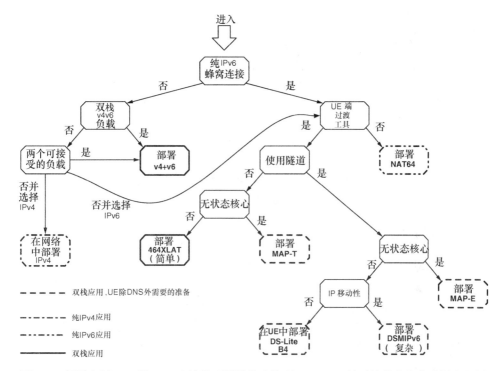

图 5.1　部署启用 IPv6 的 PDN 连接性且同样能连接到 IPv4 PDN 的过渡技术方案选择流程图

举出。即便如此，如果他们需要经常接入 IPv6 或者使用非接入网络运营商的 IPv6 移动性方案，用户设备也是有可能应用隧道方案的。例如，用户设备可以安装双栈移动 IPv6（DSMIPv6）移动节点（MN）软件[22, 23]并接入某处的家乡代理（Home Agent）。公认的是对于特殊情况或特殊需求而言，隧道技术的优势可以掩盖过它的缺陷。另外，随着网络和数据的不断被共享，通过宽带移动网络的网络连接到无线局域网（WLAN）等情况的不断增加，操作系统或许并不知道其网络连接是由 3GPP 网络提供的。某些操作系统会通过多种过渡工具尝试接入 IPv6。

此外，并没有关注不同的用于延长 IPv4 寿命的方案。另一方面来讲，任何保持 IPv4 存活性以及功能性的方法都在双栈技术的范畴之内。据我们所知，双栈技术从来没有解决过 IPv4 枯竭的问题。面对 IPv4 枯竭唯一的长期解决方法就是纯 IPv6 网络。

根据 6to4 的特殊考虑。

按照设计，6to4 协议会在不实施 IPv6 的环境中自动进行配置。这个协议的理念便是自动配置。在无状态的情况下，IPv6 地址可以完全独立于本身已有的公网 IPv4 地址被自动配置。IPv6 地址是通过使用 6to4 前缀 2002::/16（见图 3.7）并在之后添加 32 位的 IPv4 地址而产生的。这样便构成了/48 的 6to4 前缀。6to4 的操作也是在无状态的情况下完成的，在 6to4 网络中或从主机发出的分组会向上游发送，目的地址设置为 6to4 路由器任播地址 192.88.99.1。在下游分组通过使用嵌入 6to4 IPv6 前缀中的主机公网 IPv4 地址进行路由。

在 3GPP 环境中 6to4 技术存在着很多弊端。第一点便是公网地址的使用，因为一个 6to4 IPv6 前缀需要一个公网 IPv4 地址，这对于一个基于用户设备的转换工具而言并不合适。而且 6to4 的自动隧道技术容易导致路由错误，因此它并没有为基于网关［网关 GPRS 支持节点（GGSN），或 PGW］的转换方案提供产品级的工具。另外，一些早期的应用需要在网关中为每个用户设备配置一个公网地址，这也会造成地址的浪费。

尽管 6to4 技术没有在 3GPP 网络中被采用或推荐使用之前，3GPP 运营商仍然会从使用 6to4 中继获利很多。这是由于启用 IPv6 的用户设备可能会与使用 6to4 技术的目的节点通信。6to4 以其对于非对称路由以及入站过滤中因"错误"路径而引发的丢包问题的脆弱性而闻名。为了避免这些问题，网络运营商可以为双向通行的数据包部署本地 6to4 中继。这一问题以及 6to4 中继的需求会在 RFC 6343[24]中深入讨论。

5.3.2 双栈

IPv6 过渡的主要过渡工具便是在 RFC 4213[2]中定义的双栈技术，它作为过渡工具的一种，不光意味着 IP 栈可以同时适应 IPv4 和 IPv6，还意味着栈同时且平行地使用 IPv4 和 IPv6（而不是如使用隧道技术通过 IPv6 访问 IPv4）。两个地址族分别用独立的方法来配置地址，如 IPv4 可以使用动态主机配置协议（DHCP）或链路层的手段，IPv6 可以使用无状态地址自动配置（SLAAC），或者如果支持的话可以使用 DHCPv6 协议。

在使用双栈的情况下进行名字解析时，主机需要 A 与 AAAA DNS 源记录（在 3.10.2 节中有详细说明）。强调这一点是因为有效率地处理 IPv4 与 IPv6 的请求是建立连接时节约时间的重要因素。另外，在单地址族连接的情况下，主机会进行优化处理并只发送能获得可通信地址的 DNS 查询请求。

1. IPv4 编址问题

现在双栈方法经常（在将来会更严重）会受限于 IPv4 地址的短缺。因此，越来越多的 IPv4 地址进行了转换，例如，从私有 IPv4 地址空间（于 RFC 1918[25]中说明）分配给主机（如从地址空间 10/8、172.16/12 或 192.168/16 中分配）。在 3GPP 网络中，也可能使用一种叫作 IPv4 延迟地址分配的方法来缓和运营商 IPv4 地址池的负载（见 4.4 节和 4.4.4 节）。

对于经过 NAT 转换的 IPv4 地址，使用双栈接入的主机的两个地址族通常并不能得到同一等级的服务。IPv4 连接会比 IPv6 需要更频繁的连接重用，并且 IPv4 更可能会由于 NAT 而不允许接入的连接，相反 IPv6 则不常具备防火墙。

2. 地址族性能差别

尽管主机会平行地使用 IPv4 与 IPv6，但这并不意味着它们同样优秀。IPv4 会受到上面提到的许多局限。二者的差别同样存在于目的节点通信时，不同的地址族也会具有不同的特征，如与目的节点通信时的延迟、带宽，乃至连通性的不足等。这是因为 IPv4 与 IPv6 实际上构成的是不同的网络，IPv4 与 IPv6 的数据包会使用不同的路由。为了处理这些问题，主机可以使用"幸福的眼球"（Happy eyeballs）以综合的角度或者每个目的节点为标准来进行判断，从而找到表现更好的协议族，详情可见 3.9.4 节。

5.3.3　NAT64 和 DNS64

NAT64[12, 14] 和 DNS64[26] 是基于 IPv4/IPv6 转换的框架[27] 存在的。出于转换的目的，一组新的嵌入 IPv4 的 IPv6 地址格式被定义了出来[28]。NAT64 分为两种类型：无状态[12]NAT64 和有状态[14]NAT64。其中无状态 NAT64（IP/ICMP 转换算法）取代了无状态 IP/ICMP 转换器（SIIT）[29]（现在已废弃的 NAT-PT[9, 10] 的基础）。

尽管 NAT64 本身运作并不需要 DNS64，但这两者通常协同进行工作，尤其是有状态 NAT64。因此，无论何时提到 NAT64，除非特别说明都认为在同一网络中有 DNS64 部署。

IPv4/IPv6 转换框架通常会参考不同的转换场景，在本书的上下文以及 3GPP 架构中，只包含了场景 1（场景 1，从 IPv6 网络连接到 IPv4 互联网）和场景 5（场景 5，从 IPv6 网络连接到 IPv4 互联网）。有状态和无状态 NAT64/DNS64 都可以支持场景 1 和场景 5。尽管有状态 NAT64/DNS64 最适合应用到 3GPP 架构中，但这里仍然想要介绍一种有潜力的部署架构，这种架构在移动运营商分组核心内使用类似无状态 NAT64 的技术。NAT64 技术在 3GPP 运营商中受到正面反馈的主要原因有两点：它不需要用户设备端的变化，并且它并没有通过 3GPP 无线网络隧道传输任何东西。

NAT64 与 DNS64 的基本理念，正如 5.2.1 节中所概括的，DNS64 向终端主机返回一个合成 IPv6 地址，数据包通过 NAT64 设备被路由发往合成 IPv6 地址的目的节点，其中 NAT64 设备知道如何处理合成的 IPv6 地址。图 5.2 说明了一个完整的信令流：一个纯 IPv6 的用户设备向纯 IPv4 网页服务器发送 ICMPv6 回声请求，类似特定网络前缀（NSP）的术语会在下面的章节讨论。

为了让地址转换得以运转，NAT64（或 NAT64 的地址池）与 DNS64 需要就所使用的 IPv6 拓扑和地址规划达成共同的认识。特定前缀可以用来启用必须由 NAT64 设备启用的转换，反之本地 IPv6 流可以，准确地说是应该使用另一组路由来绕过 NAT64 设备。

1. 地址格式

为了启动 NAT64 转换，IETF 为 IPv6/IPv4 转换[28] 定义了一种嵌入 IPv4 的 IPv6 地址格式。该种地址格式可见于图 5.3，前缀 Pref 64::/n 是由运营商设计的用于地址映射算法的前缀。u 八位组包含了基于修改版 EUI-64（IID）（见 3.1 节）的接口标识符中常见的 g 位和 u 位。u 八位组一般需要设置为 0。根据前缀 Pref 64::/n 长度，通常按照 8 位划分，嵌入的 IPv4 地址需要在 u 八位组的两边划分为两部分。后缀部分填入嵌入 IPv4 地址的 IPv6 地址剩余部分来达到 128 位的总长度。后缀的内容通常全部是 0，但是具体实现仍需要为未来后缀可能会包含有意义的信息做好准备。

知名前缀（WKP）是一种特殊保留前缀：64:ff9b::/96。可以在运营商的网络中取代网络专有前缀（NSP）使用。WKP 也有适当的限制，如它无法加入全球互联网路由系统。NSP 是一种普通的 IPv6 前缀，运营商将该前缀保留用于 NAT64 的转换。至于 NSP 是作为单独本地地址（ULA）还是全球路由前缀便由运营商来决定了。

IPv4 映射的 IPv6 地址进一步分为两种类型。

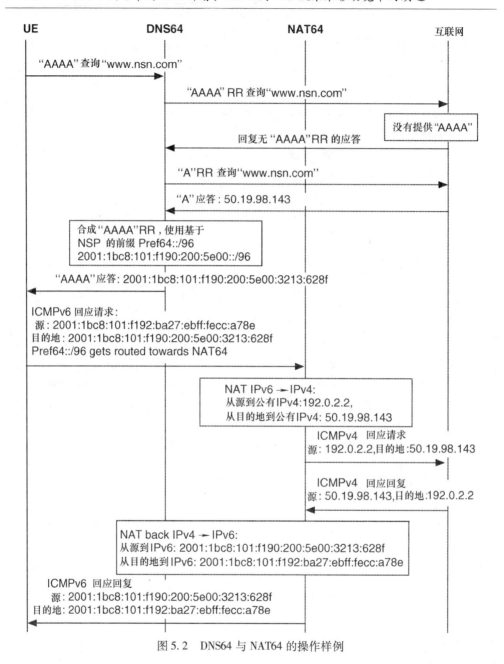

图 5.2　DNS64 与 NAT64 的操作样例

1）转换 IPv4 的（IPv4-converted）IPv6 地址：IPv6 地址，用来表示在 IPv6 网络中的 IPv4 节点。这些可以是从 DNS64 接收到的 IPv6 地址

2）IPv4 可转换 IPv6 地址：分配到 IPv6 节点用于无状态转换，配有 IPv4 可转换的 IPv6 节点从 IPv4 互联网端应是可达的（至少在理论上是）。对于每个理论上 IPv4 互联网可达的 IPv4 可转换的 IPv6 地址，肯定存在一个相匹配的公网 IPv4 地址。构成上 IPv4

128 bit

前缀Pref64/32	v4 (32)	u	后缀		
前缀Pref64/40	v4 (24)	u	(8)	后缀	
前缀Pref64/48	v4 (16)	u	(16)	后缀	
前缀Pref64/56	(8)	u	v4 (24)	后缀	
前缀Pref64/64		u	v4 (32)	后缀	
WPK/96 或 Pref64/96				v4 (32)	

图 5.3　转换用嵌入 IPv4 地址的 IPv6 地址格式

可转换的 IPv6 地址与转换 IPv4 的 IPv6 地址并无不同。

表 5.1 说明了如何从 NSP 和 WKP 合成嵌入 IPv6 地址。原文的格式遵守 IPv6 地址标准表述方式[30]。

表 5.1　嵌入 IPv4 地址的 IPv6 地址合成样例

网络专有前缀	IPv4 地址	嵌入 IPv4 的 IPv6 地址
2001：db8：：/32	192.0.2.1	2001：db8：c000：201：：
2001：db8：1100：：/40	192.0.2.2	2001：db8：11c0：2：2：：
2001：db8：1122：：/48	192.0.2.3	2001：db8：1122：c000：2：300：：
2001：db8：1122：3300：：/56	192.0.2.4	2001：db8：1122：33c0：0：204：：
2001：db8：1122：3344：：/64	192.0.2.5	2001：db8：1122：3344：c0：2：500：：
2001：db8：1122：3344：：/96	192.0.2.6	2001：db8：1122：3344：：192.0.2.6
熟知前缀	IPv4 地址	嵌入 IPv4 地址的 IPv6 地址
64：ff9b：：/96	192.0.2.7	64：ff9b：：192.0.2.7

2. 有状态 NAT64 部署

RFC 6146[14]描述了一个有状态版本的 NAT64，这可能是已部署的 NAT64 中最受欢迎的版本，因为它可以在使用远远少于无状态 NAT64 所需公网 IPv4 地址数量的情况下为 IPv6 主机提供 IPv4 的连通性。在图 5.4 中，展示了一个移动运营商网络中部署 NAT64/DNS64 的样例架构，这里 NAT64 功能可能嵌入到了数据包数据网网关（PGW）中也可以作为一个单独的节点部署。这从转换结果的角度来看并不重要，但在将转换功能与移动网络网关结合会有很多益处，如更为细粒度的订购认知（subscription awareness），更简单地将接入点名称（APNs）或会话配置与转换相结合，以及其他的 PGW 对用户平面所执行的功能（DPI、控制策略、差异化计费、第七层过滤等，此处不一一列举）。

图 5.5 和图 5.6 展示了一小段抓取的数据包追踪，一个在纯 IPv6 的客户端 ping 数个互联网中的纯 IPv4 的网页服务器。

在分组数据网网关（PGW）与 NAT64 结合应用时，本地 IPv6 流需要完全绕过转换功能。可扩展性问题则是将分组数据网网关（PGW）与 NAT64 相结合的主要考虑之一。分组数据网网关（PGW）处已经聚集许多流量，尤其是会话流。拓展流量传输通常意味

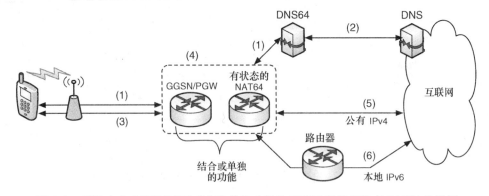

图 5.4   可整合入 GGSN/PGW 或作为单独功能的 DNS64 以及有状态 NAT64 的样例

```
No.  Time      Source                              Destination                         Protocol  Info
34  0.002056   2001:1bc8:101:f192:ba27:ebff:fecc:a78e  2001:1bc8:101:f190:200:5e00:3213:628f   ICMPv6    Echo (ping) request id=0x0a3f, seq=1
35  0.145955   2001:1bc8:101:f190:200:5e00:3213:628f   2001:1bc8:101:f192:ba27:ebff:fecc:a78e   ICMPv6    Echo (ping) reply id=0x0a3f, seq=1
88  0.003468   2001:1bc8:101:f192:ba27:ebff:fecc:a78e  2001:4830:120:1:2                        ICMPv6    Echo (ping) request id=0x0a41, seq=1
89  0.126968   2001:4830:120:1:2                       2001:1bc8:101:f192:ba27:ebff:fecc:a78e   ICMPv6    Echo (ping) request id=0x0a41, seq=1
120 0.006888   2001:1bc8:101:f192:ba27:ebff:fecc:a78e  2001:1bc8:101:f190:200:5e00:5c7a:5b50   ICMPv6    Echo (ping) request id=0x0a42, seq=1
121 0.051375   2001:1bc8:101:f190:200:5e00:5c7a:5b50   2001:1bc8:101:f192:ba27:ebff:fecc:a78e   ICMPv6    Echo (ping) reply id=0x0a42, seq=1
153 0.005606   2001:1bc8:101:f192:ba27:ebff:fecc:a78e  2001:1bc8:101:f190:200:5e00:5b79:4527   ICMPv6    Echo (ping) request id=0x0a49, seq=1
154 0.059112   2001:1bc8:101:f190:200:5e00:5b79:4527   2001:1bc8:101:f192:ba27:ebff:fecc:a78e   ICMPv6    Echo (ping) reply id=0x0a49, seq=1

▷ Frame 88: 118 bytes on wire (944 bits), 118 bytes captured (944 bits)
▷ Ethernet II, Src: Raspberr_cc:a7:8e (b8:27:eb:cc:a7:8e), Dst: Routerbo_f7:ea:43 (00:0c:42:f7:ea:43)
▷ Internet Protocol Version 6, Src: 2001:1bc8:101:f192:ba27:ebff:fecc:a78e, Dst: 2001:4830:120:1:2
▽ Internet Control Message Protocol v6
    Type: Echo (ping) request (128)
    Code: 0
    Checksum: 0x01a7 [correct]

0000  00 0c 42 f7 ea 43 b8 27  eb cc a7 8e 86 dd 60 00   ..B..C.'......`.
0010  00 00 00 40 3a 40 20 01  1b c8 01 01 f1 92 ba 27   ...@:@ ........'
0020  eb ff fe cc a7 8e 20 01  48 30 01 20 00 01 00 00   ...... .H0. ....
0030  00 00 00 00 00 02 80 00  01 a7 0a 41 00 01 c8 ac   ...........A....
0040  43 50 98 67 00 00 08 09  0a 0b 0c 0d 0e 0f 10 11   CP.g............
0050  12 13 14 15 16 17 18 19  1a 1b 1c 1d 1e 1f 20 21   .............. !
0060  22 23 24 25 26 27 28 29  2a 2b 2c 2d 2e 2f 30 31   "#$%&'() *+,-./01
0070  32 33 34 35 36 37                                  234567

◉ File: "/Volumes/work/resear...  Packets: 182 Displayed: 8 Marked: 0 Ignored: 80 Load time: 0:...  Profile: Default
```

图 5.5   纯 IPv4 主机 ping 一些非著名网站的过程

着架设冗余的节点，而增加会话数量则通常意味着需要更多的内存来存储会话状态信息，同时需要在 NAT64 出口端需要更大的 IPv4 地址池或更小的端口范围来对应每一个源 IPv6 地址。有状态会话的 NAT64 转换需要处理替换的 IP 报头，可能还要进行重计算传输协议的校验和。当会话密度很高时，NAT64 的处理计算成本同样会升高，这也是一些需要考虑的事情。

　　一个独立的 NAT64 很容易通过增加功能性 NAT64 节点来得到提升。假设每个 NAT64 功能都有它独有的专用 NSP 前缀 Pref64::/n 前缀，一个简单的多 Pref64::/n 前缀 DNS64 轮询调度可以在 NAT64 节点群中分配负载。需要注意的是，"独立的" NAT64 功能可以作为分组数据网网关（PGW）的剩余部分部署在同一个物理设备中。3GPP 系统剩余部分的整合程度仍非常低。

　　NAT64 如何提供以及在移动运营网络中如何部署则是另外的问题。启用 DNS64 的 DNS 服务器地址是提供给用户的关键信息，这一信息通常是 PGW 中泛用接入点

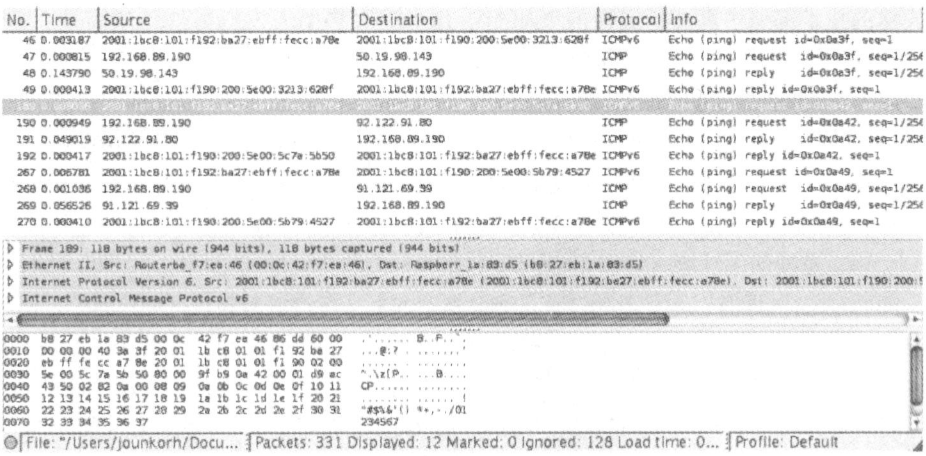

图 5.6　转换中的 NAT64

（APN）或会话状态的一部分。另外一个问题是订阅配置文件是如何提供的。在其他接入点（APN）中会不会有单独的启用 NAT64 的接入点（APN）？它是如何在归属位置寄存器（HLR）/归属用户服务器（HSS）中被提供的？

下面是可能的配置样例：

1）PGW 使用启用双栈的 APN。APN 配置指向 DNS64 服务器，该服务器分配给所有接入到这个 APN 的用户设备，无论 PDN 的连接是纯 IPv4、纯 IPv6 或 IPv4v6。

2）DNS64 服务器作为缓冲递归式 DNS 服务器（RDNSS）。DNS64 的功能只在向服务器查询目的节点 AAAA 源记录但没有得到对应记录时才会被触发。A 源记录请求通常用传统的方式解决。

3）提供给用户双栈接入点（APN）以满足用户的所有需求，包括用户设备在纯 IPv4、纯 IPv6 或 IPv4v6 PDN 连接中的所有活动。接入点（APN）的其他配置可以通过 PDN 的大规模更新从现有接入点（APN）配置迁移，并没有必要重新创建一个新的接入点（APN）进行相应的配置。

4）不推荐使用普通的 IPv4 PDN 连接，这样分组数据网网关（PGW）可以拒绝 PDN 类型 IPv4 的上下文激活请求。这种配置同样适用于 IPv6 与双栈（IPv4 只有在使用双栈时才有可能）。

在上面的例子中，也存在没有任何 NAT64 的需求且 AAAA 记录没有必要被合成但仍接入 DNS64 服务器并合成 AAAA 源记录的情况，这便是双栈的情况。我们认为搭建一个这种情况不会发生的环境或者添加其他手段来区分"本地"AAAA 查询与"纯 IPv6"查询并不值当。依据终端能力以及配置，尽管也许会有升级现有 IPv6 配置的需要，但并没有任何将新的 APN 配置推入设备的必要。当然也有可能用 NAT64 设备提供单独的接入点（APN）以获得纯 IPv6 连通性，然后将它置入移动设备中。

3. 近似无状态 NAT64 部署的 NAT44 重用

由于 IPv4 的需求日益增加而地址资源实际上已经枯竭，典型的移动运营商已经使用成熟的技术部署了高可扩展性的 NAT44，几乎没有必要去投资另外一款高端 NAT 集群（NAT64 集群）。当 IPv6 流量所占百分比增加时，对 NAT 的投资便会显得不那么合理，因为与此同时在现有的 NAT64 部署中空闲容量也在增加。

作者认为也许可以通过将（轻量级）近似无状态 NAT64 功能引入现有 NAT44 来充分利用 NAT44。这样做的原因是一个设备的状态越少，其可扩展性则越强。如果转换过程是纯算法性的，便可以使它拥有与 MAP 类似的性能及基于 6RD 的 NAT64 功能的可达性（见5.3.6 节）。这样的无状态 NAT64 功能可以非常容易地作为完整的功能应用到 PGW 中。

简而言之，（近似）无状态 NAT64 的理念概括如下：在 PDN 连接激活的过程中，用户设备被分配了一个嵌入基本 IPv6 前缀以及私有 RFC 1918 地址低位部分的/64 前缀（见表5.2 的地址样例）。NAT64 启用的 APN 必须需要基本 IPv6 前缀、私有 IPv4 地址池以及二者的前缀长度。当使用 10.0.0.0/8 的地址时，最多 1600 万的移动设备可以在一个路由域中被编号（因为存在重叠使用的私有 IPv4 地址空间，所以必须注意这些区域是以某种方式分开的）。

表 5.2　用于 NAT64 的 IPv6 地址

APN 基本前缀	私有 IPv4	已构造的 IPv6 前缀	私有 IPv4 地址池
2001:db8:1100::/40	10.0.32.1	2001:db8:1100:2001::/64	10.0.0.0/8
2001:db8:1120::/44	172.16.64.3	2001:db8:1120:4003::/64	172.16.0.0/12
2001:db8:1122::/48	192.168.128.2	2001:db8:1122:8002::/64	192.168.0.0/16

当每个接入点（APN）中的用户设备都有一个唯一的类似 IPv4 可转换的 IPv6 地址的地址（尽管并不完全如 RFC 6052 所描述），无状态 NAT64 可以从 IPv4 源地址中提取快速路径上的私有 IPv4 地址并将它与私有 IPv4 地址池的高位连接起来，结果产生的 IPv4 地址则作为转换过的 IPv4 分组的源地址。其余用来解决目的节点 IPv4 转换 IPv6 地址问题的 NAT64/DNS64 操作也与 NAT64/DNS64 的部署一同被完成了。转换完成的 IPv4 分组这时便被路由到现存的 NAT44，与用户设备可能产生的本地 IPv4 流一样被处理。同时，如果现存的 NAT44 设备已经部署了其他运营功能（如接入控制、计费、策略控制），这些功能则可以在既无影响又不会为 NAT64 所在的数据网网关（PGW）提供任何负载的情况下被保留。图5.7 说明了可能的（近似）重用已有 NAT44 功能的无状态 NAT64 部署。

那么为什么将上述理念称为"近似无状态"？在 3GPP 中，网络并没有对用户设备在本地链接地址上使用的 IID 进行控制。之前所描述的场景并没有办法保存用户设备正在使用的 IID 信息，这就是"近似无状态"的由来。NAT64（最好是在 PGW 中）需要为每个转换过的 IPv6-IPv4 对记录已被使用过的 IID，这在资源层面仍然显得十分保守，但却在某种程度上增加了一些期望外的连接跟踪。另外，如果用户设备在使用隐私地址[31]，当用户设备改变源 IP 地址时可能会产生多个重叠条目，这意味着 NAT64 需要开始检查 IP 首部以外的附加信息，而这从根本上摧毁了整个无状态的理念。如果 3GPP 架构允许使用 DHCPv6 进行地址分配，便可以实现无状态 NAT64 功能。

另外一个对（近似）无状态理念的强化是从地址池中分配私有 IPv4 地址，以 4 个地址为单位递增：10.0.0.0、10.0.0.4、10.0.0.8 等。当一个新的 IID 被视为一个由分配的私有

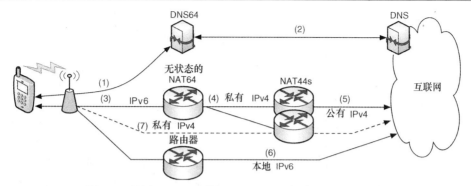

图 5.7　复用 NAT44 功能 DNS64 以及无状态 NAT64 的样例

IPv4 地址构合成的 IPv6 前缀时，最多四个同步的 IID 可以映射到同一个/64 IPv6 前缀，并对四个不同的私有 IP 地址进行尽可能少的状态维护。这种方法只有轻微的 IPv6 前缀浪费（实际上无法构成问题），但在 NAT64 中仍有一些会话状态。表 5.3 说明了基本 IPv6 前缀 2001：db8:1100::/40 是如何进行映射的：一个私有 IPv4 地址池 10.0.0.0/8 以 4 个地址为基准增长，以及两个分配以 IPv6 前缀 2001:db8:1100:4::/64 和 2001:db8:1100:8::/64 的用户设备。4 个保留的 IPv4 地址实际上和一个/64 IPv6 前缀的 /30 子网是相同的。

表 5.3　用于 NAT64 和接口标识符映射的 IPv6 地址

用户设备 IPv6 地址	分配的 IPv4 地址	NAT44 映射的 IPv4 地址
2001：db8:1100:4::e/64	10.0.0.4/30	10.0.0.4
2001：db8:1100:4::2/64	10.0.0.4/30	10.0.0.5
2001：db8:1100:4::a/64	10.0.0.4/30	10.0.0.6
2001：db8:1100:4::9/64	10.0.0.4/30	10.0.0.7
2001：db8:1100:8::e/64	10.0.0.8/30	10.0.0.8
2001：db8:1100:8::5/64	10.0.0.8/30	10.0.0.9
2001：db8:1100:8::1/64	10.0.0.8/30	10.0.0.10
2001：db8:1100:8::b/64	10.0.0.8/30	10.0.0.11

4. NAT64 以及 DNS64 问题

NAT64（以及 DNS64）存在一系列问题，使 IPv6 的部署蒙上阴影。两个已知的问题会在下面的章节里详细说明：其一是关于 IP 地址信息作为选项或内置于负载协议中，其二是如何解决检验 DNSSEC[11] 解析模块的问题。

有一类应用并没有使用 NAT64。其中的一些应用可能正常地与普通 NAT44 相互配合。问题在于：假设 IP 地址族没有变化，那么使用较为封闭的协议和应用则无法与 NAT 操作同时工作。这些问题内在的原因便是在负载协议中嵌入了 IP 地址信息。对于此类协议以及应用通常的解决方法是让它们的 IP 地址信息相互独立或者在 NAT64 上部署协议专属的 ALG[33]。

另外一类正在走向失败的应用是纯 IPv4 应用，除了为纯 IPv6 终端主机和网络环境中安装支持 IPv6 的应用之外，没有什么办法可以改变这一尴尬处境。如果该纯 IPv4 应用是封闭源码的，那么除了等待应用维护者更新以外就没有什么办法了。最近 IETF 正在研究一种协议用以在有 IPv6 接入网络的双栈终端主机上运行纯 IPv4 遗留程序。会在 5.3.4 节中展示一种叫作 464XLAT[19] 的解决方法。另一种对于纯 IPv4 遗留程序的解决方法是 BIH（主机中的隆块，bump-in-the-host）[34]（会在 5.3.5 节中讨论）。BIH 和 464XLAT 都需要终端主机的改进。

目前并没有协议层次的方法来区分一个普通的 DNS 服务器和一个启用 DNS64 的 DNS 服务器。与此同时，人们也想要设计出某种网络操作使得同一个 DNS 服务器可以支持所有纯 IPv4、IPv6 纯及双栈终端主机。那么为什么会产生这种担忧呢？当 DNS64 服务器从终端主机收到 AAAA 查询请求，它并不知道是否能够提供普通的 DNS 服务器操作或像 DNS64 服务器一样工作（因此当有需要时则需做好地址合成的准备）。一次不幸的分组乱序或网络中的差错都可能导致 DNS64 服务器只收到 A 回复而不是 AAAA 回复。不必要的合成 AAAA 记录会导致应用双栈技术的终端主机使用合成的 IPv6 地址而不是 IPv4 地址。尽管推荐 IPv6 并没有任何问题，但是这会导致 NAT64 群中产生不必要的负载。同样有相当一部分的程序在 NAT44 环境下运行得比 NAT64 要更好。IETF 有一提议使用 EDNS0 选项[35] 来在 DNS（64）服务器信号中明确终端主机类型。

在缺乏协议层次解决方法的情况下，一种实际解决问题的方法是在 DNS 服务器中配置分割检视。为了让它能够运行，纯 IPv4 和启用双栈的终端主机必须将自己的前缀设置为与纯 IPv6 终端主机不同的前缀。这时一个简单的匹配源前缀的接入控制列表（ACL）便可以用来选择适当的 DNS 服务器内部操作。但也有一些检视并不正常运行的情况。例如，在 3GPP 网络部署中，同一个 APN 可以被提供给纯 IPv4 用户设备、纯 IPv6 用户设备以及双栈用户设备。如果 APN 为所有的用户使用完全相同的 IPv6 前缀池，DNS 检视方法同样会失败。但是，如果在认证、授权、计费（AAA）后端采用适当的 IP 地址管理，并对正确的地址池使用 PDP/PDN 作为选择器，则 DNS 检视也可以进行工作。互联网系统协会（ISC）绑定 DNS 服务器开源软件从 9.8.0 版本开始便可以支持 DNS64 以及检视配置。

NAT64 技术早期的试验部署已经提供了初始的操作经验[36]。在大范围的部署中，高可用性是要考虑的要点之一。但是，正如在有状态网络节点中一样，当首要节点宕机时，除非使用热备份方案，否则将状态转移到次要节点并不十分轻松，而这同样适用于 NAT64。另外一个操作考虑是可追踪性。由于各种不同的原因可追踪性正越来越被官方重视。如在任意 NAT 方案中，连接可追踪性方案可能产生无法忍受的大量记录数据。如预定义端口范围之类的方法可能会对该问题产生作用但并不是最终的解决方案。

5. NAT64 发现

尽管 NAT64 与 DNS64 有利于启用 IPv6 的程序，但却仍然存在一些问题。特别是如果一个在纯 IPv6 网络中启用 IPv6 的程序收到 IPv4 地址文字作为参照，例如，使用超文本传输协议（HTTP）或会话发起协议（SIP），它便不能直接使用 IPv4 地址来进行通信。在一些情况下主机上部署了 DNS 解析功能，一个应用程序只要已知前缀 Pref64::/n 便可以使用如 DNS64 的方法用 IPv4 地址合成 IPv6 地址。IETF 现在正在制定一种方案并且即将完成，该方案使用启发式方法来寻找接入网络[37]中使用的前缀 Pref64::/n。这种启发式方法是基于以下原理进行的：如果一个节点为在 DNS 中只有一个 IPv4 地址的域名请求 IPv6 地址，在接入网络中的 DNS64 便会使用前缀 Pref64::/n 来合成 IPv6 地址。当节点接收到 IPv6 地址后，由于节点知道用于合成的 IPv4 地址以及可能的合成地址格式（在图 5.3 中说明），于是便可以提取出前缀 Pref64::/n。

　　基于启发式方案的草案目前包含对知名域名 ipv4only.arpa 以及知名 IPv4 地址 192.0.0.170 和 192.0.0.171 的定义，这些都是关于节点进行启发式发现算法时所基于的一些信息。图 5.8 展示了 NAT64 发现以及前缀 Pref64::/n 的学习过程的样例报文流。

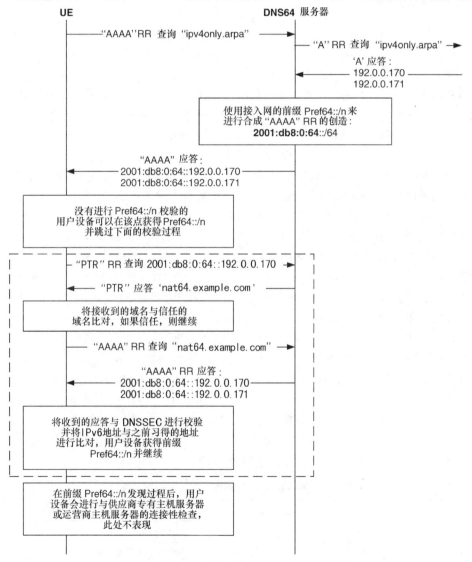

图 5.8　前缀 Pref64::/n 发现过程的报文流程

尽管使用前缀 Pref64::/n 发现的一个原因是基于 IPv4 地址文字的 IPv6 地址的本地合

成，它还拥有一些其他的考虑。如果一个节点应用了 DNSSEC 验证解析器[11, 38]，所有的合成 AAAA 回复都会被拒绝，根据定义它们会由中间设备进行修改，这会导致用户所不期望的用户体验。因此，一个拥有 DNSSEC 验证解析器的用户设备会试图找出前缀 Pref64::/n，然后使用前缀来进行基于 DNSSEC 验证的 IPv4 地址的本地 IPv6 地址合成。第三个考虑则是将要在 5.3.4 节中讨论的双协议转换过程中前缀 Pref64::/n 的用处。

5.3.4   464XLAT

5.1 与 5.4.2 两节说明了双栈技术是 3GPP 转换机制的选择。如在 4.2.2 节以及 4.5 节中所知，双栈技术目前并不完全可行，尤其是对于第三代通用数据包无线服务技术（GPRS）系统而言。3GPP 在 PDN 的 IPv4v6（如双栈负载）中的标准化妥协方案就是使用双负载来模仿双栈行为。但是，双负载的代价就是每个 3GPP 负载和连接都消耗无线网络和核心网络的双重资源，这通常受到许可的管制，而等价的功能可以通过允许一个双栈持有者负载多地址来实现。出于经济及部署时机的原因，很多人试图提出允许双栈用户设备在纯 IPv6 接入网络工作的转换方案（如 IPv6 的 PDN）。

通过 IPv6 访问 IPv4 的隧道技术是其中一种方案，但是这种方案有额外的首部开销。从 IPv4 转换到 IPv6 具有相对较少的开销，但是它需要从 IPv6 到 IPv4 的二次转换。因此该方法常被称为双重转换（该话题关于 3GPP 网络的更多讨论参见 5.4.4 节）。第一次在 IETF 中将双重转换方案标准化的尝试是前缀 NAT（PNAT）[39]。然而，当时它却受到大量来自 3GPP 以及 IETF 团体的反对。最终草案作者们放弃了原始想法并演化为 BIH 的方案[34]（关于 BIH 的详细讨论见 5.3.5 节）。之后，IETF 中关于在纯 IPv6 网络启用双栈连接性的尝试通常称为 464XLAT[19]。这一次总体上关于 IPv6 转换的氛围更偏向于接受基于双重转换的方案。有趣的是，这两次双重转换方案都是由一个杰出的移动运营商部署基于 3GPP 的网络来推动的。

464XLAT 不但可以在固定网络中部署也可以在移动网络中部署，这里重点关注它在 3GPP 网络的部署。图 5.9 展示了在 3GPP 网络中部署的基本 464XLAT 架构。464XLAT 很大程度地再利用了现存的 IETF 标准，该 IETF 标准主要用于 IPv4/IPv6 转换、NAT64[12, 14]、DNS64[26] 以及相关的 IPv6 地址分配[28]。对于使用纯 IPv6 网络接入的双栈用户设备，464XLAT 支持三种不同的连接性方案：①IPv6 应用程序的本地 IPv6 连接性；②对于 IPv6 应用使用经过转换的 IPv6 接入 IPv4 服务；③IPv4 应用程序到 IPv4 服务的双重转换接入。表 5.4 描述了以上三种方案以及方案中包含的节点。

表 5.4   464XLAT 支持的传输方式和转换方案

应用	目的地	传输方式	进行转换的位置
IPv6	IPv6	IPv6 端到端	—
IPv6	IPv4	有状态 NAT64	网络中的供应商转换器（PLAT）
IPv4	IPv4	464XLAT	客户端转换器（CLAT）和供应商转换器（PLAT）
IPv4	IPv6	不支持（需要 BIH）	—（用户设备的 BIH）

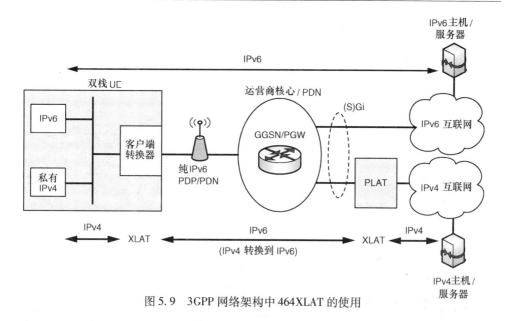

图 5.9　3GPP 网络架构中 464XLAT 的使用

供应商转换器（PLAT）基本上属于有状态 NAT64[26]，并且从 IPv6 到 IPv4 的转换过程将会于 "IPv6 转换的 IPv4 流" 在纯 IPv6 连接之上传输时完成。客户端转换器（CLAT）在 3GPP 的条件下位于用户设备中，并且完成从私有 RFC 1918 IPv4 地址到全球 IPv6 地址的无状态算法的转换。464XLAT 方案的优势在于它可以在 PDN 连接激活过程中将单个/64 IPv6 前缀分配给用户设备，这同样可以在发行版本 8 前的网络中使用。464XLAT 技术并不需要额外的设备来实现，这是由于用户设备使用的私有 IPv4 地址可以由 CLAT 获得，没有必要单独提供它，这是因为每个用户设备生成的嵌入 IPv4 的 IPv6 地址都是以分配给用户设备的/64 IPv6 前缀为标记唯一区分的。对于纯 IPv4 的 DNS 解析器而言（在应用程序中或在绑定单独设备的情况下），CLAT 需要使用 DNS 代理[40]，因为纯 IPv4 DNS 解析器明显无法在 IPv6 传输中发送 DNS 请求，并且用户设备无法获得任何除纯 IPv6 APN 内的 IPv6 可达的 DNS 服务器以外的任何信息。

正如前文所述，使用单一/64 前缀 IPv6 流，不论原生还是经过转换的，都可以使用 464XLAT。对于经过转换的 IPv6 流，CLAT 必须绑定到特定的 IPv6 地址（由 PDN 连接分配的/64 前缀得到），而原生 IPv6 则使用同一前缀的其他地址，所以理论上在用户设备是可能产生地址冲突的。因此更推荐使用 DHCPv6 前缀授权（PD），其能够使用户设备生成用于转换的特定前缀，以避免冲突。然而 DHCPv6 PD 直到 3GPP 发行版本 10 才会达到可用状态，到时候网络应该已经能够完全支持双栈技术了。

5.3.5　主机中的隆块

BIH 通过用户设备内部 IPv4 到 IPv6 的协议转换，可以使用户设备中的纯 IPv4 应用程序实现与纯 IPv6 目的节点的通信[34]。基于这个特性，BIH 可以如表 5.4 中那样对 464XLAT 进行补充。

　　BIH 支持两种协议转换架构，第一种是套接字应用编程接口（API）层转换，第二种是网络层转换。图 5.10 中说明了 BIH 的架构选项。

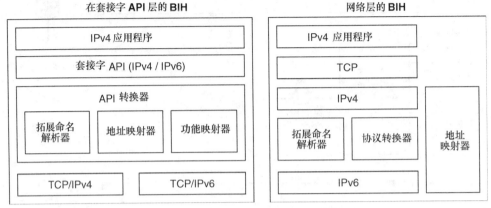

图 5.10　主机中的隆块架构选项[34]

　　如果使用套接字 API 层转换，由函数映射器负责将应用程序产生的 IPv4 套接字 API 调用转换为 IPv6 API 调用。而网络层的协议转换则可以由路由器上一些常用的技术来实现，如 RFC 6145 中定义的 IP/ICMP 转换[12]、RFC 6146 中定义的 NAT64[14] 和 DNS64[26]。

　　协议转换是由拓展命名解析器和地址映射器这两个模块所实现的。即使应用程序只请求 IPv4 地址，拓展命名解析器也可以通过 DNS 获取 IPv6 地址。此外，除了对网络层的 DNS 查询请求进行拦截，还可以拦截 API 层的套接字 API 调用。而地址映射器则能够根据目的 IPv6 地址构建相应的本地 IPv4 地址，并维护二者的映射表。由于地址映射器使用的本地 IPv4 地址是从私有地址空间（定义于 RFC 1918[25]）中选择的，应用程序会将其视为已进行过地址转换，这也要求应用程序必须支持 NAT 穿越。

　　BIH 在设计时只考虑纯 IPv6 的目的节点，这意味着，即使是一个处于纯 IPv6 网络中支持 BIH 的节点，当其目的端拥有 IPv4 地址时就不会进行转换。这一设计理念基于 IETF 制定标准时的主流观点，即反对双重协议转换。然而，随着时代的变化，双重协议转换逐渐得到接受（5.4.4 节）。因而目前 BIH 的定义实际上是 464XLAT 的补充，只要通过定义特殊隔离集（RFC 6535, 2.3.1 节）排除所有收到的 IPv4 地址，就能够使得目的端对于 BIH 应用的其他部分而言就像是纯 IPv6 的目的端一样，即使拥有 IPv4 地址也不会影响地址转换。

5.3.6　地址和端口号映射

　　在 IPv6 过渡/迁移的方案中，将 IPv4 地址和端口号嵌入到主机的 IPv6 前缀中的做法已经十分普遍。而 IPv4 地址在 IPv6 地址中的映射是一项古老而著名的技术，可以追溯到使用自动隧道[41]的时代。这些过渡方案，给部分（或全部）以 IPv6 为主干网络的 ISP 提供了 IPv4 的叶子网络接入。它们的基本思路是将 IPv4 的相关信息嵌入 IPv6，或者在某些情况下嵌入 IID，从而使 ISP 网络可以完成从 IPv6 地址到 IPv4 地址的无状态映射/转换，反之亦然[42]。通过使用地址复用（A + P）[20]技术，IPv4 地址共享通常还可以与 IPv6 地址映射相结合。

本小节中描述的映射方式支持 IPv4 数据包在网状与星形拓扑 IPv6 网络中传输（见 5.2.3 节），以及 IPv6 与 IPv4 地址之间完全独立的地址映射。在 MAP 中，类似于 NAT64 的地址族转换称为转换模式，而将 IPv4 over IPv6（IPv6 之上的 IPv4）隧道称为封装模式。图 5.11 给出了一种地址和端口号映射的通用网络拓扑。

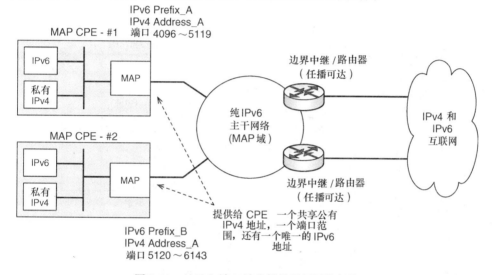

图 5.11　地址和端口号映射的通用网络拓扑

MAP 指定了一种通过 IPv4 地址和端口号范围构造 IPv6 地址的算法。图 5.12 展示了 MAP IPv6 地址[21]的结构。图中包括基本映射规则（BMR），用于转换和封装模式的转发映射规则（FMR），以及用于转换模式的默认映射规则（DMR）。而在封装模式 DMR 的情况下，IPv6 地址是 BR 的一个普通（任意播）地址。在 FMR 的情况下，IID 则包含客户端设备（CPE）的（公网）IPv4 地址或预定目的地址以及使用的端口集标识符（PSID）。

关于得到嵌入地址（EA）和 PSID 的实际算法，请参考第 5 章[21]。端口集计算算法将自动排除低端口号的端口，如端口 0 ~ 1023。例如，每一个共享地址可以分配 1024 个端口时，最终可以达到 1/63 的地址共享率（在排除低端口号端口以后）。需要提醒的是，有三种不同的方法可以用来构造 EA-bits（这里做了些简化，并忽略 EA 比特中运营商设置的前缀部分）。

1）包含完整的 IPv4 地址，且无正在使用的共享地址。

2）包含一个共享 IPv4 地址的后缀以及用于标识端口集的 PSID。

3）包含一个 IPv4 地址前缀。

1. 引导过程

由于启用了 MAP 的设备需要一系列的配置信息才能够处理前缀，而手动配置又难以扩展，且容易出错。因此，在客户端设备（CPE）中，大多数情况下都会使用 DH-

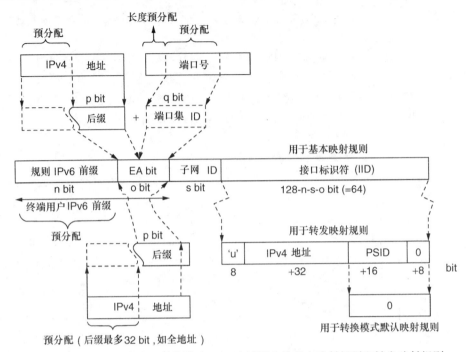

图 5.12　用于转换模式和封装模式 IPv6 地址派生的基本映射规则和转发映射规则
（对于默认映射规则，接口标识符需要进行修改）

CPv6 分发和配置 MAP 的相关信息[43]，包括传输模式（转换或封装）、IPv6 或 IPv4 前缀、PSID、中继地址等。

从 3GPP 网络以及部署的角度来看，对 DHCPv6 的依赖可能是个问题。由于 DHCPv6 并不是 3GPP 系统架构中必备的部分，而且 MAP 甚至不是 3GPP 网络推荐的过渡方法，因而，例如无接入层（NAS）协议对配置信息的引导支持几乎不可能。

2. 例子

正如在图 5.12 中看到的，MAP 中所使用的 IPv6 地址生成算法并不是最简单的。下面将用一个例子来演示，如何为从互联网到客户端设备（CPE）之后的主机构建 IPv6 地址。这些例子基本上都是从 IETF 草案[21]中直接选取的。一个启用 MAP 的边界中继从互联网接收到一个分组数据，该分组数据的目的地址为一个位于启用 MAP 的客户端设备（CPE）之后的主机。边界中继的 FMR 和 BMR 配置如下：

1）IPv6 前缀 2001:db8:0000::/40。

2）IPv4 前缀 192.0.2.0/24。

3）PSID 偏移为 4，长度为 8。

4）EA 长度为 16 位（这意味着使用了 IPv4 前缀中的 8 位后缀）。

5）边界中继前缀 2001:db8:ffff::/64。

6）分配给用户的前缀 /56。

当从互联网接收到源地址 12.13.14.15（0x0c0d0e0f），源端口号 80，目标地址 192.0.2.18（0xc0000212），目的端口号 9030（0x2346）的数据包数据时，目的端为 CPE 的 FMR 将变为：

1）EA 比特为 0x1234（192.0.2.18/24 的 8 位后缀是 0x12，9030 端口的 PSID 为 0x0034）

2）IPv6 前缀为 2001:db8:0000::/40。

组合后的 FMR 为 2001:db8:00+12+34+00+IID，根据 IID 计算公式，最终 FMR IPv6 地址是 2001:db8:0012:3400:00c0:0002:1200:3400/128。类似的，边界中继的源地址变为 2001:db8:ffff:0000+IID。根据 DMR 的 IID 计算公式，最终的 DMR IPv6 地址是 2001:db8:ffff:0000:000c:0d0e:0f00:0000/128。归纳如下：

1）IPv6 源地址：2001:db8:ffff:0:c:d0e:f00:f000。

2）IPv6 目的地址：2001:db8:12:3400:c0:2:1200:3400。

3）IPv6 源端口：80。

4）IPv6 目的端口：9030。

5.3.7　其他隧道技术或基于翻译的过渡机制

1. 应用程序代理

正如前文所述，NAT64 提供了一个用于 IPv4 到 IPv6 转换的通用机制。然而，这样的机制由于性能、可管理性，以及与中间设备的协议不匹配（如 NAT64）等原因无法令人满意。在这种情况下，应用程序专用代理是一个很好的替代方案，它可以是客户端明确支持的代理类型，如很多企业都在使用的 HTTP 代理[44]。而且很多协议架构通常都能够很好地适配代理，如互联网邮件[45]协议。

代理，简而言之，对于客户端而言是服务器，对于上级服务器而言则是客户端。例如，网页代理从客户端获得 HTTP 请求，然后将请求发送到实际提供服务的服务器。由于这里存在两个单独的连接，即客户端到代理的连接，以及代理到服务器的连接，因而这两个连接可以同时使用不同的 IP 版本。只要代理同时接入 IPv4 网络和 IPv6 网络，位于 IPv6 网络中的客户端就可以通过代理访问位于 IPv4 网络中的服务。

再用互联网邮件协议来举个例子。邮件客户端连接到邮件服务器来接收和发送邮件，邮件服务器再连接到其他的邮件服务器来将邮件传递到收件人的邮件服务器。就像在网页代理中一样，客户端与服务器的连接和服务器与服务器之间的连接是完全分开的，从而客户端与邮件服务器之间连接的 IP 版本可以不同于服务器与服务器之间连接的 IP 版本。

2. 地址与端口共享

地址与端口共享最早由 RFC 6346[20]所提出，通常也被称为 A+P 或端口受限的 IPv4 地址分配。5.3.6 节中已经简单介绍了一些利用端口范围的地址共享，以及基于 MAP 的解决方案。如果将 IPv4 地址和传输层协议［如传输控制协议（TCP）或用户数据报协议（UDP）］的端口号合并到一起，实际上 IPv4 地址空间总共占 48 位。当然，如果要启用地址共享，还需要在接入网络中部署专门的 A+P 路由功能。

这一节不会再重复 5.3.6 节的内容, 但其实和 MAP 本质上类似的方案还有很多, 如[46, 47]中描述的 DS-lite。共享同一 IPv4 地址的终端主机利用端口范围进行区分 (例如, 每个主机 1024 个端口), 尽管端口范围不必连续, 但必须按照一定的方法[48]分配 65536 的端口空间, 这显然与 NAT44 在概念层次上是类似的。

除了已知的 NAT 的一些问题, 使用地址与端口共享时可能还要考虑其他问题。例如, 有些协议会检查源 IP 地址, 并据此限制来自同一主机的连接数量。如果启用了地址与端口共享, 由于多个终端主机共享同一个 IP 地址, 很容易造成误判[49]。

3. 在用户设备中使用 B4 的 DS-lite

DS-lite[8]是另一种使用 IPv6 隧道传输 IPv4 分组数据的 IPv6 过渡方案, 其旨在部署于 ISP 核心为纯 IPv6 但用户为纯 IPv4 或双栈的网络。DS-lite 实质上有两种功能性模块: 基本桥接宽带模块 (B4) 以及地址族过渡路由器 (AFTR)。B4 作为 IPv6 隧道终端, 通常安装在用户端或终端主机中, 用于在 IPv6 隧道中传输 IPv4 流。地址族转换路由器 (AFTR) 是网络服务供应商 (ISP) 端的隧道集中器, 包含一个集中式的电信级 NAT (CGN)。用户端与互联网之间通过 ISP 核心网络传输原生的 IPv6 流。而 IPv4 隧道终端节点的唯一 IPv6 地址 (通常称为 Software-ID) 用于标识和编号用户或用户的客户端设备 (CPE)。

在典型的 DS-lite 部署方案中, B4 功能模块是安装在客户端设备 (CPE) 设备中的。然而, 在 3GPP 网络中终端主机就是用户设备, RFC 6333 也允许将 B4 部署于终端主机。在部署了 DS-lite 的 3GPP 架构里, 用户设备根据 PDN 连接分配的 IPv6 前缀所生成的 IPv6 地址就是 Software-ID。图 5.13 说明了 DS-lite 在 3GPP 架构中是如何覆盖的。地址族转换路由器 (AFTR) 可能是一个独立的节点, 也可能整合到分组数据网网关 (PGW) 中。因为 DS-lite 依赖于网络中的 NAT44, 并且使用隧道终端节点的 IPv6 地址标识用户网络, 所以私有 IPv4 地址分配对用户设备端 IP 栈没有实际影响。在这层意义上, DS-lite 与 GTP 类似, 用户面的 IP 地址分配仅仅用于协调用户设备端 IP 栈, 而 Software-ID 的使用则类似于隧道终端标识符 (TEID)。

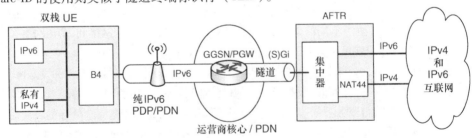

图 5.13   用户设备中有 B4 的 DS-lite 在 3GPP 网络中部署

考虑到双栈用户设备可能使用动态主机配置协议 v4 (DHCPv4) 进行配置 (如 DNS 服务器地址), B4 通常需要启用 DHCPv4 代理功能。DHCPv4 代理会对 DHCPv6 进行地址族翻译, 并通过纯 IPv6 的方式使用 DHCPv6。DS-lite 曾因以下一些原因而遭到批评 (不仅在 3GPP 架构中): 首先, 它以 3GPP 网络中极其不提倡的无线方式进行隧道传输, 其次, DS-lite 依赖拥有强大的 NAT44 功能的核心网络 (如 IGN), 再次, 用户设备中需要对终端主机进行修改才能使用 B4 的 DS-lite。

对于更大规模的部署，DS-lite 服务必须实现自动化引导。RFC 6334[50]中定义了 B4 引导地址族转换路由器（AFTR）地址所需要的 DHCPv6 选项。从 3GPP 网络和部署的角度来看，对于 DHCPv6 的依赖性是一个问题。由于 DHCPv6 并不是 3GPP 网络架构中必备的部分，而且 DS-lite 甚至不是 3GPP 网络推荐的过渡方法，因而，例如无接入层（NAS）协议对配置信息的引导支持几乎不可能。

4. 6RD

6RD[5]是一种基于 6to4 的自动隧道协议，与 6to4 的差别在于，6RD 使用运营商自己的前缀而不是 6to4 IPv6 前缀。这解决了 6to4 中的许多问题，IPv4 地址并不需要是全球唯一的，只要它在运营商的网络中是唯一的就可以了。因为路由是基于运营商的地址前缀，非对称路由问题也不复存在。

6RD 是按照在用户端设备运行而设计的，如家庭网关或本地路由器。6RD 地址是由运营商 IPv6 前缀和本地路由器 IPv4 地址的一部分分组合起来所得到的，其前缀短于或等于/64 的。正因为 IPv4 地址是由运营商配置的，6RD 可以使用与 6to4 类似的无状态隧道机制。此外，6RD 是一种可以构建网状拓扑的过渡方案。

有趣的是，6RD 已经成为很多大型网络部署中最成功的过渡技术。在客户端设备（CPE）设备可升级（或可更换）支持 6RD 的固件的固定网络中，6RD 获得了极大的成功。但由于前面讨论的一些问题，6RD 在无线网络中并没有那么成功。

5.4　3GPP 的过渡场景

在 20 世纪 90 年代末，3GPP 开始了有关 IPv6 和 IPv6 过渡的规范工作。当查看 IPv4 地址耗尽问题时间表和 IPv6 技术成熟度时，发现 3GPP 开始规范工作是相对早了点。虽然早期开始制定规范是令人景仰的，但实现特别是部署就严重地落后了。在实践中，这意味着技术、网络环境甚至 3GPP 网络的使用在那个时间时期都发生了重大变化。特别是，一方面环境中的巨大变化是 IPv4 地址空间的最近出现耗尽状况，另一方面是移动宽带网络中指数性增加的数据使用。所以，原过渡场景，依赖于 IPv4 地址是相对容易得到的，或由于假定过渡机制是相对短命应对措施的性能方面采取捷径的做法，根本不能服务变化了的环境。另外，在基础设施设备中和在基础设施（运营商在其上构建他们的移动网络）中，IPv6 的可用性显著地增加了。然而，在过渡规范工作开始时，移动运营商的一个真正担忧是获得 IPv6 接入，这几乎不再是一个令人担忧的问题。

因此，3GPP 共同体已经针对不同环境状况，进行了多次过渡场景迭代。除了过渡场景外，3GPP 共同体就一般而言的 IPv6 角色，有多次机会改变它的想法。例如，IP 多媒体子系统（IMS）[51]IP 版本数年间就在排他性的 IPv6、双栈和主要是 IPv4 之间摇摆不定。首批过渡场景是仅针对第二代（2G）和 3G-GPRS 展开的，原因是当时甚至还没有开始演进分组系统（EPS）的规范工作。另外，对双栈 PDP 语境的支持最初不在 3GPP 规范中。后来，场景方面的工作确实考虑了这些变化和增强措施。在本节，将首先讨论

3GPP 网络中过渡场景的演进方面，之后讨论随时间迁移存活下来的那些场景。

5.4.1　过渡场景演进

就 3GPP 过渡场景的一致方面的第一次尝试，是在 21 世纪早期由 IETF 完成的。结果是两个文档，讨论 GPRS 中的 IPv6 过渡，即 RFC 3574[52] 和 RFC 4215[53]。前一个文档描述一系列过渡场景，它们为 UE 提供连接能力。没有讨论 GPRS 网络内部过渡场景。该文档描述 GPRS 和 IMS 用例的过渡场景。但是，下面将焦点放在 GPRS 用例上。图 5.14描述了 GPRS 场景。在 RFC 3574 中列出场景的思路是以文档方式记录可能的用例，而不是强调任何特定的解决方案。

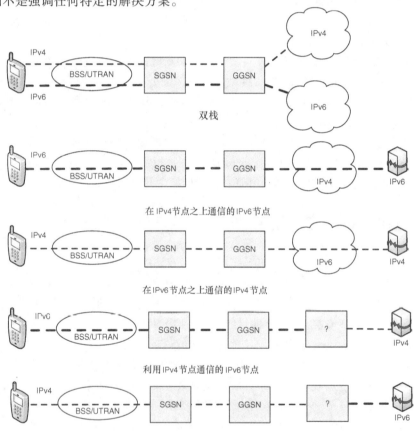

图 5.14　RFC 3574 和 RFC 4215 过渡场景

RFC 4215 以文档方式记录了在 RFC 3574 所述场景的分析工作。该项分析强烈倾向于在 3GPP 环境中使用双栈，而并不鼓励在 IPv4 和 IPv6 之间使用转换器。当仍然有足够数量的 IPv4 地址可用时，这是符合逻辑的。该项分析更准确地建议，除了 IPv4 外，要打开 IPv6。虽然在 RFC 3574 和 RFC 4215 上，工作仍在进行，但得到 IPv6 逆流而上（upstream）的情形，仍然是一个真正的问题。另外，运营商们自己的网络设备基础设施，如路由器和交换机，根本没有必要支持 IPv6。在图 5.14 所示的场景中这是清晰可见的，其中在 IPv4 之上传输 IPv4 是显而易见的。如今，这些场景不再是真正相关的了。但是，在 IPv6 之上以隧道方式传输 IPv4 的场景，在当时似乎是不重要的，在未来也许就成为相关的，这一点见本章前面的讨论。

虽然 IMS 没有真正处在本书讨论范围内，但有关 IMS 中使用的 IP 版本的讨论也对分组服务的过渡场景具有隐含意义。3GPP 将 IMS 过渡场景以文档方式记录在技术报告 23.981 "基于 IPv4 的 IP 多媒体子系统（IMS）实现的互联方面和过渡场景"[54]。虽然该文档的大部分集中讨论 IMS 场景，但它也考虑适用的 GPRS 网络场景。在 21 世纪早期，当考虑 IMS 时，对 PDP 类型 IPv6 的支持，不被人们认为会在当时的网络中广泛部署。所以，相当的精力投入讨论在这样的场合中应该发生什么情况，其中一个 GPRS 网络中的一些单元支持 IPv4，而另一些网络则不支持。3GPP 决定，在网络中转期间不支持 PDP 类型的任何转换，如在服务网关支持节点（SGSN）和 GGSN 之间。在实践中，如果单元之一不支持 PDP 类型 IPv6，则 UE 将需要使用 IPv4。这显著地简化了过渡场景。这里的结论也是，在 UE 中支持双栈是过渡的关键，且随着时间推移，网络也需要升级支持 PDP 类型 IPv6。

最近，3GPP 就一个新的 IPv6 过渡场景集合达成一致。这些场景列在 3GPP 23.975 "IPv6 迁移指南（guideline）"文档[55]中，并包括双栈、纯 IPv6 和网关发起的轻量双栈（Dual-Stack Lite）。最后一项在业界似乎没有吸引力，所以在本节不再以任何深度考虑这个场景。

23.975 的附录 B 也包括其他技术的一个集合，当撰写 23.975 的核心内容时，这是其主题内容。这些是轻量双栈、地址 + 端口、协议转换、按接口的 NAT44[56] 和 BIH/NAT64。由这个其他技术集合，协议转换是当前看到市场采用的一项技术，所以在本节将之包括在内。

5.4.2　双栈

如上所述，所建议的过渡模型是双栈部署模型。对于由 IETF 建议的更一般情形，情况是这样的，特别对于 3GPP 网络，更是如此。在 3GPP 网络中，为 UE 提供双栈连接能力有两种方式：两条 PDN 连接（PDP 语境或 EPS 载波）——一条用于 IPv4，一条用于 IPv6；或单个双栈 IPv4v6 类型的 PDN 连接。图 5.15 给出了这两种设置，并行的 IPv4 和 IPv6 PDN 连接在上面，单条 IPv4v6 PDN 连接在下面。

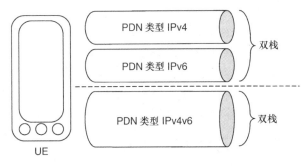

图 5.15　并行 PDN 连接和单条 PDN 连接的双栈

在发行版本 8 之前，3GPP 仅支持 IPv4 和 IPv6 的独立 PDN 连接。在发行版本 8 中，双栈载波类型被引入到 EPS 架构，但对于 GPRS 的支持，只有在发行版本 9 中才被引入。

PDN 连接，不管它们是 PDP 语境还是 EPS 载波，都要求网络中的状态，所以使用单条连接，要比两条连接对网络的负担小得多。所以，建议使用双栈 PDN 连接。但是，由于在网络中继续使用 IPv4v6 PDN 连接类型的可能限制，在回退情形中需要两条并行的连接。

需要这些回退情形，原因是在网络中就双栈 PDN 连接的支持存在不确定性。如在 4.5 节深度描述的，这导致 PDN 连接建立规程中的一组问题和复杂性。

对于 IPv4 地址耗尽问题，双栈方法明显没有做什么事情，所以双栈不能真正地成为一个长期的解决方案。在短期内，IPv4 地址短缺通过如下方法管理，即实现 IPv4 NAT 功能并从 RFC 1918[25] 分配的空间为 UE 提供可能重叠的私有 IPv4 地址。

5.4.3　纯 IPv6

直到多数（如果不是所有）互联网服务都过渡到 IPv6 之前，没有到互联网 IPv4 部分接入的严格纯 IPv6 场景，仅适用于有限的部署。可能的用例包括这样的应用，其中使用限于一个受限的良好管理的应用集合。这样的用例包括机器到机器（M2M）应用［其中应用是非常有限的（如温度或电表读取）］或由同一方设置和运营的应用。后一种情形包括运营商服务，像互联网协议电视（IPTV）、IP 上的话音（VoIP）、由 IMS 提供的服务或其他带围墙之花园式的服务。

就现在而言，将通用互联网接入用例约束到纯 IPv6 服务，将是太具限制的，原因是大部分互联网服务仍然是仅通过 IPv4 才可访问的。虽然 IPv6 过渡正以一个稳定的步伐向前推进，但在 IPv4 互联网接入可完全地从一名正常用户去除之前，将极可能仍然需要花费相当长的时间。

那就是说，只要到互联网 IPv4 部分的连接可得以确保的话，则就可能为一个 UE 使用纯 IPv6 PDN 连接。从实践角度看，这意味着，UE（包括在其中使用的所有应用）是支持 IPv6 的，且网络提供 IPv6 和 IPv4 之间的转换服务。IPv6 到 IPv4 的转换支持互联网中到 IPv4 服务的连接能力，而不管 UE 正在使用的 IP 版本。在 5.3.3 节描述了协议转换的一个合适工具 NAT64。这个用例与用户大多得到的互联网接入没有太大区别，其中 UE 得到一个私有 RFC 1918 地址，并使用一个 NAT44。

在一个纯 IPv6 用例中，通过在 UE 内提供从 IPv4 到 IPv6 的网络地址转换（NAT46），IPv4 应用也可得到支持。在这种情形中，UE 内部的 NAT46 将为应用提供一个 IPv4 地址，由此产生一条 IPv4 接入的假象。但是，如已经讨论过的，在可预见的未来，将仍然需要到 IPv4 服务的访问。为 IPv4 应用支持访问 IPv4 服务，将要求双重转换。在下一节讨论双重转换。

5.4.4　双重转换

使所有应用都支持 IPv6 的纯 IPv6 方法的要求是一项太过严苛的要求。一些操作系统提供 IP 版本无关的 API，这相当地简化了如下应用的过渡工作，它们正确地使用所提供的 API（欲了解更多信息，见 3.9.2 节）。但是，存在许多情形，其中大量应用还没有正确地使用所提供的 API，或操作系统对 IPv4 和 IPv6 提供不同的 API。直到最近，一些移动操作系统还根本不支持 IPv6。因此，仍然有相当大量的（遗留）应用仅采用 IPv4 才可正常工作。在 3GPP 网络中缺乏 IPv6 部署也是无助的，原因是应用开发人员还没有良好的机会验证其应用对 IPv6 的支持。

使一个 UE 有纯 IPv6 的 PDN 连接，同时仍然服务纯 IPv4 的应用，这样一个解决方案是实现一种双重转换方案。通过将一个 UE 上类似 BIH 功能与一个网络上的 NAT64 组合使用，双重转换做法可正常工作。纯 IPv4 应用像通常一样将 IPv4 分组发送到 IPv4 地址，但在将分组从 UE 发送出去之前，它被转换到 IPv6。得到的 IPv6 是在 3GPP 接入之上发送的，之后在 NAT64 处转换回到 IPv4。

虽然双重转换方法不是 23.975[55] 中所列官方过渡场景的组成部分，但它用在一些商业前的部署和试验中。极可能的是，它将被用作从纯 IPv4 3GPP 接入到纯 IPv6 接入的商业过渡的组成部分。当与双栈比较时，双重转换的优势是，不需要并行 PDN 连接或对 PDN 连接新 IPv4v6 类型的支持。

在 5.3.4 节中讨论过的 464XLAT[19] 是双重转换解决方案的另一个例子。它已经在一些纯 IPv6 移动网络中进行过试验，作为一种可能的消费者级别（consumer-grade）的解决方案。像许多其他过渡解决方案一样，464XLAT 有其部署方面的现实问题。它不是官方 3GPP 架构和 UE 需求的组成部分，这使网络和设备厂商不乐意将其所需部件实现为他们的默认功能集的组成部分。

5.5　过渡对 3GPP 架构的影响

现在已经讨论了不同的过渡技术，并讨论了这些技术适用的 3GPP 特定场景。现在是时候考察过渡如何影响 3GPP 架构本身及其支持功能了。3GPP 网络包括相当大量的单元和功能（在 3GPP 架构中是不可见的），但对系统而言仍然是重要的。这些包括 DHCP、AAA 和 DNS 服务器。有时运营商也有对用户透明的附加基础设施，但却是运营商基础设施的非常重要的部分。

在本节，将考察过渡技术对 3GPP 架构（包括新单元）的影响，以及过渡到 IPv6 对 3GPP 网络所依赖的所有功能有什么影响。

5.5.1　过渡对支撑基础设施的影响

第 2 章列举的 3GPP 网络架构图给出了 3GPP 网络单元，并给出了网络架构的几乎没有创意的一幅图（sterile picture）。但是，实际上，该网络要比从那些图中看到的要大得多。小方盒之间的小型线，实际上不仅是点到点连接（例外是无线电接口），它们是带有线缆、无线微波链路、交换和路由器的完整网络。除了这些网络外，也存在不可见的其他网络。这些网络包括运营和管理网络，它被用来配置、监测和维护网元自身。

而且不仅需要分组网络基础设施。为驱动一个移动网络，需要支持功能的一个完整的基础设施。一个基础设施包括 DNS 服务器、AAA 服务器（这在第 4 章描述过）、网络管理基础设施以及完整的计费和缴费基础设施。另外，运营商们也有针对其自己服务的附加基础设施以及针对 web 加速的基础设施。

所有这些也受到过渡到 IPv6 的影响。有时过渡最难处理的是计费和缴费、运营和管理以及运营商，他们拥有其他基础设施。原因是，这些基础设施经常包括大量运营商专有的最佳实践，他们自己的代码是很久以前编写的，但没人知道是谁或什么时候编写的。如果该软件包括字面文本的 IPv4 地址或仅适用于 IPv4 的数据结构，则代码必须修改，或甚至被完全替换。在本节，将考察可能受到过渡到 IPv6 影响的系统的一些部分以及如何缓解那些影响。有人开玩笑地说，IPv6 过渡是没有一个确定的最后期限的 2000 年问题。

5.5.2　IP 网络支持系统

如前所述，3GPP 网络需要一组支持系统，它们对运行一个 IP 网络是重要的。在某种程度上，存在两个完全不相交的 IP 网络基础设施：将网元相互连接的网络和网元到管理基础设施（这是带有其自己管理系统的其自己的网络）。第二个网络是为 UE 提供服务的网络。这个网络可包括运营商服务、服务增强功能和到互联网的连接。出于安全目的，这两个网络是完全隔离的。下面将独立地研究那些网络。

1. 运营商的内部基础设施网络

例如，运营商的内部网络可包括用于运营和管理的一个网络或不同网络分段（segment）。这是将不同 3GPP 单元相互连接的网络。所以，它是在第 2 章协议栈图中创建 IP 层的 3GPP 传输平面以及架构图中各单元之间的线。如第 2 章所述，传输平面是完全独立于用户平面的。由此，在传输平面中过渡到 IPv6 不必在用户平面的同时发生。另外，因为运营商的内部网络仅用于运营商网元，所以相比 UE 所在的网络，存在极端少量的网络节点。实践中，这意味着运营商在不久的任何时间过渡他们的内部网络基础设施是几乎没有激励的。但是，最终运营商的内部基础设施也将过渡到 IPv6。

如上所述，运营商内部网络需要其自己的交换机和路由器，当过渡变得相关时，明显地它们必须升级以支持 IPv6。另外，运营商的内部网络也有其自己的 DNS 以及运营和管理基础设施。必须更新运营和管理基础设施，支持将 IPv6 地址配置到交换机和路由器，设施被激活支持 IPv6 之上的配置和监测，并能够采用其中的 IPv6 地址接收监测数据。虽然在纸面上，这所有的都似乎是相对直接的，但运营商们可能在其运营和管理基础设施中具有相对陈旧的设备和软件。基础设施是在原 IP 网络相同的时间建立的，也许在数年间为之添加了新的功能特征。如果对运营商而言，它们一直运转良好，则几乎没有什么激励升级该设施。做出像 IPv6 过渡一样的基础性改变，也许不那么直接。

像在所有正常的 IP 网络中一样，在运营商网络基础设施内使用 DNS 基础设施。网元将有它们自己的 DNS 名字，如在第 2 章中所述，使用 DNS 解析各 APN。所以，DNS 在一个 3GPP 网络中具有一个重要的角色。当考虑 IPv6 过渡时，DNS 有两部分必须升级：到 DNS 服务器的访问和到 DNS 记录的访问。明显地，如果网络过渡到 IPv6，则网元也将在 IPv6 上联系 DNS 服务器。所以，DNS 服务器需要支持 IPv6。另外，当网元配置有 IPv6 地址时，指向那些节点的 DNS 记录必须添加相关的 AAAA 记录。

2. 运营商服务网络

下面称将 UE 连接到运营商服务和互联网的网络为运营商服务网络。有时，针对运营商自己的服务和互联网连接能力，实际上也许有不同的网络，由此就有不同的 APN。即使有一个或多个网络或网络分段，过渡过程实际上也不会真正改变。唯一的区别是，如果一些服务位于一个单独 APN 之后其自己的网络中，则各网络可在不同时间实施过渡。当运营商自己的服务也许构建在不可升级的平台上时，则它们是难以过渡的，此时这样做也许是有用的。但是，这也意味着，多个网络必须被升级，而不仅是一个网络要升级。

网络自身的升级，包括交换机和路由器、DNS 以及运营和管理基础设施，遵循运营商的基础设施网络或任何其他 IP 网络过渡的相同原则（same lines）。为传输 IPv6 分组，交换机和路由器必须支持 IPv6。必须添加到 DNS 服务器的 IPv6 访问，且必须确保 DNS 服务器确实支持 IPv6 之上的查询，配置基础设施（为 UE 提供协议配置选项，其中包括 DNS 服务器的 IPv6 地址），以及明显地将 DNS 服务器连接到运营商的 IPv6 网络。与在运营商的内部网络中一样，运营和管理基础设施必须升级，以便支持 IPv6 网络及其节点的配置和监测。

在 4.4 节描述了包括 AAA 和 DHCP 服务器的地址分配支持基础设施。如果运营商正使用这种基础设施来管理 IP 地址分配，那么基础设施也必须升级以便支持 IPv6。另外，运营商必须从本地 RIR 得到其自己的 IPv6 地址块。

另外，服务本身必须实施过渡。对于互联网接入服务，应该明显的是，运营商必须确保它有支持 IPv6 的上行互联网接入。如今在多数国家，这是相对直接的。但是，升级运营商自己的服务也许是比较困难的，这取决于用来创建服务的平台以及平台的年龄（存在了多久）。但是，有时在一项老旧服务的前面放置一个协议转换器（即一个 NAT64）也许是可能的，且采用这种方式可延长一个较老服务平台的寿命。

一些运营商也运营这样一项基础设施，用来增强互联网或万维网访问，并监测流量使用情况。这项服务基础设施有时是在数年的运营期间建立的，且也许证明是难以升级。但是，如果运营商希望使用相同的或类似的基础设施，则基础设施必须被升级或替换，或必须建立 IPv6 访问的一项新的基础设施。

5.5.3　依据 IP 能力对用户分类的工具

将极大量用户迁移到 IPv6，也许不是一夜之间就可发生的事情，或甚至在提供和推广时接近简单琐碎之事。就如何以合理块大小将用户们开始迁移到支持 IPv6 服务提供方面，存在一些已知的（未必是最佳的）实践。这里将给出一些方法的原理。它们都是或多或少地围绕提供技巧产生的方法，这些技巧是使用 APN 可完成的。这里略去各种提供"技巧"，它们将焦点放在基于各种厂商特定的方法而重写（overwriting）APN 名字上面，像缴费特点（在订购概要中配置的）、国际移动用户身份（IMSI）和移动站国际用户目录号码（MSISDN）分析，或透明地将 PDN 连接切换到一个不同的 APN，使用来自策略和缴费控制（PCC）或 AAA 基础设施的触发器（trigger）。

1. 专用 IPv6 APN 和一个新的订购

创建一个全新的非重叠 IPv6 或双栈支持的 APN 并提供到网络中。在自愿的基础上，用户及其 UE 可被提供到新的 APN。因为激活新的 APN 要求来自用户侧的积极参与，所以就存在大的机会，即用户们实际上知道她或他正在做什么。特别对于试验性目的而言，这种方法是可行的，但它不可扩展到大型用户群。

专用 APN，允许 IPv6 推广，其中现有的纯 IPv6 部署仍然保持完全地没有触及，且可能使用更新的平台，可能使新的 IPv6 功能特征推广。对于新的用户而言，这也能够运行良好。

2. IPv6 支持的 APN，并重新提供一次老旧的订购

在如下情况下，其中一个运营商有一个现存的纯 IPv4 APN，但逐渐地希望将用户们迁移到 IPv6，则创建一个重叠（依据名字）的纯 IPv6 或双栈 APN，并将之提供到网络中。出于简单性考虑，将之配置到相同的网关 GPRS 支持节点（GGSN/PGW）中是合理的，其中配置了遗留的纯 IPv4 APN，所以就节省了 DNS 配置上的麻烦。

在网络支持双栈即 GPRS 的发行版本 9 或更高版本，EPS 的发行版本 8 或更高版本时，则 HLR 或 HSS 中的现有订购概要被更新到 PDP 或 PDN 类型 IPv4v6。否则，如果网络不支持 PDP 或 PDN 类型 IPv4v6，那么与纯 IPv4 APN 带有相同名字的一个纯 IPv6 APN 就被提供到订购概要中。当用户们切换到一台新的移动设备或甚至当在 HLR/HSS 中进行大量（mass）重新提供时，需要在自愿的基础上完成提供。大量提供总是有这样的风险，即一些老旧的 UE 也许变得迷惑，不知如何处理。

但是，在这种方法中存在一个小问题。在发行版本 8 之前，3GPP 规范没有显式地表明，当 PDP 类型不同时，各 APN 也许在名字方面（name-wise）会发生重叠。存在老旧的 GGSN，它们不能在同一设备中支持具有相同名字但不同 PDP 类型的两个 APN。

3. 一揽子（all-in-one）APN

作为一个一揽子 APN，一个现有 APN 被重新配置到网络中。这意味着同一个 APN 服务纯 IPv4 用户、纯 IPv6 用户和双栈用户。那么 HLR/HSS 订购概要中的 APN 信息，可在自愿的基础上或作为一次大量推广的方式被重新提供。那么所用 PDP 或 PDN 类型的选择就是 UE 所请求的和在订购概要中所提供的一个组合体。当运营商知道网络的其他部分是支持双栈的且 UE 也是最新的，此时这种方法工作良好。

通过使用后台 AAA 基础设施，也可依据用户控制 PDP 或 PDN 类型的选择。基于在（S）Gi AAA 接口概要中可用的各种信息片，要覆盖（override）UE 所请求的存在多种可能性。欲了解更多细节，参见 4.4 节。

4. 专用的支持 IPv6 的 GGSN 或 PGW

具体而言，在漫游情形中，将一个 GGSN 或一个 PGW 仅专用于进入（inbound）的漫游者，也许是有道理的。GGSN 或 PGW 将有带有纯 IPv4 APN 的纯粹（plain）配置。当 UE 没有漫游时，相同的 APN 可支持 IPv6，并锚定到一个不同的 GGSN 或 PGW。采用这种方式，在订购概要或 UE 中没有任何类型的提供条件下，漫游用户可以转变为不支持 IPv6（IPv6-less）的。

5.5.4　转换的隐含意义

如今，仍然相对地处在过渡的开始阶段，在互联网中存在仅可在 IPv4 之上才可访问的多项服务。如果一个运营商想要它的许多客户迁移到 IPv6，那么该运营商可选择为用户提供纯 IPv6 访问，并在 IPv6 和 IPv4 之间实施转换。虽然在 IPv6 和 IPv4 之间转换有其隐含意义（弦外之音）。

最明显的弦外之音是需要附加设备。当使用诸如 NAT64 的转换时，必须安装 NAT64 设备，必须仔细地完成对 NAT64 基础设施的分析（dimensioning）。通常，当引入一项新服务或技术时，在开始时数据流量总量是较小的，并随着时间而增长。采用 NAT64，在过渡的开始阶段，IPv4 内容量是较大的。随着过渡一直进行，数据量应该随时间而减少。因此，在开始时需要转换设备的峰值容量，之后随着时间的推移对容量的需要逐渐回落。明显地，真实部署实际上是否遵循这个趋势，强依赖于运营商。在任何情形中，随着 IPv6 过渡的进行，内容以增量方式存在于 IPv6 之上，则转换的使用将减少。

新设备也必须被配置和维护。因此，对于运营商的运营人员，这是一项额外负担。另外，如在 5.2.1 节所描述的，采用一个 NAT64，也必须设置一个 DNS64。其中 NAT64 可以是一台新设备和一个新系统，DNS64 必须被添加到运营商的 DNS 基础设施。

如在 5.2.1 节所描述的，DNS64 对 DNS 响应如何做出的修改，对如 DNSSEC 和 UE 本身的协议都有弦外之音。对网络，这些不是真正的弦外之音，但对端用户设备却是的。这些弦外之音的问题是，不同设备，甚至不同的软件版本，都可受到不同程度的影响。因此，用户体验会发生变化。

5.5.5　在传输平面中对过渡的支持

这里描述了一些对传输平面的隐含意义，由此，在 5.5.2 节描述了对运营商内部基础设施网络的隐含意义。但是，也存在对较高层（GTP）的隐含意义。例如，可存在这样的切换状况，其中服务 SGSN 从支持双栈的 SGSN 改变为支持单栈 IPv4 的 SGSN。如果双栈 SGSN 具有在 IPv6 之上到 GGSN 的 GTP 隧道，且双栈 SGSN 将仅传递 GGSN 的 IPv6 地址传递给支持纯 IPv4 的 SGSN，则新的服务 SGSN 将必须丢弃该连接，即使 GGSN 支持双栈时也如此。

因此，3GPP 在 GTP 中包括一种机制，传递网元的 IPv4 和 IPv6 地址。这确保即使在支持混合的纯 IPv4 和双栈的网元中的正确功能。在存在单栈 IPv4 和单栈 IPv6 单元的一个环境中，这项功能将起不到帮助作用。但是，3GPP 标准不支持这种类型的设置，且它没有定义 GTP 应该如何通过转换器运行，好在几乎不会有人会去配置这种类型的环境，至少不会刻意这么做。

5.5.6　漫游

现在了解到，过渡到 IPv6 是一个相对困难的任务，它需要专注和仔细的规划。即使在一个运营商的网络内，该任务也是令人头痛的，且如果没有仔细的规划和良好的执行，则在许多层次会发生多个问题。有关一个运营商网络的得到重新确认（reassuring）事实是，每件事情均可由那个运营商控制，且首批运营商已经在运营商用 IPv6 网络。不幸的是，漫游清除了"完全控制"这样的奢求。基本上而言，运营商不必仅使用自己的网络，而是必须确保其服务和网络将能够与所有漫游伙伴的网络和服务协同工作。4. 2. 5 节讨论了如何打开漫游限制的许多技术，这些限制是特别将目标锁定在有选择地禁止 IPv6 漫游的。在某些情形中，可在访问运营商［或更准确地说，是每公众陆地移动网络（PLMN）］的一个 APN 粒度中完成。

当一个运营商启用 IPv6 作为一项端用户服务时，它不仅将其自己的网络，而且可能同时连同它所有的漫游伙伴的网络暴露给 IPv6。用户们期望，在其家乡网络中他们正在获取的服务，当他们漫游在不同网络时也将是可用的，如果没有其他方面的考虑，当漫游时，他们将尝试使用相同服务。对于用户和其正在使用的网络（用户正在其中漫游），这可能导致一些意外发生。如果该服务是不可用的，则用户体验就会令用户失望，就其本身而言，已经是人们所不期望的了。但是，用户也可呼叫运营商的支持热线（导致附加成本），或取决于失望程度，甚至导致他们改变运营商。另外，被访网络也许会对运行在其网络上的 IPv6 流量感到奇怪。这导致 IPv6 地址存在于被访运营商的日志、计费记录和运营商也许为不同目的而收集的其他记录中。这个流量可能导致告警铃声响起（因为 IPv6 流量也许被看作一次异常），或使一些本来不被怀疑后台软件（如计费和缴费软件以一种不确定的方式动作）发生异常或甚至完全失效。因此，当 IPv6 由运营商自己打开或由一个漫游方打开（甚至运营商自己还没有打开 IPv6 服务）时，确保网络得到充分准备和保护，是每个运营商的职责。

对于漫游，在传输平面上的状况是类似的。当一个运营商在其传输平面网络中打开 IPv6 时，改变可能对漫游方也是可见的。DNS 请求网元解析到 A 和 AAAA 记录，且 GTP 信令可开始包含 IPv6 地址。运营商将必须为这一点做好准备，并确保一个漫游方的过渡不会导致对运营商自己网络的负面影响，或相反情况。也许会出现令人惊奇的问题，如边界网关（BG）或 GTP 感知的防火墙，它们是 IPv6 信息元素（IE）不友好的。

直到最近，运营商共同体都忽略 IPv6 漫游细节。大约在 2010 年年中，GSM 联盟（GSMA）开始起草一份白皮书，涵盖 IPv6 对漫游的影响[57]。不幸的是，该白皮书对于非 GSMA 成员不是可公开得到的，虽然多数关心 3GPP 网络中漫游的那些人（或公司）也许一定程度上有 GSMA 的成员关系。基于白皮书发现，许多 GSMA 文档被识别为受到影响：GPRS 漫游指导原则 IR. 33[58]、GPRS 漫游交换（GRX）/IP 分组交换——演进的 GRX（IPX）骨干规范 IR. 34[59]、IP 寻址和自治系统（AS）编址指导原则 IR. 40[60]、GRX/IPX DNS 指导原则 IR. 67[61] 和 LTE 漫游指导原则 IR. 88[62]。在本书撰写之时，至少 IR. 33 包括一个漫游环境中的许多 IPv6 过渡场景。该指导原则仅关注用户平面，原因是以隧道方式传递漫游 GTP 流量的 GRX/IPX 在可预见的未来不会迁移到 IPv6 传输。

5. 5. 7　延迟过渡到 IPv6 产生的影响

前文已经讨论了在执行过渡到 IPv6 时可能发生的问题和困难。重要的是，也要理解这不是一项容易的任务。但是，没有准备好过渡到 IPv6，有其影响和代价。

在亚太网络信息中心（APNIC）职责下的亚太区域以及欧洲网络 IP 研究协调中心（RIPENCC）职责下的欧洲和中东区域，容易得到的 IPv4 地址已经耗尽。在实践中，这意味着，通过从 RIR 请求 IPv4 地址而得到它们的传统方式，在那些区域不再可行。预计在 2013年，互联网号码美洲注册机构（ARIN）的北美区域也将步此后尘。运营商得到附加 IPv4 地址空间的唯一方式，是从乐意卖出地址空间的个人或机构那里购买。运营商依赖于 IP 地址，才能增长他们所服务的用户数量。一个运营商的一项新风险是，其业务的增长会变得，至少部分地变得依赖于某个其他人乐意卖出其 IPv4 地址。另外，人们期望所购买的地址块将小于区域互联网注册机构（RIR）提供的地址块。这增加了运营商地址管理的成本。

降低对全局可路由 IPv4 地址依赖的一种战略是网络地址转换（Network Address Translation，NAT）。多数运营商，如果不是所有的，都已经向他们的用户提供私有 IPv4 地址，由此对互联网的访问都采用 NAT。在可预见的未来，被 NAT 的连接与单个公开的、全球可路由 IPv4 地址的比例只会增加。在一个大型运营商的网络中使用 NAT 的做法，意味着 NAT 设备必须是高度可扩展的，并具有大容量。这种类型的设备是不廉价的，由此增加了运营商的成本——这有设备的资金成本和管理附加设备的运营成本，所有这些都发生在数据体量正在增加的时候。另外，连接复用的比例增加，将最终导致一些连接失败，由此可增加用户服务的随机失败。

多家主要的互联网内容提供商在其服务中都启用了 IPv6，且多数，如果不是所有的，现代计算平台现在都可使用 IPv6。这意味着，当运营商打开 IPv6 服务时，它们必须至少与 IPv4 服务具有相同质量。由此，要训练或尝试 IPv6 不再有多少空闲时间。随着时间消逝，甚至更多的流量将转向 IPv6，且其重要性只会增加。前文已经解释过，过渡到 IPv6 是困难的，且需要相当多的工作。所以，也许有大量的工作可能做错。以有限的流量总量和有限的用户群进行尝试，来使服务变得成熟，这一点很重要。因此，当前重要的是支持 IPv6，同时仍然有时间修正错误。当时间紧迫到运营商不得不过渡到 IPv6 的时候才去着手过渡，只会使过渡过程更加痛苦。

如在 5.5.6 节描述的，运营商受到其自己的过渡，也受到其他运营商过渡的影响。没有准备好所产生的影响，可能对运营商有不可预料的后果，例如当遇到漫游方已经过渡时的情况。

上述内容想表达的意思是，虽然过渡到 IPv6 是痛苦的，且可能代价高昂，但不过渡的代价肯定更高。

5.6　过渡到 IPv6

前面各节解释了不同的过渡机制、3GPP 环境中的过渡场景，以及 IPv6 过渡的影响。本节尝试给出这样一项概述，即如何在 3GPP 环境中准备并执行到 IPv6 的过渡。当然，完全了解每个网络是不同的，因此想要尝试提供一个详细的、全球性的过渡计划，

⊖　译者注：经查证，北美地区 2015 年 7 月正式耗尽了其供应的 IPv4 地址。

既不可能，也是人们所不期望的。

5.6.1 应用开发人员的过渡计划

随着 IPv6 的过渡蔓延到网络协议的所有各层，应用开发人员也需要充分了解 IPv6。5.4.4 节解释过，许多操作系统提供与 IP 版本无关的 API。在最小程度上，开发人员必须使用这些 API。另外，应用开发人员必须确保处理 IP 地址的数据结构能够存储 IPv4 和 IPv6 地址。对于一小类应用而言，这是一项主要任务。

应用要能够在不同层次上处理 IP 地址。很明显，作为一次 DNS 查询的结果，当一项应用打开一条连接时，它可能遇到 IPv6 地址。但是，也存在其他场合，其中一项应用可能遇到 IPv6 地址。例如，如果应用实现或使用互联网上的一个协议，它交换 IP 地址的字面文本。除了内部数据结构外，这些应用在用户界面（UI）中表示或期望输入 IP 地址字面文本，它们必须确保它们实际上可能显示并也将 IPv6 地址字面文本作为输入。

5.6.2 电话厂商的过渡计划

移动电话或类似设备的 IPv6 能力是由多种因素确定的。前面已经描述了应用层。另外，操作系统和中间件（为设备建立软件平台）都必须支持 IPv6。在现代智能手机中使用的几乎所有现代操作系统都支持 IPv6。但是，从原理层面看，IPv6 的支持在实践中也许并不充分，IPv6 必须要编译进去，也要真正启用才算数。另外，软件平台中的中间件必须能够支持 IPv6，如果应用实际上不能使用 IPv6，那么操作系统支持也不是非常有用的。

除了软件外，硬件也必须能够支持 IPv6。主要组件是无线调制解调器——实现 3GPP 蜂窝技术的硬件和固件部分，用于将一个设备连接到网络。作为良好进展的一项表征（sign），在过去数年间，在蜂窝芯片中对 IPv6 的支持得到极大改进。

由此，在电话中，整个软件和硬件栈都必须为 IPv6 做好准确。数年前，实际上，仅有一家电话制造商在其电话中支持 IPv6。当时，从无线调制解调器的软件平台到硬件的整个栈都在那家公司的控制之下，所以它容易从早期就有 IPv6 支持。如今，支持 IPv6 的设备和厂商列表得以极大增长。但是，IPv6 未必是电话厂商宣传的一项功能特征，所以可能难以看出哪些模型支持 IPv6，哪些不支持。

5.6.3 网络运营商的过渡检查单

如前文所述，每个网络运营商，由此指每个网络，都是不同的。每个运营商的独特特点由多种因素决定，例如，国家的地理、人口和人口组成都可能极大地影响运营商的网络。另外，将网络投入使用的时间以及它的建立方法都影响当前网络的状态。因此，为将适合所有甚至多数运营商的 IPv6 过渡而给出一个计划模板，是困难的。但是，不管网络的特点如何，存在对所有运营商都相同的某些步骤。下面尝试给出一个步骤的检查单，这是当运营商计划和执行过渡到 IPv6 时应该考虑的。

1）在运营商内部基础设施之上对端用户服务分优先级。寻址的最大压力在于端用户服务，原因是 UE 使用最多的地址。因为运营商的内部网络是比较静态的，且在网络中存在较少的节点，地址的使用要少得多，而且甚至采用少量地址的地址规划是比较容易的。

2）仔细地普查（survey）网络。特别重要的是，检查所有支持功能，如计费和缴费、运营和管理以及用户管理，因为这些是对可能带有在过去数年产生的专有软件的系统。专有软件也是最难以升级支持 IPv6 的，因为相比商用软件，公司内部的软件倾向于没有良好文档记录的。另外，相比升级软件，维护软件需要较少的人员。重要的是理解，不仅哪些系统将被直接连接到 IPv6 网络，而且有哪些系统将必须处理 IPv6 地址。例如，运营和管理系统也能采用 IPv4 连接到网元，但它必须能够配置带有 IPv6 接口的一个单元。因此，重要的是理解，在早期，网络中的哪些系统可能是潜在存在问题的。此外，非常常见的是，老旧硬件设备必须被替换，原因是设备厂商只是拒绝在老旧设备上支持 IPv6 或任何新的功能特征（除了软件错误的至关重要的补丁外）。

3）仔细地计划过渡。基于上面的普查，系统升级必须排出优先级、日程，并理解系统的依赖关系。

4）在开始时从小处启动。在实践中，最简单的服务（例如没有 web 加速的互联网访问）。应该首先处理。另外，重要的是以一个封闭的用户群开始或采用一次试验方法。当用户参与这个试验时，他们被要求理解到服务也许不会总是达到商用质量，且甚至不时地有小故障。另外，定位于技术倾向用户群的一个试验，通常也比一个商用服务提供更有用的反馈。相比一个商用的、广泛使用的服务，小型用户群也是比较容易提供的，特别当用户提供系统不能在开始时就能够支持 IPv6 的情况下更是如此。

5）在过渡项目早期开始培训。在许多方面，IPv4 和 IPv6 是非常类似的，但也存在许多差异。即使是堪称技术能手的工程师也会从培训中受益，原因是采用 IPv4 所积累的知识，在采用 IPv6 时也许证明是不够用的。当 IPv6 服务成为主流时，对于客户支持人员而言，培训是特别重要的。当服务商用化时，一定存在预料不到的问题，重要的是，客户支持人员要确实知道如何解决问题，或能够怀疑 IP 地址族问题，并知道应当向哪里反映并将这些问题提交到上层人员。

6）随着服务成熟，睿智地实现增长。一个封闭的用户群试验，可使服务良好地实现成熟，但对于排除所有问题，也许存在不足。因为只有当有足够的流量总量才可确保发现扩展性问题。另外，将服务以太快的方式开放给太大的一个群体，也许是有问题的。一旦提供了数百万电话，要实施回滚，也许是困难的，而且客户支持热点会出现拥塞。

7）参与到网络运营商群和其他会议，其中运营商共享他们的经验。这也许可帮助避免其他人已经发现的一些洞坑（pothole）。另外，共享人们自己的经验可帮助找到常见问题的解决方案，也可帮助厂商增强他们的产品。过渡到 IPv6，是一项业界范围的项目。加入这个项目，是有良好商务理由的。

8）尝试一下！对于一手经验，没有替代做法。仅有尝试一下，才将提供有关哪些会做错和哪些工作良好的经验和知识。最好的做法是尽可能早地找到问题，而不是在商业启动之后才进行。

9）现在就开始！除非计划和过渡还没有开始，否则现在是启动的时候了。对过渡历程唯一确定的是，它将是困难的，将发现有关网络的问题，这将需要一些问题解决方法。问题发现得越早，就可越早使问题较快速解决。解决问题尽管是困难的，但急于求成地想立刻解决问题，肯定是不可取的。

如前文所述，这至多是一项概述。但是，笔者希望可将某个模块融入到过渡过程，也许可以有所帮助。最重要的部分是启动 IPv6 的支持作为一项服务。其他步骤将自然地顺序进行。

5.7　本章小结

本章深入考察了 3GPP 网络中的 IPv6 过渡和一个选中的 IPv6 过渡机制集合。大胆地选择 IPv6 过渡机制进行了比较密切研究，发现它适合无线 3GPP 架构环境，其中绝大多数无线端主机假定都是手机。这明显地将不同 IPv6 过渡工具的一个大型独特变化群体没做详细讨论。

自整个 IPv6 过渡讨论开始时，3GPP 就一直提倡双栈作为首选的过渡机制。正如我们所认识到的和加以说明的，在 IPv6 的分阶段推广期间，双栈并不总是一项商用的或甚至是一项技术方面的选项。因此，相当的工作也投入到过渡机制的开发方面，这针对单 IP 协议接入网络做了裁剪。在 3GPP 思路内，依赖于蜂窝链路上隧道法的过渡机制，已经系统性地展开（play down），这导致地址族转换解决方案的适度成功，NAT64 可作为一个教材范例。为了缓解在一台端主机中单 IP 版本的已知应用水平问题，形成所谓的双重转换方案，它最终将双栈交付到这样的应用，它们是单 IP 版本接入网络之上一台端主机的应用。

本章也讨论了许多已知的运营方面的问题、扩展性问题和识别出的对 3GPP 系统架构的影响。从 IPv6 观点看，我们甚至触及漫游挑战的表面问题。本章未尾我们特别地展开并描述了如何在一个 3GPP 网络中启动一项分阶段 IPv6 部署的几条导则，并描述出带有倾向性的过渡场景。虽然指导原则听起来是简单的和直接的，但运营方面的实际情况已经证明了，这离及时部署的一项快速实施还远得多。

参考文献

1. Gilligan, R. and Nordmark, E. *Transition Mechanisms for IPv6 Hosts and Routers*. RFC 1933, Internet Engineering Task Force, April 1996.
2. Nordmark, E. and Gilligan, R. *Basic Transition Mechanisms for IPv6 Hosts and Routers*. RFC 4213, Internet Engineering Task Force, October 2005.
3. Carpenter, B. and Moore, K. *Connection of IPv6 Domains via IPv4 Clouds*. RFC 3056, Internet Engineering Task Force, February 2001.
4. Carpenter, B. and Jung, C. *Transmission of IPv6 over IPv4 Domains without Explicit Tunnels*. RFC 2529, Internet Engineering Task Force, March 1999.
5. Townsley, W. and Troan, O. *IPv6 Rapid Deployment on IPv4 Infrastructures (6rd) – Protocol Specification*. RFC 5969, Internet Engineering Task Force, August 2010.
6. Templin, F., Gleeson, T., and Thaler, D. *Intra-Site Automatic Tunnel Addressing Protocol (ISATAP)*. RFC 5214, Internet Engineering Task Force, March 2008.
7. Huitema, C. *Teredo: Tunneling IPv6 over UDP through Network Address Translations (NATs)*. RFC 4380, Internet Engineering Task Force, February 2006.
8. Durand, A., Droms, R., Woodyatt, J., and Lee, Y. *Dual-Stack Lite Broadband Deployments Following IPv4 Exhaustion*. RFC 6333, Internet Engineering Task Force, August 2011.
9. Tsirtsis, G. and Srisuresh, P. *Network Address Translation - Protocol Translation (NAT-PT)*. RFC 2766, Internet Engineering Task Force, February 2000.

10. Aoun, C. and Davies, E. *Reasons to Move the Network Address Translator – Protocol Translator (NAT-PT) to Historic Status*. RFC 4966, Internet Engineering Task Force, July 2007.

11. Arends, R., Austein, R., Larson, M., Massey, D., and Rose, S. *DNS Security Introduction and Requirements*. RFC 4033, Internet Engineering Task Force, March 2005.

12. Li, X., Bao, C., and Baker, F. *IP/ICMP Translation Algorithm*. RFC 6145, Internet Engineering Task Force, April 2011.

13. Weil, J., Kuarsingh, V., Donley, C., Liljenstolpe, C., and Azinger, M. *IANA-Reserved IPv4 Prefix for Shared Address Space*. RFC 6598, Internet Engineering Task Force, April 2012.

14. Bagnulo, M., Matthews, P., and vanBeijnum, I. *Stateful NAT64: Network Address and Protocol Translation from IPv6 Clients to IPv4 Servers*. RFC 6146, Internet Engineering Task Force, April 2011.

15. Perreault, S., Yamagata, I., Miyakawa, S., Nakagawa, A., and Ashida, H. *Common requirements for Carrier Grade NATs (CGNs)*. Internet-Draft draft-ietf-behave-lsn-requirements-10, Internet Engineering Task Force, December 2012. Work in progress.

16. 3GPP. *General Packet Radio Service (GPRS); GPRS Tunnelling Protocol (GTP) across the Gn and Gp interface*. TS 29.060, 3rd Generation Partnership Project (3GPP), March 2012.

17. Li, X., Dawkins, S., Ward, D., and Durand, A. *Softwire Problem Statement*. RFC 4925, Internet Engineering Task Force, July 2007.

18. RIPE. *IPv6 Address Allocation and Assignment Policy*. PDF 552, RIPE, May 2012.

19. Mawatari, M., Kawashima, M., and Byrne, C. *464XLAT: Combination of Stateful and Stateless Translation*. Internet-Draft draft-ietf-v6ops-464xlat-09.txt, Internet Engineering Task Force, January 2013. Work in progress.

20. Bush, R. *The Address plus Port (A+P) Approach to the IPv4 Address Shortage*. RFC 6346, Internet Engineering Task Force, August 2011.

21. Troan, O., Dec, W., Li, X., Bao, C., Matsushima, S., and Murakami, T. *Mapping of Address and Port with Encapsulation (MAP)*. Internet-Draft draft-ietf-softwire-map-02, Internet Engineering Task Force, September 2012. Work in progress.

22. Soliman, H. *Mobile IPv6 Support for Dual Stack Hosts and Routers*. RFC 5555, Internet Engineering Task Force, June 2009.

23. 3GPP. *Mobility management based on Dual-Stack Mobile IPv6; Stage*. TS 24.303, 3rd Generation Partnership Project (3GPP), September 2011.

24. Carpenter, B. *Advisory Guidelines for 6to4 Deployment*. RFC 6343, Internet Engineering Task Force, August 2011.

25. Rekhter, Y., Moskowitz, B., Karrenberg, D., deGroot, G. J., and Lear, E. *Address Allocation for Private Internets*. RFC 1918, Internet Engineering Task Force, February 1996.

26. Bagnulo, M., Sullivan, A., Matthews, P., and vanBeijnum, I. *DNS64: DNS Extensions for Network Address Translation from IPv6 Clients to IPv4 Servers*. RFC 6147, Internet Engineering Task Force, April 2011.

27. Baker, F., Li, X., Bao, C., and Yin, K. *Framework for IPv4/IPv6 Translation*. RFC 6144, Internet Engineering Task Force, April 2011.

28. Bao, C., Huitema, C., Bagnulo, M., Boucadair, M., and Li, X. *IPv6 Addressing of IPv4/IPv6 Translators*. RFC 6052, Internet Engineering Task Force, October 2010.

29. Nordmark, E. *Stateless IP/ICMP Translation Algorithm (SIIT)*. RFC 2765, Internet Engineering Task Force, February 2000.

30. Kawamura, S. and Kawashima, M. *A Recommendation for IPv6 Address Text Representation*. RFC 5952, Internet Engineering Task Force, August 2010.

31. Narten, T., Draves, R., and Krishnan, S. *Privacy Extensions for Stateless Address Autoconfiguration in IPv6*. RFC 4941, Internet Engineering Task Force, September 2007.

32. Arkko, J. and Keranen, A. *Experiences from an IPv6-Only Network*. RFC 6586, Internet Engineering Task Force, April 2012.

33. vanBeijnum, I. *An FTP Application Layer Gateway (ALG) for IPv6-to-IPv4 Translation*. RFC 6384, Internet Engineering Task Force, October 2011.

34. Huang, B., Deng, H., and Savolainen, T. *Dual-Stack Hosts Using Bump-in-the-Host (BIH)*. RFC 6535, Internet Engineering Task Force, February 2012.

35. Korhonen, J. and Savolainen, T. *EDNS0 Option for Indicating AAAA Record Synthesis and Format*. Internet-Draft draft-korhonen-edns0-synthesis-flag-02, Internet Engineering Task Force, February 2011. Work in progress.

36. Chen, G., Cao, Z., Byrne, C., Xie, C., and Binet, D. *NAT64 Operational Experiences*. Internet-Draft draft-ietf-v6ops-nat64-experience-01, Internet Engineering Task Force, January 2013. Work in progress.

37. Savolainen, T., Korhonen, J., and Wing, D. *Discovery of IPv6 Prefix Used for IPv6 Address Synthesis*. Internet-Draft draft-ietf-behave-nat64-discovery-heuristic-13, Internet Engineering Task Force, November 2012. Work in progress.

38. Arends, R., Austein, R., Larson, M., Massey, D., and Rose, S. *Protocol Modifications for the DNS Security Extensions*. RFC 4035, Internet Engineering Task Force, March 2005.

39. Huang, B. and Deng, H. *Prefix NAT: Host based IPv6 translation*. Internet-Draft draft-huang-pnat-host-ipv6-01, Internet Engineering Task Force, July 2009. Work in progress.

40. Bellis, R. *DNS Proxy Implementation Guidelines*. RFC 5625, Internet Engineering Task Force, August 2009.

41. Gilligan, R. and Nordmark, E. *Transition Mechanisms for IPv6 Hosts and Routers*. RFC 1933, Internet Engineering Task Force, April 1996.

42. Boucadair, M., Matsushima, S., Lee, Y., Bonness, O., Borges, I., and Chen, G. *Motivations for Carrier-side Stateless IPv4 over IPv6 Migration Solutions*. Internet-Draft draft-ietf-softwire-stateless-4v6-motivation-05, Internet Engineering Task Force, November 2012. Work in progress.

43. Mrugalski, T., Troan, O., Bao, C., Dec, W., and Yeh, L. *DHCPv6 Options for Mapping of Address and Port*. Internet-Draft draft-ietf-softwire-map-dhcp-01, Internet Engineering Task Force, August 2012. Work in progress.

44. Fielding, R., Gettys, J., Mogul, J., Frystyk, H., and Lee, T. B.. *Hypertext Transfer Protocol – HTTP/1.1*. RFC 2068, Internet Engineering Task Force, January 1997.

45. Klensin, J. *Simple Mail Transfer Protocol*. RFC 5321, Internet Engineering Task Force, October 2008.

46. Cui, Y., Sun, Q., Boucadair, M., Tsou, T., Lee, Y., and Farrer, I. *Lightweight 4over6: An Extension to the DS-Lite Architecture*. Internet-Draft draft-cui-softwire-b4-translated-ds-lite-09, Internet Engineering Task Force, October 2012. Work in progress.

47. Farrer, I. and Durand, A. *lw4over6 Deterministic Architecture*. Internet-Draft draft-farrer-softwire-lw4o6-deterministic-arch-01, Internet Engineering Task Force, October 2012. Work in progress.

48. Boucadair, M., Levis, P., Bajko, G., Savolainen, T., and Tsou, T. *Huawei Port Range Configuration Options for PPP IP Control Protocol (IPCP)*. RFC 6431, Internet Engineering Task Force, November 2011.

49. Boucadair, M., Zheng, T., Deng, X., and Queiroz, J. *Behavior of BitTorrent service in PCP-enabled networks with AddressSharing*. Internet-Draft draft-boucadair-pcp-bittorrent-01, Internet Engineering Task Force, May 2012. Work in progress.

50. Hankins, D. and Mrugalski, T. *Dynamic Host Configuration Protocol for IPv6 (DHCPv6) Option for Dual-Stack Lite*. RFC 6334, Internet Engineering Task Force, August 2011.

51. 3GPP, *IP Multimedia Subsystem (IMS); Stage 2*. TS 23.228, 3rd Generation Partnership Project (3GPP), September 2010.

52. Soininen, J. *Transition Scenarios for 3GPP Networks*. RFC 3574, Internet Engineering Task Force, August 2003.

53. Wiljakka, J. *Analysis on IPv6 Transition in Third Generation Partnership Project (3GPP) Networks*. RFC 4215, Internet Engineering Task Force, October 2005.

54. 3GPP, *Interworking aspects and migration scenarios for IPv4-based IP Multimedia Subsystem (IMS) implementations*. TR 23.981, 3rd Generation Partnership Project (3GPP), December 2009.

55. 3GPP. *IPv6 migration guidelines*. TR 23.975, 3rd Generation Partnership Project (3GPP), June 2011.

56. Arkko, J., Eggert, L., and Townsley, M. *Scalable Operation of Address Translators with Per-Interface Bindings*. RFC 6619, Internet Engineering Task Force, June 2012.

57. GSMA. *IPv6 EMC Task Force; Roaming and Interoperability Impacts of IPv6 Transition Whitepaper*. White Paper 1.2, GSM Association (GSMA), March 2011.

58. GSMA. *GSMA PRD IR.33 GPRS Roaming Guidelines*. PRD IR.33 6.0, GSM Association (GSMA), May 2011.

59. GSMA. *Inter-Service Provider IP Backbone Guidelines*. PRD IR.34 5.0, GSM Association (GSMA), December 2010.

60. GSMA. *GSMA PRD IR.40 'Guidelines for IP Addressing and AS Numbering for GRX/IPX Network Infrastructure and User Terminals'*. PRD IR.40 5.0, GSM Association (GSMA), December 2010.

61. GSMA. *GSMA PRD IR.40 DNS/ENUM Guidelines for Service Providers and GRX/IPX Providers*. PRD IR.40 7.0, GSM Association (GSMA), May 2012.

62. GSMA. *GSMA PRD IR.88 LTE Roaming Guidelines*. PRD IR.88 6.0, GSM Association (GSMA), August 2011.

第 6 章　IPv6 在 3GPP 网络中的未来

互联网协议版本 6（IPv6）在第 3 代伙伴项目（3GPP）网络中的研究怎么说也没有接近完成。事实上，在前 5 章中描述的各项特征的商业部署几乎还没有开始。

随着业界从实际部署中得到更多的运营经验和学术界通过研究发现改进需求，未来可能是带来基本 IPv6 功能特征的精细调整。在 3GPP 网络中，如果要求更具控制的企业格调地址分配方式的话，则也许有状态主机配置协议版本 6（DHCPv6）（见 3.5.2 节）会得到牵引，或者也许在端主机之间内容的直接组播，将找到商用的可行用例。采用广泛 IPv6 部署得到的经验，无疑也将意味着将发现低效率、安全问题和弱点，它们将以确定的过程（in due course）得以解决。

除了那些特定改进（也许最佳归类为 IPv6 维护）外，将会有非常有趣的新应用，它们将使用 IPv6 并带来增长和显著的技术改进。本章将讨论 5 个 IPv6 相关的未来专题，这是作者们发现将引起特别关注的，但这 5 个专题从哪个方面来说，都不是在来去匆匆的数年期间在 3GPP 网络中将（或希望）看到的仅有的 IPv6 相关的改进。应该指出的是，在本节中给出的一些材料，更准确地说是展望未来的，仅给出作者们一直在进行试验的那些想法而已。

6.1　基于 IPv6 的流量卸载解决方案

自 3G 技术引入以来，3GPP 网络的吞吐量和延迟方面的显著改进，以及智能电话方面的快速发展，已经改变了 3GPP 接入的使用模式。如今，用户们正逐渐增加使用总是在线和数据密集性的应用。这些应用包括社交媒介、及时消息通信、IP 之上的话音（VoIP）和网页浏览，这些经常是极端数据密集型的，因为要传输视频、音频和照片。结果，在核心网侧发生的流量和信令总量增加是惊人的。运营商们正面临着严酷的竞争，且利润边际增长要慢于流量总量增长。同时，运营商们有对蜂窝核心基础设施、无线电接入和互联网协议（IP）传输能力的投资需要。流量和信令总量的快速增长，与相对比较缓慢的利润增长一起，迫使运营商和设备厂商寻求 IP 流量卸载解决方案。

人们已经认识到，将大量互联网流量（从 3GPP 运营商角度看，是大量的，但从端用户角度看，就未必是大量的）卸载到替代性的互联网接入技术，可能是临时摆脱对更加功能强大的网络基础设施投资压力的一种可行解决方案。一点不令人吃惊的是，由于在智能手机的几乎无处不在的支持，以及巨大数量的私有和公开接入点，无线局域网（WLAN）被展望为流量可卸载至其上的技术。从事情的整个方案，卸载需要发生在从广域无线电技术进入到局域无线电技术，所以就支持较佳的频谱使用和效率。情况恰巧是这样的，即 3GPP 实际上是主要的广域无线电技术，而 WLAN 是局域无线电技术，即使无线电技术家族已然十分庞大了。

　　为使卸载发生，3GPP 将大量工作放在为演进的分组核心（EPC）标准化 IP 流量卸载解决方案上。标准下的解决方案包括局部 IP 接入（LIPA）（见参考文献 [1] 的4.3.16 节）、选择性 IP 流量卸载（SIPTO）支持的载波（见参考文献 [1] 的 4.3.15节）、IP 流移动性和无缝 WLAN 卸载（IFOM）[2]、基于 GTP 和 WLAN 接入到 EPC 的 S2a移动性（SaMOG）[3] 和非无缝 WLAN 卸载。作为 3GPP 中的传统，所述解决方案方法依赖对 3GPP 网络架构的严格蜂窝运营商控制和集成。严格集成带有典型的缺点，如与并行非 3GPP 接入方便互联的困难性，但也带有典型的优点，如严格集成可带来安全性和容易使用的优势。所有 3GPP 解决方案共同点是，一种新接入网络发现和选择功能（ANDSF）[4] 的利用，这是向用户设备（UE）[5] 提供运营商策略所需的。

　　只有时间将证明，3GPP 卸载解决方案将如何在各通用操作系统（OS）厂商间被广泛采用，特别是如果 3GPP 解决方案即 ANDSF 为任何其他目的都不需要时的情况。事实上，还没有被深入理解的是，为微型化管理 IP 流量卸载策略，3GPP 运营商们自己将乐意容忍的管理负担处在什么水平上。

　　本章将比较详细地考察基于互联网工程任务组（IETF）定义的 IPv6 的各不同卸载解决方案是如何工作的。IP 版本无关 3GPP 特定解决方案留给其他书籍和所引用的3GPP 文档去描述。当谈到互联网协议版本 4（IPv4）卸载时，不认为这是一个合理的使用时间，来尝试规范复杂的基于 IPv4 的卸载解决方案，就像未来在 IPv6 中所做的那样。被耗尽的 IPv4 地址空间，与私有 IPv4 地址的广泛使用一起，产生了寻址冲突，因此使地址和路由器选择过程变得困难了。

6.1.1　蜂窝网络中的动机

　　最初，3GPP 通用分组无线服务（GPRS）架构为网络接入采用一种点到点方法。这在移动设备（UE）如何看网络连接、网络接口以及在 UE 和网络之间如何实现连接中是可见的。UE 和外部分组数据网络（PDN）之间的点到点连接被称作一个 PDP 语境或一条 PDN 连接。

　　传统电话（见 2.6.1 节）典型地有单应用或一组应用网络连接能力的一个"烟囱型"视图。发起一个新应用共享一条现有 PDN 连接，或以其自己的 IP 地址创建一条并行的 PDN 连接，这实际上使 UE 成为多接口。主机 IP 栈和无线电调制解调器典型地是紧密集成的。它们有时甚至在物理上独立的设备中。所以，一个分离 UE 就像任何支持IP 的主机装备有一项无线电联网技术。所有应用典型地共享相同的单条 PDN 连接。分离 UE 模型日渐成为占主导地位的设计。

　　3GPP 发行版本 7 在高速分组接入（HSPA）无线电技术上的增强措施和架构方面的增强措施，目标是一个比较扁平的网络（即直接隧道法），这显著地降低了蜂窝和固定宽带接入之间的鸿沟。此外，针对无线和核心网络演进，3GPP 发行版本 8 长期演进（LTE）已经使蜂窝宽带接入达到并甚至超过大众市场固定宽带接入的程度，如数字用户线（DSL），这是就网络延迟和吞吐量而言的。蜂窝宽带使用率的增加和接近扁平速率计费模型有两项显著的产出：①消费者以一种类似于固定接入的方式使用蜂窝宽带；②蜂窝互联网服务提供商已经经历了一次指数性 IP 流量增长。

繁重的流量增长对无线电接入、回传和分组核心容量施加投资压力。如今，3GPP分组核心网络架构和真实的网络部署，倾向于在一个网关 GPRS 支持节点（GGSN）或分组数据网络网关（PGW）汇聚繁重的 IP 流量到相对少的站点。这些网关的 IP 流量分组转发容量也许不能持续支持流量增长。另外，增长的容量投资需求难以满足，这是由于每用户降低的平均收入导致的。

上面讨论的问题已经驱使移动运营商评估如下方面的解决方案，即卸载大量或低利润（互联网）流量到其他接入技术的解决方案，这些技术在部署于密集热点区域是较廉价的，且理想情况下是使用"某个其他人的"回传通道。一直存在这样一种愿景，即使用可管理的 WLAN 部署或用户的家庭 WLAN 作为替代接入方法。可识别两项主要的动机：

1）在密集热点区域采用一种比较廉价的无线电技术，补偿蜂窝无线电覆盖和接入容量，同时仍然通过运营商的分组核心（网）路由流量。

2）旁路运营商的分组核心（网）、蜂窝接入（网）和可能的回传，完全地最大化"节省"支出。这是在本章的主要目标场景。

UE 的发展强化了这些 IP 卸载愿景，因为实际上所有高端和多数中级 UE 都有WLAN 支持。虽然还留下一些问题。一个 UE 也许不能同时操作多个无线电，这实际上禁止在接入技术之间有选择地卸载 IP 流量。在本书中，假定一个 UE 可并行地操作多个无线电。第二，如何确定卸载哪种 IP 流量和哪种流量路由通过移动运营商的核心（网）。第三，如何从网络侧引导卸载决策。这可能是具有挑战性的，特别在分离 UE 的情形中更是如此。第四，如何最小化对运营商的影响，特别是在 UE 中的影响。

6.1.2　基于 IPv6 卸载方法的优势

IPv6 卸载方法的主要优势可分类如下：

1）系统无关的标准化。依据定义，基于层 3 的卸载解决方案是与层 2 和层 1 无关的，所以基于 IPv6 的卸载解决方案支持在各种接入技术上的容易部署和利用。

2）基于前缀的策略。使用 IPv6 前缀的卸载策略，前缀越少、越短则越好，是可以低管理负担做到可靠和可实施的。

实际上，IPv6 卸载解决方式是以最小管理额外负担的"正常"IPv6 路由、地址选择（见 3.5.4 节）和下一跳选择（见 3.4.6 节）规程的组成部分。在有到特定运营商服务的可用互联网连接能力（独立于所用接入网络）时，就可能将 IPv6 流量卸载解决方案看作常规 IPv6 套件的组件，它几乎必须支持所有的 IPv6 实现，且不需要接入技术特定的增强措施。

6.1.3　IP 友好的卸载解决方案

对三种 IP 友好的方法进行了实现，这些方法是在网络侧对卸载策略的控制下，用于多接口 UE 的 IP 流量卸载解决方案。第一种方法构建于 DHCPv6 之上，第二种方法构建于 IPv6 邻居发现协议（NDP）之上，而第三种方法以 IPv6 能力扩展第二种解决方案。

IP 友好的解决方案尝试符合一种"纯 IP"观点，并以特定设计的分离 UE 为中心。没有哪个解决方案将目标定位于在所有可能情形中，由网络提供的卸载策略是正常工作的。更重要的是，UE 总是有互联网连接能力，指没有哪种所用的接入网络应该是带围墙的花园。这三种解决方案有几个方面是共同的：

1）在可能情况下，它们依赖于 IPv6 功能特征。不要求 3GPP 特定的扩展。

2）它们主要将目标锁定在带蜂窝 3GPP 接入的 UE。一个 GGSN 或一个 PGW 被用作运营商网络中的策略协调器。

3）蜂窝 3GPP 无线电被认为是一种被信任的接入，所以被用来交付卸载策略。当 3GPP 接入不可用时，明显地也就没有什么可卸载的。

4）它们被设计为从多个接口受益。

5）典型情况下，卸载策略是这样的形式，即除了一些选中的目的网络，卸载所有网络。

1. 新的 DHCPv6 选项

在过去数年间，IETF 一直在致力于多接口主机的改进工作，这些主机遇到 RFC 6418[6]中所列出的问题。这已经得到一个新的 DHCPv6 选项，在 RFC 6731[7]中发布用于改进的递归 DNS 服务器（RDNSS）选择。针对更具体的路由信息交付方面的 DHCPv6 改进[8]，这项工作正在继续。

这些新选项可被使用的一个范例场景如图 6.1 所示。在这个范例场景中，一台主机通过双栈 WLAN 和 3GPP 接入被连接到互联网。在两个接入网络中，需要提供配置信息的 DHCPv6 服务器，虽然来自 WLAN 网络的所有流量都以隧道方式传递到运营商的核心（网），这样在 WLAN 网络中就不需要一台单独的 DHCPv6 服务器。

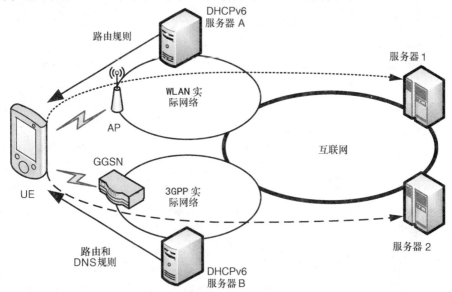

图 6.1　新 DHCPv6 选项的范例部署场景

2. UE 的隐含意义

上面提到的新的 DHCPv6 选项，除了简单的 DHCPv6 查询改变外，诱发了 UE 的一组改变，即实现 RDNSS 选择改进的一台 UE，必须能够确定一条域名系统（DNS）查询应该发送哪个 RDNSS。对于主机操作系统而言，这种逻辑是崭新的。但是，一些高级的 DNS 解析器仅采用智能的和动态的配置，就可部分地支持这项功能特征。另外，如果 UE 已经支持 3.5.6 节中所述的 RFC 4191[9]，则 DHCPv6 路由选项在最佳情形中，仅指有一个要求更具体路由信息的附加来源。

改进的 RDNSS 选择 RFC，建议使用域名系统安全扩展（DNSSEC）或安全的和被信任的信道，以便对抗攻击者发送恶意的 DHCPv6 选项。通过注入恶意的 RDNSS 选择规则，攻击者可导致锁定的主机仅向攻击者发送特定的查询，所以一项正在进行的攻击更难以检测。这种攻击可支持窃听、拒绝服务（DoS）或其他种类的中间人攻击。

幸运的是，对于 3GPP UE，一般而言 3GPP 接入被认为对这些 DHCPv6 选项是足够安全的，所以各 UE 可信任它们在 3GPP 链路之上接收到的信息。因此，如果这些新的 DHCPv6 选项仅是从 3GPP 接入的 DHCPv6 服务器处请求的，则不要求 DNSSEC。

3. 默认路由器和更具体的路由选择

IETF 标准"默认路由器优先权和更具体的路由"[9]（RFC 4191）以路由器通告消息首部中的两个路由器优先权标志和一个路由信息选项（RIO）扩展 IPv6 NDP。前者支持一台主机的默认路由器列表中默认路由器的一个简单三步骤优先级确定，低（LOW）、中（MEDIUM，默认的）和高（HIGH）。后一项支持一台路由器通告发出（emitting）的路由器，即使它不乐意被包括在主机的默认路由器列表中时也如此，用来标记多达 17 个 IPv6 目的地，对这些目的地，该路由器希望作为第一跳。RFC 4191 也可部署在多接口场景中。唯一的考虑是将接受 RFC 4191 扩展的接口数量限制为一个接口，运营商信任并以中心方式管理这个接口。在我们的情形中，3GPP 蜂窝连接满足这些需求。几个主流 OS 已经实现 RFC 4191，包括 Linux、BSD 变种和微软 Windows（从 XP 开始）。接受一个 RFC 4191 扩展的接口，典型地仅通过使用主机侧配置加以指定。

3GPP 架构依赖于 IPv6 无状态地址自动配置（SLAAC）进行其（不）被信任的 3GPP 接入。PGW 必须总是为 SLAAC 目的发送路由器通告，由此使用 3GPP 接入作为基于 NDP 卸载目的，这种做法是 PGW 功能的一项小的增强措施。此外，路由器通告可总是以非请求方式发送。从蜂窝运营商角度看，基于 NDP 的解决方案是极度轻量的，也支持运营的一种应需推送模式。

采用带有多个接口的 UE 在实际网络中试验了 RFC 4191 和 IPv6 卸载。因为典型情况下，修改一个实际网络的 PGW 不是试验的一个选项，所以比较简单地是扩展一个外部路由器，如基于层 2 隧道协议（L2TP）的外部接入点名字（APN）路由器部署中的 L2TP 网络服务器（LNS）（见 4.2.4 节）。可在 APN 终结路由器中实现所要求的路由器通告注入工具。当 APN 终结于一台外部路由器时，PGW 本质上作为一个网桥，且 APN

终结路由器是各 UE 的第一跳路由器。作者们为概念验证使用的设置，支持带有 RFC 4191 支持的路由器通告发送，这种通告外还有各种其他邻居发现消息，是从网络发送到一个特定 UE 的。

主机 OS 典型地倾向于 WLAN 而不是蜂窝接入。例如，Linux 隐含地倾向于 WLAN 接入而不是蜂窝接入，由此将 WLAN 接入上的第一跳路由器的优先级排在一个蜂窝接入上第一跳路由器的前面。出于一致性，应该总是在蜂窝接入上使用 LOW（低）默认路由器优先级。因为在其他接口上的默认路由器优先级隐含地为 MEDIUM（中），所以主机 IP 栈将为默认目的地首选任何其他接口而不是蜂窝接口。当蜂窝运营商希望在蜂窝之上路由某些流量时，它仅需要发送带有一个 RIO（包含用于那些目的地的 IPv6 前缀，例如，前缀用来编址运营商自己的服务）的一条路由器通告。主机 IP 栈中的默认路由器和默认地址选择算法[10] 将负责为新的 IPv6 连接选择一个合适的接口（如现有 TCP 连接将不会移动）。当操作模型是"除了具体的目的地，卸载其他所有的（前缀）"，则路由规则数可保持低水平（数量小）。

如果 UE 有多条 PDN 连接，则在那些蜂窝连接中每条连接上的 PGW 可发送带有比较具体路由的一条路由器通告。那可能导致兴趣和卸载策略的冲突。如果路由器优先级是在蜂窝侧正确设置的，且存在其他接入（方式），则可发生卸载到其他接入（方式的操作）。此外，每个 PGW 仍然可确定性地标记使用比较具体的路由必须通过它们（指 PGW）的各目的地。

4. 采用 IPv4 支持增强邻居发现

为克服纯 IPv6 RFC 4191 方法的限制，提出新的 IPv4 流量特定的路由器通告选项[11]。新选项支持接入路由器传递一个 IPv4 默认网关地址和更具体的 IPv4 路由。

在针对 IPv4 卸载开发的一个原型中，现有 Linux 内核实现 linux/net/ipv6/ndisc.c 必须加以扩展，添加一个截获钩子函数（内核卸载钩子）和一个模块（内核卸载模块）将比较具体的 IPv4 路由和 IPv4 默认网关地址路由器通告选项通过 sysfs 接口从内核推送到用户空间。在用户空间中，通过操作 IPv4 路由表，一个 IPv4 卸载守护进程处理 IPv4 流量卸载的主要任务。图 6.2 给出了一条捕获的路由器通告消息，其中 RIO 选项携带一个 IPv4 映射的 IPv6 地址（::ffff:81.90.77.0/120）以便将一个 IPv4 子网路由到路由器通告发出的路由器。作为最后一个选项，路由器通告也携带双栈路由器的默认 IPv4 网关地址（10.6.6.6 即 0a 06 06 06）。

所有这些就是所需要的，因为当前 Linux 的 IP 栈仅发送不多几个选中的路由器通告选项到用户空间——RFC 4191 选项是在内核内处理的，且 RIO 中的 IPv4 映射的 IPv6 地址不会影响 IPv4 路由，且没有其他方式应需地改变 IPv4 默认网关。注意概念验证型的实现［其捕获（分组）如图 6.2 所示］是基于参考文献［11］的早期版本的。参考文献［11］的当前版本独立于 RFC 4191，因此去除了对自己的钩子函数和模块的需要。将路由器通告选项推送到用户空间的现有内核方法，可被重用，要改变一些代码行。我们认识到，对 IPv4 更具体路由的 RFC 4191 扩展，将需要在标准化过程中一次巨大推动才可达到比较广泛的接受度。

```
▷ Internet Protocol Version 6, Src: fe80::214:4fff:fe96:f24e (fe80::214:4ff
▽ Internet Control Message Protocol v6
     Type: 134 (Router advertisement)
     Code: 0
     Checksum: 0x71f6 [correct]
     Cur hop limit: 64
   ▷ Flags: 0x00
     Router lifetime: 1800
     Reachable time: 12000
     Retrans timer: 3000
   ▷ ICMPv6 Option (Route Information)
   ▷ ICMPv6 Option (Unknown)

0000  00 00 02 00 00 00 00 00  00 00 00 00 00 00 86 dd    ........ ........
0010  60 00 00 00 00 38 3a ff  fe 80 00 00 00 00 00 00    `....8:. ........
0020  02 14 4f ff fe 96 f2 4e  20 01 06 e8 21 00 01 93    ..O....N  ...!...
0030  00 00 00 00 00 00 00 02  86 00 71 f6 40 00 07 08    ........ ..q.@...
0040  00 00 2e e0 00 00 0b b8  18 03 78 08 00 00 02 58    ........ ..x....X
0050  00 00 00 00 00 00 00 00  00 00 ff ff 51 5a 4d 00    ........ ....QZM.
0060  1e 02 00 00 0a 06 06 06  02 58 30 77 69 62 00 00    ........ .XOwib..
```

图 6.2　给出一条路由器通告的一项分组捕获，通告带有 RIO，它携带一个 IPv4 映射
的 IPv6 地址和 IPv4 默认网关地址（Wireshark 将之解释为未知的）

6.1.4　结论性的注释

讨论 3GPP 特定的 IP 流量卸载解决方案，并给出三个 IP 友好的卸载变种，这是有意做出的变种，仅操作在 IP 层，并利用 IETF 协议。一个蜂窝运营商可利用蜂窝网络连接作为一条安全命令信道，将卸载策略推送到 UE，同时仍然仅使用标准的 IETF 协议。实现经验证明了，仅使用 IETF 技术的 IP 层解决方案是可行的，在网络侧特别在 UE 侧部署起来是轻量的。

我们所面临的主要挑战之一是在操作系统中对 IPv4 流量卸载的支持。虽然现代 IP 栈为 IPv6 实现在一个多接口设备中的卸载提供了一个丰富的功能集，但对 IPv4 没有清晰可用的解决方案。另一个重要挑战是在 IETF 共同体中使用 DHCPv6 或路由器通告交付负载策略所面临的阻力，以及针对通用主机配置在 DHCPv6 和 IPv6 邻居发现协议之间的持久战争。

我们认为，最终部署的 IP 流量卸载解决方案将可能是 3GPP 中、IETF 中标准化的现有技术和现代 IP 栈能够完成的一种混合体。不太可能的情况是，主流操作系统的 IP 栈将实现 3GPP 特定技术，之后某个第三方拨号软件会添加那些缺失的元素。但是，对于未来，我们认为，就专用路由协议如何调整为端节点提供路由方面实施进一步的研究，将是有用的。路由协议的使用也许提供更具扩展性的架构，甚至为端节点提供改进的多接口性质。

6.2　演进 3GPP 载波支持多前缀和下一跳路由器

6.2.1　背景和动机

从 IP 观点看，自 GPRS 诞生以来，实际上 3GPP 演进的分组系统（EPS）[1] 载波和连接能力模型就保持不变。连接能力模型意味着许多技术和架构假定，一直未被触及的原因，诸如认为 3GPP 所产生的是对蜂窝接入唯一性的东西，这来自于担心会威胁到成熟的（established）服务模型。例如，添加一个新的 IP 地址或 IPv6 前缀，就必须创建 UE 和网络之间的一条附加连接，而不仅仅是向一个现有接口添加 IP 地址。这本质上将 UE 变为一个多接口的主机。在 3GPP 架构中，一个网关节点即一个 PGW，提供到一个外部 PDN 的访问。网关节点位于移动运营商核心网（归属或拜访网络）中，并将 UE 及其连接锁定为移动的和 IP 拓扑感知的（topology-wise）。

只要 IPv4 是唯一实用的 IP 版本且 UE 是传统的电话，则 3GPP 连接能力模型就运转正常（见 2.6.1 节）。电话有单一无线电接入技术，对应用的 IP 栈的有限开放性以及对 IP 连接能力的一种自顶向下方法。应用控制网络资源的激活，并具有它们需要哪种网络接入的内建知识［APN、服务质量（QoS）、IP 版本等］。采用 IP 连接能力自底向上方法的智能电话的显著快速增长和解决消费者 UE 上多个网络接入接口的实际挑战的最近浮现出的需要，为我们提供了重新考察 3GPP 载波和连接能力模型的一次机会。此外，APN 的使用，对于自底向上 IP 连接能力，证明了是概念方面的挑战。在现代 UE 中，对激活网络连接能力上，为各项应用提供较少控制，且一般而言，用于管理 UE 中的流量路由决策。

使用多条网络连接，支持服务和接入隔离是有代价的。每个 3GPP 载波和连接都消耗无线电网络和核心网资源，这些资源典型地受到许可证限制，而等价的功能可仅在单个网络接口上支持多地址（超出双栈范围）就可做到。但存在最新出现的提供到互联网捷径的愿望，对某些 IP 流量，旁路运营商基础设施的部分设施。如今的解决方案建立在使用多个接口上，这在纯蜂窝接入场景中就回退到激活一条专用连接，如一条支持 LIPA 的载波（见参考文献［1］的 4.3.16 节），或支持 SIPTO 的载波（见参考文献［1］的 4.3.15 节）。

我们对一个新的 3GPP 载波和连接能力模型的一种思路进行了试验，这种思路提倡在单条 3GPP 网络连接上的多编址方法，并放弃多 APN 的使用。我们提出一种新的 3GPP 链路抽象，这本质上将现有的点到点链路转变为类似一条非广播多址的链路，这允许在运营商的 IP 网络基础设施中 IP 流量的多个出口点。我们称载波和连接能力模型为演进的载波。

新的载波和连接能力模型是现有 3GPP EPS 的增量，带有当前 EPS 中可用载波类型的一个回退方式。因为对 IPv6 而言多编址是自然的，所以建议的增强措施仅可用于 IPv6。新的载波和连接能力模型继承现有的 IPv4 "在一条连接上的地址（address-on-aconnection）"假定。就像如今 EPS 载波的情形一样，IPv4 地址总是与 PGW 锚定在一起。

6.2.2　多前缀载波解决方案建议

1. 动机和设计目标

围绕 9 个基础设计目标，我们开始开发演进的载波。接下来讨论这些设计目标：

1）AP 的数量已经减少。在长期看，对任何端用户或一个 UE 请求的 APN 需要，应该绝迹。那将一定对移动主机设计具有正面影响，并方便移动主机的提供。

2）在一个 UE 上配置多个 IP 地址/前缀，不应要求激活多条 PDN 连接和默认载波。

3）将链路模型从一条严格的点到点链路改变为一条类似 NBMA 的链路，其中多路由器看起来就像在同一条概念性的链路上。各路由器逻辑上在同一条链路上，但遵循 NBMA 理念，不能以使用单播流量外的任何其他方式而相互通信。

4）不是所有的地址/前缀都需要移动性，这将在多编址和新链路模型的辅助下，引入简单 IP 的概念，其中某些 IP 地址/前缀拓扑上不与 PGW 锚定在一起，且在切换间不能存活下来。

5）UE IP 主机配置不应遵循 IETF 标准规程。我们承认，对于这项声明是有代价的，原因是在配置一台端主机方面，低层机制通常要显著地快得多。

6）在增强 IPv4 功能方面，不应投入任何精力。在演进的载波概念中，IPv4 地址仍然与一个 PGW 锚定在一起，且在新链路上没有其他中间节点可贡献其自己的 IPv4 编址或 IPv4 路由器。

7）不要改变现有网关选择规程和逻辑。它必须仍然可能的是，从一个拜访的网络或一个归属网络选择一个 PGW，且一个服务网关（SGW）是否与 PGW 位于一起（collocated）一定不要影响解决方案。

8）在没有一个网络地址转换（NAT）的情况下，使用单载波实现局部外发（breakout）功能。

9）多地址功能不应增加 EPS 载波的数量，且在附加信令方面应该是保守的。

2. 演进的载波链路模型

演进的载波"单管道"有几个"出口（leaking）点"、下一跳路由器和拓扑区域。每台下一跳路由器可贡献其自己的 IPv6 资源且直接发送给它的外发流量。即使所有路由器都在同一条演进的载波链路上，它们不能真正地看到或相互到达。链路范围组播流量是一个不错的范例。在 UE 和 PGW 之间将总是有一条"默认的"PDN 连接和载波，且这条连接也为与之锚定在一起的地址提供基于网络的移动性。"出口（leaking）点"的其他部分附接到被激活的演进载波，如果它们希望这样做的话。

如前所述，新的演进载波为 IPv6 模仿 NBMA 链路模型[12]。因此，仅支持低层的单播分组交付，虽然所有节点都由在同一逻辑链路上的 UE 和路由器组成。UE 通过正常的 IPv6 邻居发现协议方式了解到所有路由器的存在，且在链路上的路由器基于载波建立信令知道链路上的唯一端主机。明显的是，必须有低层的方式［即在非接入层（NAS）协议层］来区分各节点。因此，存在对链路层寻址或一个等价概念的需要。当前 3GPP 链路中没有链路层寻址。对于演进载波链路上的中间路由器，需要链路层地址或其等价概念，来高效地检测哪些流量的目的地是这些路由器，而不需要主动地检测 IP 层的流量内容。

演进载波钩入到分组数据汇聚协议（PDCP）[13]内，该协议工作在 UE 和演进节点 B（eNodeB）之间。仍然存在几个未用 PDCP 协议数据单元（PDU）类型代码可加以使用。可为演进载波目的保留两个或三个以上的类型，即一个类型用于 eNodeB 终结的/外发的流量，一个类型用于 SGW 终结的/外发的流量。PGW 终结的流量可使用现有的 PDCP PDU 类型号。在无线电接入载波（RAB）层次上，这种方法是保守的，原因是对于新地址或 eNodeB/SGW 终结的流量，不需要新载波。将仍然需要一个附加的 S1-U 来表示 SGW 终结的/外发流量。这可能是 RAB 消耗的一项公平折中（compromise），且也可降低整体信令。eNodeB 可为局部消耗或转发到载波（发往 PGW 和 SGW，而不需要一次 IP 查找）完成流量区分。

链路层寻址的问题，或更准确地说缺乏链路层寻址，是仍然存在的。从 UE IP 栈观点看，有一种合适的链路层寻址使 IPv6 的集成更加简单，原因是 IPv6 被设计为最佳地工作在带有链路层地址的支持组播的链路之上。一种直接的解决方案是将 PDCP PDU 类型代码（对于数据分组）映射到链路层地址或就一个 UE、eNodeB、SGW 和 PGW 的一种通用链路层寻址方案达成一致。链路层编址没有意味着该地址讲述演进载波链路上每个节点真正的层 2 地址。目标是支持将 IP 流和 IPv6 前缀比较容易地映射到 PDCP PDU 类型和无线电层次的构造，由此链路层仅是带有已知名字空间的一个概念构造，在名字空间中地址隐含地包含网络节点（流量终结于该处）的信息。表 6.1 给出了链路层地址映射到 PDCP PDU 类型可能看起来是什么样子的。我们将链路层地址映射到一个 EUI-64 地址。在例子中，组织级唯一标识符（OUI）"aa:bb:cc"是虚构的。要求一台 PGW 路由器遵循所建议的 EUI-64 可得以放松，因为不要求 PGW 遵循新的基于 PDCP 的 EUI-64 方案。毕竟，演进的载波对 PGW 没有影响。

表 6.1　映射到一个 EUI-64 标识符的 PDCP PDU 类型

PDU 类型	EUI-64 标识符	备　　注
000b	无	控制 PDU 的现有类型
001b	aa:bb:cc:01:00:xx:xx:xx	使用现有 PDU 类型空间的 PGW 终结的流量
010b	aa:bb:cc:02:00:xx:xx:xx	eNodeB 终结的流量，新的 PDU 类型值 2
011b	aa:bb:cc:03:00:xx:xx:xx	SGW 终结的流量，新的 PDU 类型值 3
100b	aa:bb:cc:33:xx:xx:xx:xx	上行链路组播流量，将到达 eNodeB、SGW 和 PGW，新的 PDU 类型 4

演进的载波将仍然被建模为一个孤立的每 UE 链路，即除了路由器外，附接到演进链路的可能仅有一个端主机。图 6.3 形象地给出了演进载波看起来是什么样子的，并给出 PDU 类型、不同载波和概念性的链路层地址。

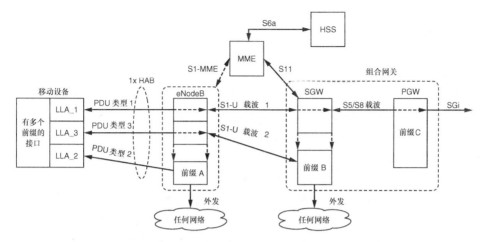

图 6.3　在演进载波内 PDCP PDU 类型和不同 3GPP 载波的映射

通过"SGW 路由器"或"eNodeB 路由器"提供的 IPv6 前缀,不提供移动性或任何其他高级的功能特征,如策略和缴费控制(PCC)[14],它们典型地与 3GPP PDN 连接和 EPS 载波相关联;IPv6 前缀仅用于单纯的简单 IP 用途。应该指出的是,终结在 eNodeB 的 IPv6 前缀的处理,不需要为其演进的载波处理而与移动管理实体(MME)通信。IPv6 前缀是完全本地于 eNodeB 节点的。在切换或 SGW 重新定位过程中,仅确保 PGW 锚定的前缀保持相同。

演进载波仍然构建于现有 EPS 载波之上,但仅涉及有关默认载波的部分。因此,需要理解如下细节:

1)演进载波支持 PDN 类型 IPv6 和 IPv4v6,但不支持 IPv4。

2)演进载波与默认 EPS 载波命运共享。当激活默认载波时,eNodeB 和 SGW "路由器"以及其相应的设置规程取决于运营商的配置,可激活和启动通告它们的存在与链路上的前缀。同样,当删除默认载波时,与 eNodeB 和 SGW 路由器及其寻址有关的任何信息也被删除。

3)除了与 PGW 终结的/外发流量有关的载波外,针对演进载波的区分性 QoS 处理,是没有专用载波概念的。那部分保持未做修改,与 EPS 载波相同。

4)IPv4 寻址仍然是可能的,但仅用于 PGW 终结的流量和当使用 PDN 类型 IPv4v6 时的情况。eNodeB 和 SGW 终结的/外发流量都不支持原生 IPv4。

5)演进载波继承 IPv6 地址如何配置的 3GPP PDN 连接假设[15, 16]。那就意味着,SLAAC[17] 是配置一个地址的唯一方式,且单个前缀信息选项(PIO)[18] 可存在于从一台路由器接收到的一条路由器通告之中。通告的/64 IPv6 前缀总是将一个 PIO 中的 L 标志设置为 0。

由 eNodeB 和 SGW 发出的路由器通告前缀信息选项(PIO)中的寿命不需要设置为无穷,原因是那些终结/外发点可在不同于 PGW 的管理之下。演进载波的 eNodeB 部分是最独立的，其中的改变可在不影响 3GPP 系统其他部分的情况下加以实现。

3. 组播考虑

虽然演进载波被建模为一个 NBMA 类似的链路，需要在 IP 层定义在其上组播是如何工作的，特别从 UE 角度看更是如此。就 IPv6 NDP 而言，这是重要的，IPv6 NDP 是在互联网控制消息协议版本 6（ICMPv6）上携带的，并大量使用了链路范围的组播。

从演进载波路由器的观点看，它们未必看到其他路由器发送的组播流量。路由器源发的 IP 组播总是在载波层被单播到 UE。类似地，UE 源发的 IP 组播总是在载波层被单播到演进载波链路上的所有路由器的。在演进载波之上没有真正的组播。

演进载波链路之上的 IP 层组播可以两种方式实现。第一种，UE 可总是制作组播分组的多个备份，之后使用 PDCP PDU 类型派生的机制将每个备份单播到相应的路由器。多个备份意味着无线电接口上的不必要额外负担，但从网络的转发角度看，在 IP 组播或单播之间没有区别。第二种，为 UE 源发的 IP 组播还可保留另一种 PDCP PDU 类型，见表 6.1。使用这种方法，仅有分组的一个备份将在无线电接口之上发送，且 eNodeB 将处理完成 IP 分组所要求的多个备份，并将那些备份进一步交付到其他路由器，即交付到 SGW 和 PGW 路由器。

使演进载波路由器对重复地址检测（DAD）和地址解析做出响应，几乎没有什么负担。无论如何，可采用预先计算的应答处理多数邻居发现协议操作。

支持 NDP 重定向，现在也许在演进载波中是有意义的。在那种情形中的假定是，演进载波路由器应该有相互存在、所用链路本地地址和其他地址管理的某种类型带外知识。

4. 每载波多个 IPv6 前缀和流量疏导（Steering）

令人感兴趣的问题是，在 IP 层，一个演进载波对一个 UE 看来是什么样的。UE 将演进载波看作在其上有一台或多台路由器的一条链路。由于到 PGW 的默认载波建立，PGW 路由器总是存在的。基于网络侧配置，eNodeB 和/或 SGW 路由器也许是活跃的。通过从演进载波路由器接收一条路由器通告（是非请求的或在发送一条路由器请求之后），UE 了解到这些路由器的存在。每条路由器通告也许包含至多一个 PIO，其中包括一个前缀，由 UE 用来配置它的地址。来自 PGW 路由器的路由器通告必须包含带有一个前缀的一个 PIO，但来自其他演进路由器的 PIO 也许并不包含前缀。最低限度下，UE 了解到演进路由器的链路本地地址及其路由器优先级。每台演进载波路由器可有其自己对优先级的视图。

在 UE 从一个演进载波上不同路由器接收到多个 PIO 的情形中，明显地，UE 可在其接口上配置多个地址。当 UE 必须为其外发流量选择一个源地址时，施用由 IETF 定义的标准默认源地址选择[10]。在演进载波上，UE 也可以有至多三台默认路由器。默认路由器是完全基于现有 IPv6 规则和实践的[18,9,19]。在选择接口标识符（IID）的过程中，UE 可仍遵循现有的 3GPP 规范。

使用演进载波解决方案，一个网络运营商可容易地利用 RFC 4191[9] 的路由器优先级和更具体的路由，来选择对 UE 可见的三台路由器中哪台路由器被用作最具优先权的默认路由器。例如，运营商可配置一个 eNodeB 为高优先级默认、一个 SGW 为中优先级默认和一个 PGW 为低优先级默认网关。这将容易地使用标准 IPv6 机制，告诉 UE 为默认流量要使用哪条路由。

这里有某个网络部署问题。如果 UE 决定通过一台下一跳路由器使用一个源地址（不是由那台路由器通告的）将流量发送到一个任意目的地，会发生什么情况？入口（ingress）过滤是叶子网络中的一个常见实践，这将导致流量被丢弃（一条可能的 IC-MPv6 发回到 UE）。如果没有入口过滤，则返回流量将无论如何会被路由去往源地址拓扑上所属的网络，导致发生非对称的路由。当涉及有状态的中间设备（如防火墙）时，已知非对称路由是有问题的。

我们认为，演进载波是局部化内容分发和直接移动到移动通信的一项有前景的技术。演进载波不仅是关于外发到互联网的。外发可确定地涉及局部化缓存和信息资源。取决于网络架构和 SGW 与 PGW 的共位性质，内容可在接入网络中的多个层次分发。

5. 切换

仅有 PGW 锚定的前缀才提供移动性。当作为一次切换的结果，eNodeB 或 SGW 改变时，就不能保证目标 eNodeB 或 SGW 处在同一拓扑区域之中。因此，在一次切换之后，UE 应该总是验证在其多地址接口上的老旧 IP 配置是否仍然是有效的[20]。人们期望的是，实现演进载波的一个 UE 也为其 IP 栈中的检测网络附接 DNA[21] 实现简单的规程，且能够从其网络接口层向 IP 栈提供所要求的链路事件。使用 DNA，UE 可验证其演进载波 IP 配置是否仍然是有效的，并当无效时，刷新配置。从网络观点看，当一台新的移动设备连接到 eNodeB 和 SGW 路由器时，它们必须发送路由器通告。

另一种人们感兴趣的情形是技术间的切换。现有 3GPP 规范已经为这个主题用去了大量文字（a job lot of text）。在技术间切换之后，演进载波甚至不尝试或规范对 eNodeB 和 SGW 发生了什么情况。在现有 3GPP 规范已知的所有情形中，从 eNodeB 和 SGW 学习到的前缀简单地丢失了。在一次切换之后，网络需要从 MME 和 SGW 清除可能的演进载波状态，这再次是人们期望的行为。

在切换过程中，MME 负责为 SGW 终结的/外发流量创建一条 S1-U 隧道。目标 eNodeB 从 S1-MME 信令中了解到这样一条隧道是否已经可用。在 6.2.3 节中，将为这个目的讨论所要求的 S1-MME 增强措施。

6. 与 EPS 的后向兼容

演进载波建议，依赖于一个特定的 PDCP 行为和维护现有 3GPP EPS 载波，作为保障后向兼容性的一个基础。演进载波没有定义其自己的 PDN 类型。要仔细研究的有两种情形：当一个 UE 不支持演进载波时，会发生什么情况，以及当网络不支持演进载波时，会发生什么情况？

在附接请求 NAS 信令消息[22]中 UE 网络能力信息元素中保留一个比特"演进能力"可能是有道理的，其中一台移动主机可显式地声称它支持演进载波。基于新的"演进能力"比特，网络可完全忽略为演进载波所做的准备工作，并保留信令和资源。不需要在 UE 方向的一个错误原因码，声称不支持演进的载波。如果网络不支持，则就没有方式响应任何有意义的信息。

如果一个 UE 不支持/实现演进载波，那么除了在现有 PDCP 规范[13]中已经确定的那些 PDCP PDU 类型外，不期望接收或发送任何 PDCP PDU 类型。PDCP 规范声称，简单地丢弃未知 PDCP PDU 类型。

在一个网络不支持演进载波的情形中，像在现有 3GPP 规范中确定的那样，激活默认的 EPS 载波。即使当 UE 希望发起演进载波时，UE 也使用现有 PDN 类型 IPv6 或 IPv4v6。这来自于在现有 EPS 载波之上构建的设计选择。明显地，如果一个网络不实现演进载波，则它不会使用现有 PDCP PDU 类型外的其他方式发起任何流量。如果一个 eNodeB 从支持演进载波的一个移动节点接收流量，则依据现有规范，简单地丢弃未知 PDU 类型。

因为 SGW 外发点上的演进载波路由器，不能度过 SGW 改变的情形，所以就不会出现这样一种情形，其中 eNodeB 将不支持演进载波，而 SGW 激活演进载波的情况。MME 总是演进载波上 SGW 外发/路由器激活的发起者。注意 eNodeB 在演进载波上可处于不活跃模式，而 SGW 外发/路由器处于活跃模式。

就新演进的特定 PDCP PDU 类型而言，PDCP 数据（PDU）携带鲁棒的首部压缩（RoHC）[23]封装的 IP 分组。同样的假定也适用于演进载波。

6.2.3   整体影响分析

演进载波对 3GPP 架构和 UE 具有已知的弦外之音，并有附加的开放问题。这里将简短地讨论一下那些隐含意义和问题。

1. 对 3GPP 架构的影响

订购概要当前包含服务，甚至包含 IP 寻址提供方面的信息。也许存在这样一项需要，即增强订购概要，因此增强 S6a MME 到归属用户服务器（HSS）接口[24]，以便携带一项指示，指明在 eNodeB 和/或 SGW 中是否支持一个外发（点）/路由器。在接口层次，影响将是单个新的枚举 Diameter 属性值对（AVP），陈述演进订购性质。默认行为将是不支持演进载波。

在演进载波设计中，策略和缴费控制（PCC）根本不会受到影响。我们有意地留着这部分未做改变。在 eNodeB 和 SGW 部分上，演进载波甚至不会因为 QoS 目的而支持 EPS 专用载波，这主要是因为策略和缴费控制（PCC）系统和 PGW 没有 eNodeB 和 SGW 上使用的寻址知识。如果期望具有 QoS 和 PCC，则那些仅适用于 PGW 终结的流量。

当前 3GPP 系统的地址管理也不会受到影响。演进载波设计是这样的，即部署那些演进载波的一个运营商负责在配置 eNodeB 和 SGW 层次配置寻址，其中使用非 3GPP 方式。因为演进载波不在切换期间预留前缀，也没有对地址管理和 IP 移动性支持信令的支持。

GTP-U[25]是完全没有涉及的。这适用于 S5/S8/S1-U 接口的 GTP 用户平面（GTP-U）。GTP-C[26]也需要为 MME 和 SGW 之间的 S11 接口使用进行增强。需要能够告知 SGW，一个特定的 S1-U 隧道没有一个相应的 S5/S8 GTP-U 隧道。

　　S1-MME 接口[27]需要增加，携带从 MME 到 eNodeB 的演进载波能力和提供信息。一个枚举式的信息元素可被包括到从 MME 发送到 eNodeB 的初始语境设置请求中。枚举式信息元素指明是否：①eNodeB 可被激活为一个外发/路由器；②SGW 可被激活为一个外发/路由器；③都被激活。另外，存在对 S1-MME 信令中一个新信息元素的需要，指明该 eNodeB 实际上支持演进载波功能。这个信息可被放置到初始 UE 消息或上行链路 NAS 传输消息内。基于这个指示和订购信息，MME 知道对演进载波目的是否需要进一步的 S1 和 S11 规程。

　　NAS 信令将受益于 UE 是否支持演进载波的一个显式指示。如在 6.2.2 节中讨论的，可采用附接请求 NAS 消息中 UE 网络能够信息元素中的一个演进能力比特增强 NAS 信令。eNodeB 和 MME 将使用这个信息确定是否要在网络侧为演进载波需要准备任何信息。

　　一个 eNodeB 和一个 SGW 将有较大的影响。首先，这两个节点都需要一项 IP 路由器功能和在用户平面的相关 IPv6 栈功能特征进行增强。此外，eNodeB 具有一项额外影响，因为它需要修改 PDCP 实现以及对 S1-MME 接口实施增强。应该指出的是，如果 eNodeB 确实支持演进载波（支持将影响降低到两者中的单个网络节点），则 SGW 不需要支持演进载波。就 SGW 影响而言，现在将有一个载波的"新类型"。更具体而言，用于 SGW 终结的/外发流量的 S1-U 载波，没有去往 PGW 的匹配 S5/S8 载波。

　　除非 SGW 和 PGW 是同一个组合节点且 SGW 实现演进载波，否则一个 PGW 根本不会受到影响。

　　PDCP 受到影响，原因是整个演进载波概念依赖于其扩展。

　　一个 MME 受到影响，原因是需要增强 S1-MME 接口，出于两个目的：携带演进能力/提供指示，并为 SGW 终结的/外发流量激活 S1-U GTP 隧道。默认行为是不建立演进载波，仅忽略掉附加的演进载波相关信息元素。

　　在切换期间演进节点 B（eNodeB）之间的 X2 接口[28]没有影响，原因是演进载波不需要从中得到任何信息。

　　当 SGW 外发/路由器被激活时，信令总量确实增加许多条消息。但是，那仍然仅涉及 S1 信令和足以建议一条 S1-U 隧道的部分。没有附加的 PCC、S5/S8、DNS 名字解析，或定购处理相关的信令，相比于传统的 EPS 载波建议，则是相当轻量的。

2. 对 UE 实现的影响

　　针对演进载波类型的 UE 修改，将集中围绕于 IP 栈和蜂窝调制解调器之间的接口，可能是相同或独立设备内的 IP 栈和蜂窝调制解调器。本质上而言，在新类型载波的初始建立之后，调制解调器必须能够将从 IP 栈到达的上行链路分组映射到正确的 PDCP PDU 类型，并将带有不同 PDCP PDU 类型到达 IP 栈的下行链路分组做出区分。IP 栈本身将看到多台路由器，并将使用已经在多路由器链路上使用的标准规程在它们间做出选择，所以 IP 栈本身不需要做出协议改变。当然，IP 栈应该有多路由器链路所要求的标准功能特征，如对 RFC 4191 的支持。但是，UE 移动性可导致 eNodeB 和/或 SGW 上的改变，所以 IP 栈采用 ICMPv6 或 DHCPv6 通过那些路由器学习到的信息可能变得过时。所以在 eNodeB 和 SGW 中的改变需要产生从蜂窝调制解调器到 IP 栈的"链路上线"
（link-up）事件，从而 IP 栈可实施信息刷新规程。

将不同 PDCP PDU 类型呈现给 IP 栈，可有几种方法。遵循 NBMA 链路设计的一种
可行方法，是为多台路由器呈现带有一个网络接口的 IP 栈，每个接口有不同的链路层
地址（见表 6.1）。在这种方法中，当将下行链路 IPv6 分组封装到 UE 内部接口的以太
网帧时，蜂窝调制解调器将使用指定的链路层地址作为源地址。上述实现方法具有这
样的优势，即对应用是相当透明的，特别当 UE 架构风格在某时刻（at a time）将应用
绑定到使用单个网络接口时更是如此。此外，如果 IP 栈在一个独立的设备上，这种方
法实际上是唯一的选择（例如，如果 UE 是栓链在一起的、共享的、以蜂窝连接到其他
设备的话）。

6.2.4　开放问题和未来工作

在这项研究中，将几个领域留下未做讨论或仅做部分关注。第一个领域是空闲模
式（Idle Mode）移动性。第二个领域是将演进载波可能引入到 GPRS 和 3G。

我们说明，每条路由器通告可至多包含一个 PIO。这遵循现有的 3GPP 规范，但证
明将松弛限制的用例是合理的。这个专题也留作进一步的研究，主要是因为当前没有
可靠的方式在与前缀关联的"角色"或"服务"之间做出区分，即没有可用的前缀着
色法（prefix coloring）[29]。

演进载波的当前设计仍然仅支持无状态地址自动配置[17]，这遵循地址配置的现有
3GPP 标准方法[15, 16]。但是，就无线宽带接入的未来发展而言，探索如何在演进载波上
支持 DHCPv6[30] 和有状态地址自动配置，不可否认的是，是有用的。DHCPv6 有运营商
极度关注的许多管理方面。

最后，当在 EPC[32] 中使用代理移动 IPv6（PMIPv6）[31] 而不是 GTP 时，完全忽略了
演进载波。但是，我们认为，它是可行的，但由于 UE 和 PGW 之间的一种不同链路实
现，相比 GTP，一定存在其他的挑战。

6.3　LTE 作为家庭网络的上行链路接入

6.3.1　IETF 下的 Homenet

IETF 一直在研究称为 Homenet（家庭联网）的一项有趣的专题，为得到最新状态，
请参见 http：//tools. ietf. org/wg/homenet/。该项工作是有关将 IPv6 引入到小型驻地家庭
网络中的。协议方面工作结果，也可能在驻地域外的其他小型网络中找到应用。纯 IPv6
家庭网络是可能的，但不会排除 IPv4 的存在。但是，IPv4 特定工作和增强措施不在
Homenet 范围内。采用 IETF 工作组章程的说法，将解决的专题包括：

1）路由器的（自动）前缀配置：配置涉及家庭网络内部路由器和客户边缘路由
器[33]。存在基于前缀委派和 DHCPv6[34, 35] 的多种方法，可能要扩展 IPv6 NDP 或路由

协议[36]。

2）管理路由：当存在多个子网时，家庭网络内部路由必须以某种方式（somehow）完成[37]。不可能在所有时间都依赖于默认路由。

3）名字解析：如何发现名字服务器并使之提供给家庭网络内每台主机，命名内部节点，以及如何管理可能的命名委派和反向区域[38,39]？

4）服务发现：在一条链路范围上发现网络服务，有多种方式，但如何将之扩展到多个子网和不简单的（non-trivial）拓扑[40]呢？

5）网络安全性：在一个家庭网络内，需要至少有内置的最小程度的安全性质[41]。同样，要动态地发现家庭网络内的"安全边界"，也许并不简单。

人们已经做出展望，即未来支持 IPv6 的驻地家庭网络拓扑上是不简单的，且人们希望有意或无意地在那些实际上简洁的网络上部署的服务，正朝合适分段的网络方向发展，并随之带来所有的复杂性。当前的 IPv4 且经常是基于 NAT 的家庭网络，倾向于在设备外发挥作用，即使在网络中存在内嵌的 NAT 设备时也如此（但明显的是，这些网络受到由转换带来的连接能力限制，如网络分段之间有限的可见性）。IPv6 仍然是一项相对年轻的技术，特别当涉及"无知的"消费者及其带有所有其多样性（不良行为）的网络设备的家庭网络时更是如此。而且从消费者观点看，所有这些必须在零配置下可正常工作。仍然有一些工作要做。

IETF 工作组排定任务要做的第一项任务是，布局（lay out）一个架构文档，概要列出如何构造涉及多台路由器和子网/分段的家庭网络，而在子网之间没有 NAT 设备。预期架构文档[42]要实现 IPv6 寻址架构[43]、前缀委派[44]、全局和独特的本地地址（ULA）地址（从而使当全球互联网的访问临时丢失时，家庭网络可以内部方式仍然工作正常）、源地址选择规则[10]、内部路由、自动配置［如基于开放最短路径优先版本 3（OSPFv3）[45]提出的一项建议］以及 IPv6 架构的其他现有组件。

当有必要时，对现有标准的改变和改进是可能的。假定连接驻地家庭网络到互联网的路由器遵循现有的指导原则和需求[41,46]。

6.3.2　Homenet 和 3GPP 架构

（有线）驻地家庭网络与 3GPP 无线网络接入有什么共同点？可能并且已经发生在几种场合，即蜂窝接入技术将在消费者端设备（CPE）中替换有线电缆。具体而言，LTE 具有足够的带宽和合理的往返时间来满足大型消费者群体，特别在刚刚浮现的市场中更是如此，其中部署有线互联网接入将证明比无线要远较麻烦得多。

家庭网络中的寻址将极可能构建在 DHCPv6 之上。从发行版本 10 开始，3GPP 将 DHCPv6 前缀委派支持添加到其架构中。如在 4.4.6 节看到的，3GPP DHCPv6 前缀委派具有以下特殊性[47]，这对于具有在有线网络上部署 IPv6 的以前经验的人们来说，也许不明显。此外，被委派前缀的寿命与无线连接的寿命是命运共享的。如我们所知，无线连接，即使当静态时，也倾向于出现卡顿（hiccup）。如果无线部分（PDN 连接）是动态提供的，那么被委派的前缀也是动态指派的，这最可能导致家庭网络中频繁恼人的重新编址。这将是不可接受的。因此，链接到静态前缀委派的静态 PDN 连接地址指派更可能是一项需求，这是指当使用 LTE 连接能力作为线缆替换时的情况。依据 4.4.5 节，就现在而言，3GPP 规范中的静态寻址不完全是一项"完成的交易"（done deal）。仍然有一些工作要做，至少在 3GPP 中情况是这样的。

3GPP 发行版本 10 仍然是相当超前于正常移动运营商发行版本周期的，这意味着 DHCPv6 前缀委派在其实际实化（materialize）之前，可能需要一些时间。当然总是可能的是，一个特定的功能特征选择较早的软件发行版本。同时，非常可能的是，LTE 或 3G 连接是线缆替换物，此时 CPE 深陷（stuck with）单一/64 IPv6 前缀，且对于任何参数配置，对 DHCPv6 没有移动网络侧支持。例如，出于如下原因，这将构成一个"有趣的"（解释为带有挑战性的）驻地家庭网络部署场景：

1）3GPP 链路模型要求/64 IPv6 前缀也配置在 CPE 的广域网络（WAN）链路侧。存在与 3GPP UE 栓链语境的相关讨论，其中在一个 UE 的两侧使用单个/64 IPv6 前缀[48]。

2）在家庭网络侧，邻居发现代理[49]不是真正有用的，原因是不能保障无环的拓扑。

3）DNS 服务器信息使用非 IP 技术动态地来自于移动运营商，其中之后该信息进一步传播到家庭网络中。

4）在每次蜂窝 WAN 链路下线和再次上线时，/64 IPv6 前缀可能都要改变。

不充足的编址资源/能力也许导致回退解决方案，并提倡 IPv6 NAT 的部署，这从最乐观的方面看也是不幸的。

6.3.3　其他 3GPP 部署选项

4.2.4 节讨论了外部 PDN 接入，它是使用 PGW［作为 L2TP 接入集中器（LAC）］和一个 LNS（位于外部 PDN 中）之间的一条 L2TP 隧道实现的。图 6.4 给出了使用 L2TP 用于 PGW 和外部网络连接能力的一个部署选项。

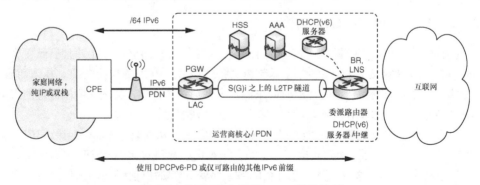

图 6.4　使用 L2TP 的 Homenet 部署选项

对将用户前缀交付到 CPE，未必存在对 DHCPv6 前缀委派的需要。指派到用户的

IPv6 前缀将被"静态地"路由到驻地家庭网络,此时从 CPE 到 PGW 的 PDN 连接已经建立。另外,LNS 可以具有一台 DHCPv6 服务器或一个中继的角色,并令驻地网中的 CPE 使用 DHCPv6 前缀委派请求被委派的前缀。对于指派到 PDN 连接的 IPv6 前缀和指派的驻地家庭网络 IPv6 前缀,相比对 3GPP 发行版本 10 定义的 DHCPv6 前缀委派,没有更多的类似聚合要求。这种需求的"不一致"源自如下事实,即基于 L2TP 的解决方案不是一项 3GPP 标准,而仅是一项常见的厂商支持的特征。另外,那么所述基于 L2TP 的部署将丢失可能的 PCC 集成优势,原因是 PCC 不能处理非聚合的前缀。

实际上,情况也可能是,驻地家庭网络 CPE 与 LNS 使用常见内部路由协议之一,并采用那种方式使路由处在家庭网络和移动运营商 PDN 之间。

6.4　端口控制协议

在互联网中的主机非常常见地运行这样的应用,它们利用长存活的连接或需要能够接收到达的连接。典型应用包括即时消息、VoIP、文件共享、游戏、物联网(IoT)或机器类型的通信(MTC)或机到机(M2M)节点和操作系统的通用通知信道。

在理想互联网中,各应用在具有长持续连接或接收到达传输会话上没有严重的问题。但是,在真正的运营型互联网中,这些功能特征经常是不可用的。各网络部署 IPv6/IPv4 网络地址转换(NAT64)和从 IPv4 到 IPv4 的网络地址转换(NAT44)(在本节中均称为 NAT)以及防火墙或其他中间设备,它们均对传输层会话可持续空闲多长时间和是否允许到达的连接施加限制。在对网络没有任何控制的条件下,主机实现必须发送频繁的存活信令以便保持 NAT/防火墙映射处于打开状态,这在 3GPP UE 中是一项严重的功率消耗因素。此外,在对网络地址转换(NAT)和防火墙的端口转发规则没有控制的条件下,要接收非请求的到达连接,经常是不可能的。

长时间以来,在局域网(如家庭网络)中已经存在了针对由 NAT 和防火墙导致的连接能力问题的自动化解决方案。最常见的解决方案是通用插拔(UPnP)互联网网关设备(IGD)设备控制协议(版本 1.0[50] 和添加 IPv6 支持的版本 2.0[51])和 NAT 端口映射协议(NAT-PMP)[52]。这两个协议都支持主机请求一个本地 NAT 或防火墙(经常处在主机属主控制下的一台设备)来创建端口转发规则,这些规则将有助于主机上的应用(发挥作用)。值得指出的是,手工将端口映射规则配置到本地 NAT 或防火墙经常是可能的,即使当映射规则经常变化时这可能是一个烦人的过程和不可扩展的,这种操作也是可能的。

虽然 UPnP 和 NAT-PMP 已经服务本地用例,但运营商级别的 NAT44 和 NAT64 的出现还是带来了挑战。人们期望能够当他们有公开 IP 地址(不做地址转换)使他们能够做的那样使用服务,虽然将 NAT 引入到网络使那种情形成为一项麻烦的目标。作为技术,UPnP 和 NAT-PMP 不适用于控制运营商核心网络中的一个网络实体。为这个鸿沟搭通桥梁,IETF 正积极地开发一个称作端口控制协议(PCP)的协议,它可为端用户提供对运营商核心网络中 NAT 或防火墙的某种控制[53]。在本书撰写时,PCP 还没有发布为一项 RFC。因此，建议检查 IETF PCP 工作组的最新状态。

6.4.1　部署场景

从 3GPP 网络观点看，最重要的部署场景如图 6.5 中的情形 A 和 B 所示。在场景 A 中，UE 实现 PCP 客户端，NAT/防火墙在其内部实现 PCP 服务器。这是最简单的部署。

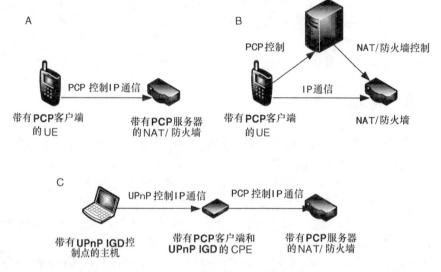

图 6.5　PCP 的三种部署场景

场景 B 与场景 A 的区别在于，PCP 服务器没有处在 NAT/防火墙处，相反却在一个独立网络实体上。从 UE 观点看，场景 B 实际上与 A 没有区别。明显地，从网络角度看，区别是显著的。有趣的是，分离的部署模型得到 PCP 建议的支持，但 PCP 服务器和 NAT/防火墙之间的接口留下未做定义，并由专用解决方案加以实现。

场景 C 给出部署模型，这是 PCP 的主要用例。在这种情形中，一个 CPE 实现局域网（LAN）和上行链路互联网连接之间的一项网络互联功能，这可以是 6.3 节中讨论的 LTE。本质上来说，如果 CPE 实现 NAT/防火墙并在其上行链路上有一个公开 IP 地址，则现有 UPnP 和 NAT-PMP（图中没有画出 NAT-PMP）协议就足够用了。但是，如果 CPE 有来自网络提供商的一个私有 IP 地址，则要求扩展 UPnP 和 NAT-PMP 可达性的某种方式。所以，CPE 将实现这样一个软件，它将 LAN 上的 UPnP 和 NAT-PMP 消息转换为 CPE 上行连接上的 PCP 消息[54]。

在所有这些场景中，NAT 可以是任何种类的 NAT，如通常的 IPv4 到 IPv4 类型的，或者也可以是 NAT64 IPv4 到 IPv4 协议转换器。

6.4.2　协议特征

PCP 的核心特征如下：

1）**降低保活流量**。通过支持对现有或新的 NAT 映射的寿命控制，PCP 支持客户端影响它们需要发送保活分组的频率。

2）**端口转发控制**。PCP 支持应用创建从一个内部 IP 地址、协议和端口到一个外部 IP 地址、协议和端口的映射规则。地址族之间的混合使用是可能的。

3）**对传输层协议的支持**。支持利用 16 比特端口号的传输层协议。这些包括 TCP、数据报协议（UDP）、流控传输协议（SCTP）和数据报拥塞控制协议（DCCP）。不使用端口号的传输层协议仅支持带有防火墙和前缀转换场景，但不适用 NAT 场景。这些包括互联网控制消息协议（ICMP）、ICMPv6 和封装安全净荷（ESP）。

虽然 PCP 不能控制从客户端到目的地的路径上所有路由器和设备，但通常能够控制客户端所在的接入网络就足够了。如果目的地是公众互联网中的一项服务，则 NAT 和防火墙的重要性就在客户端接入网络上。在对等通信的情形中，像这样做就足够了，即由两个对端在其相应的接入网络中控制 NAT 和防火墙，之后使用一个特定应用的一种集结协议 [如会话初始协议（SIP）] 将面向公众的 IP 地址和端口号传递给对端。PCP 不关注使用哪种集结协议。

6.4.3　PCP 服务器发现

通过手工配置、提供，或在动态主机配置协议（DHCP）[55] 的帮助下，PCP 客户端可了解到一台 PCP 服务器的 IP 地址或完全合格的域名。另外，客户端可简单地尝试将 PCP 请求发送到客户端为其自己配置的默认 IPv4 和 IPv6 路由器，或也许像最近建议的那样使用任意播地址 [96]。

6.4.4　协议消息

PCP 协议基于这样的思路，即 PCP 客户端指明它们喜欢哪种服务，且 PCP 服务器将客户端要得到的信息通知给它们。对支持什么的控制完全在服务器侧 [53]。在基本操作中，PCP 客户端为其自己发送请求，但当 PCP 用在完全被信任的网络中时，PCP 也支持由第三方发送的请求。

PCP 消息使用最大消息尺寸 1100B 的 UDP 进行传输，这个尺寸是足够小的，可支持一些隧道首部且仍然可填入 1280B 的 IPv6 最小的最大传输单元（MTU）中。

出于简单性考虑，PCP 消息中的 IP 地址总是在 128bit 字段中传输的。但字段包括一个 IPv4 地址时，使用 IPv4 映射的 IPv6 地址格式，见 3.1.8 节。

在下面各节讨论 PCP 的概述。在基本规范 [53] 中存在完整的协议规范特征和细节。

1. PCP 请求

所有 PCP 请求包括请求类型、32bit 的请求寿命、PCP 客户端自己的 IP 地址以及还有可能的可选信息元素。

在基本规范 [53] 中定义了如下两种请求：

1）**MAP**：在建立一条传输层连接之前，MAP 请求可被用来创建内部和外部地址、协议和端口之间的显性端点独立映射。在 MAP 请求中，客户端提供有关一个随机数、一个高层协议和一个内部端口的信息，并提议一个外部 IP 地址和端口。

2）**PEER**：PEER 请求可被用来创建一个新的端点相关的映射，或控制一个现有映射的寿命（是由已经建立的传输层连接创建的），这些映射是到一个远程对端之 IP 地址和端口的映射。

这两条请求消息都包括一个请求的外部 IP 地址，例如当一个客户端正恢复一个过时的也许丢失的状态到 NAT 或防火墙时，这个地址是有用的。对于诸如主动模式文件传递协议（FTP）（它在单个应用层会话内要求不同的传输层流）等应用使用相同的 IP 地址，这也是一个有用的性质。

如果一条请求是用于没有 16bit 端口号的一个协议，则认为该请求适用于那个协议的所有消息。

协议本身支持所有协议和所有端口的映射，在这种情形中，NAT/防火墙本质上有外部和内部 IP 地址之间的 1：1 映射。

2. PCP 响应

所有 PCP 响应都包括响应类型（指明成功或失败原因的一个结果）、服务器的时期（epoch）时间值、可选信息元素，以及之后的一个 32bit 寿命，指明一个映射的寿命，或在出错情形中，响应可能同样保持这种情况有多长时间。

为这两个指定的请求定义了响应：

1）**MAP**：当支持映射的情形中，PCP 服务器返回客户端的是同样的随机数、协议、内部端口和指派的外部 IP 地址与端口，这可能与客户端请求的相同或不同。

2）**PEER**：在成功的情形中，PCP 服务器返回客户端的是有关为客户端指派的外部地址和端口的信息，同样有远程对端的端口和 IP 地址。

期间寿命值为 PCP 客户端提供有关 PCP 服务器状态的提示信息。如果客户端注意到令人惊奇的低期间值，则是服务器重启的指示，所以可触发客户端刷新其映射。

6.4.5　级联的 NAT

可能出现网络具有级联 NAT 的情形。PCP 客户端可检测多个 NAT 的存在，方法是发送一条 PCP 请求到该客户端所配置的 PCP 服务器，并观察 PCP 响应是否给出与在发送请求中客户端所用不同的一个 IP 地址。在这种情形中，客户端必须也与内部新检测到的 NAT 通信，目的是使规则集正确地在从客户端到互联网的路上进行设置。发表了针对这个场景的一项特定递归 PCP 解决方案建议[97]。

例如，如果一个 UE 参与到一个双重转换方案，则可出现这种场景：在一台计算机上的一个 PCP 客户端，使用与一个 UE 栓链在一起的方法，访问互联网，它可首先检测网络上的外部 NAT，即一个 NAT64，之后检测 UE 上的内部 NAT，即一个 NAT46。在计算机上的客户端也许需要创建到 NAT46 和 NAT64 的映射，以便涵盖完整路径。

6.4.6　与 IPv6 过渡的关系

即使对 PCP 的主要需要在纯 IPv4 域中，其中 IPv4 地址短缺使部署复杂化了，且可采用 PCP，带来 IPv4 的某个更长的寿命，但在 IPv6 中也存在清晰的用途：

1）**防火墙控制**。当互联网从 IPv4 迁移到 IPv6 时，继续存在对防火墙的需要。虽然一些 3GPP 部署可在没有防火墙的条件下进行管理，但其他部署将使用防火墙。所以，将继续存在对控制会话超时以及支持所选择的到达连接得以通过这样的需要。

2）**NAT64 控制**。正在发生采用 NAT64 的纯 IPv6 部署，见 5.4.3 节。UE 将有为纯 IPv4 目的地管理 NAT 超时的需要，同样存在支持来自纯 IPv4 对端之到达连接的需要。

3）**IPv6 NAT 控制**。虽然 IPv6 到 IPv6 NAT（即使没有端口转换）是一种奇谈怪论，但世界有了走向人们所不希望方向的一个坏习惯。如果这些实体成为一个现实，则 IPv6 也需要端口控制，这恰像 IPv4 如今所做的那样。

6.5　物联网

物联网（IoT）是近年来一直在讨论的一个话题，经常有不同名字，但或多或少都在同一语境下，如机到机（M2M）类型的通信、智能家庭和泛在计算。本质上而言，IoT 是有关将数十亿廉价的小型计算和通信设备连接到互联网的，称这些个体物体为智能物体。典型例子包括智能灯泡、自动冰箱、温度传感器以及不作为传统计算机集合的部分，如台式机、笔记本或智能电话。在本节将一般地称这个领域为物联网。

除了缓慢地将互联网连接能力连接到日常物体外，现在 IoT 是一个强增长的领域。经济合作和发展组织（OECD）的一项最新报告称，依据某种估计，到 2020 年会有多达 500 亿移动无线智能物体连接到互联网，且设备总数甚至可达到 5000 亿[56]。即使这样的数字注定是过度乐观的，保守地说，在下一个 10 年将有大量智能物体连接到互联网。

6.5.1　典型用例

虽然 IoT 的用例仅受限于人类的想象，存在一个典型用例集，可有助于理解问题、设计架构和协议，以及恰恰是抓住这个领域是关于什么的。存在有关一些用例的更多信息，如来自欧洲电信标准委员会（ETSI）TS 102 689[57, 58]、IETF RFC 6568[59] 和 IPSO 联盟"用于智能物体的 IP"白皮书[60]。

下面列出"智能物体"的一个典型用例集，给出简短描述和一些例子：

1）**电计量**（Electricity metering）。智能物体已经在部署的一个领域是电表。消费者和电力公司都受益于有关电力消耗的实时信息。它有助于人们控制电力使用，并支持更精细粒度的电力定价。在一些情形中，住家甚至可从太阳能电池、风力发电或电动车（electric cars）将电力贡献到电网，或住家希望在最优价格点消耗电能，此时智能物体可被用来控制何时和如何传递更多电能。

2）**保健和健身**。在保健领域，智能物体可被用来测量和报告医院中患者、家中或保健中心（care center）中老年人和睡眠中婴儿的状态。智能可用来测量生命体征，或例如产生一次告警，如果老年人摔倒和不能起床的话。智能物体也可用来检测医药存储和转运（transit）中器官移植的脏体。在健身领域，典型用例是在锻炼期间的心率监测。

3）**家庭自动化**。在家庭中，传感器和执行器，可检测和控制建筑维护功能，以及由此检测和控制诸如照明等级、制热、制冷、湿度、能量消耗和水消耗（检测可能的泄漏）等事务。安全用例也是典型的，诸如运动检测、入侵者检测、锁控制等。

4）**工业自动化**。在工业自动化领域，智能物体可被用来检测集装箱（cargo container）或邮政包裹的状态和位置，工厂内部物体的运动，照明，过程监测和控制，机器状态的监测以便得到故障的早期告警等。

5）**市政自动化**。城市和公民（civil）基础设施是智能物体可派上用场的场所。例如，智能照明具有取决于近期未来的需要与报告打开和关闭的能力，或已经发生的、设备故障以便支持更高效的维修。对于城市而言，安保应用也是存在的，它要更高效的监测场所，并检测基础设施（如桥梁、管道或建筑）的状况。

6）**智能运输系统**。在交通中，智能物体可依据需要，帮助控制交通信号和速度限制，目的是控制拥塞以及城市空气状况。基于天气或来自道路的直接测量数据，智能物体可测量本地驾驶状况，并控制速度限制或向驾驶员发出警告。汽车可相互通信并与交通信号通信，提醒驾驶员，而且可基于在火车站和汽车站存在的人群，优化火车和公交车交通。

7）**农业**。在田野中室外或温室中室内部署的智能物体，可测量影响植物生长的变量。这些包括土壤和空间湿度等级、照明条件和温度。传感器可驱使执行器（帮助植物生长），并将问题提醒农场主。在估计谷物产出方面，测量数据也可提供帮助。

6.5.2 研究 IoT 的标准化组织

因为 IoT 是一个全球现象，所以可理解的是，许多标准化组织和业界联盟都在关注这个专题。在表 6.2 中列出了这些组织中的一些，包括从蜂窝网络观点看最相关的组织：IETF 和 3GPP。但是，其他组织也影响这个大型领域，所以在本节将给出不同组织正在研究什么的一个概述。在一些技术领域，这些组织是相互弥补的，但在一些方面，却正在标准化重叠的和竞争性的技术。这些重叠部分包括诸如设备管理和配置域等这样的域，而且还有其他域，如信息报告。

表 6.2 正在研究 IoT 的一些标准化组织

组 织	焦 点 区	组 织	焦 点 区
3GPP	为支持 MTC，对蜂窝接入所做的改变	OneM2M	创建通用 M2M 服务层
IETF	网络、传输和应用层协议	IPSO 联盟	针对 IoT，提倡使用 IP
OMA	M2M 设备管理标准	ZigBee 联盟	IEEE 802.15.4 之上的协议
ETSI	M2M 通信标准	蓝牙 SIG	蓝牙标准

在下面各节中比较深入地描述这些组织中一些组织的工作领域。

1. 3GPP 标准化工作

3GPPhttp：//www.3gpp.org 正为 IoT 研究重要的系统改进，在 3GPP 词汇表中称作机器类型的通信（MTC）。在本书撰写时，正在多个 3GPP 领域（见 2.1.1 节中的 3GPP 组织）中进行连续的演进工作。所以，应该仔细阅读本节，并仅了解对 3GPP 标准的多个方面，IoT 导致什么种类的问题。

在系统特征领域，SA1 工作组正在研究需求，如 MTC 的服务需求[61]、MTC 改进方面的研究[62]、E.164 替代方面的研究[63]等。SA2 工作组正在研究架构性问题，如架构增强措施[64]、MTC 的系统改进[65]，而且分析对其他领域［如对分组无线服务（涵盖第 2 代（2G）到 LTE）］导致的隐含问题，架构性需求等。就像通常对于主要特征的情形一样，MTC 的安全方面要求 SA3 工作组的特别关注[66]。就缴费而言，MTC 对 SA5 工作组的电信管理也有隐含问题，如缴费数据记录（CDR）参数、分组交换域缴费[68]和 diameter 缴费应用[69]。缴费方面是由 SA5 工作组处理的。

至少有四个核心网络和终端领域工作组也涉及 MTC 工作。CT1，负责定义 UE——核心网层 3 无线电协议，正在研究对 "NAS 配置管理对象"[70]的更新，虽然 CT1 的其他文档集也将受到影响。非常明显的是，3GPP 网络上的智能物体需要 "与外部网络进行网络互联"，所以 CT3 正研究 MTC 网络互联功能和服务能力服务器[71]，这涉及对该组其他规范的较小更新。CT4 正研究 "网络内部协议" 的系统改进，以及位置管理规程[72]。CT4 有一个特别长的被影响文档列表，从 Diameter 到 GTP、代理移动 IPv6（PMIPv6）、编址、寻址、分组无线服务、用户数据的组织以及 WLAN 网络互联等。最后，CT6 正在研究对智能卡应用特征方面的隐含问题。

2. IETF 标准化工作

网络和传输层协议的主要标准化组织以及一些应用层协议的重要组织是 IETF http://www.ietf.org。没有真实受约束的 IoT 设备，可容易地利用现有协议，如 IPv4、IPv6、TCP 和超文本传输协议（HTTP），是很久以前由 IETF 定义的。但是，对于一类 IoT 设备来说，现有协议资源消耗太大。受约束的设备类别可以是实施工业、结构或农业监测的那些设备或用于家庭自动化、保健或车辆无线系统[59]的那些设备。对于那些受约束种类的节点，IETF 正在定义新的轻量协议。下面列出人们最感兴趣的标准或标准草案。

1）**受约束的应用协议**（CoAP）：CoAP 是一种二进制编码的协议，支持 HTTP 风格的机制和表示型状态转移（REST）机制在 UDP 之上工作。该协议被设计为尽可能实现和传输起来为轻量的。CoAP 实际上是构建在核心 CoAP 规范[73]之上的文档集。这些包括 "观测 CoAP 中的资源"（在没有连续查询的条件下，使一个 CoAP 客户端请求一台 CoAP 服务器发送数据[74]）和 "受约束的 RESTful 环境（CoRE）链路格式"（定义服务器如何描述它们的资源和属性[75]）。在流水线（pipeline）中，也存在几个其他 CoAP 相关的增强措施。在本书撰写时，看来 CoAP 正成为受约束 IoT 节点通信的协议，而一般来说，在 M2M 领域，HTTP 似乎是无处不在的，如开放移动联盟（OMA）融合个人网络服务（CPNS）就使用 HTTP。

2）**IEEE 802.15.4 之上的 IPv6**：RFC 4944 规范了 IPv6 分组如何在 IEEE 802.15.4 网络之上进行传输[76]。

3）**蓝牙低功率（Energy）之上的 IPv6**：一个互联网草案（在进行中的工作）规范 IPv6 分组如何在蓝牙低功率网络之上进行传输[77]。

4）**在低功率无线个域网之上 IPv6 的 IPv6 压缩（6LoWPAN）**：RFC 6282 定义 IPv6 分组如何在 6LoWPAN 之上压缩，焦点放在 IEEE 802.15.4 网络之上，但也有可工作在蓝牙低功率网络的一种解决方案[78]。

5）**IPv6 邻居发现优化**：RFC 6775 规范在 6LoWPAN 上邻居发现协议的优化措施[79]。

6）**低功率和丢失型网络之上的路由**：一族 RFC 描述了低功率和丢失型网络（RPL）协议的一种路由协议，其核心是 RFC 6550[80]。RPL 描述 IPv6 分组如何在 6LoWPAN 中路由，以及该项工作所需的度量元和算法。也可见 3.10.4 节。

7）**移动自组织联网（MANET）**：MANET 一直就是 IETF 中的一个长期活动。早在 1999 年，就发布了这个领域中的第一个 RFC 2501。RFC 2501 识别出低功率操作的需要，但特别将焦点放在网络中节点和网络本身的高移动性方面。MANET 包括一组协议，当前是 12 个 RFC，用于建立静态和动态的网状网络以及使用不同路由技术的相关路由系统。

8）**实现导则**：一项一直在进行的最新工作，是描述实现导则，尝试帮助软件开发人员尽可能地完成 IP 族的轻量实现[82]。

3. OMA 设备管理工作

OMAhttp：//www.openmobilealliance.org 规范已经非常广泛地用于设备管理（见 4.7.4 节），因此 OMA 也对管理 IoT 节点表示关注是自然的。OMA 已经定义了 CPNS、轻量 M2M 系统和设备分类技术。

在 OMA 的需求[83]、架构[84]和技术规范[85]中深入描述了 CPNS。CPNS 定义个人网络包括那些在家庭、汽车中的网络或体域网。所支持的无线电技术有 WLAN 和蓝牙等。支持个人网络中的节点产生数据到相同或不同个人网络中其他节点，并消耗来自这些节点的数据。此外，也支持到个人网外部的服务提供商的连接能力。CPNS 框架网包括一台服务器、一个网关和端节点。通过作为一个中间节点的网关，端节点与服务器和其他节点通信。这些规范特别指明，一个 3GPP UE 可扮演 CPNS 网关的角色，所以如果 OMA 的方法得以流行的话，则它可诱发对 UE 的改变。

OMA 目前正为资源受约束节点的轻量 M2M，设计设备管理和服务使能措施。需求文档[86]、架构图[87]和当前刚刚起草的技术规范[88]都深入地描述该系统。简而言之，这个框架包括对客户端、服务器和轻量应用层 M2M 通信协议的定义，用来实施设备发现、注册、启动、设备管理、服务使能和信息报告。

在 OMA 中正在进行的第三项工作是设备识别，对此有一个候选白皮书[89]。基于水平方向属性（horizontal attributes），如本地通信接口类型（如广域、局域）、协议栈性质、人类接口设备、持久配置存储等，该文介绍分类设备的方式和属性。之后分类可被用于分类不同设备，是为了比较容易的管理和提供目的，同时为每个类别分析不同设备提供和管理工具的适用性。

4. ETSI 标准化工作

ETSI http：//www. etsi. org 建立了一个 M2M 技术委员会，为 M2M 通信开发标准。该委员会为下面列出的 M2M 开发了一组规范，并正在研究针对 M2M 接口的其他文档。

1）**服务需求**：为 M2M 通信、管理（如配置）、功能（如数据收集）、安全（如认证、完整性）以及命名、编址和寻址——支持 IPv4 和 IPv6[57]，定义需求。

2）**功能架构**：定义高层架构、功能架构、关键参考点、识别和寻址、安全、启动、提供和资源管理，还有许多其他较小的专题。这是 ETSI M2M 文档集[90]中的主要文档。

3）**mIa、dIa 和 mId 接口**：详细地规范"功能架构"文档[91]中引入到 mIa、dIa 和 mId 参考点。

4）**智能计量用例**：以一种非常详细的方式，描述智能计量的 M2M 应用[58]。

在本节中，不会比较深入地描述 ETSI 如何看待 M2M，因为这可以是一部专门书籍的主题。ETSI 的标准可以下载，所以建议感兴趣的读者阅读参考文献了解更多细节。

5. OneM2M

OneM2M http：//www. onem2m. org 是一个新成立的组织，是于 2012 年 7 月 24 日发起的，目的是聚集 M2M 相关的组织，为一个通用的 M2M 服务层开发技术规范，这将支持 M2M 设备在一个全球规模上互操作。OneM2M 是由 7 个标准定义组织发起的：无线电产业和商务学会（ARIB）、电信业解决方案联盟（ATIS）、中国通信标准学会（CC-SA）、ETSI、电信工业学会（TIA）、电信技术学会（TTA）和电信技术委员会（TTC）。在本书撰写时，这个大型的新组织还没有共享文档。在未来将看到新组织对 IoT 领域的影响。

6. IPSO 联盟

IPSO 联盟是 http：//www. ipso-alliance. org 一个非营利组织，焦点放在促进 IP 在智能物体中的使用和支持互操作性方面。IPSO 联盟组织了几次互操作活动，经常与 IETF 会议在一起举办。在这些活动中，各厂商已经能够验证其实现的互操作性。在文档方面，IPSO 联盟已经产生多个白皮书，描述对轻量操作系统实现、安全、低功率网络用途、RPL 协议等的深入见解。IPSO 联盟发表了"IPSO 应用框架"文档，此时还不是标准，但该文档为基于 IP 的智能物体系统描述了一个基于 REST 的设计[92]。该文档规范了提供可用资源的接口，可用于各种节点和后台系统之间的交互通信。

7. ZigBee 联盟

ZigBee 联盟 http：//www. zigbee. org 在 IEEE 802. 15. 4 无线电之上定义标准。这些标准为建筑管理、保健、电信、消费者电器和能量管理定义通信协议。ZigBee 联盟也有一个"ZigBee 认证的"系统，它提供测试套件，并为符合 ZigBee 认证的产品提供 logo。ZigBee 使用低功率智能物体的焦点主要放在通过网状网络的要求低流量的那些物体方面。ZigBee 网络通常一定程度上（reasonably）是静态的，如那些处在家庭、工厂（industries）、智能电网和建筑中的那些网络。

8. 蓝牙特别兴趣组

蓝牙特别兴趣组（SIG）http：//www. bluetooth. com 是一个非营利组织，于 1998 年成立，围绕蓝牙开发标准、概要（profile）和认证，之后将技术和商标许可证发给制造商。这个组没有特别将焦点放在 IoT 上，但一些老标准（诸如采用"蓝牙个人域联网" - 概要[93]在蓝牙上传输 IPv4 和 IPv6）和较新标准（诸如"蓝牙低功率"[94]）是要在智能物体上使用的可能技术。对于人们随身携带的智能物体而言，情形特别是这样的，像在 3GPP 手机蓝牙支持几乎是无处不在的，而 ZigBee 则是不存在的（即手机中不支持）。所以手机可以向支持蓝牙的智能物体提供互联网连接能力。

6.5.3 3GPP 观点的 IoT 域

在图 6.6 中，形象地给出了从 3GPP 观点看的 IoT 域视图。IoT 域围绕互联网，进而连接到不同类型的网络：蜂窝网络和固定家庭、市政、工业和通用的"其他"类型网络。所有这些网络都包含传感器和执行器，当然包括为那些（设备）（图中没有画出）提供连接能力所需的任何基础设施。将 3GPP 网络部分稍微扩展一点，也画出传感器和执行器，这些可直接连接到 3GPP 接入，所以是典型的机机格调的实体。值得认识到的是，这幅图是一项说明。在另一项说明中，3GPP 接入可呈现为由无线家庭、市政、工业和其他连接到互联网的网络所使用的无线连接技术。

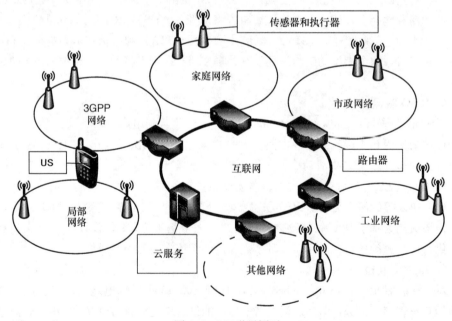

图 6.6　IoT 世界图示

在图 6.6 所示的 3GPP 网络中，也给出了一个连接的 UE，它为包含传感器和执行器的一个 LAN 实施栓链绑定。这形象地说明了网络可被连接到其他网络的方式，以及一个 UE 如何不仅可在互联网各处访问传感器和执行器，而且也可向其"下"（below）的 IoT 节点提供互联网连接能力。实际上，UE 正在实施蜂窝连接到任何类型 LAN 技术的栓链绑定，如到 WLAN 或到某种低功率无线电技术。

IoT 域最通常地与基于云的服务在一起，后者也在图 6.6 中给出。这些云服务器可作为集结点、数据收集服务器、社交网络站点以及命令和控制中心等。

从 3GPP 观点看，最令人感兴趣的事情是直接通过 3GPP 网络访问的 IoT 节点、通过 UE 使用 3GPP 访问的节点、3GPP 网络可提供给 IoT 节点的服务，当然还有 UE 访问的本地和远程 IoT 节点和云服务。

6.5.4　对 UE 的隐含意义

IoT 世界对 UE 的意义完全取决于一个 UE 希望参与或贡献到 IoT 的水平。如果 UE 本身是一个智能物体，那么明显的是，它需要支持它所遵循组织的 IoT/M2M/MTC 标准。UE 也许需要实现 CoAP 并与 IPSO 联盟定义的 REST API、3GPP 定义的 API 或 OMA CPNS 的网关角色相符合。如果这听起来不清晰，它当前就是这样的。因为在这个领域中竞争性的标准化风景线是快速演进的，所以真正市场施加给 UE 的需求和期望还是不清晰的。

但是，移动手机类型的 UE 不必需要完全了解 IoT。手机可完美地继续存在并忽略 IoT。但是，在一些场景中，一个移动手机可能希望向附近的、经常是廉价的但通常连接能力有限的 IoT 节点提供互联网连接能力。这样的智能物体可以是支持纯 IPv6 的可穿戴心率监测器、温度传感器、照相机等。这可能对所支持的无线电和栓链绑定的软件施加需求。

即使到智能物体的连接能力是由手机类型的 UE 提供的，也将有更像网关类实体的 UE（如固定到建筑、车辆或类似物）。除了有线连接方法外，在任何情形中，智能物体可使用多种（低功率）无线电，像 WLAN、IEEE 802.15.4、蓝牙低功率或近场通信（NFC），这可能带来对 UE 的附加硬件需求。虽然 IEEE 802.15.4 不是针对移动用途的，所以这样的无线电将实际上仅由固定类型的 UE 所支持。为提供 IP 型的互联网连接能力，一个 UE 必须提供某种 IPv6 栓链型服务（如 4.7.5 节所述），且在一些情形中也使用诸如 IPv4 NAT 等常见方式提供 IPv4 栓链型服务。但是，为纯 IPv6 的智能物体提供连接能力，会带来一个可能严重的问题：如果由于家庭或拜访的网络不支持 IPv6 而导致 UE 没有 IPv6 连接能力，情况会如何呢？那些情形的解决方案集合，至少包括基于主机的 IPv6 到 IPv4 协议转换、基于主机的双重协议转换和 IPv4 之上传输 IPv6 的隧道法。为克服这个问题，正在进行积极的研究，当前没有确定的解决方案。

对由 IoT 提供的访问服务表示关注的 UE，可能需要与新协议（如 CoAP）通信。这可能带来对 IP 族 UE 实现以及对应用的附加需求。例如，为了能够访问智能物体，一个网页浏览器也许需要增强支持 CoAP。

6.5.5 对 3GPP 网络的隐含意义

带有 3GPP 调制解调器的数百万（如果不是数十亿）新的智能物体，将注定对 3GPP 网络具有隐含意义方面的影响。即使更甚的是，如果智能物体本身恰巧没有 3GPP 调制解调器，那些物体仍然可通过诸如移动手机或 CPE 等本地网关而访问 3GPP 网络。3GPP 正在进行多项 3GPP 标准的更新以便处理智能物体或支持 MTC，这一点见 6.5.2 节的描述。在本节，将更详细地讨论这些问题中的一些问题。

由于非常广泛的室外和室内覆盖，特别在 2G 网络上更是这样，所以 3GPP 接入是智能物体的一项赚钱访问方式，对于空闲节点也具有非常合理的能量节省数字（特别当 3GPP 调制解调器关闭时更是这样）。这意味着虽然智能电话也许不是 2G 接入（包括 IPv6 使用）中非常热心的数据用户，但智能物体却极可能是热心的数据用户。所以可能发生的情况是，由于 IoT，IPv6 将见证在 2G 上的广泛采用。

如果 2G 成为 IoT 的一种非常流行的接入法，则对蜂窝网络就具有重要的隐含影响。特别是，它可以 2G 不能是那么容易关闭的方式而使升级战略出现僵化，尝试以 3G 或 LTE 替换它，如果有巨大数量（廉价）智能物体使用 2G 而没有 3G 能力[56]的话。

1. 地址空间消耗

如果 OECD 所宣称的估计成为现实，且有 500 亿设备连接到无线网络，则总共有 5000 亿台设备连接到互联网，则非常容易地看到，采用单纯 40 亿个 IPv4 地址对设备总体进行编址，就单说说而言都将是有挑战的。对于 IPv6 地址空间，对 IoT 编址不是一个巨大挑战，因为即使 5000 亿个地址也仅是整体地址空间的一个极小部分。

即使对于实践中一个网络运营商，记住，3GPP 中使用的且在 4.1.2 节描述的每 PDN 连接 64 比特前缀方法，可计算一个/37 前缀可对 1 亿个智能物体编址总共需要 1 亿条独特的 PDN 连接。考虑对一个蜂窝运营商的一个典型/32 前缀分配，1 亿个智能物体将仅消耗运营商 IPv6 地址块的 1/32（且运营商将得到更多，如果/32 证明太小的话）。

虽然对编址 IoT 而言，IPv4 有严重的问题，但 IPv6 将没有问题。对 IoT，需要部署 IPv6 是明显的。

2. 信令将增加

人们观察到，已经存在的 UE，特别是智能手机，由于太多的信令流量可导致 3GPP 网络过载。原因可能是 3GPP 规范 23.843[95] 所识别出的那些：

1）特殊的移动性事件导致注册洪泛。这些可能是由网络附接或位置更新导致的，如当一架飞机着陆，人们打开他们电话时的情况。

2）由分散的 2G、3G 和第 4 代（4G）网络覆盖导致的无线电接入技术（RAT）重新选择，这导致（非常）频繁的系统间切换。

3）重新启动网络节点，如基站控制器（BSC）、无线电网络控制器（RNC）、服务网关支持节点（SGSN）或 MME，可导致大量注册尝试。

4）UE 导致事件洪泛，这些事件如载波激活、短消息服务（SMS）发送/接收或相同区域内大量节点的内容查询/推送，或将内容推送到这些节点。

现在，随着将众多智能物体添加到 3GPP 网络的计划推进，网络上信令过载状况的风险甚至变得更大了。智能物体也许配置为在同一时间发送测量数据，或只是在同一网络分段中存在大量智能物体，所以出现由网元重启或系统间切换（由于不良覆盖可放大信令过载场景）导致的问题。此外，如果 IoT 命令和控制节点决定同时从大量智能物体查询信息，则信令过载风险增加。

为避免信令过载，IoT 架构本身、个体智能物体的设计、IoT 的部署以及大型智能物体网络的控制器都必须采取缓解动作。例如，在许多所列出的有问题情形中，信令额外负担风险可得以降低，方法是为智能物体的动作添加足够长的随机时延，由此将海量事件更宽地扩散到时间轴上（并一定可避免许多智能物体的瞬时通信）。通过空闲智能物体关闭它们的蜂窝调制解调器，如果它们没有在等待进入（inbound）通信的话，也可减少信令。3GPP 23.843 也提出一些解决方案，如对周期性区域更新信令优化、新状态代码［向 UE 指明网络过载和重试的可传递（communicable）回退定时器］、较智能的网络配置实施的信令负载降低以及其他做法（tweak）和改进。寻找信令问题解决方案的工作正在进行中，并考虑了 IoT 的隐含问题[95]。

3. 订购将增加

随着 IoT 和许多类型智能物体（将利用 3GPP 接入）的引入，网络运营商们将接下来具有显著大量的连接 UE 的安装基础，且每用户的订购数和 UE 数将出现增加。对用户管理而言，这可能有隐含问题，但也许这是正面问题之一。

4. 可能出现隐私和安全问题

直到现在，紧急服务也许一直是商用 3GPP 网络的最重要服务，且使那些服务在所有条件下都运营是最具重要性的。人们对手机的常规用途：话音呼叫、消息通信和互联网使用，一直是不太重要的，虽然当然也期望非常高的可用性。随着 IoT 的紧迫性以及要监测的传感器和要修改的执行器等使用的结果，真实世界、服务可用性的重要性、安全性和隐私正浮出水面。智能物体正在产生具有高隐私需求的数据，且执行器也许正在驱动这样的系统，其中严格的访问控制是至关重要的。安全问题可能导致照相机或传感器存在性的滥用，且对执行器（如加热器或水阀门）的人们所不希望的访问，可能导致金钱的丢失或财产损坏。

5. 可能出现新的机会

在这样的世界中，其中在许多国家移动手机订购已经达到或超过人口的 100%，且竞争焦点在于提供比较快速的数据或比较廉价的呼叫，则 IoT 的紧迫性将带来其他的商务机会。已经清楚的是，蜂窝运营商正在将简单的财产监管系统销售给常规人群，且更多服务将当然会在未来数年出现在市场中。

对于设备制造商，机会也是巨大的。3GPP 分组数据接入正在多数地方变得可用，而对许多商务公司，该想法几乎总是可用的，而且这与低成本 3GPP 调制解调器和数据分组组合使用，正在促进所有可想象的（和仍然不可想象的）互联网连接物体和当然有智能物体的网关的产生，这些智能物体是太过简单的或功率受限的，以致不能直接使用蜂窝接入。

6.6　本章小结

本章涉及了 3GPP 架构的两项增强技术。第一项增强技术处理网络引导的（块式）互联网流量卸载，从 3GPP 接入卸载到替代的接入技术。卸载解决方案是完全构建在 IPv6 功能之上的。描述了基于 DHCPv6 的和基于 NDP 的解决方案方法。对于基于 NDP 的解决方案，也描述和分析了如何扩展卸载，使之也可处理 IPv4 流量。这些解决方案利用 3GPP 接入，作为卸载策略的可信信道，这些策略是由运营商推送到 UE 的。所有这些解决方案有某个挑战、问题集，是有可能的多个提供域（作为一个提供域）产生的。

第二项增强技术是有关演进 3GPP 载波模型的。我们的简陋尝试是，定义一种后向兼容方法，实现一种新格调的 3GPP 演进载波，支持多 IPv6 前缀和下一跳路由器。多个下一跳路由器意味着为浏览取得局部外发的可能性，并使 UE 中的地址选择做出要将分组发送到哪里的决策，其中依据的是路由器优先级和从网络中接收到的比较具体的路由。也给出了演进载波对现有 3GPP 架构的影响。

下一个专题涉及驻地家庭网络，它们大量利用到 IPv6。对这个专题的动机是，所展望的发展态势，其中蜂窝连接最终会替换从家庭网络到其 CPE 的有线连接。深入讨论了源自于 3GPP 连接模型和当前 IPv6 地址管理的问题。讨论并给出利用 3GPP 分组核心标准化功能和非标准功能特征的可能解决方案的各种方法。

本章也介绍了 PCP，当前处在 IETF 标准化的最后阶段，而且已经建议 3GPP 采用。PCP 也许在未来 3GPP 部署中找到突破口，因为在 3GPP 网络和 UE 中的发展态势正准确地成为 PCP 的主要用例。NAT（NAT44 和 NAT64）正逐渐进入 3GPP 网络，同时一类 UE 正被用作家庭 CPE，且手机类型的 UE 在节能方面正投入巨大力量。PCP 可在两种情形中有所帮助：对于 CPE 类型的 UE，PCP 提供将家庭网络的 UPnP 和 NAT-PMP 协议转换为在运营商网络处可由 NAT 理解的协议的设施，和对于手机型的 UE，PCP 提供降低保活信令并因此减少能耗的一种方式。但是，为主机控制核心网元而设计的协议历史，至今还没有成功的。仍然有待验证的是，PCP 是否将在大规模上为市场所采用。

本章还讨论了预期可在 IoT 领域发生的强增长，以及智能物体如何成为 3GPP 网络中 IPv6 的主要驱动要素。3GPP 标准和网络需要更新，以便能够处理数十亿个新的 UE 连接到网络的情形，而且移动手机将在一些情形中需要更新，以便能够为智能物体提供互联网连接能力，同时也能够消费由智能物体提供的服务。一些 UE 也将成为智能物体的或多或少固定式的网关，这些物体正使用低功率无线电进行互联网访问。我们也看到，与 IoT、M2M 和 MTC 有关的标准化是非常活跃的，且可能继续演进这个领域，并产生也会影响 3GPP 接入的标准。IoT 对新商务有一个伟大的展望，且作者们正热切地期待看到这个领域是如何发展的，以及在这个方面将带来什么样的未来。

参考文献

1. 3GPP. *General Packet Radio Service (GPRS) enhancements for Evolved Universal Terrestrial Radio Access Network (E-UTRAN) access*. TS 23.401, 3rd Generation Partnership Project (3GPP), March 2012.

2. 3GPP. *IP flow mobility and seamless Wireless Local Area Network (WLAN) offload; Stage 2*. TS 23.261, 3rd Generation Partnership Project (3GPP), March 2012.
3. 3GPP. *Study on S2a Mobility based On GTP & WLAN access to EPC (SaMOG)*. TR 23.852, 3rd Generation Partnership Project (3GPP), July 2012.
4. 3GPP. *Access to the 3GPP Evolved Packet Core (EPC) via non-3GPP access networks; Stage 3*. TS 24.302, 3rd Generation Partnership Project (3GPP), September 2011.
5. 3GPP. *Operator Policies for IP Interface Selection (OPIIS)*. TR 23.853, 3rd Generation Partnership Project (3GPP), August 2011.
6. Blanchet, M., Seite, P. *Multiple Interfaces and Provisioning Domains Problem Statement*. RFC 6418, Internet Engineering Task Force, November 2011.
7. Savolainen, T., Kato, J., and Lemon, T. *Improved Recursive DNS Server Selection for Multi-Interfaced Nodes*. RFC 6731, Internet Engineering Task Force, December 2012.
8. Dec, W., Mrugalski, T., Sun, T., Sarikaya, B., and Matsumoto, A. *DHCPv6 Route Options*. Internet-Draft draft-ietf-mif-dhcpv6-route-option-05, Internet Engineering Task Force, August 2012. Work in progress.
9. Draves, R. and Thaler, D. *Default Router Preferences and More-Specific Routes*. RFC 4191, Internet Engineering Task Force, November 2005.
10. Thaler, D., Draves, R., Matsumoto, A., and Chown, T. *Default Address Selection for Internet Protocol Version 6 (IPv6)*. RFC 6724, Internet Engineering Task Force, September 2012.
11. Korhonen, J., Savolainen, T., and Ding, A. *Controlling Traffic Offloading Using Neighbor Discovery Protocol*. Internet-Draft draft-korhonen-mif-ra-offload-05, Internet Engineering Task Force, August 2012. Work in progress.
12. Atkinson, R., Haskin, D., and Luciani, J. *IPv6 over NBMA Networks*. Internet-Draft draft-ietf-ion-ipv6-nbma-00, Internet Engineering Task Force, June 1996. Work in progress.
13. 3GPP. *Evolved Universal Terrestrial Radio Access (E-UTRA); Packet Data Convergence Protocol (PDCP) specification*. TS 36.323, 3rd Generation Partnership Project (3GPP), January 2010.
14. 3GPP. *Policy and charging control architecture*. TS 23.203, 3rd Generation Partnership Project (3GPP), March 2012.
15. Korhonen, J., Soininen, J., Patil, B., Savolainen, T., Bajko, G., and Iisakkila, K. *IPv6 in 3rd Generation Partnership Project (3GPP) Evolved Packet System (EPS)*. RFC 6459, Internet Engineering Task Force, January 2012.
16. 3GPP. *Interworking between the Public Land Mobile Network (PLMN) supporting packet based services and Packet Data Networks (PDN)*. TS 29.061, 3rd Generation Partnership Project (3GPP), December 2011.
17. Thomson, S., Narten, T., and Jinmei, T. *IPv6 Stateless Address Autoconfiguration*. RFC 4862, Internet Engineering Task Force, September 2007.
18. Narten, T., Nordmark, E., Simpson, W., and Soliman, H. *Neighbor Discovery for IP version 6 (IPv6)*. RFC 4861, Internet Engineering Task Force, September 2007.
19. Hinden, R. and Thaler, D. *IPv6 Host-to-Router Load Sharing*. RFC 4311, Internet Engineering Task Force, November 2005.
20. Choi, J. and Daley, G. *Goals of Detecting Network Attachment in IPv6*. RFC 4135, Internet Engineering Task Force, August 2005.
21. Krishnan, S. and Daley, G. *Simple Procedures for Detecting Network Attachment in IPv6*. RFC 6059, Internet Engineering Task Force, November 2010.
22. 3GPP. *Non-Access-Stratum (NAS) protocol for Evolved Packet System (EPS); Stage 3*. TS 24.301, 3rd Generation Partnership Project (3GPP), March 2012.
23. Bormann, C., Burmeister, C., Degermark, M., Fukushima, H., Hannu, H., Jonsson, L-E., Hakenberg, R., Koren, T., Le, K., Liu, Z., Martensson, A., Miyazaki, A., Svanbro, K., Wiebke, T., Yoshimura, T., and Zheng, H. *RObust Header Compression (ROHC): Framework and four profiles: RTP, UDP, ESP, and uncompressed*. RFC 3095, Internet Engineering Task Force, July 2001.
24. 3GPP. *Evolved Packet System (EPS); Mobility Management Entity (MME) and Serving GPRS Support Node (SGSN) related interfaces based on Diameter protocol*. TS 29.272, 3rd Generation Partnership Project (3GPP), March 2012.
25. 3GPP. *General Packet Radio System (GPRS) Tunnelling Protocol User Plane (GTPv1-U)*. TS 29.281, 3rd Generation Partnership Project (3GPP), June 2010.
26. 3GPP. *3GPP Evolved Packet System (EPS); Evolved General Packet Radio Service (GPRS) Tunnelling Protocol for Control plane (GTPv2-C); Stage 3*. TS 29.274, 3rd Generation Partnership Project (3GPP), March 2012.

27. 3GPP. *Evolved Universal Terrestrial Radio Access Network (E-UTRAN); S1 Application Protocol (S1AP)*. TS 36.413, 3rd Generation Partnership Project (3GPP), December 2011.

28. 3GPP. *Evolved Universal Terrestrial Radio Access Network (E-UTRAN); X2 general aspects and principles*. TS 36.420, 3rd Generation Partnership Project (3GPP), April 2011.

29. Korhonen, J., Patil, B., Gundavelli, S., Seite, P., and Liu, D. *IPv6 Prefix Mobility Management Properties*. Internet-Draft draft-korhonen-dmm-prefix-properties-02, Internet Engineering Task Force, July 2012. Work in progress.

30. Droms, R., Bound, J., Volz, B., Lemon, T., Perkins, C., and Carney, M. *Dynamic Host Configuration Protocol for IPv6 (DHCPv6)*. RFC 3315, Internet Engineering Task Force, July 2003.

31. 3GPP. *Proxy Mobile IPv6 (PMIPv6) based Mobility and Tunnelling protocols; Stage 3*. TS 29.275, 3rd Generation Partnership Project (3GPP), March 2012.

32. 3GPP. *Architecture enhancements for non-3GPP accesses*. TS 23.402, 3rd Generation Partnership Project (3GPP), March 2012.

33. Baker, F. and Droms, R. *IPv6 Prefix Assignment in Small Networks*. Internet-Draft draft-baker-homenet-prefix-assignment-01, Internet Engineering Task Force, 2012. Work in progress.

34. Grundemann, C. and Donley, C. *Home Network Autoconfiguration via DHCPv6 Relay*. Internet-Draft draft-gmann-homenet-relay-autoconf-01, Internet Engineering Task Force, March 2012. Work in progress.

35. Nordmark, E., Chakrabarti, S., Krishnan, S., and Haddad, W. *Evaluation of Proposed Homenet Routing Solutions*. Internet-Draft draft-chakrabarti-homenet-prefix-alloc-01, Internet Engineering Task Force, 2011. Work in progress.

36. Arkko, J., Lindem, A., and Paterson, B. *Prefix Assignment in a Home Network*. Internet-Draft draft-arkko-homenet-prefix-assignment-02, Internet Engineering Task Force, July 2012. Work in progress.

37. Howard, L. *Evaluation of Proposed Homenet Routing Solutions*. Internet-Draft draft-howard-homenet-routing-comparison-00, Internet Engineering Task Force, December 2011. Work in progress.

38. Cloetens, W., Lemordant, P., and Migault, D. *IPv6 Home Network Naming Delegation Architecture*. Internet-Draft draft-mglt-homenet-naming-delegation-00.txt,.ps,, Internet Engineering Task Force, July 2012. Work in progress.

39. Cloetens, W., Lemordant, P., and Migault, D. *IPv6 Home Network Front End Naming Delegation*. Internet-Draft draft-mglt-homenet-front-end-naming-delegation-00.txt,.ps,, Internet Engineering Task Force, July 2012. Work in progress.

40. Lynn, K. and Sturek, D. *Extended Multicast DNS*. Internet-Draft draft-lynn-homenet-site-mdns-01, Internet Engineering Task Force, September 2012. Work in progress.

41. Woodyatt, J. *Recommended Simple Security Capabilities in Customer Premises Equipment (CPE) for Providing Residential IPv6 Internet Service*. RFC 6092, Internet Engineering Task Force, January 2011.

42. Chown, T., Arkko, J., Brandt, A., Troan, O., and Weil, J. *Home Networking Architecture for IPv6*. Internet-Draft draft-ietf-homenet-arch-04, Internet Engineering Task Force, July 2012. Work in progress.

43. Hinden, R. and Deering, S. *IP Version 6 Addressing Architecture*. RFC 4291, Internet Engineering Task Force, February 2006.

44. Troan, O. and Droms, R. *IPv6 Prefix Options for Dynamic Host Configuration Protocol (DHCP) version 6*. RFC 3633, Internet Engineering Task Force, December 2003.

45. Lindem, A. and Arkko, J. *OSPFv3 Auto-Configuration*. Internet-Draft draft-ietf-ospf-ospfv3-autoconfig-00, Internet Engineering Task Force, October 2012. Work in progress.

46. Singh, H., Beebee, W., Donley, C., and Stark, B. *Basic Requirements for IPv6 Customer Edge Routers*. Internet-Draft draft-ietf-v6ops-6204bis-11, Internet Engineering Task Force, September 2012. Work in progress.

47. Korhonen, J., Savolainen, T., Krishnan, S., and Troan, O. *Prefix Exclude Option for DHCPv6-based Prefix Delegation*. RFC 6603, Internet Engineering Task Force, May 2012.

48. Byrne, C. and Drown, D. *Sharing/64 3GPP Mobile Interface Subnet to a LAN*. Internet-Draft draft-byrne-v6ops-64share-03, Internet Engineering Task Force, October 2012. Work in progress.

49. Thaler, D., Talwar, M., and Patel, C. *Neighbor Discovery Proxies (ND Proxy)*. RFC 4389, Internet Engineering Task Force, April 2006.

50. UPnP Forum. *InternetGatewayDevice:1 Device Template Version 1.01*. Standardized DCP 1.0, UPnP Forum, November 2001.

51. UPnP Forum. *InternetGatewayDevice:2 Device Template Version 1.01*. Standardized DCP (SDCP) 1.0 and 1.1, UPnP Forum, December 2010.

52. Cheshire, S. and Krochmal, M. *NAT Port Mapping Protocol (NAT-PMP)*. Internet-Draft draft-cheshire-nat-pmp-05, Internet Engineering Task Force, September 2012. Work in progress.
53. Wing, D., Cheshire, S., Boucadair, M., Penno, R., and Selkirk, P. *Port Control Protocol (PCP)*. Internet-Draft draft-ietf-pcp-base-28, Internet Engineering Task Force, October 2012. Work in progress.
54. Boucadair, M., Dupont, F., Penno, R., and Wing, D. *Universal Plug and Play (UPnP) Internet Gateway Device (IGD)-PortControl Protocol (PCP) Interworking Function*. Internet-Draft draft-ietf-pcp-upnp-igd-interworking-04, Internet Engineering Task Force, September 2012. Work in progress.
55. Boucadair, M., Penno, R., and Wing, D. *DHCP Options for the Port Control Protocol (PCP)*. Internet-Draft draft-ietf-pcp-dhcp-05, Internet Engineering Task Force, September 2012. Work in progress.
56. OECD. *Machine-to-Machine Communications: Connecting Billions of Devices*. OECD Digital Economy Papers 192, OECD Publishing, January 2012.
57. ETSI. *Machine-to-Machine communications (M2M); M2M service requirements*. TS 102 689, European Telecommunications Standards Institute (ETSI), August 2010.
58. ETSI. *Machine-to-Machine communications (M2M); Smart Metering Use Cases*. TR 102 691, European Telecommunications Standards Institute (ETSI), May 2010.
59. Kim, E., Kaspar, D., and Vasseur, JP. *Design and Application Spaces for IPv6 over Low-Power Wireless Personal Area Networks (6LoWPANs)*. RFC 6568, Internet Engineering Task Force, April 2012.
60. IPSO Alliance. *IP for Smart Objects*. White Paper 1.1, IPSO Alliance, July 2010.
61. 3GPP. *Service requirements for Machine-Type Communications (MTC); Stage 1*. TS 22.368, 3rd Generation Partnership Project (3GPP), March 2012.
62. 3GPP. *Study on Enhancements for MTC*. TR 22.888, 3rd Generation Partnership Project (3GPP), March 2012.
63. 3GPP. *Study on alternatives to E.164 for Machine-Type Communications (MTC)*. TR 22.988, 3rd Generation Partnership Project (3GPP), March 2012.
64. 3GPP. *Architecture enhancements to facilitate communications with packet data networks and applications*. TS 23.682, 3rd Generation Partnership Project (3GPP), March 2012.
65. 3GPP. *System improvements for Machine-Type Communications (MTC)*. TR 23.888, 3rd Generation Partnership Project (3GPP), March 2012.
66. 3GPP. *Security aspects of Machine-Type Communications*. TR 33.868, 3rd Generation Partnership Project (3GPP), March 2012.
67. 3GPP. *Telecommunication management; Charging management; Charging Data Record (CDR) parameter description*. TS 32.298, 3rd Generation Partnership Project (3GPP), March 2012.
68. 3GPP. *Telecommunication management; Charging management; Packet Switched (PS) domain charging*. TS 32.251, 3rd Generation Partnership Project (3GPP), December 2011.
69. 3GPP. *Telecommunication management; Charging management; Diameter charging applications*. TS 32.299, 3rd Generation Partnership Project (3GPP), December 2011.
70. 3GPP. *Non-Access Stratum (NAS) configuration Management Object (MO)*. TS 24.368, 3rd Generation Partnership Project (3GPP), September 2011.
71. 3GPP. *Tsp interface protocol between the MTC Interworking Function (MTC-IWF) and Service Capability Server (SCS)*. TS 29.368, 3rd Generation Partnership Project (3GPP), September 2012.
72. 3GPP. *Location management procedures*. TS 23.012, 3rd Generation Partnership Project (3GPP), October 2010.
73. Shelby, Z., Hartke, K., Bormann, C., and Frank, B. *Constrained Application Protocol (CoAP)*. Internet-Draft draft-ietf-core-coap-11, Internet Engineering Task Force, July 2012. Work in progress.
74. Hartke, K. *Observing Resources in CoAP*. Internet-Draft draft-ietf-core-observe-06, Internet Engineering Task Force, September 2012. Work in progress.
75. Shelby, Z. *Constrained RESTful Environments (CoRE) Link Format*. RFC 6690, Internet Engineering Task Force, August 2012.
76. Montenegro, G., Kushalnagar, N., Hui, J., and Culler, D. *Transmission of IPv6 Packets over IEEE 802.15.4 Networks*. RFC 4944, Internet Engineering Task Force, September 2007.
77. Nieminen, J., Savolainen, T., Isomaki, M., Patil, B., Shelby, Z., and Gomez, C. *Transmission of IPv6 Packets over Bluetooth Low Energy*. Internet-Draft draft-ietf-6lowpan-btle-11, Internet Engineering Task Force, October 2012. Work in progress.
78. Hui, J. and Thubert, P. *Compression Format for IPv6 Datagrams over IEEE 802.15.4-Based Networks*. RFC 6282, Internet Engineering Task Force, September 2011.

79. Shelby, Z., Chakrabarti, S., Nordmark, E., and Bormann, C. *Neighbor Discovery Optimization for IPv6 over Low-Power Wireless Personal Area Networks (6LoWPANs)*. RFC 6775, Internet Engineering Task Force, November 2012.
80. Winter, T., Thubert, P., Brandt, A., Hui, J., Kelsey, R., Levis, P., Pister, K., Struik, R., Vasseur, J., and Alexander, R. *RPL: IPv6 Routing Protocol for Low-Power and Lossy Networks*. RFC 6550, Internet Engineering Task Force, March 2012.
81. Corson, S. and Macker, J. *Mobile Ad hoc Networking (MANET): Routing Protocol Performance Issues and Evaluation Considerations*. RFC 2501, Internet Engineering Task Force, January 1999.
82. Bormann, C. *Guidance for Light-Weight Implementations of the Internet Protocol Suite*. Internet-Draft draft-ietf-lwig-guidance-02, Internet Engineering Task Force, August 2012. Work in progress.
83. Open Mobile Alliance. *Converged Personal Network Service Requirements*. Requirements Document 1.1, Open Mobile Alliance (OMA), March 2012.
84. Open Mobile Alliance. *Converged Personal Network Service Architecture*. Architecture Document 1.1, Open Mobile Alliance (OMA), May 2012.
85. Open Mobile Alliance. *Converged Personal Network Service Core Technical Specification*. Technical Specification 1.1, Open Mobile Alliance (OMA), September 2012.
86. Open Mobile Alliance. *Lightweight Machine to Machine Requirements*. Requirements Document 1.0, Open Mobile Alliance (OMA), September 2012.
87. Open Mobile Alliance. *Lightweight Machine to Machine Architecture*. Architecture Diagram 1.0, Open Mobile Alliance (OMA), September 2012.
88. Open Mobile Alliance. *Lightweight Machine to Machine Technical Specification*. Technical Specification 1.0, Open Mobile Alliance (OMA), September 2012.
89. Open Mobile Alliance. *White Paper on M2M Device Classification*. White Paper candidate, Open Mobile Alliance (OMA), June 2012.
90. ETSI. *Machine-to-Machine communications (M2M); Functional architecture*. TS 102 690, European Telecommunications Standards Institute (ETSI), October 2011.
91. ETSI. *Machine-to-Machine communications (M2M); mla, dla and mld interfaces*. TS 102 921, European Telecommunications Standards Institute (ETSI), February 2012.
92. Z. Shelby and C. Chauvenet. *The IPSO Application Framework*. draft draft-ipso-app-framework-04, IPSO Alliance, August 2012.
93. Bluetooth SIG. *Personal Area Networking Profile*. Bluetooth Profile 1.0, Bluetooth SIG, December 2002.
94. Bluetooth SIG. *Specification of the Bluetooth System*. Bluetooth Core 4.0, Bluetooth SIG, June 2010.
95. 3GPP. *Core Network Overload Study*. TR 23.843, 3rd Generation Partnership Project (3GPP), July 2012.
96. Cheshire, S. *PCP Anycast Address*. Internet-Draft draft-cheshire-pcp-anycast-00.txt, Internet Engineering Task Force, February 2013. Work in progress.
97. Cheshire, S. *Recursive PCP*. Internet-Draft draft-cheshire-recursive-pcp-00.txt, Internet Engineering Task Force, February 2013. Work in progress.

附　　录

附录A　本书术语释义

2G 和 GSM　2G（第二代）全球移动通信是由最初 ETSI 开放的一项数字无线电话技术，自 1998 年以来由 3GPP 维护。2G 之前的技术，所谓的"1G"技术是模拟系统。

3G　2G 的直接后代，3GPP 完成第一个发行版本。实际上 3G 在速度方面带来改进，同样为 2G 和 3G 引入了 IPv6。

4G 和 LTE　3GPP 发行版本 8 引入演进的分组系统（EPS），由长期演进（LTE）无线电和演进的分组核心（EPC）网络核心组成。取决于来源的不同，整个系统被称作 4G 或 LTE。

6bone　从 1996 年开始到 2006 年间运行的一个全球 IPv6 技术测试床。6bone 网络主要是运行在全球互联网基础设施之上的一个虚拟网络，它连接不同的 IPv6 测试网络。这项试验的目的是测试 IPv6 技术的互操作能力和过渡机制，并收集运营经验。从开始时就将这个试验设计为临时的，它在互联网本身支持 IPv6 时会被替换掉。该试验官方的终止时间是 2006 年 6 月 6 日（6.6.6），此时试验地址的路由已经不再工作了。

A 资源记录　包含 1 个 32bit IPv4 地址的一个 DNS 记录类型，将地址映射到一个主机名。用来为一个主机名寻找一个 IPv4 地址。

AAAA 资源记录　包含 1 个 128bit IPv6 地址的一个 DNS 记录类型，将地址映射到一个主机名。用来为一个主机名寻找一个 IPv6 地址。

接入点名称（APN）　3GPP 系统中一个接入点的名称。该 APN 指向一个外部网络或服务。APN 有两部分：网络标识符和运营商标识符。APN 的结构遵循完全合格域名的结构，域名最终要解析到一个 GGSN 或一个 PGW 的一个 IP 地址。一个 APN 的运营商标识符部分通常对用户是不可见的，如果没有该部分，则可在连接建立期间由网络（如 SGSN）填充。

地址自动配置　主机可以以无状态或有状态的方式自动地配置 IPv6 地址。无状态地址自动配置（SLAAC）是这样工作的，主机在路由器通告中接收一个或多个 IPv6 前缀，并将前缀与接口标识符组合，产生 128bit 完整的 IPv6 地址。有状态的自动配置是这样工作的，主机使用 DHCPv6 从一台 DHCPv6 服务器请求并接收完整的 128bit IPv6 地址。

地址格式　IPv6 地址在其中总有某种格式。基本格式指明一个地址是未规范的、环回的、单播的、子网任意播的，或组播的，链路本地的或全局的，或独特或本地的。高级地址格式在地址内部嵌入附加信息，可以是 IPv4 地址、端口号或端口范围以及硬件标识符。

地址前缀　一个 IPv6 地址的高位比特，确定地址所属的子网。一条个体链路典型地有一个 64 比特前缀，表示为/64，而网络运营商被分配一个较短的前缀，如/32。

地址范围　IPv6 地址可以是链路本地的或全局范围的。链路本地范围的地址仅可用于链路上的通信，而全局地址可用于任何通信。IPv6 有一个站点本地范围，但在倾向使用独特本地地址（ULA）的情况下，这种站点本地范围被废弃了。ULA 可被看作具有全局范围，即使它们不是全局可路由的也这样看。

任意播地址　识别一组接口的一个地址，这些接口典型地在不同节点上。设置为任意播地址的一个 IPv6 分组被交付到因特网路由系统，交付到一个任意播地址的最近实例。

应用层　OSI 模型中的层 7。这个层以一种应用特定的方式传输应用特定的内容。这种协议的例子包括 HTTP 和 SIP。

基站控制器（BSC）　控制一组基站，并在其控制之下处理接收转发基站（BTS）之间的移动管理。

基站系统 GPRS 协议（BSSGP）　提供 BSC 和 SGSN 之间的路由相关信息和服务质量（QoS）相关信息。Gb 使用的网络服务是帧中继。

接收转发器基站（BTS）　2G 无线电网元，直接在空中接口上与移动站通信。

Bellhead　一名硬件核心电信工程师，他鄙视电路交换网络外的任何事物，或除了可管理的垂直解决方案外的新生事物。

控制平面　处理网络中的信令，用于控制网络和移动站。控制平面传输如下方面的消息，是将一名用户附接到网络、认证和授权用户、打开和关闭连接以及信令切换所需的消息。

核心网络　无线电接入网络和中转网络之间的因特网服务提供商的网络。在 4G 的情形中，核心指演进的分组核心（EPC），并包括 MME、SGW、PDN-GW 和 HSS。在 2G 和 3G 的情形中，核心指分组核心，包括 SGSN、GGSN 和 HLR。

域名服务（DNS）　全局名字到地址以及地址到名字转换服务。DNS 使人类可读的名字可用于协议和用户界面，同时使因特网仍然以较佳的计算特征采用数字发挥作用。DNS 是一个覆盖整个因特网的全球分布式数据库。

域名系统安全扩展（DNSSEC）　是这样的扩展，支持 DNS 资源记录的签名和 DNS 解析器的验证。在从权威名字服务器到解析器的路径上，防护记录的欺骗和篡改。

重复地址检测（DAD）　是这样的过程，由一个 IPv6 节点使用，确保它为一个网络接口配置的一个 IPv6 地址，没有在该节点所附接的链路上已经在用。

eNodeB　LTE 基站在空中接口之上与移动站直接通信。但是，eNodeB 也包括无线电资源控制器（2G 中的 BSC 和 3G 中的 RNC）的一些功能。

回退　返回使用某个事物，作为一项优先选择的一种替代方法。在本书中，回退指使用一个地址族来替代另一个地址族（例如，如果 IPv6 失败的话，则使用 IPv4），或如果多个优先使用的载波都不能工作的话，使用不太优先的载波（例如，如果 IPv4v6

PDP 语境确实没有打开的话，使用并行的 IPv4 和 IPv6 PDP 语境）。

分段和重组　分段是将外发的大型协议数据单元分片成这样的数据块的过程，这些数据块可在 IPv6 分组中发送，其中 IPv6 分组拟合到路径的 MTU。重组是将在多条 IPv6 分组中接收到的数据块组合成原始协议数据单元的过程。

网关 GPRS 支持节点（GGSN）　GPRS 网络中移动管理的拓扑锚点。它是 GPRS 网络和外部网络（如因特网）之间的网关。从 UE 的 IP 栈观点看，GGSN 是第一跳路由器。

Gb 接口　BSS 和核心网之间的接口，所以，处在 BSC 和 SGSN 之间。这个接口由控制和用户平面部分组成。

通用分组无线服务（GPRS）　GSM 网络的分组数据服务。3G 使用同样的架构，所以 2G 和 3G 经常被称作 GPRS。

Gi 接口　将 GPRS 网络连接到外部 IP 网络的接口。

GSM 无线电协议　GSM 射频（RF）、媒介访问控制（MAC）、无线电链路控制（RLC）和逻辑链路控制（LLC）提供 GSM 无线电功能，包括加密、可靠性和其他无线电规程。

Gn/Gp 接口　SGSN 和 GGSN 之间的接口。当移动站（MS）处在归属网络中时，使用 Gn 接口，而当用户漫游在另一个网络中时，使用 Gp 接口。由此，Gp 接口是两个网络运营商之间的接口。Gn 接口也用在 SGSN 之间，此时处在一次切换过程期间，交换 MS 相关的信息，并用于转发用户分组。

GPRS 移动管理和会话管理　实施移动管理功能以及连接激活、修改和去活等的协议。

GPRS 隧道协议（GTP）　负责在 2G、3G 和 4G 核心网络之上传输用户的 IP 分组，并控制相关联的隧道。在用户平面，GTP 基本功能是唯一地识别用户分组所属的 GTP 隧道。GTP 隧道直接地映射到 PDP 语境或 EPS 载波。在控制平面中，GTP 用于核心网络内的会话和移动管理。

Gr 接口　SGSN 和 HLR 之间的接口。该接口基于 SS7。

GSM　见 2G 和 GSM 条。

归属位置寄存器（HLR）　2G/3G 网络上的数据库，包含用户数据（包括用来认证用户的认证数据）、用户概要（包括用户订阅的服务）和位置（用户当前所处的）。

归属用户服务器（HSS）　归属用户服务器是 AuC、HLR 和支持运营商服务基础设施功能（即 IMS）的一个组合体。从 3GPP 发行版本 5 开始，HSS 替换了 HLR，引入了 IMS。在 EPS 中替换 HLR。

接口　接口是一个过载（overloaded）术语，带有由语境确定的含义。在 3GPP 语境中，指两个网元直接的整个垂直协议栈，有时也称作一个参考点。在 IP 语境中，它指一个 IP 栈的网络连接。在软件架构语境中，它指两个软件模块之间确定的交互，且有时具体而言，是一个应用编程接口的一个短名字（缩写）。

接口标识符（IID）　一个 IPv6 地址的主机部分。典型情况下，长度为 64bit。IID

可基于一个硬件地址，如 IEEE 802 MAC、手工方法或算法方式产生的。一个随机 IID 产生方法，经常用于隐私目的，防止基于 IID 的跟踪方法。

因特网草案　个体或工作组对 IETF 的贡献，可能成为 RFC，在后续版本之间可能发生巨大变化，且如果没有更新的话，将在 6 个月内过期。一个因特网草案仅可作为 work-in-progress（工作进行中）的方式加以引用，因为从任何方式看它们都不是稳定的文档。

因特网控制消息协议版本 6（ICMPv6）　一个控制协议，用于邻居发现、路由器发现、错误状况的通知、pinging、组播侦听者发现、移动 IPv6、RPL 和组播路由器发现。

因特网工程任务组（IETF）　负责主要因特网协议（如 IP、TCP、UDP、DNS 和 HTTP）的标准化组织。

因特网协议版本 4（IPv4）　使因特网成为一项巨大成功的因特网协议，它为如今几乎所有的因特网提供网络层服务。遇到仅有 32bit 地址空间的问题，因此正由 IPv6 加以替换。

因特网协议版本 6（IPv6）　下一代因特网协议，提供一个 128bit 地址空间和其他改进。

IoT、MTC、M2M　物联网（IoT）、机器类型的通信（MTC）和机器到机器（M2M）都指这样的概念，其中支持因特网的节点（不由人类直接操作的）与其他节点通信。IoT 特别用在低成本、低功率、智能物体的语境之中。M2M 通常用于这样的语境，其中不是如此低功率和低成本的机器与其他机器通信。MTC 特别用在 3GPP 中，指代 M2M 类型的通信。这些支持因特网的物体可以是智能电表、心率传感器、自动贩卖机、街灯等。

IP 移动性　允许一个节点在一个网络内部（网络内）或网络之间（网络间）改变其附接点的技术，不需要 IP 地址的任何改变且不中断传输层会话。关键协议是基于主机的移动 IP 和基于网络的代理移动 IP。

IP 安全（IPsec）　IPsec 指提供认证、完整性保护、抗重放保护、访问控制和加密的 IPv6 协议功能特征。这些是采用 AH 和 ESP 首部提供的。IPsec 不指代 IPv6 协议的通用安全。

IPv6 过渡　IPv6 应该在某天在所有因特网通信中替换 IPv4。从 IPv4 因特网到 IPv6 因特网的路径是一条困难重重的和非常复杂的路径，要求标准、实现、验证、策略、教育、监管、部署、心甘情愿、资金和精力付出。从 IPv4 到 IPv6 的这条路径一般被称作 IPv6 过渡。

IPv6 过渡工具　帮助带有纯 IPv4、IPv6 和双栈访问的各节点相互通信的协议和实践，方法是使用隧道、协议转换和代理技术。

链路层　OSI 模型中的层 2（第 2 层）。负责在物理层之上传输数据、检测错误并提供物理层寻址（如 WLAN 上的 MAC 地址）。以太网和 PPP 是链路层协议的例子。

LTE　参见 4G 和 LTE。

M2M　参见 IoT、MTC、M2M。

移动管理实体（MME）　负责 4G 网络中 UE 的移动管理、认证和授权。在实践中，MME 是非常类似于 UMTS 中 SGSN 的一个单元。3G-SGSN 和 MME 之间的区别是，MME 仅是一个控制平面单元，且它不实施任何用户平面功能。

移动交换中心（MSC）　局部交换，负责在一个地理区域中一组基站控制器和那些基站下各移动站（MS）。实施认证和移动管理，并交换用户呼叫。MSC 是一个电路交换网络实体。

MTC　见 IoT、MTC、M2M。

组播地址　一个地址，识别通常在数个节点上的数个接口。发送到一个组播地址的一条 IPv6 分组，被交付到组播地址的所有接收者。

邻居发现　在同一条链路上的 IPv6 节点使用的功能，用来发现相互的存在、何时确定相互的链路层地址、寻找路由器并维护可达性信息（是有关到活跃邻居的路径的）。

网络地址转换（NAT）　一个网络地址改变为另一个地址的过程。NAT 的最常见用途是将私有 IPv4 地址转换为公开 IPv4 地址。转换也被称作 NAPT，如果发生传输协议端口转换的话。但是，由于端口转换在 IPv4 中是非常常见的，所以术语 NAT 通常也指端口转换。随着 IPv6 转换讨论和协议转换的出现，术语 NAT44 有时被用来突出正在发送的是 IPv4 地址转换。类似地，术语 NAT66 指明 IPv6 地址转换。

网络层　OSI 模型中的层 3。负责在一系列链路层上传输数据，包括路由、错误检测、可能的分段和重组，并向网络提供逻辑地址（如 IP 地址）。IPv4 和 IPv6 是网络层协议的例子。

NodeB　3G 无线电网元，直接在空中接口上与 UE 通信。

卸载　将主机的流量引导经过某个其他网络，而不是流量过去一直在发送的那个网络。

分组数据汇聚协议（PDCP）　负责在 3G 和 LTE 无线电接口上传送 IP 分组，也提供首部压缩。用户分组的分段和重组，将 PDP 语境映射到无线电载波，是由低层 RLC 提供的。在 3G 中，原来在 2G 中 SNDCP 中的功能已经分布到 PDCP 和 RLC 协议层。在 4G 中，PDCP 被进一步扩展，提供用户流量加密和完整性保护，并按顺序和无重复的情况下交付分组。

分组数据网络（PDN）　PDN 可以是一个内部带围墙的花园，像移动运营商网络内的一个 IP 网络，或运营商行政区划外的任何 IP 网络，如因特网。

分组数据网络网关（P-GW、PGW 或 PDN-GW）　EPS 和外部 IP 网络之间的网关以及 EPS 移动管理的锚点。从一个 UE 的 IP 栈观点看，PGW 是第一跳路由器。

路径最大传输单元（MTU）**发现**　在从发送节点到接收节点之路径的各链路上，寻找最小 MTU 的一个过程。

指针（PTR）**资源记录**　指向一个主机名的一条 DNS 资源记录。用于反向 DNS 查询——寻找哪个名字映射到一个地址。

协议转换　一个重要的 IPv6 过渡工具是协议转换，将 IPv6 分组转换为 IPv4（NAT64）或 IPv4 分组到 IPv6（NAT46）的过程。

就绪提供　以访问网络所需的信息对主机进行自动化配置，此时使用的技术和过程。

无线电接入网络　从核心网到边缘（如到主机）的"最后一英里"连接能力。在 3GPP 4G 中，接入网络包括 eNodeB，在 3G 中，它包括 eNodeB 和 RNC，而在 2G 中包括 BTS 和 BSC。在 2G 中也指 GERAN，在 3G 中也指 UTRAN，在 4G 中也指 E-UTRAN。

无线电接入网络应用部分（RANAP）　携带较高层信令的 UMTS 协议。它运行在 7 号信令系统（SS7）协议族之上。最初，Iu 接口规范为仅可在 ATM 之上传输的。但是，标准已被更新，支持使用任何传输网络技术。

无线电网络控制器（RNC）　控制一组 NodeB，并处理在其控制下各 NodeB 之间的移动管理。

请求评述（RFC）　由 IETF 创建的永久文档。代表 IETF 一致意见的各 RFC 被分类为标准跟踪或最佳当前实践（BCP）。一个标准跟踪 RFC 通常是一个协议规范或一个协议框架。BCP 描述实现或部署事物的当前找到的最佳方式。另外，一个 RFC 可分类为试验型的或信息型的。试验型 RFC 仅意味着用于试验，而信息型 RFC 的范围则从规范到玩笑都有。

漫游　当一个移动站附接到不是归属网络组成部分的一个 3GPP 无线电接入（网）时，它就在漫游。附接到非 3GPP 接入，如 WLAN，不认为是漫游。

路由器发现　各主机自动地寻找链路上存在路由器的一个过程。路由器发现对全球通信是至关重要的，因为在没有手工配置的或自动发现路由器的条件下，各主机只能将分组发送到相同链路上的其他主机。主机发现路由器的方法是，发送路由器请求和侦听路由器通告。

路由　涵盖个体路由器确定将 IPv6 分组转发到哪里的规则和决策的技术。它也指这样的协议，由路由器使用共享有关路径［到不同目的地的（到不同 IPv6 网络的）］的信息。

S1-MME 接口　连接 eNodeB 和 MME 的控制平面接口。该接口使用 SCTP 作为传输协议。

S1-U 接口　连接 eNodeB 和 SGW 的用户平面接口。该接口基于 GTP。

S4 服务网关支持节点（S4-SGSN）　符合 3GPP 发行版本 8（及以上）的一台 SGSN，通过基于新发行版本 8 GTP 的 S3/S4 接口将 2G/3G 无线电接入网络连接到 EPC，并使用一个基于 Diameter 的 S6d 接口连接到一台 HSS。

S5/S8 接口　连接 SGW 和 PGW 的接口。在归属网络内时使用 S5，当 UE 漫游时 S8 是漫游接口。这类似于 GPRS 中的 Gn 接口和 Gp 接口。S5 接口和 S8 接口由用户平面和控制平面组成。

S6a 接口　连接 MME 和 HSS 的接口。该接口基于 Diameter。

S6d 接口　连接 3GPP 发行版本 8 S4-SGSN 和一个 HSS 的接口。该接口基于 Diameter。

服务网关（SGW、S-GW）　4G 网络中用于 eNodeB 间移动性的移动锚点。它在无线电网络和分组数据网络网关（PGW）之间路由用户流量。

服务网关支持节点（SGSN）　负责 GPRS 中的认证、授权和移动管理。另外，SGSN 收集缴费信息，并终结 UE 和 SGSN 之间的无线电协议。

SGi 接口　将 EPS 连接到外部 IP 网络（如因特网）的接口。

信令连接控制部分（SCCP）　用于 SS7 协议族中的协议。

分离的 UE　一个 UE 被分成完全独立的 MT 和 TE 设备（如一个调制解调器和一台计算机），或单个设备，它内部架构上相互分离 MT 和 TE 部件。

子网相关汇聚协议（SNDCP）　在 2G GSM 无线电网络之上传输 IP 分组。SNDCP 负责在 UE 和 SGSN 之间复用多个 PDP 语境，实施首部压缩、分组分段和重组以及内容压缩。

栓链法　是这样一个过程，其中一台移动站将蜂窝上行链路因特网连接共享给一个局域网中的各设备，典型地使用 WLAN 或 USB 技术。

中转网络　将不同因特网服务运营商连接在一起的因特网部分。

传输控制协议（TCP）　以可靠的和有序的方式传输一个数据流的传输层协议。TCP 实施错误检测、重传、流控和拥塞控制。

传输层　OSI 模型中的层 4。负责在网络之上传输数据，如果需要，则提供有序交付、流控、重传和复用（如通过端口概念）。TCP 和 UDP 是最常用的传输层协议。在 3GPP 语境中，传输层也指用来传输控制平面和用户平面协议的协议。

单播地址　被指派到单个网络接口的一个地址。发送到一个单播地址的一条分组被交付到单个接收者。

统一移动电信系统（UMTS）　UMTS 陆地无线电接入网络（UTRAN）是一个通信网络，通常被称作 3G，并由 NodeB（3G 基站）和无线电网络控制器（RNC）组成，这形成 UMTS 无线电接入网络。UTRAN 支持 UE 和核心网络之间的连通性。UTRAN 由 WCDMA、HSPA 和 HSPA + 无线电技术组成。

用户数据报协议（UDP）　简单的传输层协议，能够传输数据报，为复用不同流提供端口，并为错误检测提供校验和。UDP 不保障分组交付或分组按序交付。

用户设备（UE）**或移动站**（MS）　在蜂窝网络连接用户侧的所有东西。传统上指一台移动手机，但如今也涵盖将蜂窝接入提供给计算机的软件狗（如通过 USB 或 WLAN）、使用蜂窝接入作为上行链路的固定家庭网关，甚至在单条蜂窝连接背后的一组设备。

用户层　在 3GPP 域，这指组成用户分组（包括 IP 分组和所有净荷）的层。在用户层上的寻址、IP 版本和流量是完全独立于 3GPP 网络传输层的。

用户平面　处理通过网络的端用户分组传输。

LTE 上的话音（VoLTE）　VoLTE 是基于 IMS 的一种解决方案，在 LTE 接入技术之上提供基于 IP 的话音和短消息服务。它也是 3GPP 用来在 LTE 网络中替换电路交换话音服务的解决方案。

无线局域网（WLAN）　在 IEEE 802.11 标准族中定义的无线短距离无线电标准。非常普遍地用于家庭、企业、城市等的因特网接入（方法）。得到所有智能电话的支持，如今也得到多功能电话的支持。

附录 B　缩略语中英文对照表

英 文 简 写	英 文 全 拼	中 文 释 义
2G	2nd Generation	第 2 代（通信系统）
3G	3rd Generation	第 3 代（通信系统）
3GPP	3rd Generation Partnership Project	第 3 代伙伴项目
3GPP2	3rd Generation Partnership Project 2	第 3 代伙伴项目 2 期
4G	4th Generation	第 4 代（通信系统）
6LoWPAN	IPv6 over Low power Wireless Personal Area Networks	低功率无线个域网之上的 IPv6
6RD	IPv6 Rapid Deployment on IPv4 infrastructures	IPv4 基础设施之上的 IPv6 快速部署
6bone	6bone	IPv6 骨干
6over4	IPv6 over IPv4 without explicit tunnels	IPv6 在没有显性隧道的 IPv4 上传输
6 to 4	Connection of IPv6 domains via IPv4 clouds	通过 IPv4 云的 IPv6 域间连接
A	IPv4 address record	IPv4 地址记录
AAA	Authentication, Authorization and Accounting	认证、授权和计费
AAAA	IPv6 address record	IPv6 地址记录
ACL	Access Control List	访问控制列表
AD	Area Director	区域引导器
AfriNIC	African Network Information Center	非洲网络信息中心
AFTR	Address Family Transition Router	地址族转换路由器
AH	Authentication Header	认证首部
ALG	Application-Level Gateway	应用层网关
ANDSF	Access Network Discovery and Selection Function	访问网络发现和选择功能
API	Application Programming Interface	应用编程接口
APN	Access Point Name	接入点名字
APNIC	Asia-Pacific Network Information Center	亚太网络信息中心
ARIB	Association of Radio Industries and Businesses	无线电产业和商业联盟
ARIN	American Registry for Internet Numbers	美国因特网号码注册处
AS	Autonomous System	自治系统
AT	ATtention	注意命令
ATIS	Alliance for Telecommunications Industry Solutions	电信产业解决方案联盟
ATM	Asynchronous Transfer Mode	异步传递模式

（续）

英文简写	英文全拼	中文释义
AuC	Authentication Center	认证中心
AVP	Attribute Value Pair	属性值对
B4	Basic Bridging BroadBand	基本桥接宽带
BCP	Best Current Practice	最佳当前实践
BG	Border Gateway	边界网关
BGP	Border Gateway Protocol	边界网关协议
BIH	Bump-In-the-Host	主机中的隆块
BM-SC	Broadcast Multicast Service Centre	广播组播服务中心
BMR	Basic Mapping Rule	基本映射规则
BR	Border Relay	边界中继
BSC	Base Station Controller	基站控制器
BSS	Base Station System	基站系统
BSSGP	Base Station System GPRS Protocol	基站系统 GPRS 协议
BTS	Base Transceiver Station	转发器基站
CALIPSO	Common Architecture Label IPv6 Security Option	通用架构标记 IPv6 安全选项
CAMEL	Customized Applications for Mobile Network Enhanced Logic	移动网络增强逻辑的定制应用
CCSA	China Communications Standards Association	中国通信标准学会
ccTLD	country code Top Level Domain	国家代码顶级域
CDF	Charging Data Function	缴费数据功能
CDR	Charging Data Record	缴费数据记录
CER	Customer Edge Router	客户边缘路由器
CGA	Cryptographically Generated Address	以密码学方式产生的地址
CGF	Charging Gateway Function	缴费网关功能
CGN	CarrierGraned NAT	运营商授权的 NAT
CHAP	Challenge-Handshake Authentication Protocol	挑战握手认证协议
CIDR	Classless Inter-Domain Routing	无类域间路由
CLAT	Client Side Translator	客户端侧转换器
CN	Core Network	核心网
CoA	Care-of Address	转交地址
CoAP	Constrained Application Protocol	受约束的应用协议
CP	Control Plane	控制平面
CPA	Certification Path Advertisement	认证路径通告

（续）

英 文 简 写	英 文 全 拼	中 文 释 义
CPE	Consumer Premises Equipment	客户端设备
CPNS	Converged Personal Network Service	融合的个人网络服务
CPS	Certification Path Solicitation	认证路径请求
CPU	Central Processing Unit	中央处理单元
CS	Circuit Switched	电路交换
DAD	Duplicate Address Detection	重复地址检测
DAF	Dual Address Bearer Flag	双地址载波标志
DCCP	Datagram Congestion Control Protocol	数据报拥塞控制协议
DHCP	Dynamic Host Configuration Protocol	动态主机配置协议
DHCPv4	Dynamic Host Configuration Protocol version 4	动态主机配置协议版本 4
DHCPv6	Dynamic Host Configuration Protocol version 6	动态主机配置协议版本 6
DHCPv6PD	DHCPv6 Prefix Delegation	DHCPv6 前缀委派
DMR	Default Mapping Rule	默认映射规则
DNA	Detecting Network Attachment	检测网络附接
DNS	Domain Name System	域名系统
DNS64	DNS Extensions for Network Address Translation	网络地址转换的 DNS 扩展
DNSSEC	Domain Name System Security Extensions	域名系统安全扩展
DoS	Denial of Service	拒绝服务
DPI	Deep Packet Inspection	深度报文检测
DR	Delegating Router	委派路由器
DS-Lite	Dual Stack Lite	轻量双栈
DSCP	Differentiated Services Code Point	区分服务码点
DSL	Digital Subscriber Line	数字用户线
DS-MIPv6	Dual Stack Mobile IPv6	双栈移动 IPv6
DSTM	Dual Stack Transition Mechanism	双栈过渡机制
DUID	DHCP Unique Identifier	DHCP 独特标识符
DUID-EN	DUID vendor-assigned unique identifier based on Enterprise Number	基于企业号码的 DUID 厂商指派的独特标识符
DUID-LL	DUID Link-Layer address	DUID 链路层地址
DUID-LLT	DUID Link-Layer address plus Time	DUID 链路层地址加时间
DUID-UUID	DUID Universally Unique IDentifier	DUID 全球独特标识符
E-UTRA	Evolved UMTS Terrestrial Radio Access	演进的 UMTS 陆地无线电接入
E-UTRAN	Evolved UMTS Terrestrial Radio Access Network	演进的 UMTS 陆地无线电接入网络

（续）

英 文 简 写	英 文 全 拼	中 文 释 义
EA	Embedded Address	内嵌地址
EAP	Extensible Authentication Protocol	可扩展的认证协议
ECN	Explicit Congestion Notification	显式拥塞通知
EIR	Equipment Identity Register	设备身份注册
eNodeB	Evolved Node B	演进的节点 B
EPC	Evolved Packet Core	演进的分组核心
EPS	Evolved Packet System	演进的分组系统
ESP	Encapsulating Security Payload	封装安全净荷
ETSI	European Telecommunications Standards Institute	欧洲电信标准组织
FDDI	Fiber Distributed Data Interface	光纤分布数据接口
FMR	Forwarding Mapping Rule	转发映射规则
FQDN	Fully Qualified Domain Name	完全合格的域名
FTP	File Transfer Protocol	文件传输协议
GERAN	GSM/Edge Radio Access Network	GSM/边缘无线电接入网络
GGSN	Gateway GPRS Support Node	网关 GPRS 支持节点
GMM/SM	GPRS Mobility Management and Session Management	GPRS 移动管理和会话管理
GPRS	General Packet Radio Service	通用分组无线服务
GRE	Generic Routing Encapsulation	通用路由封装
GRX	GPRS Roaming eXchange	GPRS 路由交换
GSM	Global System for Mobile Communications	全球移动通信系统
GSMA	GSM Association	GSM 联盟
gTLD	generic Top Level Domain	通用顶级域
GTP	GPRS Tunneling Protocol	GPRS 隧道协议
GTP-C	GTP Control Plane	GTP 控制平面
GTP-U	GTP User Plane	GTP 用户平面
GTPv1	GPRS Tunneling Protocol version 1	GPRS 隧道协议版本 1
GTPv1-C	GTP Control Plane version 1	GTP 控制平面版本 1
GTPv2	GPRS Tunneling Protocol version 2	GPRS 隧道协议版本 2
GTPv2-C	GTP Control Plane version 2	GTP 控制平面版本 2
GUA	GlobalUnicast Address	全球单播地址
HA	Home Agent	家乡代理
HLR	Home Location Register	家乡位置注册

（续）

英 文 简 写	英 文 全 拼	中 文 释 义
HNP	Home Network Prefix	家乡网络前缀
HoA	Home Address	家乡地址
HPLMN	Home PLMN	归属 PLMN
HSDPA	High Speed Downlink Packet Access	高速下行链路分组接入
HSPA	High Speed Packet Access	高速分组接入
HSS	Home Subscriber Server	归属用户服务器
HSUPA	High Speed Uplink Packet Access	高速上行链路分组接入
HTTP	HyperText Transfer Protocol	超文本传输协议
I-WLAN	Interworking-WLAN	互联 WLAN
IAB	Internet Architecture Board	因特网架构委员会
IAID	Identity Association IDentifier	身份关联标识符
IANA	Internet Assigned Number	因特网指派的号码
IAOC	IETF Administrative Oversight Committee	IETF 行政监督委员会
IAPD	Identity Association for Prefix Delegation	前缀委派的身份关联
ICANN	Internet Corporation for Assigned Names and Numbers	指派名字和号码的因特网协调
ICMP	Internet Control Message Protocol	因特网控制消息协议
ICMPv4	Internet Control Message Protocol version 4	因特网控制消息协议版本 4
ICMPv6	Internet Control Message Protocol version 6	因特网控制消息协议版本 6
IDN	Internationalized Domain Name	国际化域名
IE	Information Element	信息元素
IEEE	Institute of Electrical and Electronics Engineers	电子与电气工程师学会
IESG	Internet Engineering Steering Group	因特网工程指导组
IETF	Internet Engineering Task Force	因特网工程任务组
IFOM	IP Flow Mobility and Seamless WLAN Offload	IP 流移动性和无缝 WLAN 卸载
IGD	Internet Gateway Device	因特网网关设备
IGF	Internet Governance Forum	因特网治理论坛
IGP	Interior Gateway Protocol	内部网关协议
IID	Interface Identifier	接口标识符
IKEv2	Internet Key Exchange version 2	因特网密钥交换版本 2
IMEI	International Mobile Equipment Identity	国际移动设备身份
IMS	IP Multimedia Subsystem	IP 多媒体子系统
IMSI	International Mobile Subscriber Identity	国际移动用户身份

（续）

英文简写	英文全拼	中文释义
IoT	Internet of Things	物联网
IP	Internet Protocol	因特网协议
IPCP	Internet Protocol Control Protocol	因特网协议控制协议
IPIP	IP in IP tunneling	IP 隧道中的 IP
IPsec	Internet Protocol security	因特网协议安全
IPTV	Internet Protocol Television	因特网协议电视（IP 电视）
IPv4	Internet Protocol version 4	因特网协议版本 4
IPv6	Internet Protocol version 6	因特网协议版本 6
IPv6CP	IPv6 Control Protocol	IPv6 控制协议
IPX	IP Packet eXchange-evolved GRX	IP 分组交换——演进的 GRX
IS-IS	Intermediate System to Intermediate System	中间系统到中间系统
ISATAP	Intra-Site Automatic Tunnel Addressing Protocol	内部站点自动隧道寻址协议
ISC	Internet Systems Consortium	因特网系统联盟
ISP	Internet Service Provider	因特网服务提供商
L2TP	Layer 2 Tunneling Protocol	层 2 隧道协议
L2TPv3	Layer 2 Tunneling Protocol version 3	层 2 隧道协议版本 3
LAC	L2TP Access Concentrator	L2TP 接入集线器
LACNIC	Latin America and Caribbean Network Information Center	拉丁美洲和加勒比海信息中心
LAN	Local Area Network	局域网
LCP	Link Control Protocol	链路控制协议
LI	Legal Interception	合法截获
LIPA	Local IP Access	局部 IP 接入
LIR	Local Internet Registry	本地因特网注册机构
LLC	Logical Link Control	逻辑链路控制
LMA	Local Mobility Anchor	本地移动性锚点
LNS	L2TP Network Server	L2TP 网络服务器
LTE	Long Term Evolution	长期演进
M2M	Machine-to-Machine	机器到机器（通信）
MAC	Media Access Control	媒介访问控制
MAG	Mobile Access Gateway	移动接入网关
MANET	Mobile Ad hoc NET working	移动自组织网络
MAP	Mapping of Address and Port with Encapsulation or Translation	采用封装或转换的地址和端口映射

（续）

英文简写	英文全拼	中文释义
MBMS	Multimedia Broadcast Multicast Service	多媒体广播组播服务
ME	Mobile Equipment	移动设备
MIB	Management Information Base	管理信息库
MIPv6	Mobile IPv6	移动 IPv6
MLD	Multicast Listener Discovery	组播侦听者发现
MLDv2	Multicast Listener Discovery version 2	组播侦听者发现版本 2
MME	Mobile Management Entity	移动管理实体
MMS	Multimedia Messaging	多媒体消息传递
MN	Mobile Node	移动节点
MP-BGP	Multi-Protocol Border Gateway Protocol	多协议边界网关协议
MPLS	MultiProtocol Label Switching	多协议标记交换
MS	Mobile Station	移动站
MSC	Mobile Switching Centre	移动交换中心
MSISDN	Mobile Station International Subscriber Directory Number	移动站国际用户目录号
MSS	Maximum Segment Size	最大分段尺寸
MT	Mobile Terminal	移动终端
MTC	Machine-Type Communications	机器类型的通信
MTU	Maximum Transmission Unit	最大传输单元
NAPDEF	Network Access Point Definition	网络接入点定义
NAS	Non-Access Stratum	非接入层
NAT	Network Address Translation	网络地址转换
NAT-PMP	NAT Port Mapping Protocol	NAT 端口映射协议
NAT-PT	Network Address Translation-Protocol Translation	网络地址转换—协议转换
NAT44	Network Address Translation from IPv4 to IPv4	从 IPv4 到 IPv4 的网络地址转换
NAT46	Network Address Translation from IPv4 to IPv6	从 IPv4 到 IPv6 的网络地址转换
NAT64	IPv4/IPv6 Network Address Translation	IPv4/IPv6 网络地址转换
NBMA	Non-Broadcast Multiple Access	非广播多址
NCP	Network Control Protocol	网络控制协议
ND	Neighbor Discovery	邻居发现
NDP	Neighbor Discovery Protocol	邻居发现协议
NFC	Near Field Communications	近场通信
NNI	Network-to-Network Interface	网络到网络接口

（续）

英 文 简 写	英 文 全 拼	中 文 释 义
NodeB	UMTS base station	UMTS 基站
NSP	Network Specific Prefix	网络特定前缀
NUD	Neighbor Unreachability Detection	邻居不可达性检测
OCS	Online Charging System	在线缴费系统
OECD	Organisation for Economic Co-operation and Development	经济合作和开发组织
OEM	Original Equipment Manufacturer	原始设备制造商
OFCS	Offline Charging System	离线缴费系统
OFDMA	Orthogonal Frequency-Division Multiple Access	正交频分多址
OMA	Open Mobile Alliance	开放移动联盟
OS	Operating System	操作系统
OSI	Open System Interconnect	开放系统互联
OSPF	Open Shortest Path First	开放最短路径优先
OSPFv2	Open Shortest Path First version 2	开放最短路径优先版本 2
OSPFv3	Open Shortest Path First version 3	开放最短路径优先版本 3
OUI	Organizationally Unique Identifier	组织上独特的标识符
P-CSCF	Proxy Call Session Control Function	代理呼叫会话控制功能
PAA	PDN Address Allocation	PDN 地址分配
PCC	Policy and Charging Control	策略和缴费控制
PCEF	Policy and Charging Enforcement Function	策略和缴费实施功能
PCG	Project Coordination Group	项目协作组
PCO	Protocol Configuration Option	协议配置选项
PCP	Port Control Protocol	端口控制协议
PCRF	Policy and Charging Rules Function	策略和缴费规则功能
PD	Prefix Delegation	前缀委派
PDCP	Packet Data Convergence Protocol	分组数据汇聚协议
PDN	Packet Data Network	分组数据网络
PDP	Packet Data Protocol	分组数据协议
PDU	Protocol Data Unit	协议数据单元
PGW	Packet Data Network Gateway	分组数据网络网关
PHB	Per-Hop Behavior	每跳行为
PIO	Prefix Information Option	前缀信息选项
PKI	Public Key Infrastructure	公开密钥基础设施

（续）

英文简写	英文全拼	中文释义
PLAT	Provider Side Translator	提供商侧转换器
PLMN	Public Land Mobile Network	公众陆地移动网络
PMIP	Proxy Mobile IP	代理移动 IP
PMIPv6	Proxy Mobile IPv6	代理移动 IPv6
PMTUD	Path MTU Discovery	路径 MTU 发现
PNAT	Prefix NAT	前缀 NAT
POSIX	Portable Operating System Interface for uniX	用于 UNIX 的可移植操作系统接口
PPP	Point to Point Protocol	点到点协议
PS	Packet Switched	分组交换
PSID	Port-set Identifier	端口设置的标识符
PSTN	Public Switched Telephony Network	公众交换电话网
PTB	Packet Too Big	分组太大
PTR	Pointer Record	指针记录
QoS	Quality of Service	服务质量
RAB	Radio Access Bearer	无线接入载波
RADIUS	Remote Authentication Dial In User Service	远程认证拨入用户服务
RAN	Radio Access Network	无线接入网络
RANAP	Radio Access Network Application Part	无线接入网络应用部分
RAT	Radio Access Technology	无线接入技术
RAU	Routing Area Update	路由区域更新
RDNSS	Recursive DNS Server	递归 DNS 服务器
REST	REpresentational State Transfer	可表示状态转移
RF	Radio Frequency	无线电频率（射频）
RFC	Request For Comments	请求评述
RH0	Type 0 Routing Header	类型 0 路由首部
RIO	Route Information Option	路由信息选项
RIP	Routing Information Protocol	路由信息协议
RIPE-NCC	Réseaux IP Européens Network Coordination Centre	欧洲网络资讯中心
RIPng	Routing Information Protocol next generation	下一代路由信息协议
RIR	Regional Internet Registry	地区因特网注册机构
RLC	Radio Link Control	无线链路控制
RNC	Radio Network Controller	无线电网络控制器

（续）

英 文 简 写	英 文 全 拼	中 文 释 义
RoHC	Robust Header Compression	鲁棒的首部压缩
RPKI	Resource Public Key Infrastructure	资源公开密钥基础设施
RPL	Routing Protocol for Low-Power and Lossy Networks	低功率和有损网络的路由协议
RR	Requesting Router	请求路由器
RRC	Radio Resource Control	无线电资源控制
RTT	Round Trip Time	往返时间
S4-SGSN	Serving Gateway Support Node with S4 interface	带有 S4 接口的服务网管支持节点
SA	Security Association	安全关联
SAD	Security Association Database	安全关联数据库
SAE	System Architecture Evolution	系统架构演进
SAE-GW	System Architecture Evolution Gateway	系统架构演进网关
SaMOG	S2a Mobility based on GTP and WLAN access to EPC	基于 GTP 和 WLAN 接入到 EPC 的 S2a 移动性
SAVI	Source Address Validation Improvements	源地址验证改进
SCCP	Signaling Connection Control Part	信令连接控制部分
SCTP	Stream Control Transmission Protocol	流控制传输协议
SDO	Standards Developing Organization	标准开发组织
SEND	Secure Neighbor Discovery	安全邻居发现
SGSN	Serving Gateway Support Node	服务网关支持节点
SGW	Serving Gateway	服务网关
SIG	Special Interest Group	特殊兴趣组
SIIT	Stateless IP/ICMP Translator	无状态 IP/ICMP 转换器
SIP	Session Initiation Protocol	会话初始协议
SIPTO	Selective IP Traffic Offload	选择性 IP 流量卸载
SLAAC	Stateless Address Autoconfiguration	无状态地址自动配置
SMS	Short Message Service	短消息服务
SNDCP	Subnetwork Dependent Convergence Protocol	子网相关汇聚协议
SNMP	Simple Network Management Protocol	简单网络管理协议
SPI	Security Parameters Index	安全参数索引
SS7	Signaling System No. 7	7 号信令
SSID	Service Set Identifier	服务集标识符
SSM	Source-Specific Multicast	源特定组播

(续)

英 文 简 写	英 文 全 拼	中 文 释 义
TCP	Transport Control Protocol	传输控制协议
TDMA	Time Division Multiple Access	时分多址
TE	Terminal Equipment	终端设备
TEID	Tunnel Endpoint Identifier	隧道端点标识符
Teredo	Tunneling IPv6 over UDP through NATs	通过 NAT 在 UDP 之上以隧道方式传输 IPv6
TFT	Traffic Flow Template	流量流模板
TIA	Telecommunications Industry Association	电信产业联盟
TLD	Top Level Domain	顶级域
TLS	Transport Layer Security	传输层安全
TOS	Type of Service	服务类型
TP	Transport Plane	传输平面
TSG	Technical Specification Group	技术规范组
TTA	Telecommunications Technology Association	电信技术联盟
TTC	Telecommunication Technology Committee	电信技术委员会
TTL	Time To Live	存活时间
UDP	User Datagram Protocol	用户数据报协议
UE	User Equipment	用户设备
UI	User Interface	用户界面
UICC	Universal Integrated Circuit Card	统一集成电路卡
ULA	Unique Local Address	独特本地地址
UMTS	Universal Mobile Telecommunications System	统一移动电信系统
UN	United Nations	联合国
UNI	User-to-Network Interface	用户到网络的接口
UP	User Plane	用户平面
UPnP	Universal Plug and Play	统一的即插即用
URI	Uniform Resource Identifier	统一资源标识符
URL	Uniform Resource Locator	统一资源定位符
USB	Universal Serial Bus	通用串行总线
UTRAN	UMTS Terrestrial Radio Access Network	UMTS 陆地无线电接入网络
VLAN	Virtual Local Area Network	虚拟局域网
VoIP	Voice over IP	IP 上的话音（IP 电话）
VPLMN	Visited PLMN	被访 PLMN

（续）

英 文 简 写	英 文 全 拼	中 文 释 义
VPN	Virtual Private Network	虚拟专用网
WAN	Wide Area Network	广域网络
WCDMA	Wideband Code Division Multiple Access	宽带码分多址
WG	Working Group	工作组
WKP	Well-Known Prefix	众所周知的前缀
WLAN	Wireless Local Area Network	无线局域网
XML	eXtended Markup Language	扩展标记语言

Copyright © 2014 John Wiley & Sons, Ltd.

All Right Reserved. This translation published under license. Authorized translation from English language edition, entitled < DEPLOYING IPv6 IN 3GPP NETWORKS: EVOLVING MOBILE BROADBAND FROM 2G TO LTE AND BEYOND >, ISBN: 978-1-118-39829-6, by Jouni Korhonen, Teemu Savolainen and Jonne Soininen, Published by John Wiley & Sons. No part of this book may be reproduced in any form without the written permission of the original copyrights holder.

本书中文简体字版由机械工业出版社出版，未经出版者书面允许，本书的任何部分不得以任何方式复制或抄袭。版权所有，翻印必究。

北京市版权局著作权合同登记　图字：01-2013-7265 号

图书在版编目（CIP）数据

3GPP 网络中的 IPv6 部署：从 2G 向 LTE 及未来移动宽带的演进/（芬）高亨（Korhonen，J.）等著；孙玉荣等译 .—北京：机械工业出版社，2015.9

（国际信息工程先进技术译丛）

书名原文：DEPLOYING IPV6 IN 3GPP NETWORKS

ISBN 978-7-111-51259-2

Ⅰ.①3… Ⅱ.①高… ②孙… Ⅲ.①计算机网络—通信协议
Ⅳ.①TN915.04

中国版本图书馆 CIP 数据核字（2015）第 195579 号

机械工业出版社（北京市百万庄大街 22 号　邮政编码 100037）
策划编辑：张俊红　责任编辑：吕　潇
版式设计：霍永明　责任校对：刘雅娜
封面设计：马精明　责任印制：李　洋
北京机工印刷厂印刷（三河市南杨庄国丰装订厂装订）
2015 年 11 月第 1 版第 1 次印刷
169mm×239mm · 21 印张 · 470 千字
标准书号：ISBN 978-7-111-51259-2
定价：89.00 元

凡购本书，如有缺页、倒页、脱页，由本社发行部调换

电话服务	网络服务
服务咨询热线：010-88361066	机 工 官 网：www.cmpbook.com
读者购书热线：010-68326294	机 工 官 博：weibo.com/cmp1952
010-88379203	金 书 网：www.golden-book.com
封面无防伪标均为盗版	教育服务网：www.cmpedu.com